Detailwissen Bauphysik

Reihe herausgegeben von
W. M. Willems, Bottrop-Grafenwald, Deutschland
K. Schild, Dortmund, Deutschland

Das Fachgebiet der Bauphysik stellt einen wichtigen und zentralen Arbeitsbereich für Architekten und Bauingenieure in der Praxis dar. Die Reihe „Detailwissen Bauphysik" von Springer Vieweg vermittelt das Wissen und das Handwerkszeug für dieses Aufgabenfeld praxisnah und mit direktem Bezug zu den aktuellen Entwicklungen in Technik und Wissenschaft. Bezogen auf bauphysikalische Fragestellungen werden auch Themen aus anderen Bereichen der Bautechnik behandelt. Die Darstellungstiefe der Inhalte spricht sowohl Praktiker als auch Studierende an, die die Thematik Bauphysik während des Studiums vertiefen möchten. Die Titel dieser Reihe sind anwendungsbezogen und lösungsorientiert.

Weitere Bände in der Reihe http://www.springer.com/series/12448

Kai Schild

Wärmebrücken

Berechnung und Mindestwärmeschutz

Kai Schild
TU Dortmund
Dortmund, Deutschland

Detailwissen Bauphysik
ISBN 978-3-658-20708-3   ISBN 978-3-658-20709-0   (eBook)
https://doi.org/10.1007/978-3-658-20709-0

Die Deutsche Nationalbibliothek verzeichnet diese Publikation in der Deutschen Nationalbibliografie; detaillierte bibliografische Daten sind im Internet über http://dnb.d-nb.de abrufbar.

Springer Vieweg

Lektorat: Karina Danulat

Gedruckt auf säurefreiem und chlorfrei gebleichtem Papier

Springer Vieweg ist ein Imprint der eingetragenen Gesellschaft Springer Fachmedien Wiesbaden GmbH und ist Teil von Springer Nature
Die Anschrift der Gesellschaft ist: Abraham-Lincoln-Str. 46, 65189 Wiesbaden, Germany

Vorwort

Die Bewertung der thermischen und hygrischen Besonderheiten bei Bauteilanschlüssen beschäftigt mich seit vielen Jahren und spiegelt sich in meiner Mitarbeit in den entsprechenden Arbeitsausschüssen des DIN, aber auch in der Mitgestaltung von verschiedenen Forschungsprojekten wie dem „Planungsatlas Hochbau" wieder. Im Rahmen dieser Arbeiten haben sich immer wieder Fragestellungen bezüglich der Modellbildung bei Wärmebrückenberechnungen sowie der zu verwendenden Randbedingungen ergeben. In diesem Buch werden diese Fragen aufgegriffen, die Probleme beschrieben und Lösungsvorschläge aufgezeigt. Der Schwerpunkt dieser Veröffentlichung liegt jedoch in der Bewertung und Weitereinwicklung der derzeitigen Anforderungen beim Nachweis des Mindestwärmeschutzes. Hier zeigt sich, dass sowohl die Nachweisrandbedingungen, aber auch die Anforderungen, die aktuell in DIN 4108-2 verankert sind, diskutiert und neu bewertet werden müssen. Die in diesem Buch dokumentierten Arbeiten legen nahe, das das derzeitige Anforderungsniveau der DIN 4108-2 nicht geeignet ist, das Risiko einer Schimmelpilzbildung ausreichend zu minimieren.

Die vorliegende Arbeit wurde im Sommersemester 2017 von der Fakultät Architektur und Bauingenieurwesen der Technischen Universität Dortmund als schriftliche Habilitationsleistung angenommen. Danken möchte ich an dieser Stelle Herrn Prof. Dr.-Ing. habil. Wolfgang M. Willems für seinen fachlichen Rat und viele Diskussionen während der Erstellung dieser Arbeit und ferner Herrn Prof. Dr.-Ing. Peter Schmidt für seine Bereitschaft, als externer Gutachter diese Arbeit zu bewerten. Mein Dank gilt auch Herrn Prof. Dr. sc. techn. Wolfgang Sonne und Herrn Prof. Dr.-Ing. Mike Gralla für ihr Mitwirken in der Habilitationskommission.

Marl im November 2017
Kai Schild

Inhaltsverzeichnis

1 Einleitung und Überblick

Grundlegende Überlegungen zum Mindestwärmeschutz und zu einem energie- und kostenoptimalen Dämmniveau wurden bereits zum Beginn des 20ten Jahrhunderts angestellt. So kam beispielsweise im für seine Zeit visionären Versuchshaus des Bauhauses, dem „Haus am Horn" [33], bereits 1923 eine 6 cm dicke Dämmschicht aus „Torfoleum" in Wand, Dach und Bodenplatte zur Ausführung. Die Anschlüsse insbesondere im Attikabereich wurden eingedenk der Wärmebrückenproblematik so ausgeführt, dass sich die Dämmschichten in Wand und Dach weitest möglich überlappen.

Eine erste ausführliche Ausarbeitung zu „Den konstruktiven Grundlagen des Wärme- und Kälteschutzes im Wohn- und Industriebau" von Joseph Sebastian Cammerer aus dem Jahr 1936 umreißt bereits ausführlich Maßnahmen zur Vermeidung von „Schwitzwasser" und zur Heizkostenreduzierung. Auch zur Vermeidung von „Kältebrücken" finden sich hier bereits erste konkrete Handlungsanweisungen.

In die Normung aufgenommen wurde das Thema des Mindestwärmeschutzes erstmals 1952 in DIN 4108. Bis zum Jahre 2003 war das Ziel dieses Mindestwärmeschutzes die Vermeidung von Tauwasser auf Bauteiloberflächen. Die Zusammenhänge zwischen Tauwasserausfall und Schimmelpilzwachstum wurden erst Ende der 1990er Jahren von Cziesielski beschrieben, woraus das bis heute angewendete 80%-Kriterium resultiert. Basierend hierauf wurde in der damaligen Neuauflage von DIN 4108-2 im Jahre 2003 das Nachweiskriterium „Tauwasserbildung" durch das Kriterium „Schimmelpilzwachstum" ersetzt und gleichzeitig auch die Randbedingungen für den Nachweis verändert. Welche Untersuchungen dem zugrunde lagen und wie diese seinerzeit neuen Randbedingungen abgeleitet wurden, ist unbekannt. Festgelegt wurde anhand des 80%-Kriteriums, dass an der ungünstigsten Stelle eine Oberflächentemperatur von minimal 12,6 °C einzuhalten ist. Obwohl dies nicht niedergeschrieben wurde, meinte die Norm damals nur 2D-Wärmebrücken mit der ungünstigsten Stelle. Ausreichend umfangreiche Untersuchungen zu 3D-Wärmebrücken lagen noch nicht vor. So kommt es auch, dass bei Einhaltung des Mindestwärmeschutzes gemäß DIN 4108-2 regelmäßig im Eckbereich die normeigene Forderung $\theta_{si} \geq$ 12,6 °C nicht eingehalten wird. Der Leser kann dies beispielsweise in Abschnitt 8 für die Modelle 1.9 bis 1.11 nachschlagen: Die Ausführung entspricht den aktuellen Anforderungen an den Mindestwärmeschutz und es ergibt sich unter den stationären Klimarandbedingungen gemäß DIN 4108-2 eine Ecktemperatur von 8,3 °C. Ferner gilt die Anforderung $\theta_{si} \geq$ 12,6 °C standortunabhängig, also für jedes Standortklima in Deutschland. Dies stellt offensichtlich eine erhebliche Vereinfachung der realen Verhältnisse dar. Da das Ziel der Norm in der Verringerung (nicht der Vermeidung!) des Schimmelpilzrisikos liegt, besteht die Hoffnung, dass die stationären Klimarandbedingungen für die meisten Standorte in Deutschland auf der sicheren Seite liegend gewählt sind. Hinzu kommt bei schweren Bauteilen die als Puffer wirkende Masseträgheit, wodurch sich stationäre Verhältnisse in einem Bauteil eigentlich nie einstellen und der zusätzliche Vorteil, dass diese Bauteilmasse in den 2D- und 3D-Anschlüssen kumuliert. Gleichwohl ist der Zustand unbefriedigend, dass keine ausreichend umfassenden Berechnungen zum instationären Verhalten von 3D-Wärmebrücken unter realen Klimarandbedingungen vorliegen. Der

Schwerpunkt der Ausführungen dieses Werkes liegt daher in der systematischen Untersuchung konstruktiver und klimatischer Einflüsse auf die Temperaturen an 3D-Wärmebrücken unter instationären Randbedingungen. Aus diesen Untersuchungen werden genauere Anforderungen an den Mindestwärmeschutz abgeleitet, welche die in der Praxis auftretende konstruktive und klimatische Bandbreite ausreichend würdigen. Abschließend werden Überlegungen zu den notwendigen Mindest-Wärmedurchlasswiderständen außenluftberührter Bauteile präsentiert. Es zeigt sich, dass der bislang in DIN 4108-2 geforderte Mindest-Wärmedurchlasswiderstand $R = 1,2$ m²K/W deutlich zu gering ist, um in winterkalten Klimaregionen einen ausreichenden Mindestwärmeschutz zu gewährleisten. Auch der aktuelle Anforderungswert $R = 1,75$ m²K/W für leichte Bauteile ist nicht ausreichend.

Die Grundlage für eine nachvollziehbare Wärmebrückenberechnung sind einheitliche und umfassend dokumentierte Rechenrandbedingungen. Die Basis hierfür sind die Ausführungen in DIN EN ISO 10211. Dort werden das geometrische Modell und Randbedingungen hinsichtlich Temperatur und Wärmeübergangswiderstand beschrieben. Leider sind diese Ausführungen nicht umfassend genug und es ergeben sich für die praktische Anwendung einige Definitionslücken. An passender Stelle werden diese Lücken in verschiedenen kurzen Exkursen beschrieben und Lösungsmöglichkeiten aufgezeigt. Ferner enthält DIN EN ISO 10211 keine Hinweise für instationäre Berechnungen. Es ist daher zunächst einmal festzustellen, welche Klimarandbedingungen repräsentativ für das Winterklima in Deutschland sind. Aus einer diesbezüglich durchgeführten Überprüfung der Testreferenzjahre (TRY) des Deutschen Wetterdienstes (DWD) kann abgeleitet werden, dass diese – auch die Extrem-Testreferenzjahre für kalte Winter – nicht für die Bewertung des Mindestwärmeschutzes geeignet zu sein scheinen. Vielmehr ist ein Extrem-Winterklima zu wählen, welches vor dem Hintergrund der langjährigen Nutzungszeit eines Gebäudes ein angemessenes Sicherheitsniveau darstellt. Auch zu diesem Aspekt wird in Abschnitt 5 ausführlich Stellung genommen.

2 Einführung Wärmebrücken

2.1 Definition „Wärmebrücke"

Der Begriff „Wärmebrücke" wird in DIN EN ISO 10211 definiert. In der aktuellen Ausgabe DIN EN ISO 10211: 2008-04 findet sich folgende Definition:

„Teil der Gebäudehülle, wo der ansonsten gleichförmige Wärmedurchlasswiderstand signifikant verändert wird durch:

- *eine vollständige oder teilweise Durchdringung der Gebäudehülle durch Baustoffe mit unterschiedlicher Wärmeleitfähigkeit und/oder*
- *eine Änderung der Dicke der Bauteile und/oder*
- *eine unterschiedlich große Differenz zwischen Innen- und Außenfläche, wie sie bei Wand-, Fußböden- und Decken-Anschlüssen auftritt"*

Diese Definition ist unglücklich, da es auch in Konstruktionen mit gleichem Wärmedurchlasswiderstand aber unterschiedlicher Schichtung Wärmebrückeneffekte gibt. Verdeutlicht wird dies durch das Beispiel in Bild 2.1-1. Dargestellt ist der Übergangsbereich zwischen einer monolithischen Außenwand und einer innengedämmten Außenwand. Obwohl beide Wandteile denselben Wärmedurchgangskoeffizienten $U = 0,3$ W/(m²K) aufweisen, ergibt sich im Koppelungsbereich eine Inhomogenität im Temperaturfeld. Es liegt also eine Wärmebrücke vor.

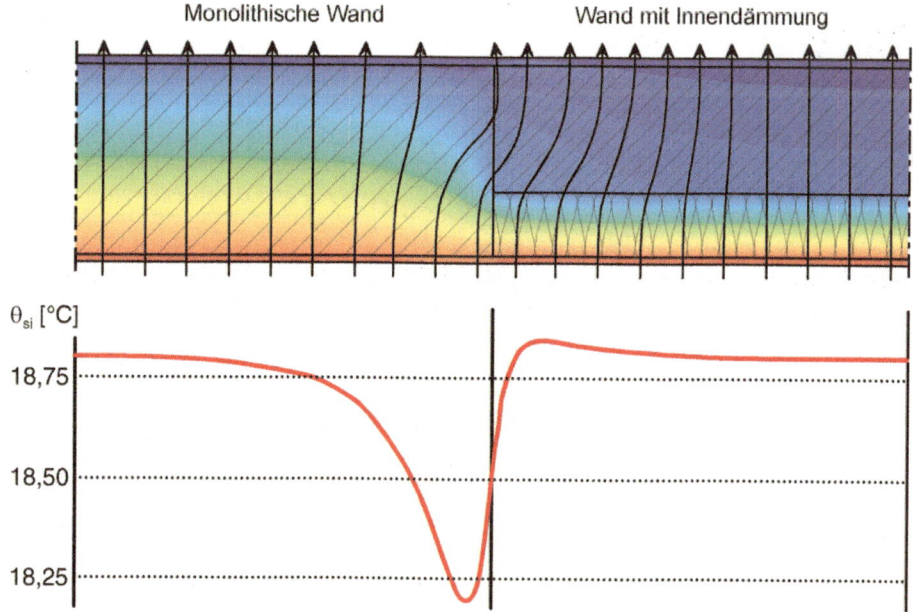

Bild 2.1-1 Wärmebrücke im Übergangsbereich zwischen zwei Wandabschnitten mit gleichem U-Wert (gemäß [41])

In der alten Ausgabe DIN EN ISO 10211-1:1995-11 findet sich eine bessere Begriffsdefinition:

„Teil der Gebäudehülle, wo der ansonsten normal zum Bauteil auftretende Wärmestrom deutlich verändert wird durch:

- *eine volle oder teilweise Durchdringung der Gebäudehülle durch Baustoffe mit unterschiedlicher Wärmeleitfähigkeit und/oder*
- *einen Wechsel in der Dicke der Bauteile und/oder*
- *eine unterschiedlich große Differenz zwischen Innen- und Außenfläche, wie diese bei Wand-, Fußböden- und Decken-Anschlüssen auftritt"*

In einem homogen aufgebauten Bauteil mit unterschiedlichen Temperaturen auf der Innen- und Außenseite stellt sich ein Temperaturfeld ein, bei dem die Isothermen (Linien gleicher Temperatur) parallel zu den Bauteiloberflächen verlaufen. Der Wärmestrom durch das Bauteil hindurch fließt auf dem Weg des geringsten Widerstandes von der warmen zur kalten Seite des Bauteils. Der Weg des geringsten Widerstandes wird durch die kürzesten Abstände zwischen zwei Isothermen beschrieben. Somit fließt der Wärmestrom in einem homogenen Bauteil normal zu den Isothermen und daher auch normal zu den Oberflächen ab (siehe Bild 2.1-2). Wird in dieses homogene Bauteil z.B. eine „Störung" in Form einer Stütze eingefügt, ergibt sich ein deutlich abweichendes Isothermenfeld. Aufgrund der höheren Wärmeleitfähigkeit der Stahlbetonstütze „spleißen" die Isothermen im Bereich der Stütze auf, was zu höheren Temperaturen auf der Außenoberfläche und zu niedrigeren Temperaturen auf der Innenoberfläche führt. Der Wärmestrom fließt nach wie vor normal zu den Isothermen von der warmen zur kalten Seite des Bauteils, nun aber nicht mehr normal zum Bauteil.

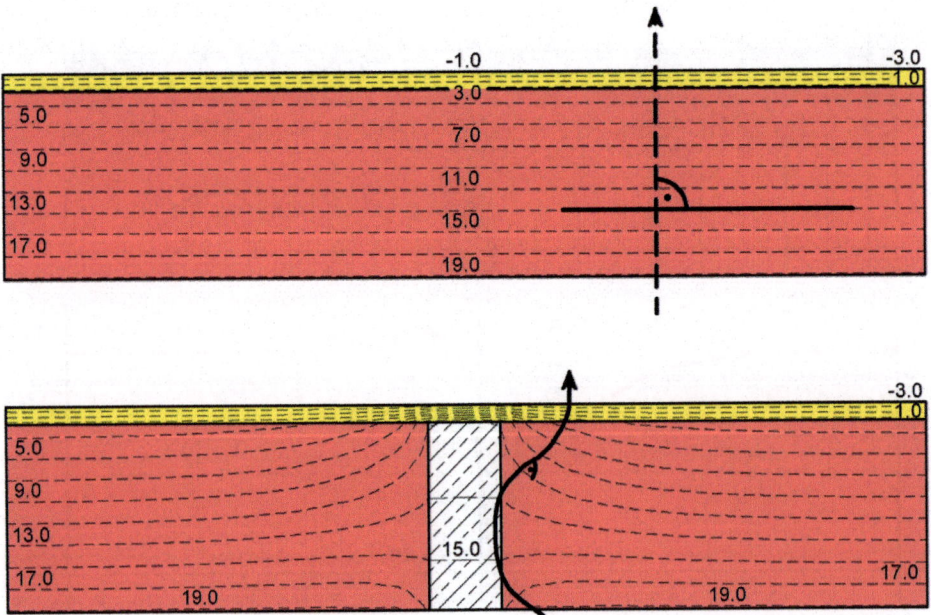

Bild 2.1-2 Verlauf von Isothermen und Wärmeströmen in einem ungestörten Bauteil und im Bereich einer Stahlbetonstütze (gemäß [45])

2.2 Arten von Wärmebrücken

Das der Wärmestrom in einem Bauteilbereich nicht normal zu den Oberflächen zur kalten Seite abfließt, kann verschiedene Gründe haben.

2.2.1 Geometrische Wärmebrücken

Bei jeder Abweichung eines Bauteils von der ebenen Form (Platte, Scheibe) entstehen an den geometrischen Diskontinuitäten (Kanten, Ecken) Wärmebrücken. Maßgeblich für die quantitative Ausprägung der Wärmebrücke ist das Verhältnis zwischen wärmeaufnehmender Innenoberfläche und wärmeabgebender Außenoberfläche. Die Wirkungsweise einer geometrischen Wärmebrücke ist dabei vergleichbar mit dem Effekt, der bei Kühlkörpern im EDV-Bereich auftritt (Bild 2.2-1).

Bild 2.2-1 Prozessorkühlkörper

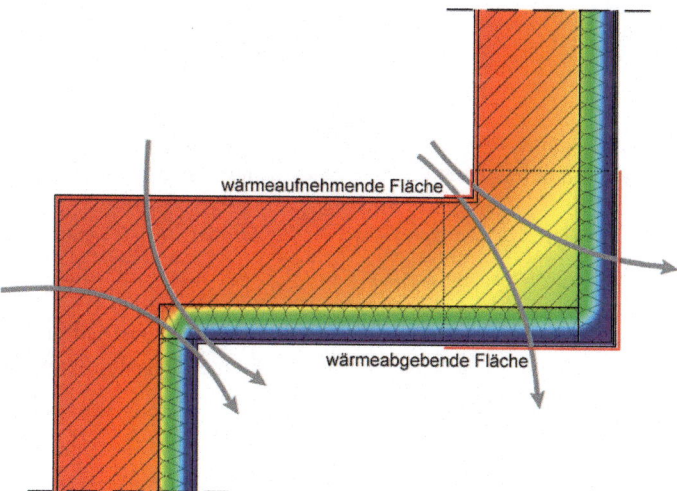

Bild 2.2-2 Geometrische Wärmebrücke an einer Außenkante und Innenkante eines Gebäudes (gemäß [45])

Bei der Außenkante gemäß Bild 2.2-2 wird über eine kleine Fläche an der Innenseite Wärme aufgenommen und über einen größere Fläche an der Außenseite wieder abgegeben. Je größer das Verhältnis zwischen wärmeabgebender und wärmeaufnehmender Fläche ist, desto wirksamer ist die Wärmebrücke. Daher ist eine Außenkante auch kritischer zu beurteilen als eine Innenkante.

Geometrische Wärmebrücken treten an jedem Gebäude auf. Sie lassen sich durch eine angemessene dämmtechnische Qualität der Bauteile allerdings wirksam minimieren.

2.2.2 Konstruktive Wärmebrücken

Ein Beispiel für eine konstruktive Wärmebrücke wurde bereits mit der Stütze in Bild 2.1-2 gezeigt. Liegen in einem Bauteil Baustoffe mit unterschiedlichen Wärmeleitfähigkeiten in Wärmestromrichtung nebeneinander, so treten an den Übergängen zwischen den Baustoffen Wärmebrücken infolge von Wärmequerleitung auf. Die genaue Anordnung der Baustoffe zueinander ist hierbei entscheidend für die Ausprägung der Wärmebrücke. Während im Beispiel gemäß Bild 2.1-2 die Wärmebrückenwirkung infolge der Überdämmung verhältnismäßig gering sein wird, ist die Stahlstütze im Beispiel gemäß Bild 2.2-3 aufgrund der vollständigen Durchdringung des Bauteils grundsätzlich erheblich kritischer zu bewerten. Ferner ist zu erkennen, dass auch die Form des Stahlträgers erheblich die Wärmebrückenwirkung beeinflusst. Liegt der Flansch auf der warmen Innenseite, sind die Wärmeverluste größer und die Innenoberflächentemperatur höher als bei Anordnung des Flansches auf der Außenseite.

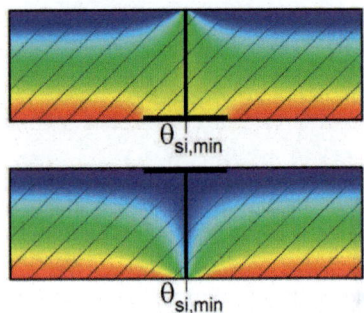

Bild 2.2-3 Durchdringung einer Außenwand (R = 3,0 m²K/W) durch einen Stahlträger (d = 10 mm) (gemäß [58])
oben Flansch auf der Innenseite (ψ = 0,36 W/(mK), $\theta_{si,min}$ = 11,2 °C)
unten Flansch auf der Außenseite (ψ = 0,29 W/(mK), $\theta_{si,min}$ = 0,1 °C)

Konstruktive Wärmebrücken lassen sich nicht verhindern, wenn die Art der Konstruktion z.B. durch die Tragwerksplanung vorgegeben ist. Die Ausprägung der Wärmebrückeneffekte kann durch eine Überdämmung minimiert werden.

2.2.3 Mischformen

In vielen Fällen liegen keine rein geometrischen oder rein konstruktiven Wärmebrücken vor. Vielmehr handelt es sich bei den meisten Wärmebrücken an einem Gebäude um Mischformen, bei denen die vorstehend beschriebenen Effekt kombiniert auftreten. Beispiele hierfür werden in

Bild 2.2-4 gezeigt. Es ist zu erkennen, dass in allen drei Fällen auf einfache Art und Weise eine signifikant bessere Ausführung zu erreichen ist. Für viele Anschlüsse ist durch eine Optimierung eine Halbierung der Wärmeverluste möglich.

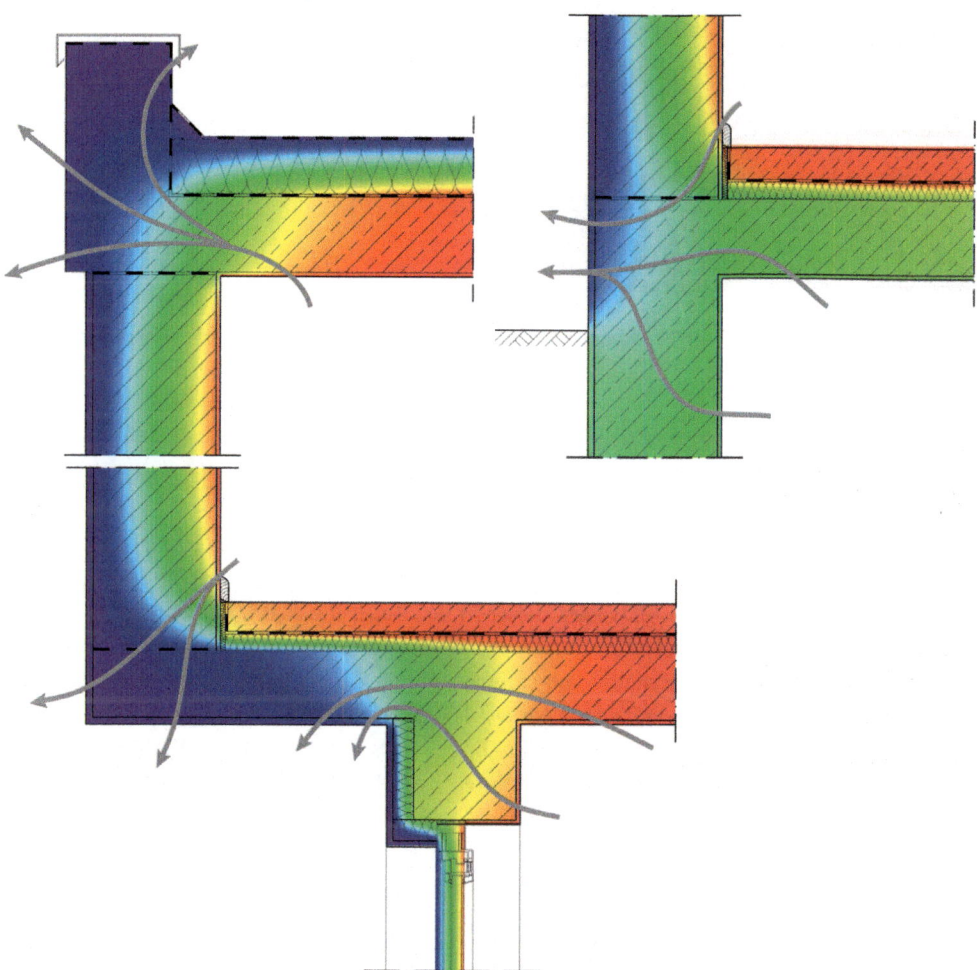

Bild 2.2-4 Beispiele für Mischformen von Wärmebrücken (gemäß [45])

oben links Attika **oben rechts** Decke zum unbeheizten Keller **unten** Deckenvorsprung

2.2.4 Lüftungsbedingte Wärmebrücken

In der Literatur ist bisweilen auch der Begriff der lüftungsbedingten Wärmebrücke zu finden. Hiermit sind Wärmeverluste über Leckagen in der Gebäudehülle gemeint (siehe Bild 2.2-5). Eine Wärmebrücke im Sinne der Definition gemäß Abschnitt 2.1 liegt nicht vor.

Bild 2.2-5 Thermogramm einer Stahlsandwichfassade mit erkennbaren Leckagen im Bereich der Elementstöße.

2.3 Auswirkungen von Wärmebrücken

2.3.1 Erhöhte Wärmeverluste

Im Bereich von Wärmebrücken tritt aufgrund der vorstehend beschriebenen Effekte ein erhöhter Wärmestrom zur kalten Außenseite auf, was gleich bedeutend mit erhöhten Wärmeverlusten ist. Für linienförmige Anschlüsse (2D) wird dieser in der Regel durch den längenbezogenen Wärmedurchgangskoeffizienten ψ und bei punktuellen Wärmebrücken (3D) durch den punktbezogenen Wärmedurchgangskoeffizienten χ beschrieben. Beide Größen werden nachfolgend in Abschnitt 2.4 erläutert. Der Transmissionswärmeverlust über die wärmeübertragende Umfassungsfläche eines Gebäudes berechnet sich gemäß Gl. 2.3-1 als Summe aus den Verlusten über die Regelbauteilflächen und den zusätzlichen Verlusten über 2D- und 3D-Wärmebrücken.

$$H_T = \sum_i \left(F_{x,i} \cdot U_i \cdot A_i \right) + \sum_j \left(\psi_j \cdot l_j \right) + \sum_k \chi_k \qquad (2.3\text{-}1)$$

Darin ist:

H_T = Transmissionswärmeverlust in W/K

F_x = Temperaturkorrekturfaktor des i-ten Bauteils gemäß DIN V 18599-2

U_i = Wärmedurchgangskoeffizient des i-ten Bauteils in W/(m²K)

A_i = Fläche des i-ten Bauteils in m²

ψ_j = längenbez. Wärmedurchgangskoeffizient der j-ten 2D-Wärmebrücke in W/(mK)

l_j = Länge der j.ten 2D-Wärmebrücke in m

χ_k = punktbez. Wärmedurchgangskoeffizient der k-ten 3D-Wärmebrücke in W/K

Mit steigenden Anforderungen an die energetische Qualität kommt der Minimierung der linearen Wärmebrücken eine immer größere Bedeutung zu, da die Verluste über 2D-Wärmebrücken bis zu 1/3 des Transmissionswärmeverlustes ausmachen können.

Der Einfluss von 3D-Wärmebrücken auf den Transmissionswärmeverlust eines Gebäudes ist in der Regel gering, weswegen in den aktuellen Berechnungsvorschriften solche punktuelle auftretende Verluste vernachlässigt werden. χ-Werte für exemplarische Anschlussdetails in Massivbauweise enthält [60]. Lediglich regelmäßig auftretende punktförmige Wärmebrücken sind gemäß DIN EN ISO 6946 zu berücksichtigen, wenn der Einfluss auf den U-Wert des betroffenen Bauteils mehr als 3% beträgt. Als Beispiel seien hier Befestigungsmittel für mehrschalige Außenwände genannt. Für einfache Fälle, wie Edelstahl-Drahtanker bei Klinkerschalen, kann ein U-Wert Zuschlag vereinfacht gemäß DIN EN ISO 6946 berechnet werden. Bei komplexeren Einbaugeometrien sind in der Regel aufwändigere ankerspezifische Berechnungen notwendig. Für Beton-Sandwichelemente (siehe Bild 2.3-1) wurde in [59] ein Verfahren vorgestellt, welches die Ergebnisse solcher komplexen Einzelrechnungen praxisgerecht anwendbar macht.

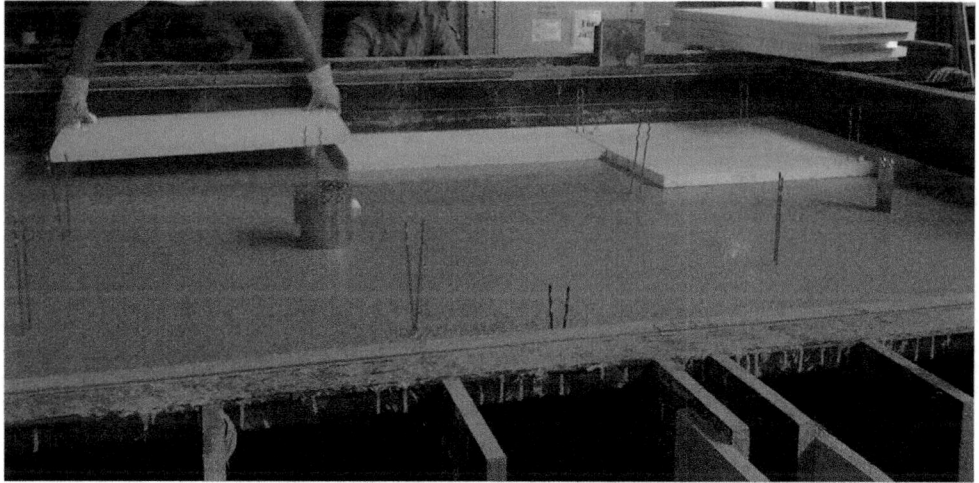

Bild 2.3-1 Beton-Sandwichelement während der Herstellung. Zu sehen sind die unterschiedlichen Ankertypen, die die Dämmschicht durchdringen.

Die erhöhten Wärmeverluste bei Wärmebrücken lassen sich visuell anschaulich durch Thermogramme der Bauteiloberflächen darstellen. Sie treten auf diesen als örtlich begrenzte Anomalien der Oberflächentemperaturen hervor. In Bild 2.3-2 können auf dem Thermogramm deutlich die Befestigungen der Heizkörper und die fehlerhafte Dämmung im Bereich der Fensterstürze erkannt werden. Insbesondere im Spätherbst können – nach den ersten Bodenfrösten – Wärmebrücken teilweise auch visuell identifiziert werden. In Bild 2.3-3 tritt die Wärmebrücke an der Haustrennwand durch die fehlende Reifauflage deutlich hervor.

Bild 2.3-2 Thermogramm eines Wohnhauses mit erkennbaren Heizkörperbefestigungen und deutlichen Wärmebrücken im Bereich der Fensterstürze (gemäß [45])

Bild 2.3-3 Beispiel für eine Wärmebrücke (fehlende Reifauflage) im Bereich einer Haustrennwand.

2.3.2 Schimmelpilzbildung und Tauwasserausfall

Mit dem Auftreten von Wärmebrücken sind nahezu immer auch deutlich abgesenkte Innenober-flächentemperaturen im Vergleich zum angrenzenden Regelbauteil verbunden. Je nachdem, wie gravierend der Einfluss der Wärmebrücke ist, kann die Innenoberflächentemperatur auf einen so niedrigen Wert absinken, dass Schimmelpilzwachstum ermöglicht wird. Wird zudem die Tau-punkttemperatur unterschritten, fällt Tauwasser an der Oberfläche aus. In Abschnitt 3 werden diese Aspekte ausführlich behandelt.

2.4 Kennwerte für Wärmebrücken

2.4.1 Thermischer Leitwert

Die wärmeschutztechnische Qualität einer Gebäudehülle wird im Allgemeinen anhand des berechneten Transmissionswärmeverlustes (Gl. 2.3-1) bewertet. In DIN EN ISO 10211 wird stattdessen der Begriff des Gesamtleitwertes $L_{3D,i,j}$ eingeführt. Dieser beschreibt den Wärmestrom pro Grad Temperaturdifferenz über eine Hüllfläche zwischen zwei unterschiedlich temperierten Bereichen i und j. Mit der Schreibweise aus DIN EN ISO 10211 ergibt sich Gl. 2.4-1. Die Gebäudehülle wird dabei in 1D-, 2D- und 3D-Teilmodelle gemäß Bild 2.4-1 zerteilt und der Wärmeverlust über die Einzelflächen aufaddiert.

$$L_{3D,i,j} = \sum_{k}\left(U_{k(i,j)} \cdot A_k\right) + \sum_{m}\left(L_{2D,m(i,j)} \cdot l_m\right) + \sum_{n} L_{3D,n(i,j)} = H_T \qquad (2.4\text{-}1)$$

Darin ist:

$L_{3D,i,i}$ = Gesamtleitwert über die Hüllfläche zwischen den Bereichen i und j in W/K ($=H_T$)

H_T = Transmissionswärmeverlust in W/K

$U_{k(i,j)}$ = Wärmedurchgangskoeffizient für die Teilfläche k zwischen den Bereichen i und j in W/(m²K)

A_k = Teilfläche, über die U_k gilt in m²
Anmerkung: A_k ist <u>nicht</u> die Gesamtoberfläche des Bauteils, sondern nur die Teilfläche innerhalb der der Wert U_k gilt.

$L_{2D,m(i,j)}$ = linearer thermischer Leitwert aus einer 2D-Berechnung für die Teilfläche m zwischen den Bereichen i und j in W/(mK)

l_m = Länge, über die $L_{2D,m(i,j)}$ gilt in m

$L_{3D,n(i,j)}$ = thermischer Leitwert aus einer 3D-Berechnung für die Teilfläche n zwischen den Bereichen i und j in W/K

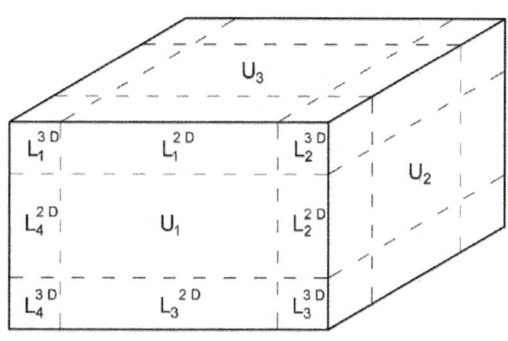 

Bild 2.4-1 links Gebäudehülle, unterteilt in 3D-, 2D- und 1D-geometrische Modelle
rechts Außenoberflächentemperaturen am 3D-FEM-Modell einer würfelförmigen Gebäudehülle zur Verdeutlichung

In der Praxis geht man einen anderen Weg, da die Berechnung der $L_{2d,m}$ und $L_{3d,n}$ mit erheblichem Aufwand verbunden ist. Die Basis für die praktische Berechnung von $L_{3D,i,j}$ bzw. H_T bildet das Hüllflächenmodell gemäß Bild 2.4-2. Hierbei wird vereinfachend der Wert U_k – als einfach zu berechnende Größe – über die gesamte jeweilige Regelbauteilfläche k angesetzt. Der U-Wert wird folglich – eine Ungenauigkeit in Kauf nehmend – auch in den Kanten und Ecken jedes Bauteils angesetzt. Auch andere Störungen (Wärmebrücken) in den Regelbauteilflächen werden durch den Ansatz des U-Wertes nicht korrekt erfasst.

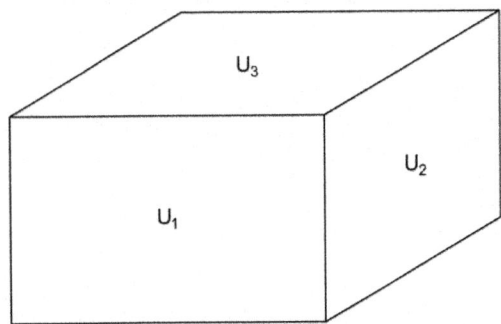

Bild 2.4-2 praxisrelevantes Rechenmodell der Gebäudehülle auf Basis der Regelbauteilflächen k und der zugehörigen Werte U_k

2.4.2 Längenbezogener Wärmedurchgangskoeffizient

In den Bereichen, in denen lineare Wärmebrücken vorliegen, kann die Ungenauigkeit des U-Wert-Ansatzes mit Hilfe des längenbezogenen Wärmedurchgangskoeffizienten ψ korrigiert werden. Der ψ-Wert wird somit als Differenz zwischen dem tatsächlichen Wärmeverlust L_{2D} je Meter Wärmebrücke und dem vereinfacht mit Hilfe des U-Wertes berechneten Wärmeverlustes bestimmt. Die Darstellung in Bild 2.4-3 verdeutlicht das Vorgehen.

$$\psi = L_{2D} - L_0 = L_{2D} - \sum_k \left(U_k \cdot l_k\right) = \frac{\Phi}{\Delta\theta_{i,j}} - \sum_k \left(U_k \cdot l_k\right) \qquad (2.4-2)$$

Darin ist:

ψ = längenbezogener Wärmedurchgangskoeffizient in W/(mK)

L_{2D} = linearer thermischer Leitwert aus einer 2D-FEM-Berechnung in W/(mK)

U_k = Wärmedurchgangskoeffizient für die Teilfläche k in W/(m²K)

l_k = Länge, über die U_k gilt in m

Φ = Wärmestrom je Meter der linienförmigen Wärmebrücke in W/m

$\Delta\theta_{i,j}$ = Temperaturdifferenz zwischen den Bereichen i und j in K

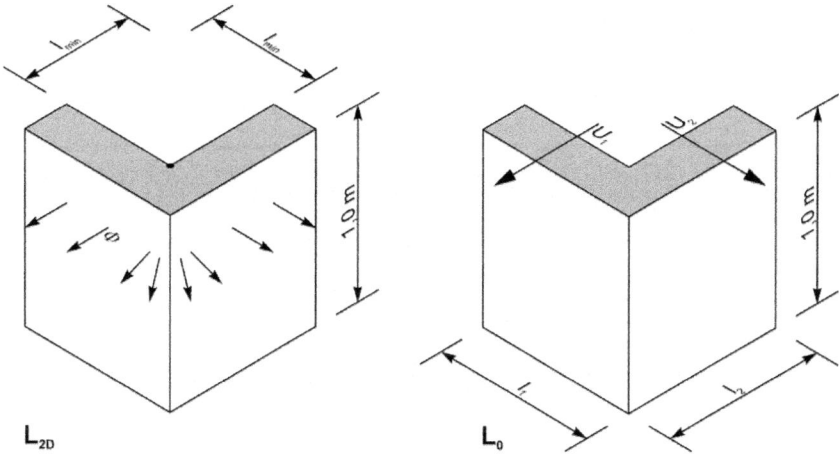

Bild 2.4-3 Berechnungsmodelle für die thermischen Leitwerte L_{2D} und L_0 bei der Ermittlung des ψ-Wertes

Für ein Modell mit drei anliegenden Temperaturen, z.B.: i (=interior), e (=exterior) und g (=ground) ergibt sich die erweiterte Formulierung gemäß Gl. 2.4-3 zur Bestimmung des ψ-Wertes.

$$\psi = \frac{\Phi}{\Delta\theta_{i,e}} - \sum_m \left(U_{m(i,e)} \cdot l_m\right) \cdot \frac{\Delta\theta_{i,e}}{\Delta\theta_{i,e}} - \sum_n \left(U_{n(i,g)} \cdot l_n\right) \cdot \frac{\Delta\theta_{i,g}}{\Delta\theta_{i,e}} \qquad (2.4\text{-}2)$$

Darin ist:

ψ = längenbezogener Wärmedurchgangskoeffizient in W/(mK)

Φ = Wärmestrom je Meter der linienförmigen Wärmebrücke in W/m

$\Delta\theta_{i,e}$ = Temperaturdifferenz zwischen den Bereichen i und e in K

$U_{m(i,e)}$ = Wärmedurchgangskoeffizient für die Teilfläche m zwischen den Bereichen i und e in W/(m²K)

l_m = Länge, über die U_m gilt in m

$U_{n(i,g)}$ = Wärmedurchgangskoeffizient für die Teilfläche n zwischen den Bereichen i und g in W/(m²K)

l_n = Länge, über die U_n gilt in m

$\Delta\theta_{i,g}$ = Temperaturdifferenz zwischen den Bereichen i und g in K

Nachfolgend wird die Berechnung des längenbezogenen Wärmedurchgangswiderstandes anhand des einfachen Beispiels gemäß Bild 2.4-4 erklärt. Berechnet werden soll der ψ-Wert für eine Außenkante. Der U-Wert der Wand beträgt U = 1,515 W/(m²K). Durch eine 2D-FEM-Berechnung wird ein thermischer Leitwert L_{2D} = 3,19 W/(mK) ermittelt. Für den zu subtrahierenden Basiswert U·A ist es relevant, den Maßbezug festzulegen. Wird außenmaßbezogen gerechnet, ergibt sich eine Modelllänge l = 2,48 m und somit ein Wert ψ_e = 3,19 - 3,76 = -0,57

W/(mK). Bei Verwendung des Innenmaßbezugs ergibt sich $l = 2{,}0$ m und $\psi_i = 3{,}19 - 3{,}03 = 0{,}16$ W/(mK). Der Maßbezug ist also entscheidend für die Größenordnung des ψ-Wertes.

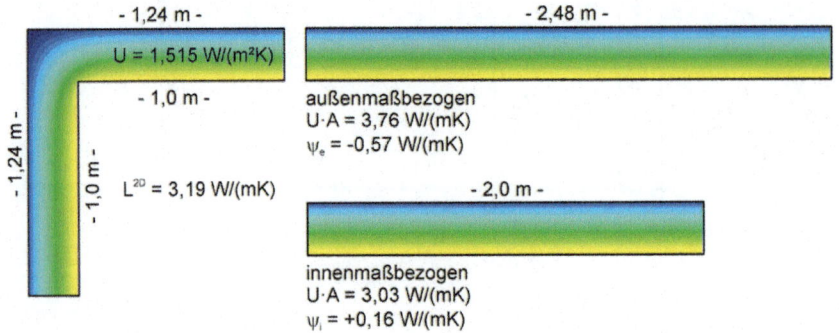

Bild 2.4-4 Beispiel: Berechnung des ψ-Wertes für eine Außenkante

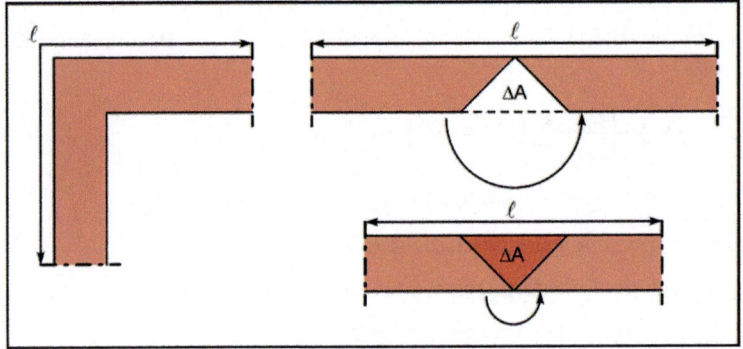

Bild 2.4-5 Erläuterung zur maßbezugsabhängigen Größe des ψ-Wertes

Auffällig ist, dass sich bei Berechnung des ψ-Wertes mit Außenmaßbezug ein negatives Ergebnis ergibt, während sich bei Innenmaßbezug ein positives Ergebnis für ψ einstellt. Der Grund hierfür ist die beschriebene Korrektur des Basiswertes $U \cdot l$. Das Rechenmodell für den Basiswert entsteht – anschaulich gesagt – dadurch, dass die Außenkante um den äußeren bzw. inneren Eckpunkt „aufgebogen" wird. Für den Außenmaßbezug entsteht dabei im Basismodell eine zusätzliche Fläche ΔA, über die ein Wärmeverlust berechnet wird, während bei Innenmaßbezug sich eine Minderfläche ΔA ergibt. Beim Außenmaßbezug wird der Wärmeverlust des Basismodells somit zu groß berechnet, beim Innenmaßbezug zu klein. Das Thema „Maßbezug" wird noch ausführlich im Abschnitt „Berechnungsrandbedingungen" vertieft.

Die Größenordnung des ψ-Wertes selbst kann durch den Vergleich mit dem U-Wert veranschaulicht werden: Wird für eine Wärmebrücke $\psi = 0{,}2$ W/(mK) errechnet und beträgt der U-Wert des angrenzenden Regelbauteils $U = 0{,}2$ W/(m²K), dann geht pro laufenden Meter Wärmebrücke so viel Wärme verloren, wie über einen Quadratmeter Regelbauteilfläche.

Um zu vermeiden, dass für jedes konkrete Projekt alle ψ-Werte neu ermittelt werden müssen, wurden über die letzten 30 Jahre verschiedene Wärmebrückenatlanten erstellt, in denen für typische Detaillösungen die sich ergebenen ψ-Werte katalogisiert sind. Die ersten dieser Kataloge entstanden Mitte der achtziger Jahre ([26] und [31]), weitere wie [21], [22] und [52] folgten. Da sich im Laufe der Zeit die Randbedingungen für eine Wärmebrückenberechnung mehrfach verändert haben, sollten nur aktuelle Kataloge wie z.B. [48], [51], [62], [63], [64], oder [66] genutzt werden.

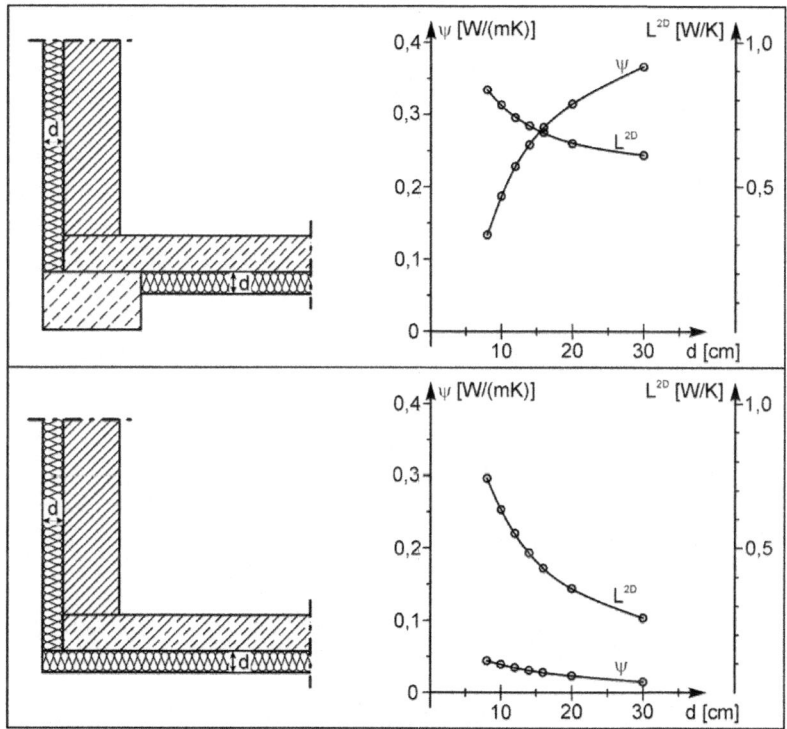

Bild 2.4-6 Entwicklung der Größenordnung von ψ-Wert und thermischem Leitwert L^{2D} (gemäß [41]).
oben Modell mit Unterbrechung der Dämmebene **unten** Modell mit durchlaufender Dämmebene

Da der ψ-Wert immer einen Relativbezug zwischen dem Wärmeverlust des Basismodells U·l und dem tatsächlichen Wärmeverlust darstellt, ist der ψ-Wert kein Maß für die wärmeschutztechnische Qualität des Anschlussdetails: Ein hoher ψ-Wert ist nicht automatisch „schlecht". Zu unterscheiden sind folgende Fälle:

• Sind die Regelbauteile zwar sehr gut gedämmt, die Wärmedämmung aber im Anschluss zwischen den Bauteilen geschwächt oder unterbrochen, ergeben sich hohe ψ-Werte. Mit steigender Dämmqualität der Regelbauteile steigt der ψ-Wert weiter an.

• Sind die Regelbauteile sehr gut gedämmt und im Anschluss nicht unterbrochen/geschwächt, sinkt der ψ-Wert bei steigender Dämmqualität.

- Sind die Regelbauteile schlecht oder gar nicht gedämmt, ist die Qualität des Anschlussdetails von untergeordneter Bedeutung: Der Wärmeverlust über die Bauteile ist so hoch, das Wärmebrücken zusätzlich energetisch nicht ins Gewicht fallen.

In Bild 2.4-6 werden diese grundsätzlichen Zusammenhänge an einem Beispiel verdeutlicht.

Auch aus anderen Gründen kann bei erdberührten Bauteilen von der Größe des ψ-Wertes nicht auf die energetische Qualität des Anschlusses geschlossen werden. Der Grund hierfür liegt in der Art und Weise der Berechnung der Wärmeverluste. In DIN EN ISO 13370 wird die zusätzliche Dämmwirkung des Erdreiches im U-Wert berücksichtigt. Dieser stellt einen gemittelten Wärmeverlust über die Gesamtfläche eines erdberührten Bauteils dar. Tatsächlich ist der Wärmeverlust am Rand beispielsweise einer Bodenplatte aber größer, in der Bodenplattenmitte kleiner als dieser Mittelwert. Im Rahmen der Berechnung des ψ-Wertes wird der U-Wert der Bodenplatte für die Berechnung des thermischen Leitwertes L_0 genutzt. Bei einer Wärmebrücke am Bodenplattenrand ergibt sich folglich ein unrealistisch niedriger Wert L_0 und damit ein zu großer ψ-Wert, für eine Wärmebrücke in der Mitte der Bodenplatte dementsprechend ein zu hoher Wert L_0 und ein zu kleiner ψ-Wert. Für eine gut gedämmte Bodenplatte ist der Einfluss des Erdreiches relativ gering, für ungedämmte Bodenplatten dagegen entscheidend. Insbesondere für ungedämmte Bodenplatten sind die beschriebenen Abweichungen daher besonders groß.

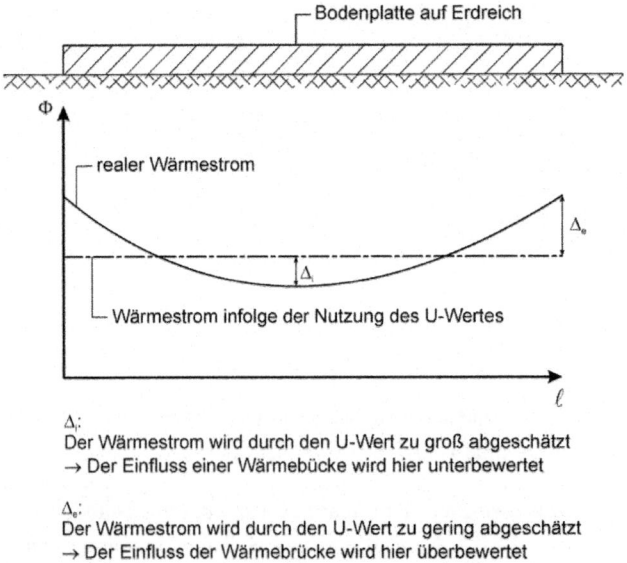

Δ_i:
Der Wärmestrom wird durch den U-Wert zu groß abgeschätzt
→ Der Einfluss einer Wärmebücke wird hier unterbewertet

Δ_e:
Der Wärmestrom wird durch den U-Wert zu gering abgeschätzt
→ Der Einfluss der Wärmebrücke wird hier überbewertet

Bild 2.4-7 Verdeutlichung der Abweichungen zwischen dem realen Wärmeverlust und dem Wärmeverlust bei Nutzung des U-Wertes für eine Bodenplatte auf Erdreich

2.4.3 Punktbezogener Wärmedurchgangskoeffizient

Für die energetische Bewertung einer 3D-Wärmebrücke sind zunächst die ggf. angrenzenden 2D-Wärmebrücken zu bewerten. Sind die längenbezogenen Wärmedurchgangskoeffizienten oder die 2D-thermischen Leitwerte bekannt, kann daraus der punktbezogenen Wärmedurchgangskoeffizient nach einer der beiden folgenden Gleichungen berechnet werden.

$$\chi = L_{3D} + \sum_k \left(U_k \cdot A_k \right) - \sum_m \left(L_{2D,m} \cdot l_m \right) \qquad (2.4\text{-}3)$$

$$\chi = L_{3D} - \sum_k \left(U_k \cdot A_k \right) - \sum_m \left(\psi_m \cdot l_m \right) \qquad (2.4\text{-}4)$$

Darin ist:

L_{3D} = thermischer Leitwert aus einer 3D Berechnung des zu beurteilenden 3D-Anschlusses in W/K

U_k = Wärmedurchgangskoeffizient für Regelbauteil k in W/(m²K)

A_k = Fläche von Regelbauteil k in m²

$L_{2D,m}$ = thermischer Leitwert aus einer 2D Berechnung des 2D-Anschlusses m in W/(mK)

ψ_m = längenbezogener Wärmedurchgangskoeffizient des 2D-Anschlusses m in W/(mK)

l_m = Länge, über die $L_{2D,m}$ bzw. ψ_m gilt in m

Für die praktische Anwendung ist die Formulierung gemäß Gl. 2.4-3 unüblich, da hier zunächst die Werte $L_{2D,m}$ in zusätzlichen Berechnungen zu bestimmen sind. Der Vorteil der Anwendung von Gl. 2.4-4 liegt darin, dass die Werte ψ_m gegebenenfalls aus Wärmebrückenkatalogen entnommen werden können. Zusätzliche individuelle Berechnungen für die 2D-Wärmebrücken können dann entfallen.

3 Mindestwärmeschutz

3.1 Historische Entwicklung

Zu Beginn des 20ten Jahrhundert bis in die 1930er Jahre wurde als Maß für den Mindestwärmeschutz eine 1½-steinige Wand (in Ostpreußen 2-steinig) herangezogen. Diese „Anforderung" bezog sich auf ein Steinmaß von 12 x 25 cm, weswegen eine 1½ –steinige Wand aus 38 cm Mauerwerk zuzüglich etwaiger Putzschichten bestand. Als Wärmeleitfähigkeit für das Vollziegelmaterial war ein Rechenwert von 0,75 kcal/(mhK) = 0,872 W/(mK) gebräuchlich.

Erste genauere Untersuchungen zum Mindestwärmeschutz von Cammerer sind in [7] und [8] beschrieben. Als Bemessungsgrundlage diente der Winter 1928/29, der am Klimastandort Berlin als der ungünstigste seit 1847 beschrieben wird. Die maßgebende Temperatur wird von Cammerer in [7] wie folgt festgelegt:

„Es genügt, als maßgebende Temperatur statt der absolut tiefsten Temperatur eines einzelnen Tages die Mitteltemperatur während eines solchen Zeitraumes anzusetzen, daß die Speicherwirkung einer Wand keinen Ausgleich mehr herbeiführen kann und die entstehende Wandfeuchtigkeit einen gesundheitsschädlichen Umfang annimmt. Man kann dafür das Tagesmittel während der fünf ungünstigsten Tage im Februar 1929 zugrunde legen und Deutschland in drei Temperaturgebiete einteilen. "

Die von Cammerer erarbeitete Karte ist in Bild 3.1-1 wiedergegeben, die daraus abgeleiteten Anforderungen an den notwendigen Mindestwärmeschutz in Tabelle 3.1-1. In [7] wird auch bereits das Thema „Wärmebrücken" (damals noch „Kältebrücken") erläutert, ohne jedoch Anforderungen anzugeben. Ferner werden wirtschaftliche „Wand- und Isolierstärken" angegeben.

Tabelle 3.1-1 Der notwendige Mindestwärmeschutz von Wandungen in Deutschland (nach [7])

	1	2	3	4	5
1	Temperaturunterschied in K zwischen Innenluft (20°C) und Außenluft (entsprechend den Linien in Bild 3.1-1)	31	35	39	43
2	Mindestwärmedurchgangszahl (Anm.: entspricht dem Wärmedurchgangs- koeffizient, U-Wert) in kcal/(m²hK)	1,80	1,59	1,43	1,30
	in W/(m²K)	2,09	1,85	1,66	1,51
3	Mindestvollziegelstärke in cm	25	30	36	41

Zeitlich nachfolgend wurden Anforderungen an den Mindestwärmeschutz in die Eingeführten Technischen Baubestimmungen (ETB) aufgenommen. In ETB-Ergänzung 1 von 1947 findet sich eine Einteilung Deutschlands in vier Klimazonen, wobei die Klimazone IV die Ostgebiete des damaligen deutschen Reiches repräsentierte. Eine genaue Zuordnung der Klimazonen ist leider nicht möglich, die keine Kartenquelle aufgefunden werden konnte. Die Anforderungen gemäß ETB-Ergänzung 1 von 1947 enthält Tab. 3.1-2.

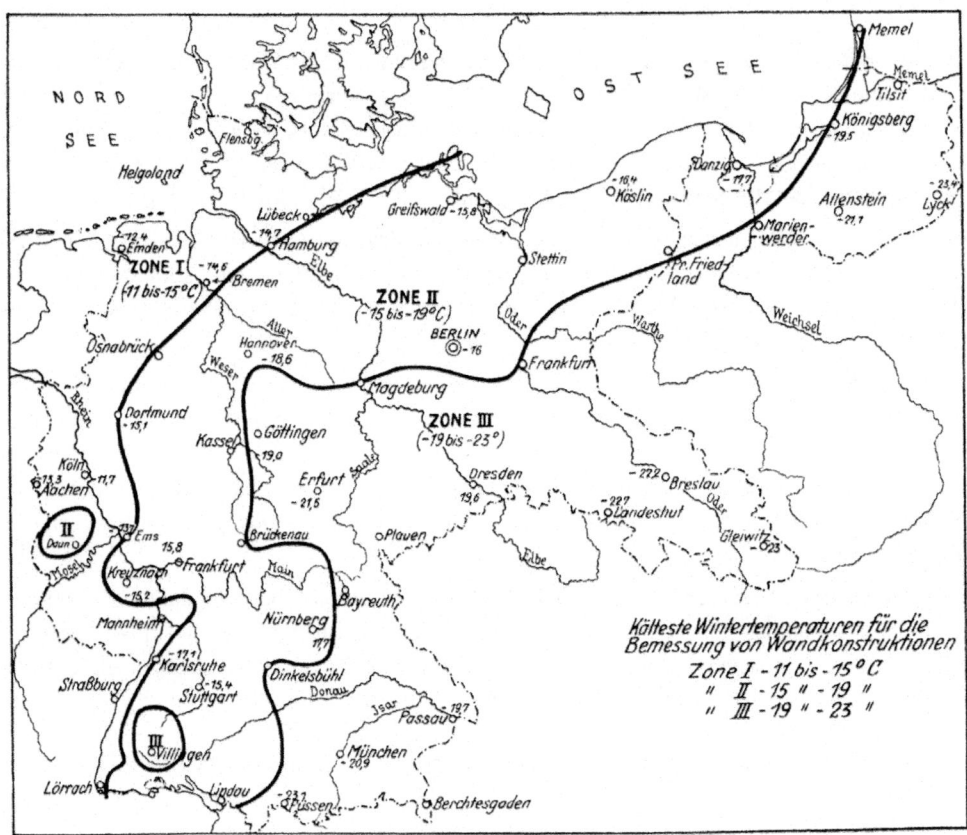

Bild 3.1-1 Zoneneinteilung von Deutschland für den Mindestwärmeschutz gemäß [7]

Tabelle 3.1-2 Erforderlicher Wärmedurchlasswiderstand in m²hK/kcal von Wänden und Decken gemäß ETB-Ergänzung 1 von 1947 (nach [55])

	1	2	3	4	5
1	Bauteil	Klimazone			
2		I	II	III	IV
3	Außenwände	0,38	0,55	0,73	0,91
4	Wohnungstrennwände	0,38	0,38	0,38	0,38
5	Außendecken	0,73	0,91	1,06	1,24
6	Wohnungstrenndecken	0,73	0,73	0,73	0,73

Ausführliche Vorgaben und Handlungsempfehlungen zum hygienischen Mindestwärmeschutz wurden erstmals mit der Herausgabe von DIN 4108 im Juli 1952 beschrieben. An Stelle der vier „Klimazonen" wurden drei charakteristische „Wärmedämmgebiete" gebildet (siehe Bild 3.1-2). Als Anforderungskriterium wurde der Wärmedurchlasswiderstand gewählt.

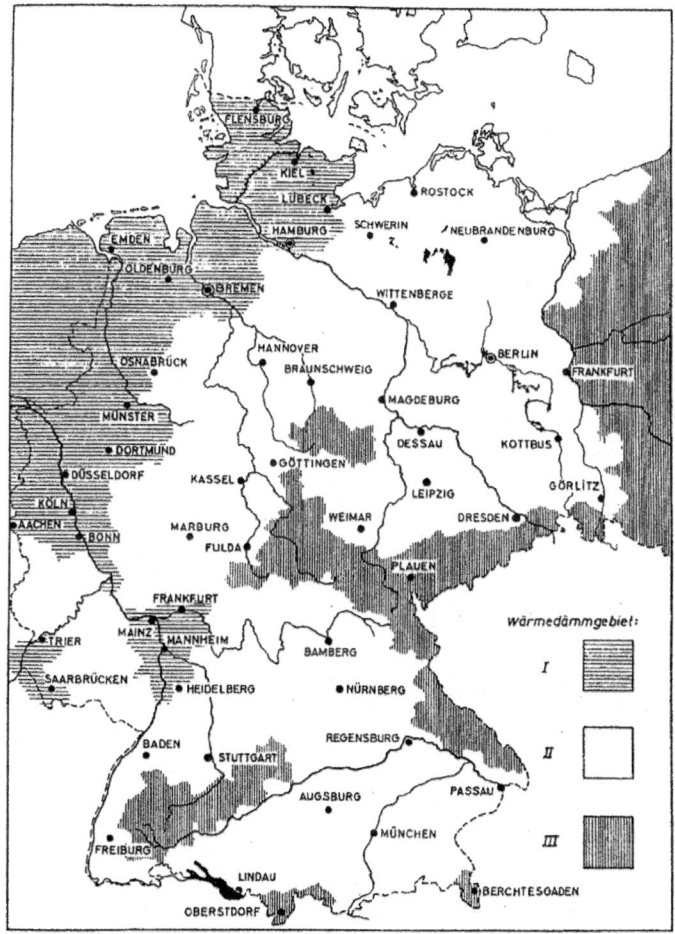

Bild 3.1-2 Karte der Wärmedämmgebiete gemäß DIN 4108, Ausgabe Juli 1952

Bis heute wurden die Vorgaben der DIN 4108 bezüglich des Mindestwärmeschutzes kontinuierlich fortentwickelt. Seit 1981 ist dem Mindestwärmeschutz mit DIN 4108-2 ein eigener Normteil gewidmet. Mit dieser Ausgabe von 1981 wurde auch das Konzept der Wärmedämmgebiete zugunsten einheitlicher Mindestanforderungen aufgegeben. Die Anforderungen zielten bis dahin immer auf die Vermeidung von Tauwasserbildung. Randbedingungen für den Nachweis der Einhaltung der Taupunkttemperatur wurden 1981 in DIN 4108-3 angegeben:

- Raumklima für Wohn- und Bürogebäude: 20 °C, 50 % rF, sonst nutzungsspezifisch

- Raumseitiger Wärmeübergangswiderstand: $R_{si} = 0,17$ m²K/W
- Außenlufttemperatur: -15 °C

zu führen.

Mit DIN 4108-2:2001-03 wurde das Nachweiskriterium geändert. Das Ziel war fortan nicht mehr der Tauwasserausfall, sondern die Schimmelpilzbildung. Die Randbedingungen für den Nachweis wurden ebenfalls angepasst und in DIN 4108-2 integriert:

- Raumklima für wohn- und wohnähnliche Nutzung: 20 °C, 50 % rF,
  sonst nutzungsspezifisch
- Raumseitiger Wärmeübergangswiderstand: $R_{si} = 0,25$ m²K/W
- Außenlufttemperatur: -5 °C

In DIN 4108:2001-03 wurden erstmals auch explizite Anforderungen an linienförmige Wärmebrücken aufgenommen. Über die Formulierung, dass an der „ungünstigsten Stelle" eine Oberflächentemperatur von 12,6 °C einzuhalten ist, konnten grundsätzlich auch 3D-Wärmebrücken als nachweispflichtig eingestuft werden, was aber (obwohl physikalisch begründet) nicht im Sinne der seinerzeitigen Norm gewesen ist. Seit der aktuellen Ausgabe DIN 4108:2013-02 ist auch an punktförmigen Wärmebrücken das Nachweiskriterium $\theta_{si} \geq 12,6$ °C einzuhalten.

3.2 Tauwasserbildung und Schimmelpilzwachstum

3.2.1 Taupunkttemperatur

Eine Tauwasserbildung auf Bauteiloberflächen tritt auf, wenn die Taupunkttemperatur θ_s unterschritten wird. Hiermit wird diejenige Temperatur bezeichnet, bei der die Wasserdampfsättigungskonzentration c_s bzw. der Wasserdampfsättigungsdruck p_s der Luft erreicht ist. Die relative Luftfeuchtigkeit an der Oberfläche beträgt in diesem Zustand 100%. Bei einer Unterschreitung der Taupunkttemperatur wird ein Teil des in der Luft enthaltenen Wasserdampfes in flüssiger Form als Tauwasser an der Oberfläche ausgeschieden.

Kann die Oberfläche keine Feuchtigkeit aufnehmen (z.B. Folien, Metalle), sammelt sich das Tauwasser an der Oberfläche an, bis es – der Schwerkraft folgend – am Bauteil abläuft. Dies kann zu Bauschäden führen, wenn das Bauteil, auf dem sich das ablaufende Wasser sammelt, nicht ausreichend feuchteresistent ist.

Wird das ausfallende Tauwasser direkt von der Oberfläche des Bauteils aufgenommen, sammelt sich die Feuchtigkeit im oberflächennahen Porenraum des Bauteils an. Geschieht dies kurzfristig, kann durch ausreichendes Heizen und Lüften in der Regel schnell eine Abtrocknung des Bauteils erreicht werden. Verbleibt das Tauwasser jedoch längerfristig im Bauteil und reichert sich weiter an, kann die Dämmfähigkeit der betroffenen Materialien herabgesetzt werden und es können verschiedene Schadenszenarien auftreten (z.B. Schimmelpilzbildung, Korrosion, Materialzersetzung, Fäulnis).

Die Taupunkttemperatur berechnet sich in Abhängigkeit von der Lufttemperatur des Raumes und der relativen Luftfeuchte gemäß Gl. 3.2-1. Alternativ kann die Taupunkttemperatur Tabelle 3.2-1 entnommen werden.

$$\theta_s = \left(\frac{\phi}{100}\right)^{0,1247} \cdot (109,8 + \theta) - 109,8 \qquad\qquad (3.2\text{-}1)$$

Darin ist:

θ_s = Taupunkttemperatur in °C

ϕ = relative Luftfeuchte in %

θ = Raumlufttemperatur in °C

Tabelle 3.2-1 Taupunkttemperatur θ_s der Luft gemäß Gl. 3.2-1 in Abhängigkeit von der relativen Feuchte und der Lufttemperatur

	1	2	3	4	5	6	7	8	9	10	11	12
1	Lufttemperatur					relative Luftfeuchte in %						
2	in °C	40	45	50	55	60	65	70	75	80	85	90
3	30	14,9	16,8	18,4	20,0	21,4	22,7	23,9	25,1	26,2	27,2	28,2
4	29	14,0	15,8	17,5	19,0	20,4	21,7	23,0	24,1	25,2	26,2	27,2
5	28	13,1	14,9	16,6	18,1	19,5	20,8	22,0	23,1	24,2	25,2	26,2
6	27	12,2	14,0	15,7	17,2	18,6	19,8	21,0	22,2	23,2	24,3	25,2
7	26	11,3	13,1	14,8	16,2	17,6	18,9	20,1	21,2	22,3	23,3	24,2
8	25	10,4	12,2	13,8	15,3	16,7	18,0	19,1	20,3	21,3	22,3	23,2
9	24	9,6	11,3	12,9	14,4	15,7	17,0	18,2	19,3	20,3	21,3	22,3
10	23	8,7	10,4	12,0	13,5	14,8	16,1	17,2	18,3	19,4	20,3	21,3
11	22	7,8	9,5	11,1	12,5	13,9	15,1	16,3	17,4	18,4	19,4	20,3
12	21	6,9	8,6	10,2	11,6	12,9	14,2	15,3	16,4	17,4	18,4	19,3
13	20	6,0	7,7	9,3	10,7	12,0	13,2	14,4	15,4	16,4	17,4	18,3
14	19	5,1	6,8	8,3	9,7	11,1	12,3	13,4	14,5	15,5	16,4	17,3
15	18	4,2	5,9	7,4	8,8	10,1	11,3	12,4	13,5	14,5	15,4	16,3
16	17	3,3	5,0	6,5	7,9	9,2	10,4	11,5	12,5	13,5	14,5	15,3
17	16	2,4	4,1	5,6	7,0	8,2	9,4	10,5	11,6	12,5	13,5	14,4
18	15	1,5	3,2	4,7	6,0	7,3	8,5	9,6	10,6	11,6	12,5	13,4
19	14	0,6	2,3	3,7	5,1	6,4	7,5	8,6	9,6	10,6	11,5	12,4
20	13	-0,3	1,4	2,8	4,2	5,4	6,6	7,7	8,7	9,6	10,5	11,4
21	12	-1,2	0,5	1,9	3,3	4,5	5,6	6,7	7,7	8,7	9,6	10,4
22	11	-2,0	-0,4	1,0	2,3	3,5	4,7	5,7	6,7	7,7	8,6	9,4
23	10	-2,9	-1,4	0,1	1,4	2,6	3,7	4,8	5,8	6,7	7,6	8,4

3.2.2 Schimmelpilzgrenztemperatur – 80%-Kriterium

Systematische Untersuchungen zu den Bedingungen von Schimmelpilzwachstum auf Bauteil-oberflächen wurden in den 1990er Jahren an verschiedenen Instituten durchgeführt. Aus den Ergebnissen von Arbeiten/Veröffentlichung wie [10], [18], [37] und [65] wurde das sogenannte 80%-Kriterium abgeleitet, welches bis heute in der Regel die Grundlage für die Beurteilung einer Gefahr von Schimmelpilzwachstum darstellt.

„Eine Gefahr des Schimmelpilzwachstums besteht, wenn an 4-5 aufeinanderfolgenden Tagen eine relative Feuchte an der Oberfläche von 80% überschritten wird"

Die Schimmelpilzgrenztemperatur $\theta_{si,min,krit}$ (= geringste zulässige Temperatur auf der raumseitigen Oberfläche) kann aus Gl. 3.2-1 unter Annahme einer um 100%/80% = 1,25 fach erhöhten relativen Luftfeuchte abgeleitet werden.

$$\theta_{si,min,krit} = \left(\frac{1,25 \cdot \phi}{100}\right)^{0,1247} \cdot (109,8+\theta) - 109,8 \qquad (3.2\text{-}2)$$

Darin ist:

$\theta_{si,min,krit}$ = geringste zulässige Temperatur auf der raumseitigen Oberfläche zur Vermeidung von Schimmelpilzwachstum in °C

ϕ = relative Luftfeuchte in %

θ = Raumlufttemperatur in °C

Der Grund dafür, dass Schimmelpilzsporen bereits auskeimen, obwohl augenscheinlich kein Tauwasser an der Oberfläche vorhanden ist, liegt im Phänomen der sogenannten „Kapillarkondensation".

Kapillarkondensation

Im Gegensatz zum Wärmetransport (entlang eines Temperaturgradienten) stellt beim Feuchtetransport der Gradient des Partialdampfdruckes das treibende Potential dar. Liegen an einen Bauteil unterschiedliche Partialdampfdrücke an, erfolgt ein Diffusionstransport hin zur Seite des niedrigeren Dampfdruckes. Hierbei lagern sich in den Baustoffporen einzelne Wassermoleküle an den Porenoberflächen an und bilden zunächst einen monomolekularen Film, bei größerer anliegender relativer Feuchte multimolekular. Bei weiterer Steigerung des Feuchtegehaltes füllen sich kleinere Poren (Kapillarporen) vollständig mit Wasser, während Poren mit größerem Durchmesser noch weitgehend luftgefüllt sind. Die geringen Mengen an Flüssigwasser, die im Kapillarporenraum vorliegen, genügen den Schimmelpilzsporen zum Auskeimen.

3.2.3 Schimmelpilzgrenztemperatur – Isoplethenmodell

Eine umfassende Untersuchung zu den Wachstumsbedingungen verschiedener bautypischer Schimmelpilze liegt mit [49] vor. Als Ergebnis dieser Arbeit wurde das sogenannte Isoplethenmodell entwickelt. Demnach werden Baustoffe in drei relevante Substratgruppen eingeteilt:

- Substratgruppe I: biologisch gut verwertbare Substrate
  Hierzu gehören beispielsweise Untergründe wie Tapeten, Gipskartonplatten, Bauprodukte aus gut abbaubaren Rohstoffen, Material für dauerelastische Fugen. Ferner werden Stoffe aus Substratgruppe II und III der Substratgruppe I zugeordnet, wenn die Oberfläche stark verschmutzt ist.
- Substratgruppe II: biologisch kaum verwertbare Substrate
  Hierzu gehören beispielsweise Untergründe wie Putze, mineralische Baustoffe, manche Hölzer sowie Dämmstoffe, die nicht in Substratgruppe I fallen
- Substratgruppe III: inerte Substrate
  Hierzu gehören beispielsweise Untergründe wie Metalle, Folien, Gläser und Fliesen

Wie lange es dauert, bis die auf einem Baustoff vorhandenen Schimmelpilzsporen auskeimen, ist abhängig von der Temperatur und der relativen Feuchte. In [49] wurden für jede Substratgruppe Isoplethensysteme (Linien gleicher Auskeimzeit) abgeleitet, die angeben, wie lange welche Lufttemperatur und welche relative Luftfeuchte anliegen müssen, bis es zur Auskeimung von Schimmelpilzsporen kommt (siehe Bild 3.2-1). Wird z.B. die 1d-Isoplethe an mehr als 24 h überschritten (oder die 2d-Isoplethe an mehr als 48 Stunden usw.), kann eine Schimmelpilzspore auskeimen. Eine ausführliche Beschreibung der Anwendung des Isoplethenmodells bei der Schimmelpilzvorhersage enthält [56].

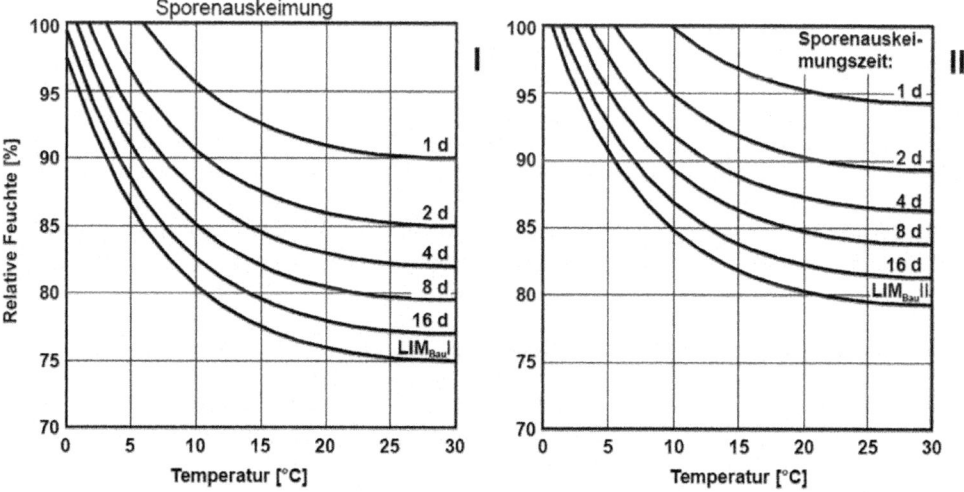

Bild 3.2-1 Verallgemeinerte Isoplethensysteme für Baustoffe der Substratgruppen I und II (nach [49])

3.2.4 Grundsätzliche Ursachen für Tauwasserausfall/Schimmelpilzbildung

Erhöhter raumseitiger Wärmeübergangswiderstand

Wenn großflächige Möblierungen ohne Hinterlüftungsmöglichkeit z.B. entlang von Außenwänden (Schränke) oder auf Decken über Hofdurchfahrten (Betten) positioniert werden, stellen diese Möbel einen zusätzlichen Widerstand gegen Wärmedurchgang dar, der üblicherweise dem Wärmeübergangswiderstand zugeordnet wird. Als Folge dieses erhöhten Widerstandes sinkt die

Oberflächentemperatur auf der Wand bzw. der Decke signifikant ab. Wird an der Bauteiloberfläche (oder im Schrank bzw. Bettkasten) die Schimmelpilzgrenztemperatur unterschritten, kommt
es zur Schimmelpilzbildung. Sinkt die Temperatur noch weiter, kann Tauwasser ausfallen. Der
Einfluss des inneren Wärmeübergangswiderstandes auf die Oberflächentemperatur des Bauteils
wird in Bild 3.2-2 gezeigt. Besonders kritisch sind Schlafzimmerschränke und Kastenbetten zu
bewerten, da hier zusätzlich zum eigentlichen Möbel noch der Inhalt relevant wird. So ist ein
Schlafzimmerschrank – dicht belegt mit Wollkleidung – im Extremfall nichts anderes als 60 cm
Innendämmung. Folglich ergeben sich noch weit höhere zusätzliche Widerstände als die in
Bild 3.2-2 aufgeführten, wodurch es auch in gut gedämmten Neubauten zu Schimmelpilzbildun-
gen kommen kann.

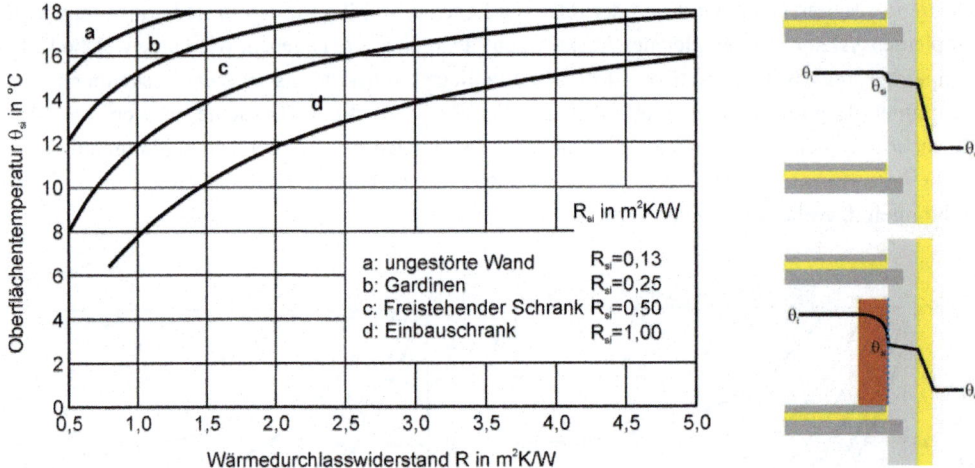

Bild 3.2-2 Oberflächentemperatur θ_{si} in Abhängigkeit vom Wärmedurchlasswiderstand R und innerem
Wärmeübergangswiderstand R_{si} für eine Außenwand unter den klimatischen Randbedingungen nach
DIN 4108-2 (Raumlufttemperatur θ_i = 20°C , Außenlufttemperatur θ_e = -5°C) (nach [61])

Erhöhte Raumluftfeuchte bzw. zu geringe Temperatur

Eine übermäßig erhöhte Raumluftfeuchte (Werte >> 50 % r.F.) kann auf verschiedene Ursachen
zurückzuführen sein. Zum einen können Bauschäden (Rohrbruch, Wasserzutritt von außen) für
einen erhöhten Feuchteeintrag verantwortlich sein, zum anderen können aus der Nutzung heraus
hohe Feuchteeinträge resultieren. In [67] werden folgende Zahlenwerte exemplarisch genannt:

- große Zimmerpflanzen (z.B. Ficus): 10 – 30 g/h
- Aquarien, je m² Wasseroberfläche: 30 – 50 g/h
- 4,5 kg Wäsche (geschleudert) trocknen: 50 – 200 g/h

Oftmals ist eine erhöhte Raumluftfeuchte allerdings auf ein unzureichendes Lüften der Räume
durch den Nutzer zurückzuführen. Eine erhöhte Raumluftfeuchte hat eine erhöhte Taupunkttemperatur resp. Schimmelpilzgrenztemperatur zur Folge.

Eine unzureichende Beheizung einzelner Räume ist ebenfalls problematisch. Diese resultiert entweder erzwungen aus einer falschen Dimensionierung der Übergabeeinrichtungen oder der gesamten Anlage – der Nutzer ist dann nicht in der Lage, den Raum ausreichend zu beheizen – oder bewusst aus falsch verstandenen Energieeinspargedanken. Eine aktuelle Umfrage unter 1100 Verbrauchern [36] hat ergeben, dass jeder fünfte Befragte zur Reduzierung der Heizkosten versucht, gar nicht zu heizen. Die Folge: Durch die niedrigere Raumtemperatur wird die Feuchteaufnahmefähigkeit der Raumluft reduziert. Somit ergeben sich ein geringeres Rücktrocknungspotential und weniger Feuchteaustrag während des Lüftens. Werden nur einzelne Räume nicht geheizt, sondern über eine offen stehende Tür mit Wärme aus anderen Räumen versorgt, kann die eingetragene Feuchte sich an den kalten Raumoberflächen niederschlagen und ebenfalls Schimmelpilzwachstum nach sich ziehen.

Sommerkondensation

Das Problem der Sommerkondensation tritt bisweilen in unbeheizten Räumen auf, wenn Bauteile mit hoher Speichermasse vorhanden sind (z.B. Kirchen, Kellerräume). Wenn im Sommer die feuchtwarme Außenluft in die Räume gelangt, kann es aufgrund der niedrigen Oberflächentemperatur der Bauteile zu Tauwasserausfall kommen.

Unzureichende Dämmqualität der Bauteile

Weisen Bauteile einen zu geringen Wärmedurchlasswiderstand auf, kann es ebenfalls zu Schimmelpilzwachstum oder Tauwasserausfall auf der Innenoberfläche kommen. Um dies zu verhindern, werden Anforderungen an den Mindestwärmeschutz gestellt.

Teilsanierungen

Selbstverständlich stellt eine Sanierung selbst keinen grundsätzlichen Grund für eine Schimmelpilzbildung dar. Allerdings ergeben sich nach einer Sanierung in der Regel andere klimatische Verhältnisse im Innenraum, die sich aus einer dichteren Gebäudehülle und veränderten Wärmedurchgangskoeffizienten ableiten.

Die Dichtigkeit der Gebäudehülle wird beispielsweise erheblich erhöht, wenn in einem Altbau die Fenster ausgetauscht werden. Somit verbleibt nach der Sanierungsmaßnahme mehr Feuchtigkeit im Raum. Zusätzlich weisen die neuen Fenster einen erheblich geringeren U-Wert auf, der häufig sogar geringer als der U-Wert der Bestandsbauteile ist. Aus diesem Grund tritt kein Tauwasser mehr auf der Fensterscheibe aus und die optische Indikatorfunktion für den Nutzer entfällt. Da nun andere Bauteile kältere Oberflächentemperaturen als die Fenster aufweisen, fällt Tauwasser ggf. zuerst dort aus, was der Nutzer aber erst nach beginnendem Schimmelbefall wahrnimmt. Eine wichtige Maßnahme im Rahmen einer solchen Sanierungsmaßnahme ist daher die Information des Nutzers bezüglich des erhöhten Lüftungsbedarfs. Je nach Qualität der Hüllflächenbauteile kann auch der Einbau einer Lüftungsanlage notwendig sein, wenn der Nutzer durch das Lüften allein nicht in der Lage ist, genügend niedrige Raumluftfeuchten sicherzustellen.

In diesem Zusammenhang sei darauf hingewiesen, dass die immer wieder aufkommende Diskussion über „atmungsaktive" Wände und Schimmelpilzwachstum durch Außendämmungen nichts anderes ist als grober Unfug. Der Diffusionsstrom durch eine Außenwand ist abhängig von der anliegenden Partialdampfdruckdifferenz und der wasserdampfdiffusionsäquivalenten Luftschichtdicke (s_d-Wert) des Bauteils. Wird der s_d-Wert der Wand durch eine Außendämmung erhöht, kann weniger Feuchtigkeit durch die Wand nach außen abtransportiert werden. Das Diffusionsvermögen der Gebäudehülle ist allerdings auf wenige hundert Gramm Feuchtigkeit pro Tag beschränkt. Da durch die Nutzung mehrere tausend Gramm Wasser pro Tag in die Raumluft gelangen, ist es für die Feuchtebilanz des Raumes absolut irrelevant, ob durch die Hülle 200 g mehr oder weniger Feuchte abgeführt werden. Maßgebend ist das Lüftungsverhalten. Von einer Außendämmung geht – bei fachgerechter Planung und Ausführung – nie ein Risiko für Feuchteschäden aus.

Anders sind die Verhältnisse bei raumseitig aufgebrachten Dämmschichten (Innendämmungen). Grundsätzlich sind diese bei fachgerechter Umsetzung zwar auch nicht als kritisch zu bewerten, das Schadenspotential bei Fehlern ist jedoch recht groß. Grundsätzlich vermieden werden sollten partielle Innendämmungen. Hierbei wird zwar in dem sanierten Raum eine Erhöhung der Oberflächentemperaturen erreicht, im benachbarten Raum sinkt die Oberflächentemperatur im Bereich der Trennwand häufig als Folge des veränderten Temperaturfeldes in der Wand ab. Ein Beispiel hierfür wird in [58] gezeigt.

3.2.5 Relevanz der Betrachtung von Wärmebrücken

Tauwasserausfall und/oder Schimmelpilzwachstum tritt dort auf, wo die entsprechenden Grenztemperaturen gemäß Gl. 3.2-1 und 3.2-2 unterschritten werden. Da an Wärmebrücken die Oberflächentemperatur stets niedriger ist, als auf den angrenzenden Regelflächen, beginnen Schadbilder fast immer im Bereich von Wärmebrücken.

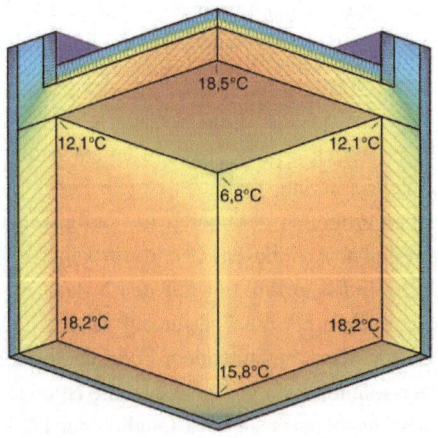

Bild 3.2-3 Beispiel: Wärmebrücke im Bereich eines Attikaanschlusses ($\theta_i = 20°C$, $\theta_e = -10°C$) (nach [41])

3.3 Mindestwärmeschutz gemäß DIN 4108-2

3.3.1 Anforderungen an schwere Bauteile

Für Bauteile mit einer flächenbezogenen Masse $m' \geq 100$ kg/m² sind gemäß DIN 4108-2 die Mindest-Wärmedurchlasswiderstände gemäß Tabelle 3.3-1 einzuhalten.

Die Anforderungen gelten für

- alle Räume, die ihrer Bestimmung nach auf übliche Innentemperaturen ($\theta_i \geq 19$ °C) beheizt werden,
- alle Räume, die ihrer Bestimmung nach auf niedrige Innentemperaturen (12 °C $\leq \theta_i <$ 19 °C) beheizt werden (Abweichend gilt hierbei für Bauteile nach Tabelle 3.3-1, Zeile 2 ein einzuhaltender Mindestwert $R \geq 0{,}55$ m²K/W)
- sowie für solche Räume, die über Raumverbund durch die vorgenannten Räume beheizt werden.

Die Vorgaben der DIN 4108-2 hinsichtlich der Mindest-Wärmedurchlasswiderstände dienen nicht der Begrenzung der Wärmeverluste sondern der Sicherstellung einer ausreichend hohen Innenoberflächentemperatur. Den Zahlenwerten liegt das bereits beschriebene 80%-Kriterium zugrunde. In DIN 4108-2 wird hierbei für wohn- und wohnähnliche Nutzungen ein Innenraumklima von $\theta_i = 20$ °C und $\phi_i = 50$ % definiert. Für dieses Klima ergibt sich aus Gl. 3.2-2 eine Schimmelpilzgrenztemperatur $\theta_{si,min,krit} = 12{,}6$ °C. Bildet man beispielsweise eine Wandkante aus zwei Außenwänden mit $R = 1{,}2$ m²K/W, so ergibt sich im kritischen Punkt relativ genau diese geringste Temperatur.

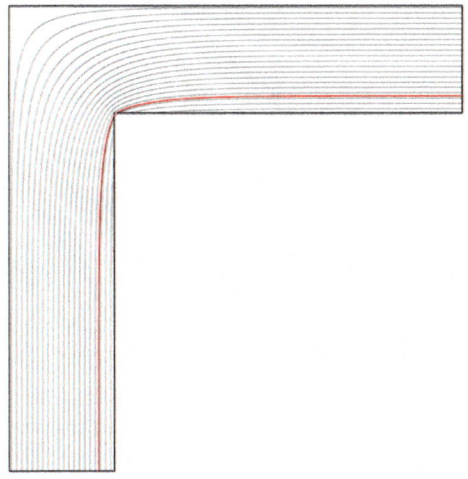

Bild 3.3-1 Wandkante aus zwei Wänden mit R = 1,2 m²K/W. Hervorgehoben ist die 12,6 °C-Isotherme.

Tabelle 3.3-1 Mindest-Wärmedurchlasswiderstände R für schwere Bauteile gemäß DIN 4108-2

	1	2
1		R in m^2K/W
	Wände beheizter Räume	
2	gegen Außenluft, Erdreich, Tiefgaragen, nicht beheizte Räume (auch nicht beheizte Dach- und Kellerräume außerhalb der wärmeübertragenden Umfassungsfläche	1,2
	Dachschrägen beheizter Räume	
3	gegen Außenluft	1,2
	Decken beheizter Räume nach oben und Flachdächer	
4	gegen Außenluft	1,2
5	zu belüfteten Räumen zwischen Dachschrägen und Abseitenwänden	0,90
6	zu nicht beheizten Räumen, zu bekriechbaren oder noch niedrigeren Räumen	0,90
7	zu Räumen zwischen gedämmten Dachschrägen und Abseitenwänden	0,35
	Decken beheizter Räume nach unten	
8	gegen Außenluft, gegen Tiefgarage, gegen Garagen (auch beheizte), Durchfahrten (auch verschließbare) und belüftete Kriechkeller	1,75
9	gegen nicht beheizten Kellerraum	0,90
10	unterer Abschluss (z. B. Sohlplatte) von Aufenthaltsräumen unmittelbar an das Erdreich grenzend bis zu einer Raumtiefe von 5 m	0,90
11	über einem nicht belüfteten Hohlraum, z. B. Kriechkeller, an das Erdreich grenzend	0,90
	Bauteile an Treppenräumen	
12	Wände zwischen beheiztem Raum und direkt beheiztem Treppenraum, Wände zwischen beheiztem Raum und indirekt beheiztem Treppenraum, sofern die anderen Bauteile des Treppenraums die Anforderungen der Tabelle 3.3-1 erfüllen	0,07
13	Wände zwischen beheiztem Raum und indirekt beheiztem Treppenraum, wenn nicht alle anderen Bauteile des Treppenraums die Anforderungen der Tabelle 3.3-1 erfüllen	0,25
14	oberer und unterer Abschluss eines beheizten oder indirekt beheizten Treppenraumes	wie Bauteile beheizter Räume
	Bauteile zwischen beheizten Räumen	
15	Wohnungs- und Gebäudetrennwände zwischen beheizten Räumen	0,07
16	Wohnungstrenndecken, Decken zwischen Räumen unterschiedlicher Nutzung	0,35

Obwohl dies in DIN 4108-2 nicht erwähnt wird, so ist alternativ zur Einhaltung der Mindest-Wärmedurchlasswiderstände gemäß Tabelle 3.3-1 auch ein Nachweis aufgrund anderer ingenieurmäßiger Verfahren möglich. Im Entwurf E DIN 4108-2:2011-10 war in der dortigen Tabelle 3 in Zeile 7 ein entsprechender Hinweis enthalten. Gemäß diesem Hinweis wäre der Nachweis durch Erfüllung von $\theta_{si,min} \geq 12{,}6$ °C erbracht gewesen. Da die Anforderung gemäß Tab. 3.3-1, Zeile 8 allerdings einen erhöhten Wärmedurchlasswiderstand zur Vermeidung von Fußkälte berücksichtigt, zielt der Hinweis gemäß E DIN 4108-2:2011-10 zu kurz, weswegen er in der Endfassung wieder gestrichen wurde.

Ein ingenieurmäßiger Nachweis über die Innenoberflächentemperatur sollte daher durch einen direkten Vergleich zweier Detaillösungen erfolgen: Einer Referenzausführung mit einer Qualität gemäß Tabelle 3.3-1 und einer Vergleichslösung mit der geplanten Ausführungsqualität. Eine typische Anwendung hierfür ist der Sockelpunkt von Industriehallen. Oft wird hierbei ein Verzicht auf die 5m-waagerechte Randdämmung gemäß Tab. 3.3-1, Zeile 10 diskutiert und als Alternative eine senkrechte Randdämmung gewünscht. Im Beispiel gemäß Bild 3.3-2 und 3.3-3 ergibt sich für die Alternativlösung mit Frostschürze eine höhere Temperatur als im Referenzmodell. Ferner wird die Schimmelpilzgrenztemperatur von 12,6 °C eingehalten. Die Ausführung gemäß Bild 3.3-3 ist also zulässig. Zu beachten ist, dass der Wärmeverlust bei der Lösung mit Frostschürze größer ist. Dies ist zwar nicht relevant für den Nachweis gemäß DIN 4108-2, kann aber bei der Berechnung der mittleren U-Werte gemäß EnEV zu Problemen führen.

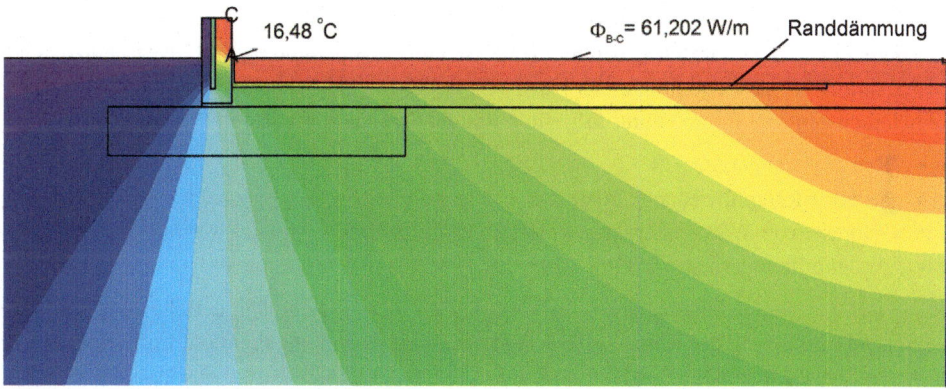

Bild 3.3-2 Sockelpunkt einer Industriehalle mit Randdämmung gemäß DIN 4108-2 (Referenzmodell)

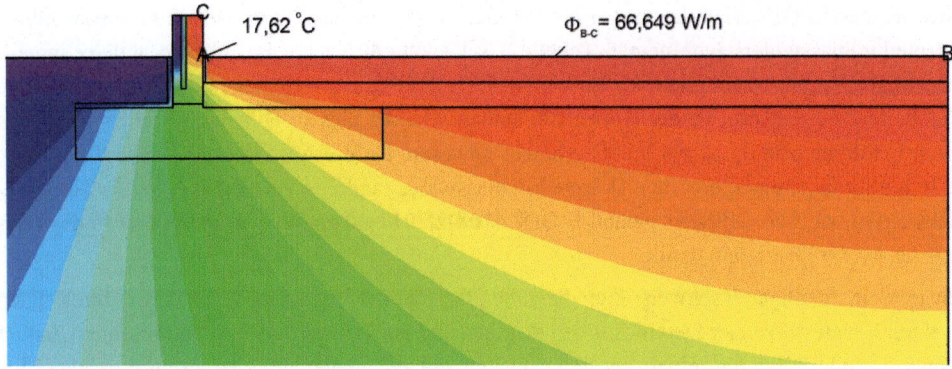

Bild 3.3-3 Sockelpunkt einer Industriehalle mit alternativer Randdämmung als Frostschürze

3.3.2 Anforderungen an leichte Bauteile

Leichte Bauteile reagieren in ihrem bauteilinternen Temperaturfeld schneller auf eine Veränderung des anliegenden Klimas. Extreme Temperaturminima im Winter führen daher an der Innenoberfläche zu einer signifikanteren Abkühlung als bei schweren Bauteilen. Um das Risiko der Schimmelpilzbildung ausreichend zu minimieren, wird für leichte Bauteile mit einer flächenbezogenen Masse $m' < 100$ kg/m² ein Wärmedurchlasswiderstand $R \geq 1,75$ m²K/W gefordert.

3.3.3 Anforderungen im Bereich von Wärmebrücken

An jedem Punkt der raumseitigen Oberfläche ist eine Temperatur $\theta_{si} \geq 12,6$ °C einzuhalten. Fenster sind davon ausgenommen. Der Nachweis ist für normal beheizte ($\theta_i \geq 19$°C) wohn- oder wohnähnlich genutzte Räume unter folgenden Randbedingungen zu führen:

- Raumlufttemperatur: 20 °C
- Relative Raumluftfeuchte: 50 %
- Raumseitiger Wärmeübergangswiderstand: 0,25 m²K/W
- Außenlufttemperatur: - 5°C

Diese Nachweisrandbedingungen setzen voraus, dass eine gleichmäßige Beheizung und eine ausreichende Belüftung der Räume erfolgt und eine weitgehend ungehinderte Luftzirkulation an den Außenoberflächen möglich ist.

Für andere Raumnutzungen sind die Randbedingungen für den Nachweis und die einzuhaltende Oberflächentemperatur projektspezifisch festzulegen.

Nachweisfreiheit bei linienförmigen Wärmebrücken

Ein Nachweis ist nicht notwendig für

- Kanten, die aus Bauteilen gebildet werden, die der Tabelle 3.3-1 entsprechen und bei denen die Dämmebene durchgängig geführt wird (Bild 3.3-4) und
- alle linienförmigen Wärmebrücken, die beispielhaft in DIN 4108 Beiblatt 2 aufgeführt sind, oder deren Gleichwertigkeit zu Beiblatt 2 gegeben ist.

Nachweisfreiheit bei punktuellen Wärmebrücken

Ein Nachweis ist nicht notwendig für

- Ecken, die aus Kanten gebildet werden, bei denen für jede Kante $\theta_{si} \geq 12{,}6\ °C$ nachgewiesen ist und
- Ecken, die aus Kanten gebildet werden, deren Bauteile die Anforderungen der Tabelle 3.3-1 einhalten und
- Ecken, die aus Kanten gebildet werden, die beispielhaft in DIN 4108 Beiblatt 2 aufgeführt sind, oder deren Gleichwertigkeit zu Beiblatt 2 gegeben ist,

wenn jeweils sichergestellt ist, dass die Dämmebene durchgängig geführt ist. Beispiele, für die keine Nachweisfreiheit vorliegt, sind in Bild 3.3-5 dargestellt.

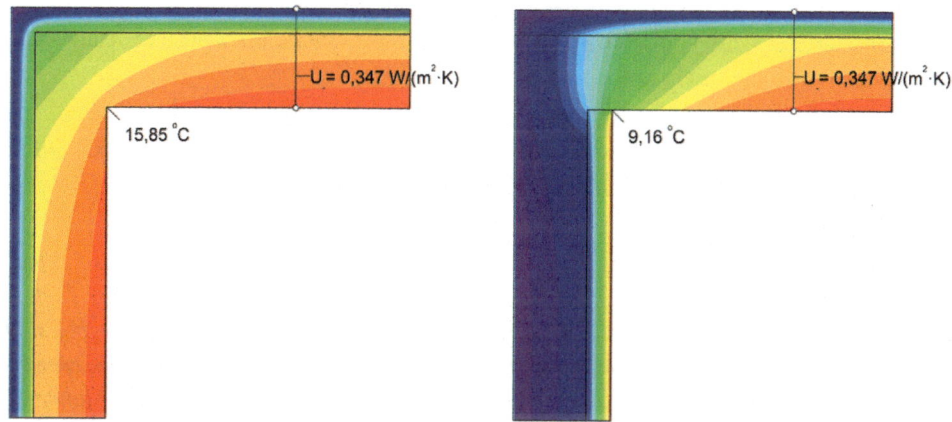

Bild 3.3-4 Außenkante mit
links durchlaufender Dämmebene **rechts** unterbrochener Dämmebene

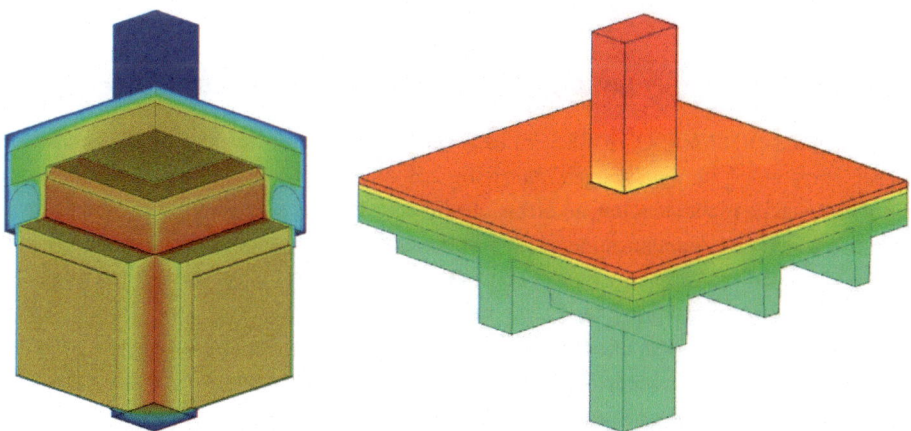

Bild 3.3-5 Beispiele für Wärmebrücken, bei denen eine Nachweispflicht besteht.
links Loggia mit auskragender Stütze im Eckbereich [43] **rechts** Stützendurchdringung Tiefgarage

3.4 Mindestwärmeschutz gemäß DIN EN ISO 13788

Da in DIN 4108-2 lediglich Nachweisrandbedingungen für wohn- und wohnähnlich genutzte Räume angegeben werden und keine weitere nationale Norm zum Nachweis des Mindestwärmeschutzes vorliegt, ist in der Planungspraxis häufig unklar, wie der Mindestwärmeschutz bei abweichenden Nutzungen nachzuweisen ist. Grundsätzlich sollten in solchen Fällen die Nachweisrandbedingungen und Anforderungen projektspezifisch festgelegt werden. Dies bedeutet aber, dass der Nutzer bzw. Bauherr ausreichend genau die spätere Raumnutzung definieren kann, was im Regelfall allerdings nicht möglich ist.

Die einzige Alternative für den Planer liegt in der Anwendung von DIN EN ISO 13788, in der ein Verfahren zur Ableitung einer zulässigen Innenoberflächentemperatur auf Monatsbasis beschrieben wird. Die Anwendung von DIN EN ISO 13788 in Deutschland wird allerdings dadurch erschwert, dass bislang keine Anstrengungen unternommen wurden, nationale Anwendungsparameter bereitzustellen. So wird in DIN EN ISO 13788 das anzuwendende Außenklima beispielsweise wie folgt beschrieben:

„Zur Berechnung des Risikos des Schimmelbefalls an der Oberfläche oder zur Beurteilung von Bauwerken hinsichtlich des Risikos der Tauwasserbildung im Bauteilinneren sind monatliche Mittelwerte anzuwenden, die nach den in ISO 15927-1 oder nationalen Normen beschriebenen Verfahren ermittelt wurden.

Sofern keine nationalen Daten oder Normen vorliegen, muss es sich bei den monatlichen Mittelwerten der Temperatur um diejenigen handeln, die wahrscheinlich einmal in zehn Jahren auftreten, entnommen aus lokalen Klimaaufzeichnungen. Sofern derartige Daten nicht verfügbar sind, dürfen für Berechnungen eines Klimas mit Heizung 2 K von den monatlichen Mittelwerten der Temperatur für ein durchschnittliches Jahr abgezogen bzw. für Berechnungen eines Klimas mit Kühlung 2 K zu den monatlichen Mittelwerten der Temperatur für ein durchschnittliches Jahr hinzugefügt werden."

Eine ausführliche Erläuterung der Anwendung des Verfahrens gemäß DIN EN ISO 13788 enthält [41].

3.5 Mindestwärmeschutz bei Abhängungen und anderen Lufträumen

In DIN 4108-2 und DIN EN ISO 13788 wird stets der Nachweis einer ausreichend hohen Innenoberflächentemperatur gefordert. Liegen raumseitig z.B. abgehängte Decken oder aufgeständerte Fußböden vor, welche nicht ausreichend diffusionsdicht ausgeführt sind, kann es in dem dahinter liegenden Luftraum zu Kondensation und Schimmelpilzbildung kommen. Einbauteile wie Leuchten begünstigen die Zuströmung von Feuchte in de Hohlraum. In solchen Fällen ist selbstverständlich nicht die raumseitige Oberfläche maßgebend für den Nachweis des Mindestwärmeschutzes, sondern diejenige Oberfläche im Hohlraum, bis zu der ein Feuchtezustrom möglich ist. Bedingt durch die wärmedämmende Wirkung z.B. einer Abhangdecke und des Luftraumes selbst treten hier mitunter sehr niedrige Oberflächentemperaturen auf.

4 Energetische Relevanz

4.1 Berücksichtigung von Wärmebrücken im EnEV-Nachweis

4.1.1 Einordnung in die Anforderungssystematik

Die Energieeinsparverordnung 2014 fordert in ihrem §7 im Hinblick auf Wärmebrücken, dass

- die Anforderungen des Mindestwärmeschutzes eingehalten werden,
- der Einfluss von Wärmebrücken auf den Jahres-Heizwärmebedarf <u>nach den im jeweiligen Einzelfall wirtschaftlich vertretbaren Maßnahmen</u> so gering wie möglich gehalten wird und,
- der verbleibende Einfluss von Wärmebrücken im Rahmen der Effizienzbewertung berücksichtigt wird.

Der zweite Punkt ist insofern interessant, da hier eine Art Optimierungsgebot verankert ist, welches in der Praxis allerdings nur selten umgesetzt wird.

Für die Effizienzbewertung wird als Grundlage in den Anlagen 1 und 2 der EnEV ein Referenzgebäudestandard definiert. In diesem Rahmen werden auch Vorgaben für die Qualität der Anschlussdetails gemacht. Für Wohngebäude und für normal beheizte Zonen in Nichtwohngebäuden wird ein Wärmebrückenzuschlag ΔU_{WB} = 0,05 W/(m²K) angegeben, für niedrig beheizte Zonen in Nichtwohngebäuden ein Zuschlag ΔU_{WB} = 0,1 W/(m²K). Auf diese pauschalen Zuschläge wird in Abschnitt 4.1.3 näher eingegangen. Neben der Hauptanforderung an die Gesamtenergieeffizienz von Gebäuden, dem Jahres-Primärenergiebedarf, wird für jedes Gebäude auch eine Zusatzanforderung an die Qualität der Gebäudehülle gestellt. Für Wohngebäude stellt der spezifische Transmissionswärmeverlust $H_T{}'$ diese Anforderung dar. Dieser ist im Grunde nichts anderes als ein flächengewichteter U-Wert über alle Bauteile der Gebäudehülle. Wie bereits in Gl. 2.3-1 gezeigt wurde, sind im Transmissionswärmeverlust auch die Verluste über Wärmebrücken zu berücksichtigen. Bei Nichtwohngebäuden stellt die EnEV Anforderungen an die mittleren, flächengewichteten U-Werte einzelner Bauteilkategorien (z.B. opake Bauteile, transparente Bauteile). Im Rahmen dieser Berechnung bleiben Wärmebrücken unberücksichtigt, sie sind für Nichtwohngebäude also nur für die Berechnung des Jahres-Primärenergiebedarfs relevant.

4.1.2 Berücksichtigung von Wärmebrücken im U-Wert

Treten in einem flächigen Bauteil regelmäßig wiederkehrende Wärmebrückeneffekte auf, so sind diese bereits im U-Wert des Bauteils zu berücksichtigen. Ein Beispiel hierfür wurde mit einem Stahlbeton-Sandwichelement bereits in Bild 2.3-1 gezeigt.

Im Grunde fließen bereits in die Berechnung des U-Wertes gemäß DIN EN ISO 6946 Wärmebrückeneffekte ein. Ein Beispiel hierfür ist die in Bild 4.1-1 dargestellte Außenwand mit regelmäßigen Wärmebrücken infolge der Holzständer. Für solche mehrschichtige, inhomogene Bauteile werden für den Wärmedurchgangswiderstand zwei Grenzwertbetrachtungen angestellt. Der obere Grenzwert $R_T{}'$ berücksichtigt ausschließlich die Längsleitung von innen nach außen, der untere Grenzwert $R_T{}''$ auch Querleitungseffekte durch Inhomogenitäten im Querschnitt. Der U-Wert wird dann aus dem Mittelwert beider Grenzwerte abgeleitet. Dieses Verfahren stellt ein

Näherungsverfahren dar. Es liefert auf der sicheren Seite liegende Ergebnisse für den Wärme-durchgangskoeffizienten, führt durch den zulässigen Fehler von bis zu 20% allerdings auch mit-unter zu deutlich zu hohen U-Werten. Je größer das Verhältnis der Wärmeleitfähigkeiten zweier nebeneinander liegender Baustoffe ist, desto größer wird der Fehler.

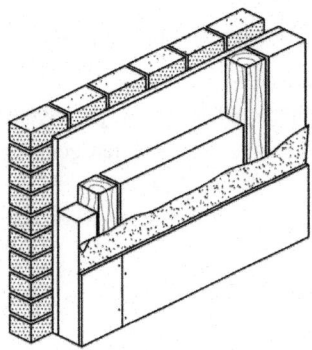

Bild 4.1-1 Regelmäßige konstruktive Wärmebrücken infolge einer Ständerbauweise in einer Außenwand (gemäß [46])

Das Verfahren darf nicht angewendet werden, wenn wärmedämmende Schichten von metalli-schen Schichten durchdrungen werden. Für Konstruktionen wie in Bild 4.1-2 dargestellt, darf der U-Wert nicht gemäß DIN EN ISO 6946 sondern nur durch eine numerische Berechnung be-stimmt werden.

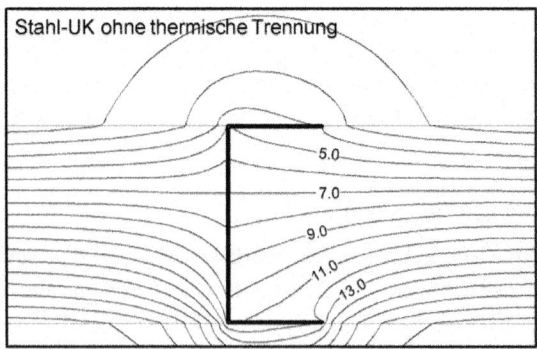

Bild 4.1-2 Trockenbau-Vorsatzschale mit Stahl-Unterkonstruktion gemäß [44]

Bei mehrschichtigen Bauteilen sind oftmals Befestigungsteile vorhanden, welche die einzelnen Schichten miteinander verbinden. Neben den schon erwähnten Stahlbeton-Sandwichelementen sind dies typischerweise zweischalige Außenwände, bei denen die Vorsatzschale mit Edelstahl-ankern an der Tragschale rückverankert wird und Wärmedämmverbundsysteme mit den typischerweise verwendeten Tellerdübeln. Die thermische Wirkung solcher stiftförmigen Befestigungsteile wird über einen U-Wert-Zuschlag gemäß DIN EN ISO 6946, Anhang D berücksichtigt. Dieser ist allerdings nur zu berücksichtigen, wenn durch den Zuschlag der U-Wert der Basiskonstruktion um mehr als 3% verschlechtert wird. Für Wärmedämmverbundsysteme gelten zusätzliche Hinweise im Rahmen der Allgemeinen Bauaufsichtlichen Zulassungen (ABZ). Hier wird auf [12] verwiesen.

4.1.3 Berücksichtigung durch pauschale Zuschläge auf den U-Wert

Aus Gl. 2.3-1 ergibt sich in der Schreibweise der EnEV die folgende Gl. 4.1-1 zur Berechnung des Transmissionswärmeverlustes mit H_{WB} als Anteil, der die zusätzlichen Wärmeverluste an Wärmebrücken beschreibt.

$$H_T = \sum U \cdot A + H_u + H_{WB} + \Delta H_{T,FH} \qquad (4.1\text{-}1)$$

Darin ist:

H_T = Transmissionswärmeverlust in W/K

$\sum U \cdot A$ = Transmissionsverlust über an Außenluft grenzende Bauteile in W/K

H_u = Transmissionswärmeverlust an nicht oder niedrig beheizte Räume in W/K

H_{WB} = Zusätzlicher Transmissionswärmeverlust infolge von Wärmebrücken in W/K

$\Delta H_{T,FH}$ = Zusätzlicher Transmissionswärmeverlust bei Flächenheizungen in
              Außenbauteilen in W/K

Für die Berechnung von H_{WB} wird in der Mehrzahl der Fälle die vereinfachte Herangehensweise über einen pauschalen U-Wert-Zuschlag gewählt.

$$H_{WB} = \Delta U_{WB} \cdot A \qquad (4.1\text{-}2)$$

Darin ist:

H_{WB} = Zusätzlicher Transmissionswärmeverlust infolge von Wärmebrücken in W/K

ΔU_{WB} = pauschaler spezifischer Wärmebrückenzuschlag in W/(m²K)

A   = Gebäudehüllfläche in m²

Hierbei kann der Wert ΔU_{WB} verschiedene Größenordnungen annehmen:

- $\Delta U_{WB} = 0{,}10$ W/(m²·K)
  In diesem Fall sind keine Einschränkungen bei der Detailausführung zu beachten, nur der Mindestwärmeschutz ist selbstverständlich zu beachten. Gleichwohl muss dem Fachplaner bewusst sein, dass mit einem derart hohen Aufschlag in der Regel keine ökonomisch sinnvolle Bauplanung möglich ist.
- $\Delta U_{WB} = 0{,}05$ W/(m²·K)
  Ein halbierter Zuschlag darf angesetzt werden, wenn die Ausführung aller Bauteilanschlüsse den Vorgaben gemäß DIN 4108, Beiblatt 2 entspricht, bzw. die Gleichwertigkeit der Anschlüsse nachgewiesen wurde.

- $\Delta U_{WB} = 0{,}15 \ W/(m^2 {\cdot} K)$

  Bei Außenbauteilen mit Innendämmung und einbindenden Massivdecken ist ein erhöhter pauschaler Zuschlag zu verwenden, da in diesem Fall besonders ausgeprägte Wärmebrücken entstehen. Neben dem energetischen Aspekt sollte in solchen Fällen immer auch der Mindestwärmeschutz fallbezogen geprüft werden.

Anmerkung: In der zukünftigen Ausgabe von DIN 4108, Beiblatt 2, welche voraussichtlich in 2017 erscheinen wird, sind zwei Qualitätsstufen für den pauschalen Zuschlag ΔU_{WB} vorgesehen. Zum einen werden Anschlussdetails dargestellt, mit denen ein Niveau $\Delta U_{WB} = 0{,}05 \ W/(m^2K)$ erreicht werden kann (Kategorie A), zum anderen werden energetisch verbesserte Ausführungen vorgeschlagen (Kategorie B), deren durchgängige Ausführung zu einem reduzierten Zuschlag $\Delta U_{WB} = 0{,}03 \ W/(m^2K)$ führen. Die Anwendung dieser beiden Stufen ist in der bereits erschienenen Neufassung von DIN V 18599-2:2016-10 verankert.

Für den Nachweis der Gleichwertigkeit eines Anschlussdetails zu DIN 4108, Beiblatt 2 gibt es drei verschiedene Möglichkeiten. Im einfachsten Fall kann die Gleichwertigkeit über eine Zuordnung des Konstruktionsprinzips nachgewiesen werden: Werden alle Vorgaben der jeweiligen zeichnerischen Darstellung in Beiblatt 2 erfüllt, ist die Gleichwertigkeit gegeben. Kann für eines oder mehrere Gleichwertigkeitskriterien keine Übereinstimmung erzielt werden, ist der Nachweis über einen äquivalenten Wärmedurchlasswiderstand möglich. Auf diese Weise kann beispielsweise für dünne, aber besser dämmende Schichten anstelle von dicken, schlechter dämmenden Schichten eine Gleichwertigkeit nachgewiesen werden. Kann auch auf diese Weise keine Gleichwertigkeit nachgewiesen werden, kann auf den bei jedem Detail angegebenen Referenz-ψ-Wert als Nachweiskriterium zurückgegriffen werden: Erfüllt die geplante Detaillösung diesen Referenz-ψ-Wert, ist ebenfalls die Gleichwertigkeit nachgewiesen.

Der Nachweis der Gleichwertigkeit ist für alle Wärmebrücken projektspezifisch angemessen zu dokumentieren. In der Neufassung von DIN 4108, Beiblatt 2 werden entsprechende Formblätter enthalten sein.

Für Konstruktionsarten, die nicht in DIN 4108, Beiblatt 2 aufgenommen sind, kann kein reduzierter pauschaler Zuschlag angenommen werden. In solchen Fällen (z.B. Stahlleichtbau, Holzblockbau, Manteldämmung etc.) ist entweder $\Delta U_{WB} = 0{,}10 \ W/(m^2 {\cdot} K)$ zu verwenden oder es ist eine detaillierte Berechnung von H_{WB} notwendig.

4.1.4 Berücksichtigung durch detaillierte Berechnung

In den meisten Fällen führt eine detaillierte Berücksichtigung der energetischen Wärmebrückeneffekte zu einer deutlich wirtschaftlicheren Umsetzung. Da die notwendigen Dämmschichtdicken oftmals um mehrere Zentimeter reduziert werden können, ergeben sich zusätzlich auch signifikante optische Vorteile. Bei der detaillierten Berücksichtigung wird H_{WB} wie folgt berechnet.

$$H_{WB} = \sum_i \left(\psi_i \cdot l_i \right) \tag{4.1-3}$$

Darin ist:

H_{WB} = Zusätzlicher Transmissionswärmeverlust infolge von Wärmebrücken in W/K

ψ = längenbezogener Wärmedurchgangskoeffizient der Wärmebrücke i in W/(mK)

l = Länge, über die der Wert ψ_i gilt (Gesamtlänge der Wärmebrücke i im jeweiligen Gebäude) in m²

4.1.5 Hybrider Zuschlag

Initiiert durch den Vorstoß der Kreditanstalt für Wiederaufbau (KfW) im Rahmen der Förderung von Effizienzhäusern wurde in die Neufassung von DIN V 18599-2: 2016-10 eine Kombination aus pauschalem Zuschlag und detaillierter Berechnung aufgenommen. Zur Anwendung kann diese Vorgehensweise erst mit der nächsten Ausgabe der Energieeinsparverordnung (bzw. dem Gebäudeenergiegesetz – GEG) kommen, da die neue DIN V 18599 als Nachweisnorm erst dort referenziert wird. Mit dem hybriden Zuschlag werden zwei Fälle beschrieben:

- Fall A: Es gibt in dem realen Bauprojekt ein Anschlussdetail, welches energetisch schlechter als die Ausführung in der Neufassung von DIN 4108, Beiblatt 2 ist. Gäbe es hierfür keine Regelung und wäre das Detail schlechter als Kategorie A, könnte der pauschale Zuschlag nicht angewendet werden und es wäre eine detaillierte Berechnung aller Wärmebrücken notwendig. Wäre das Detail schlechter als Kategorie B, aber besser als Kategorie A, würde der Nachweis direkt von 0,03 W/(m²K) auf 0,05 W/(m²K) zurückfallen.

  Für diesen Fall sieht DIN V 18599-2:2016-10 die Möglichkeit vor, den pauschalen Zuschlag um einen Anteil für zusätzliche Wärmebrücken zu erhöhen. Die Korrektur darf nur angewendet werden, wenn der vorhandene ψ-Wert größer als der Referenz-ψ-Wert ist.

$$\Delta U_{WB} = \frac{\sum_i \left(\Delta\psi_i \cdot l_i\right)}{A} + 0{,}05 \; bzw. \; \Delta U_{WB} = \frac{\sum_i \left(\Delta\psi_i \cdot l_i\right)}{A} + 0{,}03 \tag{4.1-4}$$

Darin ist:

$\Delta\psi_i$ = Differenz des projektbezogenen ψ-Wertes zum Referenz-ψ-Wert gemäß der Neufassung von DIN 4108, Beiblatt 2 in W/K

l_i = Länge, über die $\Delta\psi_i$ gilt (Wärmebrückenlänge) in m

A = wärmeübertragende Umfassungsfläche des Gebäudes in m²

- Fall B: Ist eine Wärmebrücke zu berücksichtigen, welche nicht in Beiblatt 2 enthalten ist, ergibt sich zukünftig folgende Möglichkeit, den pauschalen Zuschlag zu korrigieren.

$$\Delta U_{WB} = \frac{\sum_i \left(\psi_i \cdot l_i\right)}{A} + 0{,}05 \; bzw. \; \Delta U_{WB} = \frac{\sum_i \left(\psi_i \cdot l_i\right)}{A} + 0{,}03 \tag{4.1-5}$$

Darin ist:

ψ_i = ψ-Wert des zusätzlich zu berücksichtigenden Detailanschlusses in W/K

l_i = Länge, über die ψ_i gilt (Wärmebrückenlänge) in m

A = wärmeübertragende Umfassungsfläche des Gebäudes in m²

4.2 Wärmebrückenfreies Konstruieren

Rein physikalisch ist es nicht möglich, ein Gebäude wärmebrückenfrei zu erstellen. Unter dem Begriff der „Wärmebrückenfreiheit" wird im allgemeinen Sprachgebrauch eine Bauausführung verstanden, bei der keine zusätzlichen Wärmeverluste über die Anschlussdetails entstehen. Das Ziel einer „wärmebrückenfreien" Ausführung sollte folglich $\Delta U_{WB} = 0$ W/(m²K) sein. Dieses Ziel wird erreicht, wenn im Mittel $\psi \leq 0,01$ W/(mK) gilt. Mit dem Bezug auf den Mittelwert wird dem Umstand Rechnung getragen, dass eine wärmebrückenfreie Ausführung in einigen Anschlussbereichen deutlich aufwändiger zu realisieren ist, als in anderen.

In vielen Fällen ist eine hinreichend gute Ausführung allein schon durch eine ununterbrochene Führung der Dämmschicht machbar. So zum Beispiel im Bereich von Außenecken, bei Einbindungen von Geschossdecken in Außenwände, bei Traufanschlüssen oder für den Dachfirst. In anderen Fällen wiederum muss der konstruktiven Ausführung mehr Detailarbeit gewidmet werden. Werden die maßgebenden Anschlussdetails im Rahmen des Planungsprozesses energetisch optimiert, kann an einzelnen Details auch ein Wert $\psi \gg 0,01$ W/(mK) toleriert werden. Nachfolgend wird exemplarisch für einige typische Anschlussdetails gezeigt, wie – bei üblichen Dämmstandards – eine optimierte Ausführung erreicht werden kann und welche ψ-Werte sich dabei jeweils erzielen lassen.

4.2.1 Flachdachattika

Eine der relevantesten Wärmebrücken bei einem Gebäude ist ein Attikaanschluss. Hier treten oftmals sehr niedrige Oberflächentemperaturen auf und es kommt zu hohen Zusatzwärmeverlusten. Das Ziel einer optimierten Detailausführung muss hier sein, dass die Dämmung im Bereich des Attikakopfes durchlaufend und in gleicher Dicke wie in den angrenzenden Bauteilen vorhanden ist. Alternativ kann anstelle der üblichen massiven Attika auch eine Leichtbaulösung aus Holz- oder Purenit-Fertigelementen zur Ausführung kommen, wodurch noch geringere (bessere) ψ-Werte erreicht werden können.

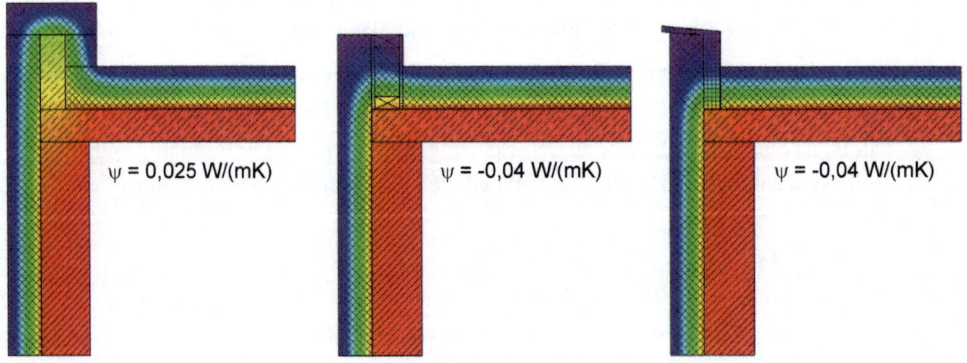

$\psi = 0,025$ W/(mK) $\psi = -0,04$ W/(mK) $\psi = -0,04$ W/(mK)

Bild 4.2-1 Beispiele für optimierte Detailausführungen bei einer Attika
links Durchlaufende Umdämmung des Attikakopfes **mitte** Attika aus Holz-Fertigelementen **rechts** Attika aus Purenit-Fertigelementen

4.2.2 Gebäudesockel

Die besondere Problematik am Gebäudesockel resultiert aus der Notwendigkeit der Lastabtragung aus der Wand in die Gründung. Wärmebrückentechnisch ideal ist hier eine Flächengründung mit außen durchlaufender Wärmedämmung. Alternativ kann durch eine wärmetechnisch verbesserte Kimmlage eine partielle thermische Trennung zwischen Wand und Bodenplatte erzielt werden. Je nach Wärmeleitfähigkeit der Kimmlage kann auch hier (bei geringen Auflasten) ein sehr niedriger ψ-Wert erreicht werden.

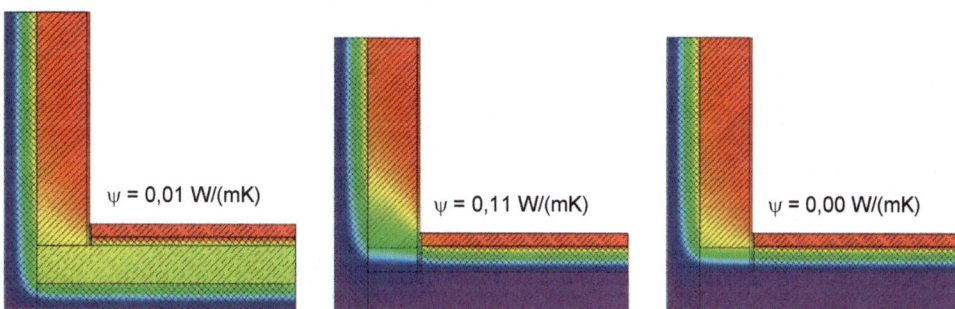

Bild 4.2-2 Beispiele für optimierte Detailausführungen bei einem Gebäudesockel im Erdreich
links Flächengründung mit außen umlaufender Dämmebene **mitte** Kimmlage mit λ = 0,33 W/(mK) **rechts** Kimmlage mit λ = 0,058 W/(mK)

4.2.3 Innenwand

Genau wie der Anschluss der Außenwand an die Bodenplatte ist auch der Innenwandanschluss auszuführen. Bei einer Flächengründung sollte die Dämmung unter dem Anschlussbereich durchlaufen, ansonsten ist eine Kimmsteinlösung angezeigt.

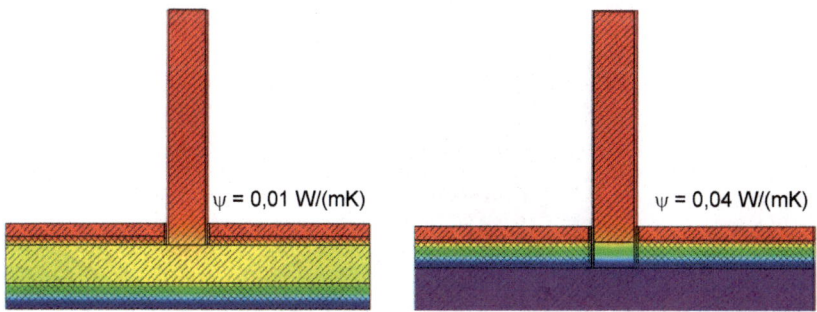

Bild 4.2-3 Beispiele für optimierte Detailausführungen bei Innenwandanschlüssen
links Flächengründung mit außen umlaufender Dämmebene **rechts** Kimmlage mit λ = 0,058 W/(mK)

4.2.4 Fensterlaibung

Für eine optimierte Detailausführung muss für das Fenster eine Einbaulage in der Dämmebene gewählt werden. Auf diese Weise gelingt es, die Dämmebene von der Wand – weitestgehend ungestört – in das Fenster übergehen zu lassen. Einbaulagen in der Dämmebene werden in DIN 4109-2 allerdings als „schalltechnisch kritisch" bezeichnet und müssen hinsichtlich der Schalldämmung der Anschlussfuge gesondert nachgewiesen werden.

Wird das Fenster in der Wandebene eingebaut, ergibt sich stets $\psi > 0{,}01$ W/(mK). Obwohl die ψ-Werte bei Fensterlaibungen selten sehr große Werte annehmen, ist aufgrund der großen Gesamt-Laibungslängen am Gebäude eine Optimierung in jedem Fall anzuraten.

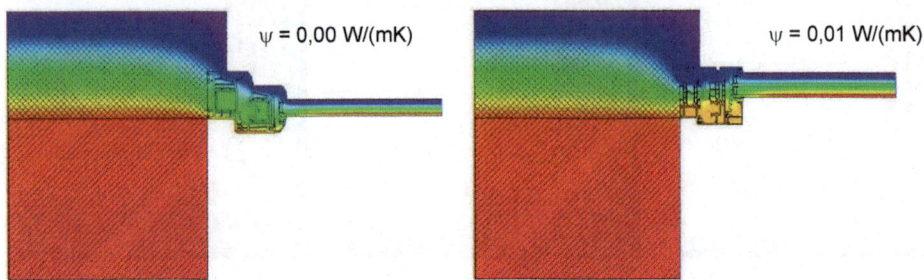

$\psi = 0{,}00$ W/(mK) $\psi = 0{,}01$ W/(mK)

Bild 4.2-4 Beispiele für optimierte Detailausführungen bei Fensterlaibungen
links Kunststoffrahmen und 2-fach-Wärmeschutzverglasung **rechts** Aluminiumrahmen und 3-fach-Wärmeschutzverglasung

4.2.5 Fenstersturz

Wenn am Fenstersturz eine Verschattungsvorrichtung vorgesehen wird, ist kein Wert $\psi \leq 0{,}01$ W/(mK) zu erreichen. Dies resultiert aus der funktionsbedingten Schwächung der Dämmebene, die bei jedem Raffstore- und Rollladenkasten auftritt. Ferner wird durch die Lage des Kastens auch die Lage des Fensters relativ zur Wandebene vorgegeben.

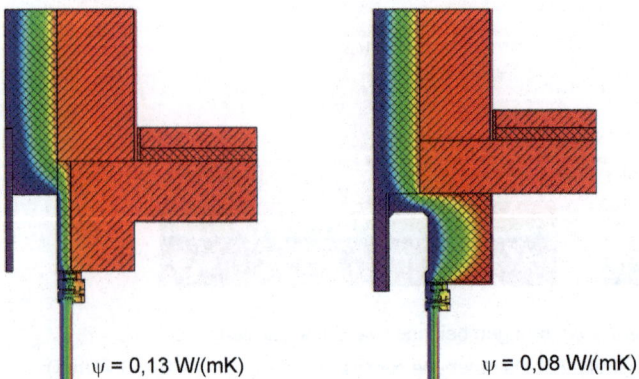

$\psi = 0{,}13$ W/(mK) $\psi = 0{,}08$ W/(mK)

Bild 4.2-5 Beispiele für optimierte Detailausführungen bei Raffstorekästen
links Ausführung mit Putzträgerplatte und Kompensationsdämmung **rechts** Herstellerspezifische Sonderlösung als gedämmter Aufsatzkasten

In vielen Fällen rückt dadurch die Fensterebene aus der Dämmebene weiter zurück in die Wand-ebene, was auch Folgen für die Wärmebrücken an der Fensterlaibung und der Fensterbrüstung nach sich zieht. Exemplarisch für den Fall eines Raffstorekastens werden optimierte Ausführun-gen in Bild 4.2-5 gezeigt. Grundsätzlich muss dabei aufgrund der Dicke des Behangraumes das Dämmsystem erheblich geschwächt werden. Üblich ist es, als Kompensation wandseitig des Be-hangraumes eine Wärmedämmschicht mit möglichst niedriger Wärmeleitfähigkeit auszuführen. Zusätzlich sollte diese Dämmschicht von der Außenwanddämmung überbunden werden und das Fenster sollte – zumindest teilweise – in der Ebene dieser Kompensationsdämmung liegen. Lie-gen in solchen Fällen zusätzliche geometrische Diskontinuitäten vor (z.B. Flachdachattika) sollte stets die Innenoberflächentemperatur nachgewiesen werden.

4.2.6 Auskragungen

Auskragungen wie Balkonplatten oder Laubengänge werden heute in der Regel thermisch ge-trennt ausgeführt. Hierbei kommen gedämmte Bewehrungselemente zum Einsatz, die abhängig von der notwendigen Belastbarkeit stark unterschiedliche äquivalente Wärmeleitfähigkeiten aufweisen. Für eine optimierte Ausführung stehen Bewehrungselemente mit dickeren Dämm-schichten zur Verfügung. Auch mit diesen ist allerdings keine „wärmebrückenfreie" Ausführung zu erzielen. Günstig im Sinne der Wärmebrückenminimierung wirken Bewehrungselemente, die nur für den Abtrag von Querkräften ausgelegt sind. Bei diesen durchdringen eine geringere An-zahl leitfähiger Elemente die Dämmebene, es müssen aber zusätzliche Stützen an der Vorderkan-te der Balkonplatte angeordnet werden. Die Alternative, Auskragungen durchlaufend auszufüh-ren, führt – auch bei einer beidseitigen Dämmung der Platte – stets zu erheblich höheren Wär-meverlusten.

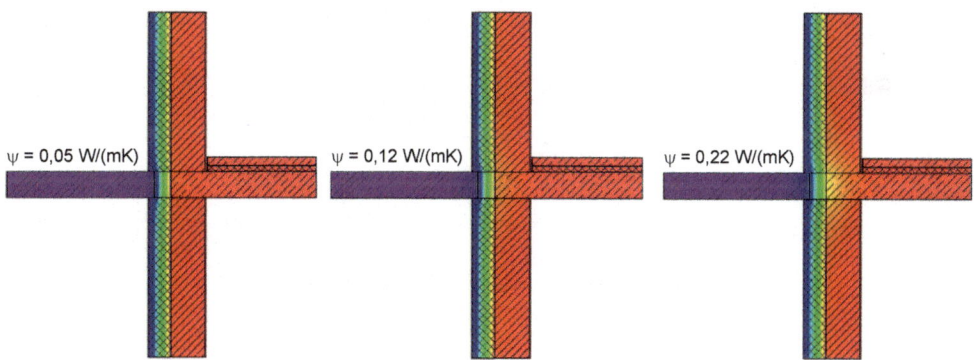

Bild 4.2-6 Beispiele für optimierte Detailausführungen bei Auskragungen
links Ausführung mit Trennelement (d = 120 mm) für $\lambda_{äqu}$ = 0,06 W/(mK) **mitte** Ausführung mit Trenn-element (d = 120 mm) für $\lambda_{äqu}$ = 0,13 W/(mK) **rechts** Ausführung mit Trennelement (d = 120 mm) für $\lambda_{äqu}$ = 0,25 W/(mK)

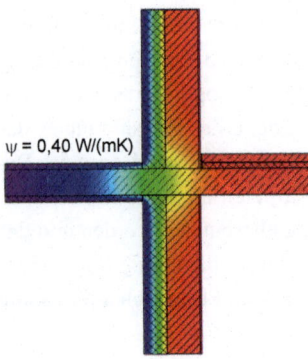

Bild 4.2-7 Beispiel für eine durchlaufende, beidseitig gedämmte Auskragung

5 Berechnungsrandbedingungen

5.1 Maßbezugssysteme

5.1.1 Maßbezugssysteme gemäß DIN EN ISO 13789

Für die Berechnung des Transmissionswärmeverlustes H_T können verschiedene Maßsysteme verwendet werden. Wichtig ist hierbei, dass die Berechnung der Verluste über die Regelbauteilflächen und die der Verluste über Wärmebrücken in demselben Maßsystem erfolgen. Beispiele für übliche Maßsysteme werden in DIN EN ISO 13789 beschrieben (Bild 5.1-1). Demnach sollte eines der folgenden Maßsysteme gewählt werden:

- Innenmaße
- Außenmaße
- Gesamtinnenmaße

Diese drei Maßsysteme unterscheiden sich dadurch, wie die Flächen der Verbindungsstellen zwischen den Bauteilen in die Flächen der Regelbauteile mit einbezogen werden.

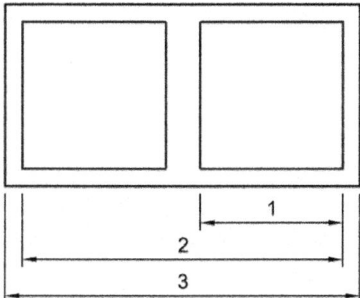

Bild 5.1-1 Maßsysteme gemäß DIN EN ISO 13789
1 Innenmaß **2** Gesamtinnenmaß **3** Außenmaß

Eine einheitliche länderübergreifende Festlegung auf einen dieser Maßbezüge gibt es nicht. Während beispielsweise Deutschland, Österreich und die Schweiz den Außenmaßbezug anwenden, kommt in England [54], den Niederlanden [35] und Finnland [38] das Gesamtinnenmaß zur Anwendung. In Frankreich [9] und Schweden [5] wird dagegen das Innenmaß genutzt. Somit sind auch die länderspezifisch berechneten längenbezogenen Wärmedurchgangskoeffizienten nicht immer übertragbar. Die Auswirkung des Maßbezugssystems auf die Größenordnung des ψ-Wertes wurde bereits beispielhaft in Bild 2.4-3 gezeigt.

In der praktischen Anwendung sind durch den Gebäudeentwurf oft die Innenmaße festgelegt. Die Dicke des Wandaufbaus hängt von konstruktiven und bauphysikalischen Gesichtspunkten ab und ändert sich unter Umständen mindestens bis zur Genehmigungsphase eines Projektes noch mehrfach. Für diesen Fall sind die Maßbezüge „Innenmaß" und „Gesamtinnenmaß" einfacher zu handhaben, da die Energiebezugsflächen (Grundflächen, Bauteilflächen) des Gebäudes durch eine Veränderung z.B. der Wanddicke nicht geändert werden. Aufgrund des in Deutschland zu verwendenden Außenmaßbezugs müssen bei einer Veränderung der Bauteildicken die Flächen/Volumen im energetischen Nachweis angepasst werden. Ein Arbeitsschritt, der allerdings häufig aufgrund des damit verbundenen Mehraufwands und der geringen Auswirkungen auf das Rechenergebnis unterbleibt.

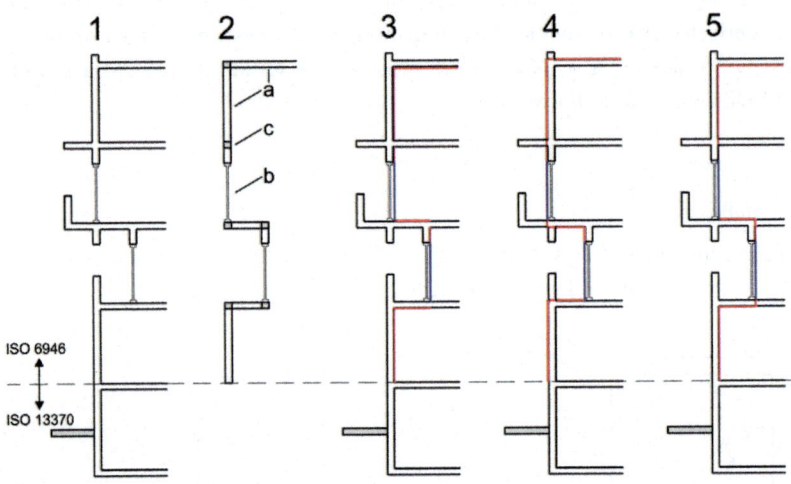

Bild 5.1-2 Maßsysteme gemäß DIN EN ISO 13789

1 Wirklichkeit **2** Bauteile **3** Innenmaß **4** Außenmaß **5** Gesamtinnenmaß

a Regelbauteile (U-Wert gemäß DIN EN ISO 6946) **b** Fester und Türen (U-Wert gemäß DIN EN ISO 10077) **c** Wärmebrücken (Bewertung gemäß DIN EN ISO 10211)

5.1.2 Exkurs: Neutrale Bauteilachse

Alle vorgenannten Maßbezüge stellen eine Vereinfachung dar. Wie bereits in Abschnitt 2 beschrieben wurde, wird durch den Ansatz des U-Wertes zur Bewertung der Regelbauteile im Bereich von Wärmebrücken ein Fehler in Kauf genommen. Dieser nimmt je nach Maßbezug eine andere Größenordnung an. Vor diesem Hintergrund wäre es wünschenswert, einen anderen Maßbezug zur Berechnung der U-Werte abzuleiten, bei dem keine zusätzlichen geometrischen Wärmebrückeneffekte berücksichtigt werden müssen. Zur Benennung dieses Maßbezugs wird hier der Begriff „Neutrale Bauteilachse" eingeführt. Exemplarisch für eine Außenwandkante wird nachfolgend gezeigt, wie sehr die Position dieser Achse im Bauteil von der Dämmqualität und der Lage der Dämmung abhängt.

Die Tiefe x der neutralen Bauteilachse im Bauteil wird aus folgender Bedingung abgeleitet.

$$\psi = L_{2D} - \sum_k \left(U_k \cdot \left(l_{ki} + x \right) \right) \overset{!}{=} 0 \tag{5.1-1}$$

Darin ist:

ψ = längenbezogener Wärmedurchgangskoeffizient in W/(mK)

L_{2D} = linearer thermischer Leitwert aus einer 2D-FEM-Berechnung in W/(mK)

U_k = Wärmedurchgangskoeffizient für die Teilfläche k in W/(m²K)

l_{ki} = Länge (innenmaßbezogen), über die U_k angesetzt wird in m

x = Abstand der neutralen Achse im Bauteil von der Innenoberfläche in m

Für eine außen gedämmte, eine monolithische und eine innen gedämmte Wandkante wurde durch 2D-FEM-Berechnungen die Lage der neutralen Bauteilachse im Bauteil bestimmt. Ferner wurden zum Vergleich weitere Berechnungen für eine außen gedämmte Innenkante durchgeführt. Die Berechnungen sind in den nachfolgenden Tabellen dokumentiert.

Betrachtet man den Quotienten zwischen der Lage der neutralen Achse im Bauteil x und der Bauteildicke d_{Wand}, fällt auf, dass eine allgemeingültige Aussage zur Größe von x offensichtlich nicht getroffen werden kann. Die Bauteilschichtung beeinflusst die Lage der neutralen Achse zu sehr.

Tabelle 5.1-1 Bestimmung der Lage der neutralen Achse in einer außen gedämmten Wandaußenkante. ($d_{Mauerwerk}$ = 0,24 m, $\lambda_{Mauerwerk}$ = 0,7 W/(mK), $\lambda_{Dämmung}$ = 0,035 W/(mK))

	1	2	3	4	5
1	Dicke der Außendämmung in cm	L_{2D} in W/(mK)	U In W/(m²K)	x in m	x / d_{Wand}
2	4	1,396	0,604	0,155	0,555
3	8	0,854	0,357	0,196	0,614
4	12	0,619	0,254	0,218	0,607
5	16	0,487	0,197	0,237	0,592
6	20	0,403	0,161	0,252	0,572

Tabelle 5.1-2 Bestimmung der Lage der neutralen Achse in einer monolithischen Wandaußenkante. ($d_{Mauerwerk}$ = 0,365 m, $\lambda_{Mauerwerk}$ = 0,22 bis 0,10 W/(mK))

	1	2	3	4	5
1	Wärmeleitfähigkeit des Mauerwerks in W/(mK)	L_{2D} in W/(mK)	U In W/(m²K)	x in m	x / d_{Wand}
2	0,22	1,194	0,547	0,091	0,250
3	0,19	1,035	0,478	0,083	0,226
4	0,16	0,893	0,408	0,094	0,258
5	0,13	0,736	0,336	0,095	0,260
6	0,11	0,574	0,262	0,096	0,262

Tabelle 5.1-3 Bestimmung der Lage der neutralen Achse in einer monolithischen Wandaußenkante. ($d_{Mauerwerk}$ = 0,24 bis 0,49 m, $\lambda_{Mauerwerk}$ = 0,11 W/(mK))

	1	2	3	4	5
	Dicke des Mauerwerks in m	L_{2D} in W/(mK)	U In W/(m²K)	x in m	x / d_{Wand}
1					
2	0,24	0,903	0,425	0,062	0,260
3	0,30	0,744	0,345	0,079	0,263
4	0,365	0,629	0,287	0,095	0,260
5	0,425	0,552	0,248	0,113	0,265
6	0,49	0,489	0,216	0,132	0,270

Tabelle 5.1-4 Bestimmung der Lage der neutralen Achse in einer innen gedämmten Wandaußenkante. ($d_{Mauerwerk}$ = 0,24 m, $\lambda_{Mauerwerk}$ = 0,7 W/(mK), $\lambda_{Dämmung}$ = 0,035 W/(mK))

	1	2	3	4	5
	Dicke der Innendämmung in cm	L_{2D} in W/(mK)	U In W/(m²K)	x in m	x / d_{Wand}
1					
2	4	1,190	0,604	0,025	0,233
3	8	0,679	0,357	0,031	0,348
4	12	0,467	0,254	0,038	0,440
5	16	0,350	0,197	0,048	0,520
6	20	0,276	0,161	0,058	0,585

Tabelle 5.1-5 Bestimmung der Lage der neutralen Achse in einer außen gedämmten Wandinnenkante. ($d_{Mauerwerk}$ = 0,24 m, $\lambda_{Mauerwerk}$ = 0,7 W/(mK), $\lambda_{Dämmung}$ = 0,035 W/(mK))

	1	2	3	4	5
	Dicke der Außendämmung in cm	L_{2D} in W/(mK)	U In W/(m²K)	x in m	x / d_{Wand}
1					
2	4	1,201	0,604	0,286	1,022
3	8	0,684	0,357	0,363	1,133
4	12	0,469	0,254	0,437	1,213
5	16	0,352	0,197	0,508	1,269
6	20	0,277	0,161	0,579	1,315

5.2 Modellgeometrie

5.2.1 Vorgaben gemäß DIN EN ISO 10211

Mindestabmessungen

Die geometrischen Abmessungen zur Berechnung von Wärmeströmen und Oberflächentemperaturen sind in DIN EN ISO 10211 gegeben. Grundsätzlich ist vom zentralen Element (Stelle der untersuchten Wärmebrücke) immer ein Abstand in der Größe der dreifachen Bauteildicke (mindestens aber 1 m) zu den Modellgrenzen einzuhalten. Liegt in diesem Abstand kein adiabater Rand vor (Isothermen verlaufen nicht parallel zur den Oberflächen), dann ist das Modell entsprechend zu vergrößern, bis ein adiabater Rand angenommen werden kann. Liegen Symmetrieebenen vor, darf das Berechnungsmodell entsprechend verkleinert werden.

Benachbarte Wärmebrücken

Liegen mehrere Wärmebrücken innerhalb der vorstehend beschriebenen Mindestabmessungen, dann ist gemäß DIN EN ISO 10211 das Berechnungsmodell so zu vergrößern, dass von jeder Wärmebrücke aus betrachtet die Mindestabmessungen eingehalten werden. Die Einflüsse können dann nicht getrennt berücksichtigt werden.

Für die praktische Arbeit jedoch ist eine getrennte Berechnung durchaus wünschenswert. In [54] wird hierfür das folgende Vorgehen empfohlen, das am Beispiel einer Traufe mit Fenstersturz beschrieben wird:

- Berechnung des ψ-Wertes für die isolierte Wärmebrücke mit der größeren Länge (in der Regel der Traufanschluss)
- Berechnung des kombinierten Modells mit beiden Wärmebrücken (Traufe + Fenstersturz)
- Berechnung des ψ-Wertes für den Sturz, indem vom ψ-Wert aus dem kombinierten Modell der ψ-Wert der Traufe abgezogen wird.

Eine andere Möglichkeit besteht darin, die Wärmebrücken getrennt zu betrachten, also die Annahme zu treffen, dass diese sich nicht beeinflussen. Diese Variante wird nachfolgend an zwei Beispielen beschrieben. Zunächst wird eine Wandkante betrachtet, an die auf beiden Seiten Fensterlaibungen angrenzen (Bild 5.2-1). Der ψ-Wert für die gemeinsame Berechnung beträgt ψ = -0,029 W/(mK), aus der Addition der getrennt berechneten ψ-Werte ergibt sich ein Gesamtwert ψ = -0,063 + 2·0,014 = -0,035 W/(mK). Im zweiten Beispiel wird eine Attika berechnet, an die im Wandbereich ein Fenstersturz mit Raffstorekasten angrenzt. Hier ergibt sich aus der gemeinsamen Berechnung ψ = 0,086 W/(mK), aus der Addition der getrennt berechneten ψ-Werte ein Gesamtwert ψ = 0,031 + 0,068 = 0,099 W/(mK).

Die beiden Beispiele verdeutlichen die Auswirkungen recht gut. Durch die getrennte Berechnung der Einzeleinflüsse treten sowohl positive als auch negative Effekte etwas deutlicher hervor. Negative ψ-Werte werden noch etwas kleiner, positive ψ-Werte noch etwas größer. Für Wärmebrücken mit negativen ψ-Werten ist das Ergebnis einer getrennten Berechnung daher etwas zu günstig, für Wärmebrücken mit positiven ψ-Werten etwas zu ungünstig. Vor dem Hintergrund der sich über ein Gesamtgebäude größtenteils wieder aufhebenden Abweichungen an einzelnen Wärmebrücken stellt diese Näherung eine sinnvolle Vereinfachung dar.

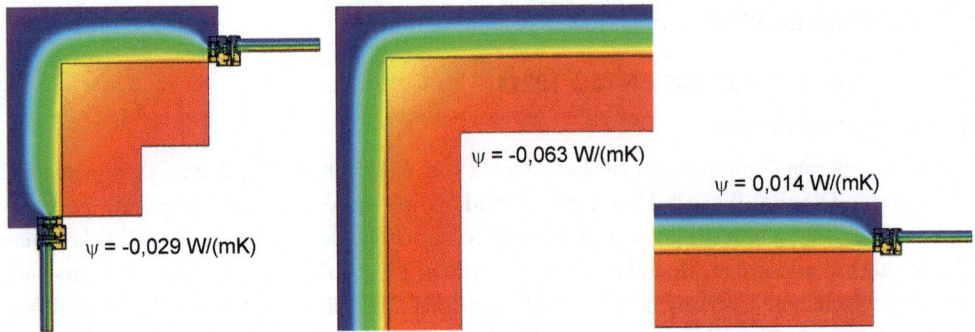

Bild 5.2-1 Trennung von Wärmebrückeneffekten am Beispiel einer Wandkante mit beidseitiger Fenster-laibung

links Modell mit Kante und Laibungen **mitte** Modell der Wandkante **rechts** Modell der Fensterlaibung

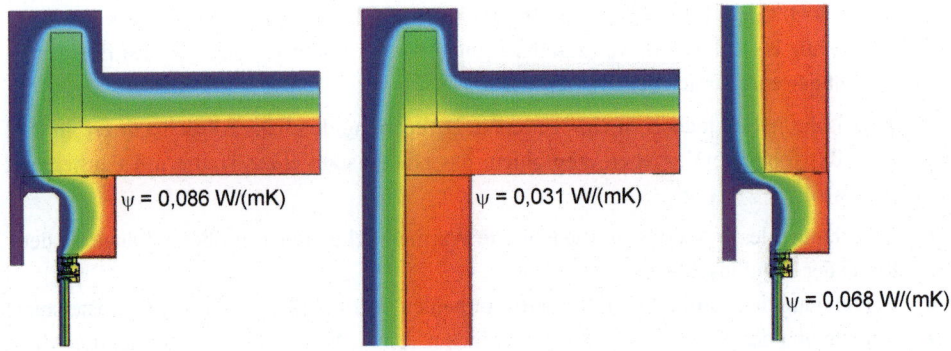

Bild 5.2-2 Trennung von Wärmebrückeneffekten am Beispiel einer Attika mit Raffstorekasten
links Modell mit Attika und Raffstorekasten **mitte** Modell der Attika **rechts** Modell des Raffstorekastens

Erdreichmodell (3D)

Sind innerhalb des Rechenmodells erdreichberührte Bauteile mit einzubeziehen, dann sind, wenn sowohl Wärmeströme als auch Oberflächentemperaturen in einem Modell ermittelt werden sollen, die Modellabmessungen gemäß Bild 5.2-3 zu wählen. Falls die Berechnungen nicht für ein konkretes Objekt durchgeführt werden, kann hierbei als hypothetische Gebäudebreite c = b = 8 m angenommen werden. Sollen ausschließlich die Oberflächentemperaturen berechnet werden, darf gemäß DIN EN ISO 10211, Tabelle 1 alternativ ein kleineres Erdreichmodell verwendet werden, auf welches hier aber nicht näher eingegangen werden soll.

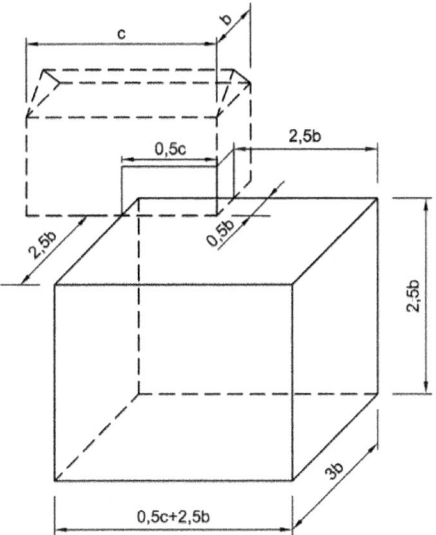

Bild 5.2-3 Maße im Erdreich gemäß DIN EN ISO 10211 zur Berechnung der Wärmeströme und Oberflächentemperaturen

Erdreichmodell (2D)

Für eine zweidimensionale Berechnung erdberührter Bauteile ist aus dem 3D-Modell gemäß Bild 5.2-3 ein entsprechendes 2D-Modell unter Verwendung des charakteristischen Bodenplattenmaßes B′ (siehe Bild 5.2-4) abzuleiten. B′ errechnet sich als Fläche der Bodenplatte geteilt durch den halben Umfang (zu B′ siehe auch DIN EN ISO 13370).

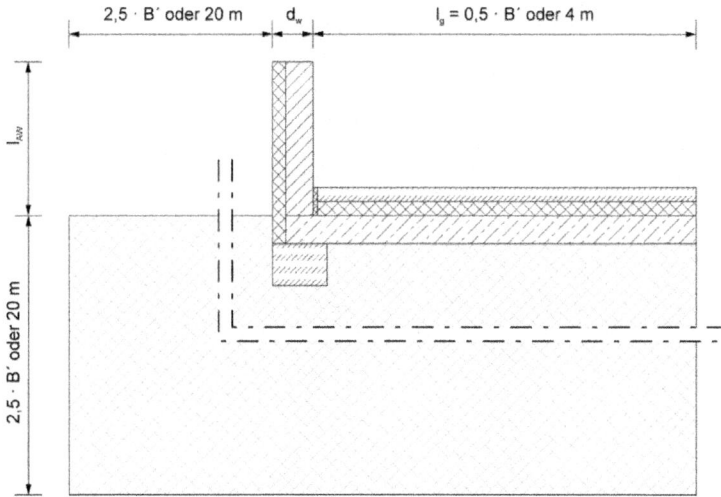

Bild 5.2-4 2D-Modell zur Berechnung der Wärmeströme und Oberflächentemperaturen gemäß DIN EN ISO 10211

Der U-Wert der Bodenplatte ist gemäß DIN EN ISO 13370 unter Verwendung desselben charakteristischen Bodenplattenmaßes B′ wie bei der Modellbildung gemäß Bild 5.2-4 zu berechnen. Ist B′ nicht bekannt, darf vereinfacht mit B′ = 8 m gerechnet werden. Dies entspricht einer quadratischen Bodenplatte mit Abmessungen von 16 m x 16 m. Der ψ-Wert des Sockeldetails berechnet sich dann gemäß Gl. 5.2-1.

$$\psi = \frac{\Phi}{\theta_i - \theta_e} - U_{AW} \cdot l_{AW} - U_{g,13370} \cdot (l_g + d_w) \qquad (5.2\text{-}1)$$

Darin ist:

ψ   = längenbezogener Wärmedurchgangskoeffizient für den Sockelanschluss in W/(mK)

Φ = Wärmestrom je Meter der linienförmigen Wärmebrücke in W/m

θ_i = Raumlufttemperatur in °C

θ_e = Außenlufttemperatur in °C

U_{AW} = Wärmedurchgangskoeffizient der Außenwand in W/(m²K)

l_{AW} = Länge, über die der Wert U_{AW} gilt in m

$U_{g,13370}$ = Wärmedurchgangskoeffizient der Bodenplatte, berechnet gemäß DIN EN ISO 13370 in W/(m²/K)

l_g = Länge, über die der Wert $U_{g,13370}$ gilt in W/m

d_w = Dicke der Außenwand in m

Alternativ zum vorstehend beschriebenen Vorgehen (Option A) wird in DIN EN ISO 10211 eine zweite Variante (Option B) zur Berechnung des ψ-Wertes am Gebäudesockel beschrieben. Hierbei ist eine zweite FEM-Berechnung an einem Referenzmodell durchzuführen, bei der – bis auf die Bodenplatte – alle anderen Materialien unter der Erdoberkante durch Erdreich ersetzt werden. An den Berührungsstellen zwischen Wand und Bodenplatte bzw. zwischen Wand und Erdreich ist ein adiabater Rand anzunehmen.

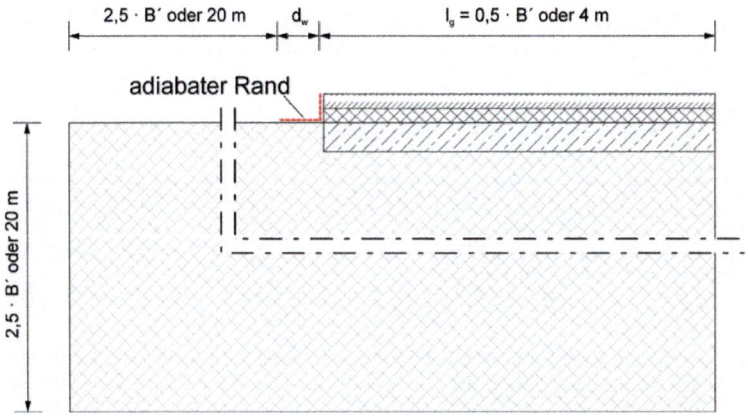

Bild 5.2-5 Referenzmodell zur Berechnung des ψ-Wertes gemäß DIN EN ISO 10211, Option B

Der ψ-Wert berechnet sich für das Vorgehen gemäß Option B wie folgt.

$$\psi = \frac{\Phi}{\theta_i - \theta_e} - U_{AW} \cdot l_{AW} - \frac{\Phi_{Ref}}{\theta_i - \theta_e} \qquad (5.2\text{-}2)$$

Darin ist:

ψ = längenbezogener Wärmedurchgangskoeffizient für den Sockelanschluss in W/(mK)

Φ = Wärmestrom je Meter der linienförmigen Wärmebrücke in W/m
(berechnet am Modell gemäß Bild 5.2-4)

θ_i = Raumlufttemperatur in °C

θ_e = Außenlufttemperatur in °C

U_{AW} = Wärmedurchgangskoeffizient der Außenwand in W/(m²K)

l_{AW} = Länge, über die der Wert U_{AW} gilt in m

$\Phi_{Ref.}$ = Wärmestrom je Meter der linienförmigen Wärmebrücke in W/m
(berechnet am Referenzmodell gemäß Bild 5.2-5)

Praktikabilität der Rechenmodelle

Aus den erheblichen Modellabmessungen entsteht das Problem, dass in der Regel mehrere Wärmebrücken innerhalb eines Modells liegen (Geschossdecke, Sockelpunkt im Keller, Innenwände etc.). Es ist daher nicht ohne weiteres zuzuordnen, welcher Verlustanteil am Wärmestrom welcher Wärmebrücke zuzuordnen ist. Das Problem wird anhand einer Teilunterkellerung in Bild 5.2-6 verdeutlicht. Hier sind fünf Wärmebrücken innerhalb der Modellabmessungen vorhanden.

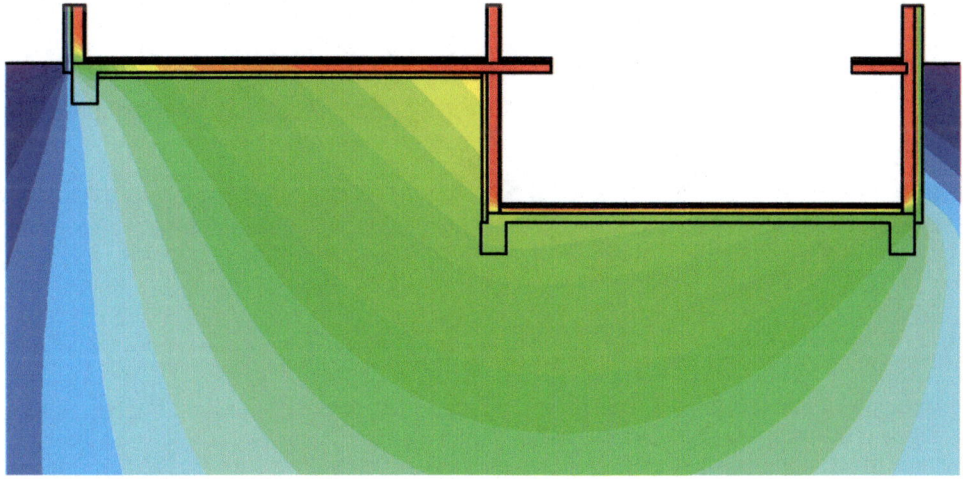

Bild 5.2-6 Gebäudeschnitt im Bereich einer Teilunterkellerung mit Darstellung der Temperaturverteilung im Rechenmodell.

Für den Fall einer Innenwand auf Bodenplatte wird in einer Ergänzung zu [54] als Lösung das folgende Vorgehen empfohlen. Demnach werden zwei 3D-Modelle berechnet. Das erste enthält die Innenwand (Berechnung des Wärmestroms Q_1) auf einer Länge w = 4 m, das zweite ausschließlich den Bodenplattenaufbau (Berechnung des Wärmestrom Q_2). Entlang des Anschlusses zwischen Bodenplatte und Erdreich wird auf 30 cm eine adiabate Randbedingung angenommen, um den Einfluss der eigentlich vorhandenen Außenwand zu simulieren. Der ψ-Wert für den Innenwandanschluss berechnet sich dann zu

$$\psi_c = \frac{Q_1 - Q_2}{w \cdot \Delta\theta} \tag{5.2-3}$$

Darin ist:

ψ_c = längenbezogener Wärmedurchgangskoeffizient für den Innenwandanschluss
            in W/(mK)

Q_1 = abfließender Wärmestrom, berechnet für das Bodenplattenmodell
            mit Innenwand in W

Q_2 = abfließender Wärmestrom, berechnet für das Bodenplattenmodell
            ohne Innenwand in W

w   = Modelllänge der Innenwand, w = 4 m

$\Delta\theta$ = Temperaturdifferenz im Berechnungsmodell zwischen innen und außen in K

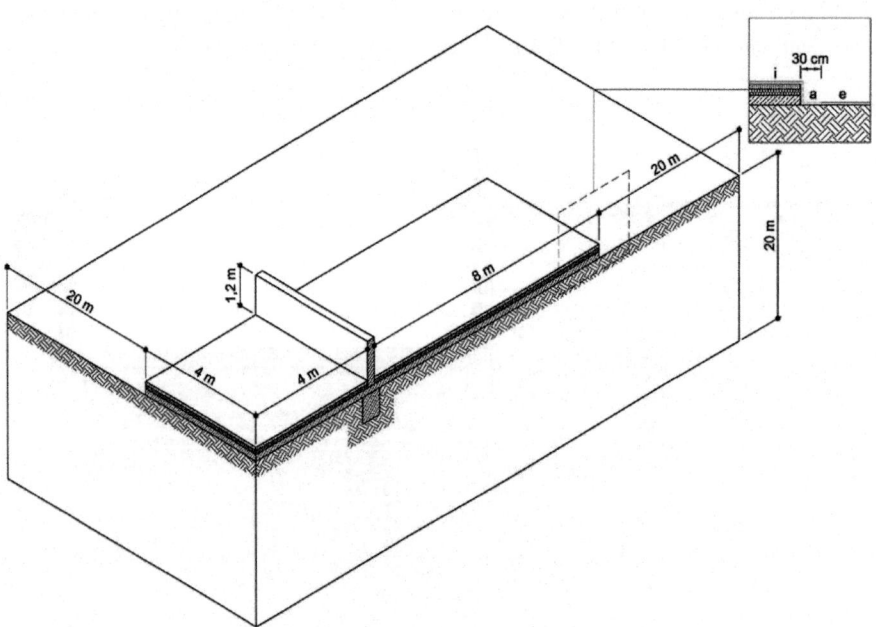

Bild 5.2-7 Berechnungsmodell für Innenwände auf Bodenplatten gemäß [54] – hier:
Berechnungsmodell für Q_1

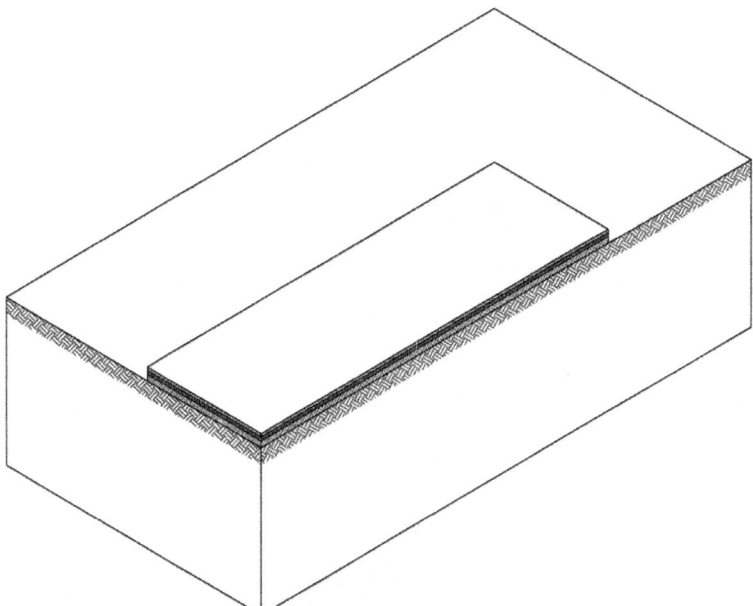

Bild 5.2-8 Berechnungsmodell für Innenwände auf Bodenplatten gemäß [54] – hier:
Berechnungsmodell für Q_2

Ähnlich aufwändig ist es, unter Nutzung der Modelle gemäß DIN EN ISO 10211, Option B den ψ-Wert erdberührter Anschlüsse im Keller zu bestimmen. Hierfür werden drei Berechnungsmodelle benötigt. Das erste Modell gemäß Bild 5.2-9 dient als Grundmodell zur Berechnung des abfließenden Wärmestroms über die Regelbauteile. Bei diesem Modell werden die Koppelstellen zwischen Wand und Bodenplatte entfernt und durch adiabate Ränder ersetzt.

In einer weiteren Berechnung (Bild 5.2-10) wird nun die Koppelstelle mit der tatsächlichen Detailausführung geschlossen. Aus der Differenz der Wärmeströme kann der ψ-Wert des Sockeldetails zu $\psi = 0,5 \cdot (87,216 - 79,549) / 25 = 0,153$ W/(mK) berechnet werden.

An einem dritten Modell (Bild 5.2-11) wird nun eine Berechnung inklusive der Innenwandeinbindung durchgeführt. Der ψ-Wert der Innenwandeinbindung ergibt sich daraus zu $\psi = (88,667 - 87,216) / 25 = 0,058$ W/(mK).

Den anhand von Option B berechneten ψ-Werten ist die Besonderheit inne, dass sie nicht den U-Wert der Bauteile gemäß DIN EN ISO 13370 als Grundlage haben. Somit ist bei der Berechnung des Transmissionswärmeverlustes keine gemeinsame Datenbasis vorhanden.

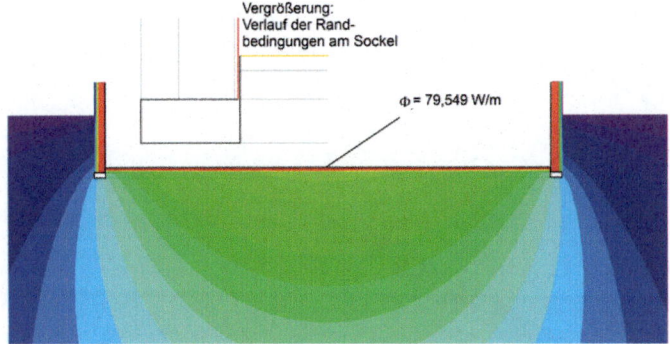

Bild 5.2-9 Berechnung der ψ-Wertes von Anschlüssen im beheizten Keller. Grundmodell für die Berechnung der Verluste der Regelbauteile

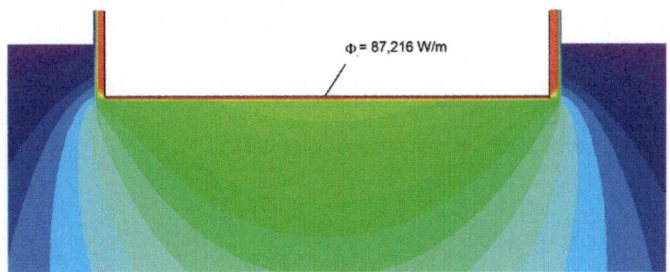

Bild 5.2-10 Berechnung der ψ-Wertes von Anschlüssen im beheizten Keller. Modell für die Berechnung des ψ-Wertes des Sockelanschlusses

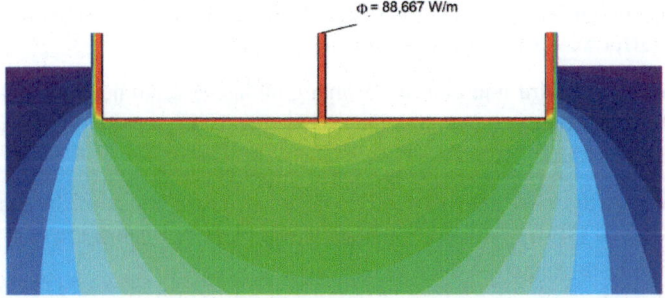

Bild 5.2-11 Berechnung der ψ-Wertes von Anschlüssen im beheizten Keller. Modell für die Berechnung des ψ-Werte der Innenwandeinbindung

Für die Berechnung von ψ-Werten in der Planungspraxis sind diese Vorgehensweisen und insgesamt die große Modellgeometrie allesamt schlecht geeignet, da erheblich zu aufwändig. Praktikabel sind hingegen „kleine" Geometriemodelle, bei denen wie für außenluftberührte Modelle nur eine Modelllänge von 1 m oder der dreifachen Bauteildicke gewählt wird. Diesen Ansatz verfolgt DIN 4108 Beiblatt 2. Hierbei ist für die Berechnung des ψ-Wertes eine fiktive Erdreichtemperatur direkt auf den erdberührten Oberflächen der Modelle als Randbedingung aufzubringen. Weitere Hintergründe hierzu enthält [42].

5.2.2 Exkurs: Modellbildung für Fensteranschlüsse

In DIN EN ISO 10211 wird auf die Modellbildung bei komplexen Bauteilen wie Fenstern, Türen Pfosten-Riegel-Fassaden etc. nicht näher eingegangen. Grundsätzlich sind demnach geometrische Vereinfachungen nicht zulässig. Für die Berechnung der Innenoberflächentemperaturen ist eine möglichst exakte Abbildung des realen Rahmensystems auch von großer Bedeutung, die Berechnung der ψ-Werte hingegen findet in aller Regel in einer Projektphase statt, in der noch keine Angaben über das konkrete Rahmensystem verfügbar sind. Vereinfachungen im geometrischen Modell sind daher unerlässlich. Grundsätzlich sind folgende Herangehensweisen in der Praxis bekannt:

- Variante A: Detaillierte Abbildung des realen Fensterrahmens (DIN EN ISO 10211 in Verbindung mit DIN EN ISO 10077)
- Variante B: Bildung eines Ersatzblockes mit dem U-Wert des Fensters (DIN 4108, Beiblatt 2)
- Variante C: Bildung eines Ersatzblockes mit dem U-Wert des Fensterrahmen
- Variante D: Bildung zweier Ersatzblöcke getrennt für Fenster und Rahmen
- Variante E: Verwendung eines adiabaten Modellrandes im Bereich des Anschlusses des Fensters an das Bauteil (Modell gemäß [54], Verwendung in England)

Anhand eines Beispiels (Kunststofffenster mit Wärmeschutzverglasung) werden in den nachfolgenden Bildern 5.2-12 bis 5.2-16 die unterschiedlichen Rechenansätze verdeutlicht. Es lässt sich feststellen, dass die Ergebnisse der verschiedenen Varianten teilweise deutlich differieren. In der Regel wird in Praxis Variante B angewendet. Hierbei wird mit der Rahmenbreite des realen Fensters ein Ersatzblock gebildet, welcher eine äquivalente Wärmeleitfähigkeit aufweist, die dem Wärmedurchlasswiderstand des Fensters entspricht. In DIN 4108, Beiblatt 2 wird beispielsweise ein 7 cm dicker Ersatzblock mit $\lambda_{äqu} = 0,13$ W/(mK) angegeben, wodurch ein Fenster mit einem Wärmedurchgangskoeffizienten $U_w = 1,41$ W/(m²K) beschrieben wird.

Während für Holzrahmen und Kunststoffrahmen anhand der Ersatzblöcke die realen Wärmeströme relativ gut abbildbar sind, ist das Ersatzblockmodell nur bedingt für Metallrahmen geeignet. Da die im Fensterrahmen auftretende Querleitung im Ersatzblock vernachlässigt wird, ergeben sich teilweise erhebliche Abweichungen in den Ergebnissen. In Bild 5.2-17 ist die auftretende Querleitung anhand der Wärmestromdichten für einen Aluminiumrahmen visualisiert. Die Rahmenüberdämmung ist in einem solchen Fall nahezu unwirksam. Liegt das Fenster hingegen in der Dämmebene – ist der Metallrahmen also durch mehr Dämmmaterial vom höher leitfähigen Wandbildner getrennt – ergeben sich geringere Abweichungen zum Ersatzblockmodell.

Einbauteile wie z.B. Rollladenführungsschienen sind im Modell in ihrer Wirkung zu berücksichtigen (siehe Bild 5.2-18).

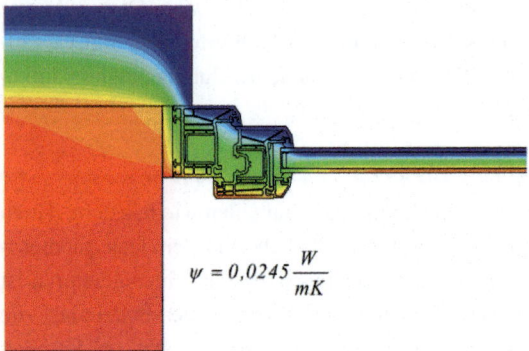

$$\psi = 0,0245 \frac{W}{mK}$$

Bild 5.2-12 Anschluss Fensterlaibung bei detaillierter Abbildung des realen Fensterrahmens (Variante A)

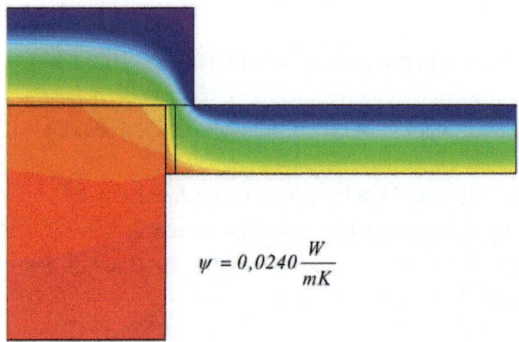

$$\psi = 0,0240 \frac{W}{mK}$$

Bild 5.2-13 Anschluss Fensterlaibung bei Bildung eines Ersatzblockes mit dem U-Wert des Fensters (Variante B)

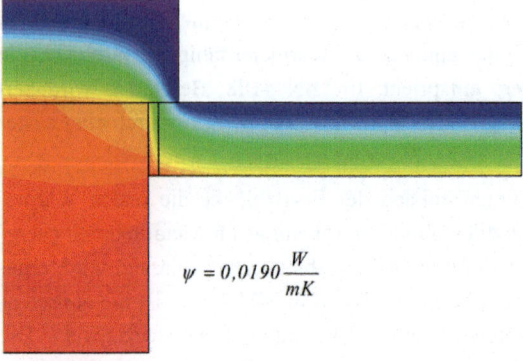

$$\psi = 0,0190 \frac{W}{mK}$$

Bild 5.2-14 Anschluss Fensterlaibung bei Bildung eines Ersatzblockes mit dem U-Wert des Fensterrahmen (Variante C)

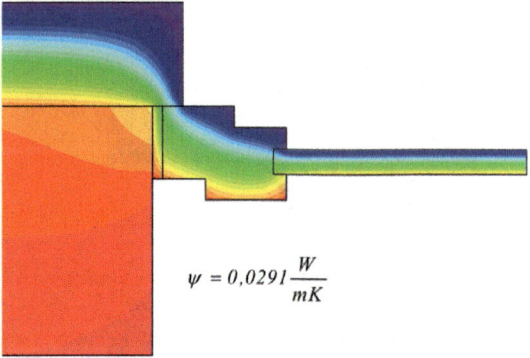

$$\psi = 0,0291 \frac{W}{mK}$$

Bild 5.2-15 Anschluss Fensterlaibung bei Bildung zweier Ersatzblöcke getrennt für Fenster und Rahmen (Variante D)

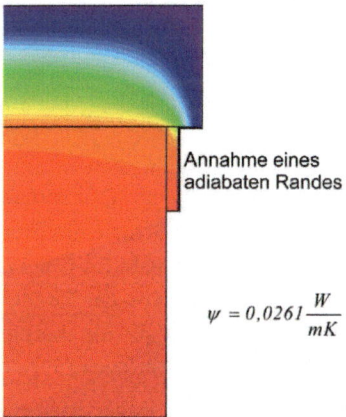

Annahme eines adiabaten Randes

$$\psi = 0,0261 \frac{W}{mK}$$

Bild 5.2-16 Anschluss Fensterlaibung bei Verwendung eines adiabaten Modellrandes im Bereich des Anschlusses des Fensters an das Bauteil (Variante E)

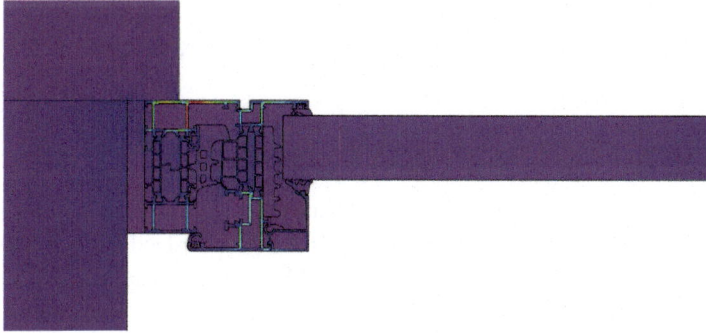

Bild 5.2-17 Anschluss Fensterlaibung mit Darstellung der Wärmestromdichte (wärmere Farben repräsentieren eine höhere Wärmestromdichte) für einen Aluminium-Fensterrahmen

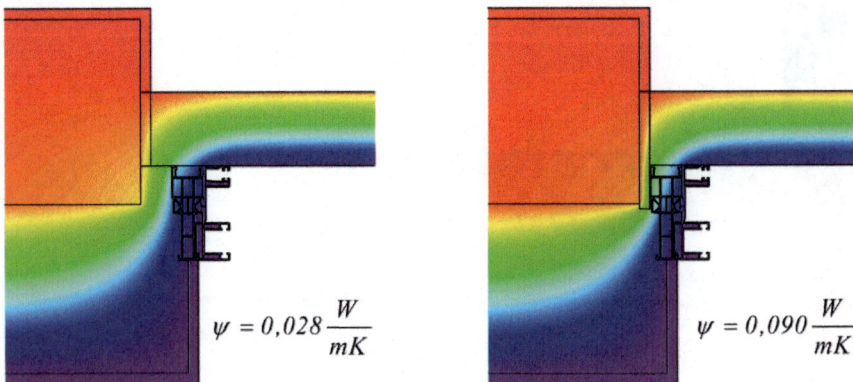

$$\psi = 0,028 \, \frac{W}{mK} \qquad\qquad \psi = 0,090 \, \frac{W}{mK}$$

Bild 5.2-18 Anschluss Fensterlaibung mit Rollladen-Führungsschiene

links ohne Unterbrechung der Rahmenüberdämmung **rechts** mit Unterbrechung der Rahmenüberdäm-mung

5.3 Materialkenngrößen

5.3.1 Wärmeleitfähigkeit

Die Wärmeleitfähigkeit λ [W/(mK)] eines Stoffes gibt an, welche Wärmemenge Q innerhalb einer Stunde bei einer Temperaturdifferenz von 1 Kelvin durch eine 1 m dicke Schicht des Stoffes über eine Fläche von 1 m² übertragen wird. Die Wärmeleitfähigkeit eines Feststoffes hängt in erster Linie von der Rohdichte ab, des Weiteren auch vom Feuchtegehalt und von der Einsatztemperatur. Das Rohdichteoptimum für eine geringe Wärmeleitfähigkeit liegt für die meisten Stoffe (Ausnahme z.B. Vakuumdämmung) bei etwa 20 kg/m³ und 100 kg/m³ (siehe auch [57]).

Im weiteren Verlauf werden bauübliche Anwendungsbedingungen betrachtet. Daher kann die Relevanz einer Temperaturabhängigkeit der Wärmeleitfähigkeiten aller genutzter Stoffe ausgeschlossen werden. Da das Ziel der durchgeführten Berechnungen unter anderem in der Vermeidung von Schimmelpilzwachstum liegt, spielt aufgrund der geringen anzunehmenden Oberflächenfeuchten auch eine Feuchteabhängigkeit keine maßgebliche Rolle.

Wärmeleitfähigkeiten für übliche Baustoffe sind in DIN 4108-4 und DIN EN ISO 10456 tabelliert.

Exkurs: Inhomogene Bauteile

Bei Bauteilen mit inhomogener Schichtenfolge ist aktuell nicht ausreichend geklärt, wie die Baustoffe der inhomogenen Schicht(en) im Modell zu berücksichtigen sind. Verdeutlicht wird das Problem nachfolgend für ein Ortgangdetail (Bild 5.3-1). Im Dachbereich sind zunächst einmal gedämmte Gefachbereiche und die Regel-Dachsparren vorhanden. Zusätzlich wird im Bereich der Giebelwand im Normalfall ein zusätzlicher Streichsparren verbaut. Für die ψ-Wert Berechnung stellt sich nun die Frage, wie und welche Sparren im Rechenmodell berücksichtigt werden müssen. Der naheliegende Ansatz gemäß Bild 5.3-1 mit Modellierung aller Sparren ist als falsch zu bewerten, da die Regelsparren bereits im U-Wert gemäß DIN EN ISO 6946 berücksichtigt wurden. In DIN 4108, Beiblatt 2 wird angemerkt, dass die dortigen Referenzwerte für Ψ für Anschlüsse in Holzbauweise sich auf den Wärmedurchgangskoeffizienten des Gefachs λ_{Gefach} beziehen, was ebenfalls – mit Hinweis auf die U-Werte gemäß DIN EN ISO 6946 – nicht korrekt ist.

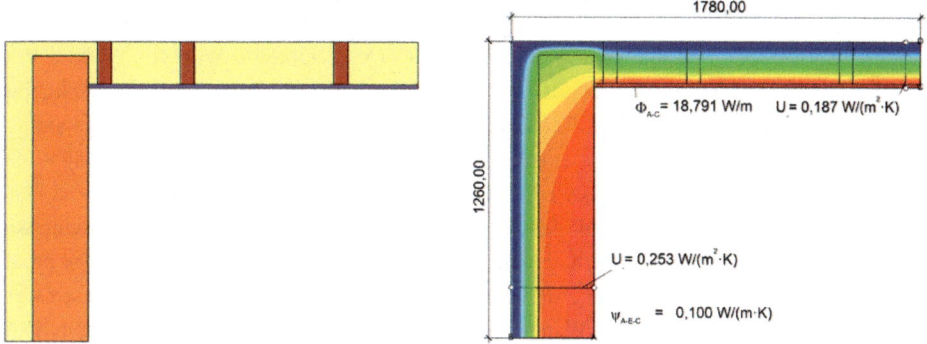

Bild 5.3-1 Ortganganschluss bei einem zimmermannsmäßigen Dach mit Zwischensparrendämmung
links Prinzipskizze des Anschlussdetails **rechts** ψ-Wert Berechnung mit Berücksichtigung aller Sparren

Grundsätzlich gilt bei Wärmebrückenberechnungen, dass die Rechenansätze für die U-Werte und die ψ-Werte identisch sein sollten. Für den dargestellten Ortganganschluss bedeutet dies, dass nur der Streichsparren im Rechenmodell für den ψ-Wert zu berücksichtigen ist. Im Dachbereich ist für die inhomogene Schicht eine äquivalente Wärmeleitfähigkeit $\lambda_{äqu.}$ zu ermitteln, die aus dem U-Wert gemäß DIN EN ISO 6946 zurückzurechnen ist (siehe Bild 5.3-2). Die gleiche Vorgehensweise wird grundsätzlich auch für Anschlüsse in Holzbauweise empfohlen. Dieselbe äquivalente Wärmeleitfähigkeit ist im Übrigen auch für Anschlüsse längs zur Sparrenachse (First, Kehlbalkenlage, Traufe) zu verwenden. In der kommenden Neufassung von DIN 4108 Beiblatt 2 sollen beide Möglichkeiten des Ansatzes einer Wärmeleitfähigkeit (λ_{Gefach} bzw. $\lambda_{äqu.}$) für die inhomogene Schicht zugelassen werden.

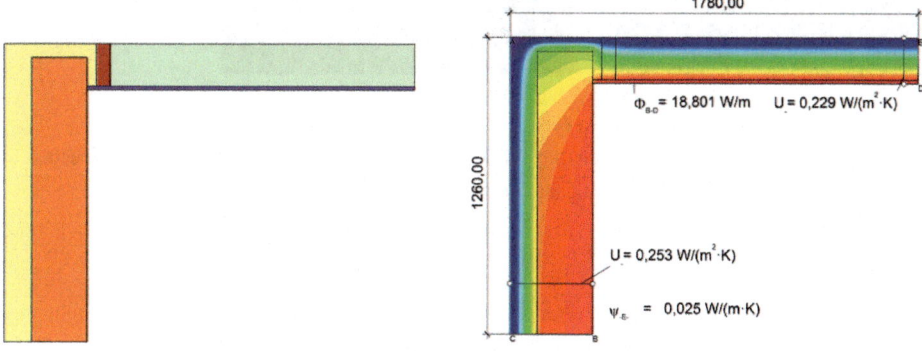

Bild 5.3-2 Ortganganschluss, vereinfachtes Modell zur Berechnung des ψ-Wertes
links Prinzipskizze des Rechenmodells **rechts** korrekte ψ-Wert Berechnung

Exkurs: Anisotrope Materialien

Bei Wärmebrücken wird in der Regel von isotropen Materialien ausgegangen. Es ist somit $\lambda_x = \lambda_y = \lambda_z$. Nicht für alle Materialien trifft diese Annahme zu. Für Holz ist beispielsweise die Wärmeleitfähigkeit in Faserrichtung etwa doppelt so groß wie quer zur Faser. Der für Bauholz üblicherweise verwendete Wert $\lambda = 0{,}13$ W/(mK) entspricht dabei der Wärmeleitfähigkeit quer zur Faser. Anisotropien treten auch bei Sedimentgesteinen wie Schiefer oder Glimmer auf.

Ein weiteres anisotropes Material stellen Lochziegel dar. Der deklarierte Wert der Wärmeleitfähigkeit eines Lochziegels repräsentiert dabei das Wärmedämmvermögen des Steines inkl. Fugenmörtel senkrecht zur Wandebene. Tatsächlich weisen der Ziegelscherben, die Luftkammer und ggf. die Dämmfüllung stark abweichende Wärmeleitfähigkeiten auf. Selbst die Längs- und Querstege eines Ziegels weisen unterschiedliche Wärmeleitfähigkeiten auf. Über die tatsächliche richtungsabhängige Wärmeleitfähigkeit des Ziegelscherbens liegen nur wenige Untersuchungen vor (z.B. [16] und [53]). Aus diesen Untersuchungen kann für die x-Richtung (Längsstege parallel zur Wandebene) auf eine Scherbenleitfähigkeit von etwa $\lambda_x = 0{,}30$ W/(mK) geschlossen werden, für λ_y (Querstege senkrecht zur Wandebene) und λ_z (über die Höhe des Steines durchlaufende Stege) auf $\lambda_y = \lambda_z = 0{,}35$ bis $0{,}40$ W(mK). In Einzelfällen sollte man sich dieser Besonderheiten bewusst sein. So spielt der Wert λ_z beispielsweise eine Rolle für den Wärmeverlust im Fußpunkt einer Wand und auch die geringste Oberflächentemperatur ist bei detaillierter Abbildung des Steines um wenige Zehntelgrad geringer, ohne dass daraus jedoch Probleme für den Wärme- oder Feuchteschutz der Wandkonstruktion erwachsen.

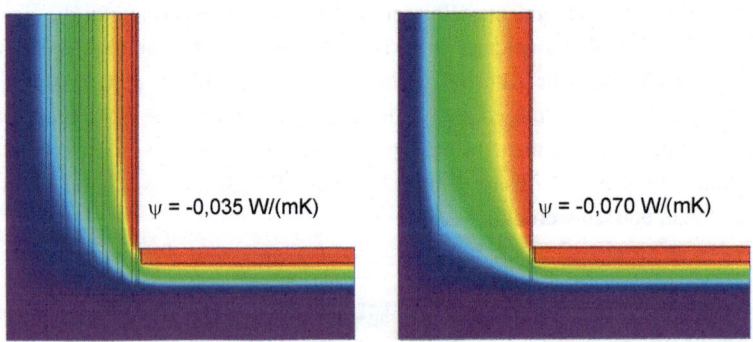

Bild 5.3-3 Beispiel: Sockelanschluss im Keller
links Tragschale anisotrop mit Unterscheidung in Dämmfüllung mit $\lambda = 0{,}035$ W/(mK) und Ziegelscherben mit $\lambda = 0{,}40$ W/(mK) **rechts** Tragschale isotrop mit $\lambda = 0{,}08$ W/(mK)

Exkurs: Wärmeleitfähigkeit von Fenstern

Die wärmeschutztechnische Qualität der Fenster eines Gebäudes ist für energieeffiziente Gebäudeplanungen ein wesentlicher Faktor. Der U-Wert der Fenster ist in der Regel drei- bis viermal so hoch wie der U-Wert der sonstigen Gebäudehülle. Insofern ist es verständlich, dass bei immer mehr Projekten vom Hersteller der U-Wert fensterspezifisch gemäß DIN EN ISO 10077 angegeben wird. Die jeweils zugehörigen ψ-Werte (Laibung, Sturz, Brüstung) müssten nun für jedes Fenster einzeln berechnet werden, da der Bezugs-U-Wert ein anderer ist. Dies führt zu einer Vielzahl von Einzelberechnungen und ist nicht praktikabel. Genormte Regeln zur Vereinfachung liegen nicht vor. Für die praktische Anwendung wird daher in solchen Fällen empfohlen, einen flächengemittelten Wert $U_{w,m}$ für die Fenster zu berechnen und diesen für die Wärmebrückenberechnungen aller Fenster zu verwenden.

$$U_{w,m} = \frac{\sum_i U_{w,i} \cdot A_{w,i}}{A_{w,ges.}} \qquad (5.3\text{-}1)$$

Darin ist:

$U_{w,m}$ = flächengemittelter Wärmedurchgangskoeffizient der Fenster in W/(m²K)

$U_{w,i}$ = Wärmedurchgangskoeffizient des Fensters i gemäß DIN EN ISO 10077 in W/(m²K)

$A_{w,i}$ = Fläche des Fensters i in m²

$A_{w,ges.}$ = Fläche aller Fensters des Gebäudes in m²

5.3.2 Rohdichte

Die Rohdichte eines Stoffes ist der Quotient aus seiner Masse m und dem von dieser Masse eingenommenen Volumen. Für die üblicherweise unter stationären Temperaturrandbedingungen durchgeführten Wärmebrückenberechnungen ist die Rohdichte der Materialien bedeutungslos, da die Speicherprozesse dabei vernachlässigt werden.

Da die in den folgenden Abschnitten dokumentierten Berechnungen speziell das instationäre thermische Verhalten verschiedener Baukonstruktionen zum Inhalt haben, wird dabei auch die Masse der verschiedenen verwendeten Baustoffe als Kenngröße benötigt. Angaben zur Rohdichte von Baustoffen enthalten DIN 4108-4 und DIN EN ISO 10456.

5.3.3 Spezifische Wärmekapazität

Die spezifische Wärmekapazität gibt diejenige Wärmemenge an, die benötigt wird, um 1 kg eines Stoffes um 1 Kelvin zu erwärmen. Sie ist ein Maß dafür, wie viel Wärme ein Stoff speichern kann. Je größer die spezifische Wärmekapazität eines Stoffes ist, desto langsamer erfolgt der Erwärmungsvorgang. Für die üblichen mineralischen Baustoffe kann eine spezifische Wärmekapazität c = 1000 J/(kgK) angenommen werden. Glas und Metalle weisen geringere Werte auf, Holz oder Produkte mit hohem Holzfaseranteil deutliche höhere Werte bis über 2000 J/(kgK). Wasser ist mit einer sehr hohen spezifischen Wärmekapazität von 4180 J/(kgK) ein sehr guter Wärmespeicher und eignet sich daher auch gut als Wärmeträgermedium. Werte für weitere Baustoffe enthält DIN EN ISO 10456.

Für stationäre Wärmebrückenberechnungen ist – wie die Rohdichte – auch die spezifische Wärmekapazität eines Baustoffes bedeutungslos, bei instationären Berechnungen bestimmt sie zusammen mit der Rohdichte die Wärmespeicherfähigkeit eines Baustoffes.

5.4 Außenklima

5.4.1 Reales Umgebungsklima und Vereinfachungsansätze

Das im Rahmen einer Wärmebrückenberechnung anzusetzende Klima auf der Außenseite der Baukonstruktion muss, wenn die Innenoberflächentemperatur beurteilt werden soll, ausreichend genau das reale Klima nachbilden bzw. mindestens eine hinreichend genaue Vereinfachung/Verallgemeinerung darstellen.

Umfangreiche Daten für verschiedene Parameter des Außenklimas werden seit vielen Jahren von der Rudolf-Geiger-Freilandklima-Messstation an der Ruhr-Universität Bochum aufgezeichnet. Die dort aufgezeichneten Rohdaten wurden dem Verfasser freundlicherweise durch den Arbeitsbereich Klimaforschung der Ruhr-Universität Bochum zur Verfügung gestellt. Aus der Vielzahl der Messreihen wurden die folgenden exemplarisch für die Zeiträume 01.01.2003 bis 15.02.2003 und 01.07.2004 bis 15.08.2004 ausgewertet und in den Bildern 5.4-1 und 5.4-2 die folgenden Parameter dargestellt:

- Außenlufttemperatur in 2 m Höhe
- Außenlufttemperatur über dem Erdboden in 5 cm Höhe
- Temperatur im Erdreich in 10 cm, 20 cm und 50 cm Tiefe
- tägliche Niederschlagsmenge
- solare Strahlungsintensität

Deutlich zu erkennen ist der Einfluss der Solarstrahlung auf die Temperatur an der Erdoberfläche, der im Sommer besonders ausgeprägt ist. Ferner kann abgelesen werden, dass bereits in geringen Tiefen im Erdreich der Einfluss des Tagesklimas signifikant abklingt.

Für die Verwendung im Rahmen einer Wärmebrückenberechnung ist ein kompletter Datensatz realer Klimadaten – schon allein aufgrund der Limitierungen der zur Verfügung stehenden Berechnungsprogramme – nicht zu nutzen. Es ist daher zu diskutieren, welche Parameter relevant für die Berechnungsergebnisse sind und wie diese gegebenenfalls vereinfacht in die Berechnung eingeführt werden können. Im weiteren Verlauf dieses Abschnittes werden die verschiedenen Einflussgrößen besprochen.

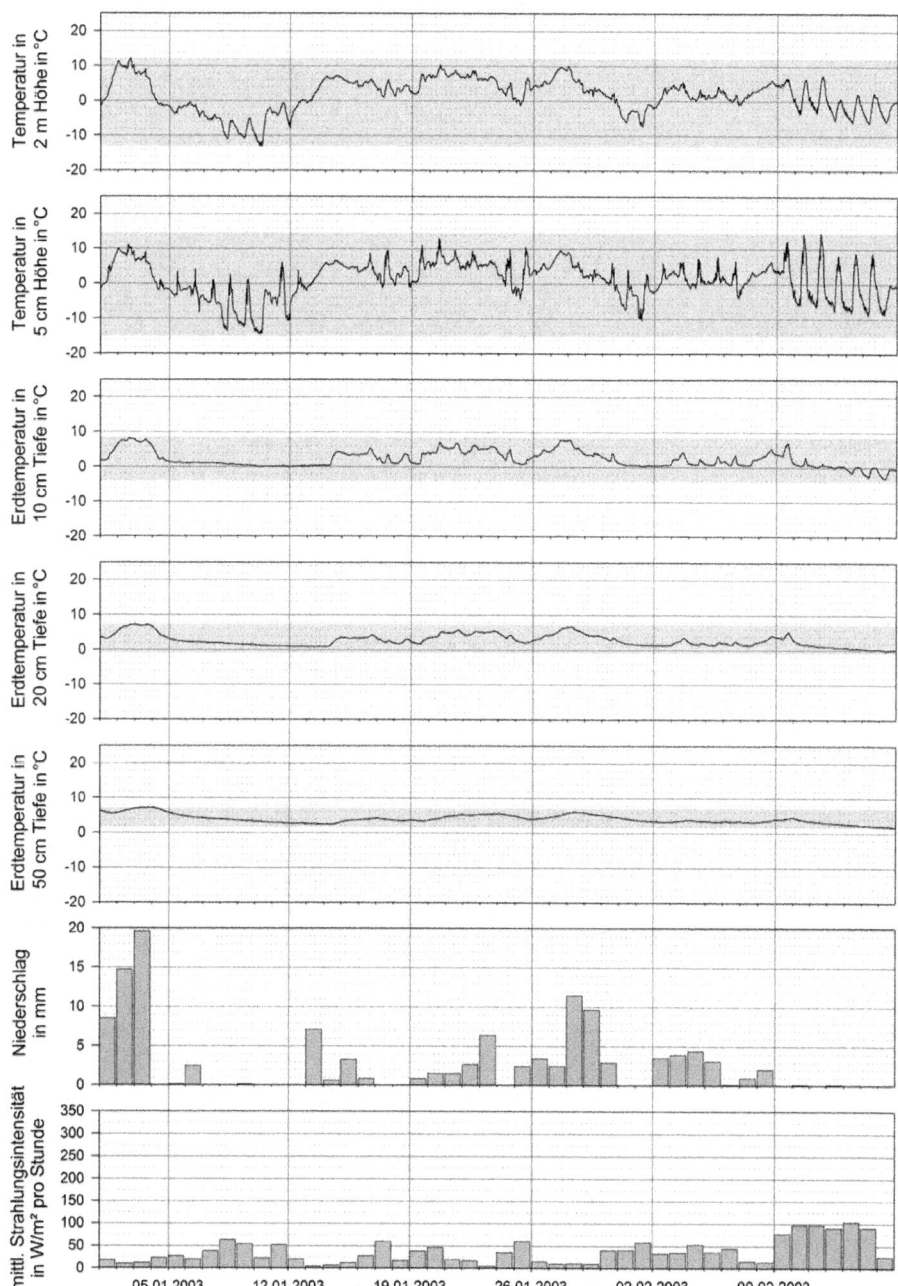

Bild 5.4-1 Lufttemperatur in 2 m und 5 cm Höhe über dem Erdboden; Erdreichtemperatur in Tiefen von 10 cm, 20 cm und 50 cm; stündliche Niederschlagmenge und mittlere stündliche Strahlungsintensität für den Zeitraum vom 01.01.2003 bis zum 15.02.2003. (Quelle: Rudolf-Geiger-Freilandklima-Messstation, Bochum)

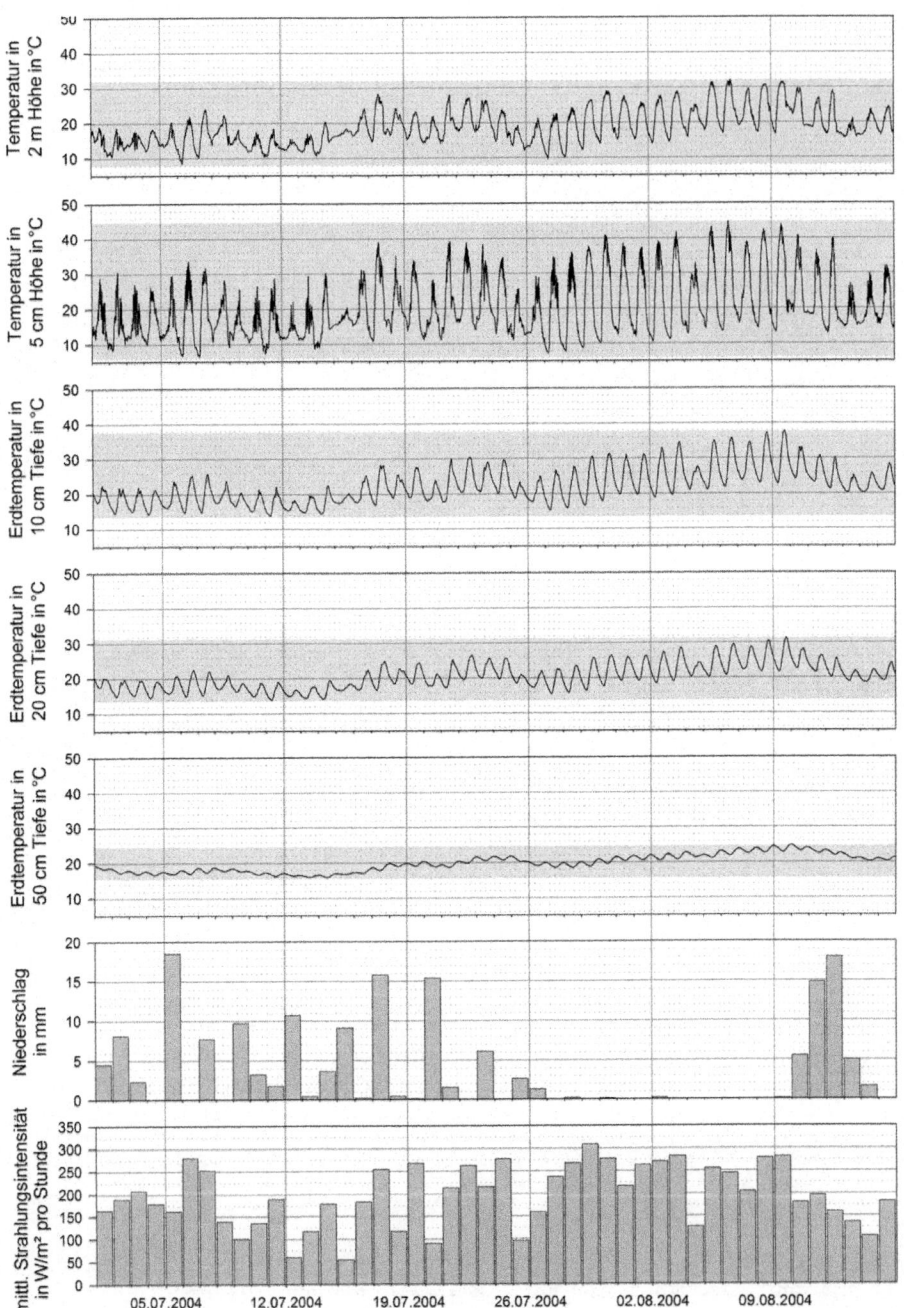

Bild 5.4-2 Lufttemperatur in 2 m und 5 cm Höhe über dem Erdboden; Erdreichtemperatur in Tiefen von 10 cm, 20 cm und 50 cm; stündliche Niederschlagmenge und mittlere stündliche Strahlungsintensität für den Zeitraum vom 01.07.2004 bis zum 15.08.2004. (Quelle: Rudolf-Geiger-Freilandklima-Messstation, Bochum)

5.4.2 Außenlufttemperatur

In DIN 4108-2 wird beim Mindestwärmeschutznachweis für eine Wärmebrückenberechnung unter stationären Klimarandbedingungen eine zu verwendende Außenlufttemperatur von -5 °C vorgegeben. Diese wird als ausreichend repräsentativ für große Teile von Deutschland angesehen.

Bei einer Berechnung mit instationären Temperaturrandbedingungen hingegen wird das Ziel verfolgt, die realen Verhältnisse ausreichend genau anzunähern. Hierfür können zwei Ansätze verfolgt werden.

Variante 1: Ermittlung eines geeigneten synthetischen Temperaturverlaufes

Die Temperatur der Außenluft verändert sich zyklisch sowohl innerhalb eines Tages als auch innerhalb eines Jahres. Während der Tagesverlauf der Lufttemperatur von der jeweils aktuellen Wetterlage und der Tageszeit abhängig ist (Strahlungsintensität, Grad der Bewölkung, Niederschlag, Windgeschwindigkeit), wird der Jahresverlauf von den Jahreszeiten geprägt.

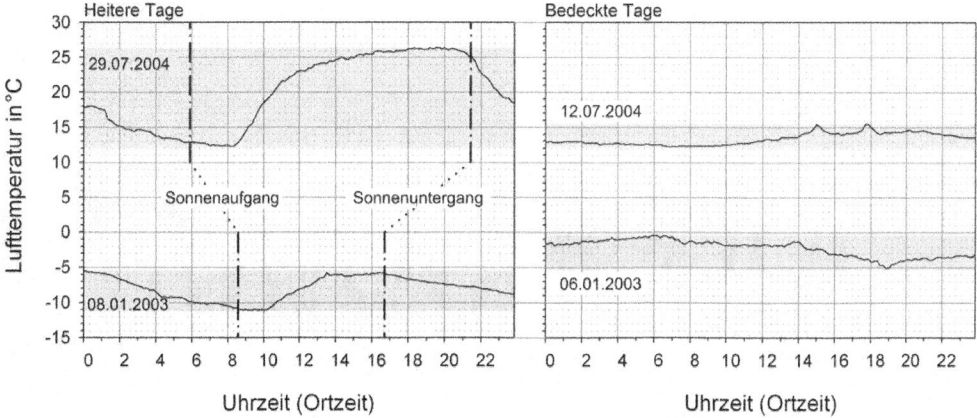

Bild 5.4-3 Tagesverlauf der Lufttemperatur in 2 m Höhe über dem Erdboden am Standort Bochum jeweils für einen heiteren und einen bedeckten Sommer- und Wintertag (Quelle: Rudolf-Geiger-Freilandklima-Messstation)

In Bild 5.4-3 sind Temperaturverläufe ausgewählter Tage am Standort Bochum dargestellt. Während an heiteren Tagen sowohl im Winter als auch im Sommer eine deutliche Abhängigkeit von den Tageszeiten gegeben ist, ist der Tagesgang der Lufttemperatur an bedeckten Tagen eher unspezifisch und damit von allgemeinen Einflüssen, wie z.B. Änderungen der Großwetterlage, abhängig. An heiteren Tagen ergibt sich ein charakteristischer Temperaturverlauf mit Minimalwerten, die sich sowohl im Winter als auch im Sommer kurz nach Sonnenaufgang einstellen. Im weiteren Tagesverlauf steigt die Temperatur dann als Folge der Sonneneinstrahlung an. Die Höchstwerte werden dementsprechend in den späten Nachmittagsstunden erreicht. Die Tagesamplitude der Temperatur ist, bedingt durch die höhere Strahlungsintensität, im Sommer deutlich größer als im Winter. Werden nun in jedem Monat jeweils die Mittelwerte der stündlichen Temperaturen über alle Tage eines Monats errechnet, ergeben sich monatsbezogene mittlere Tagesgänge der Außenlufttemperatur. Diese können - sowohl für heitere als auch für bewölkte Tage - für die 15 deutschen Referenzstandorte DIN 4710 entnommen werden.

Betrachtet man den Verlauf der mittleren Tagestemperaturen über mehrere Jahre (siehe Bild 5.4-4), so ergibt sich ein Verlauf, welcher durch eine Sinusschwingung gemäß Gl. 5.4-1 angenähert werden kann.

$$\theta_x = \theta_{e,m} - \theta_{e,Amp} \cdot cos\left(2 \cdot \pi \cdot \frac{x - \beta}{365} \right) \tag{5.4-1}$$

Darin ist:

θ_x = Außenlufttemperatur am Tag x in °C

$\theta_{e,m}$ = Jahresmittel der Außenlufttemperatur in °C

$\theta_{e,Amp}$ = Jahresamplitude der Außenlufttemperatur in °C

β = Phasenverschiebung in d
         (berücksichtigt, dass das Minimum der Lufttemperatur nicht am 1.Januar
         auftritt, sondern ortsabhängig erst gegen Mitte Januar)

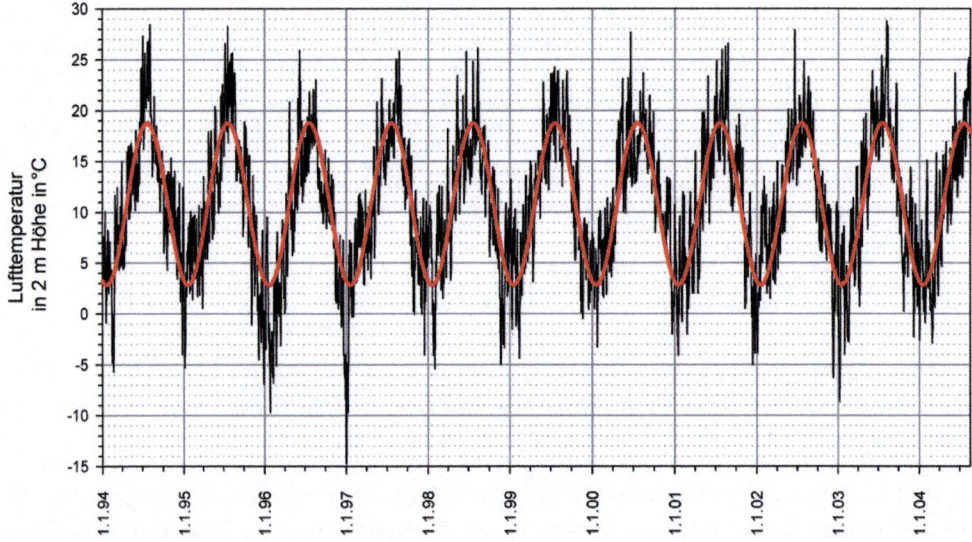

Bild 5.4-4 Lufttemperatur (Tagesmittel) in 2 m Höhe über dem Erdboden im Zeitraum vom 01.01.1994 bis zum 15.08.2004. In rot eingezeichnet ist der Temperaturverlauf in Form einer Sinus-Funktion gemäß Gl. 5.4-1. (Quelle: Rudolf-Geiger-Freilandklima-Messstation; Die Rohdaten wurden durch den Arbeitsbereich Klimaforschung der Ruhr-Universität Bochum bereitgestellt)

Insbesondere die Extremwerte (hohe Temperaturen im Sommer, tiefe Temperaturen im Winter) werden durch eine Annäherung gemäß Gl. 5.4-1 jedoch nur unzureichend, der Tagesgang der

Lufttemperatur überhaupt nicht erfasst. Dass Gl. 5.4-1 prinzipiell jedoch gut für die Abbildung des Jahresganges der Lufttemperatur geeignet ist, zeigt Bild 5.4-5 anhand eines Vergleiches mit dem Jahresgang der 50-jährigen Tagesmittel der Station Berlin-Tempelhof.

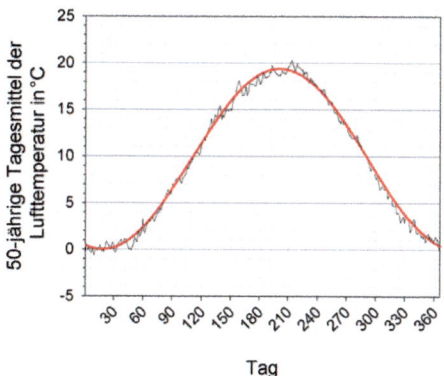

Tag

Bild 5.4-5 Jahresgang der 50-jährigen Tagesmittel (1948 bis 1998) der Lufttemperatur an der Station Berlin-Tempelhof und Temperaturverlauf in Form einer Sinus-Funktion gemäß Gl. 5.4-1 mit $\theta_{e,m}$ = 9,7 °C, $\theta_{e,Amp}$ = 9,7 °C und β = 18 d.

Um auch Tagesextrema sowie den natürlichen Ablauf von Hochdruck- und Tiefdruckphasen simulieren zu können, kann Gl. 5.4-1 so erweitert werden, dass jedes dieser Merkmale durch eine eigene Sinusschwingung abgebildet wird. Somit wird eine dreifach überlagerte Sinus-Schwingung gemäß Gl. 5.4-2 benötigt.

$$\theta_h = \theta_j + \theta_w + \theta_t \tag{5.4-2}$$

mit:

$$\theta_j = \theta_{m,Jahr} - \theta_{Amp,Jahr} \cdot cos\left(2 \cdot \pi \cdot \frac{h - \beta_{Jahr}}{365 \cdot 24}\right) \tag{5.4-3}$$

$$\theta_w = -\theta_{Amp,Woche} \cdot RND(0,1) \cdot cos\left(2 \cdot \pi \cdot \frac{h}{14 \cdot 24}\right) \tag{5.4-4}$$

$$\theta_t = -\theta_{Amp,Tag} \cdot RND(0,1) \cdot cos\left(2 \cdot \pi \cdot \frac{h}{24}\right) \tag{5.4-5}$$

Darin ist:

θ_h	= Außenlufttemperatur in der Stunde h (h = 1…8760) in °C
θ_j	= Anteil des Jahresverlaufes der Außenlufttemperatur in °C
θ_w	= Anteil des Wochenverlaufes der Außenlufttemperatur in °C
θ_t	= Anteil des Tagesverlaufes der Außenlufttemperatur in °C
$\theta_{m,Jahr}$	= Jahresmittel der Außenlufttemperatur in °C
$\theta_{Amp,Jahr}$	= Jahresamplitude der Außenlufttemperatur in °C

β_{Jahr} = Jahres-Phasenverschiebung in h

$\theta_{Amp,Woche}$ = Wochenamplitude der Außenlufttemperatur in °C

$\theta_{Amp,Tag}$ = Tagesamplitude der Außenlufttemperatur in °C

$RND(0,1)$ = Zufallszahl zwischen 0 und 1

Die in Gl. 5.4-4 und 5.4-5 eingeführten Zufallszahlen dienen im Rahmen des Wochenganges der zufälligen Simulation kälterer und wärmerer Abschnitte, im Rahmen des Tagesganges der Simulation bewölkter und heiterer Tage. Um einen allzu zufälligen Temperaturverlauf zu vermeiden und einen sinnvollen Anschluss der einzelnen Wellen nacheinander zu gewährleisten, sollten die Zufallszahlen für jeden Tag des Berechnungszeitraumes vorberechnet und ein Mittelwert über den Wert des aktuellen, des vergangenen und des nachfolgenden Tages bestimmt werden. Die anhand von Gl. 5.4-2 mit $\theta_{m,Jahr}$ = 6,5 °C, $\theta_{Amp,Jahr}$ = 9 °C, β_{Jahr} = 360 h (entspricht 15 d), $\theta_{Amp,Woche}$ = 4 °C und $\theta_{Amp,Tag}$ = 8 °C berechnete Gesamtschwingung wird in Bild 5.4-6 für den Zeitraum eines Jahres sowie in Bild 5.4-7 für den Januar dargestellt. Wie in Bild 5.4.7 abzulesen ist, liegen in der kältesten Woche die simulierten winterlichen Tageshöchsttemperaturen bei etwa -3 °C, die Tagestiefsttemperaturen zwischen -10 °C bis -13 °C.

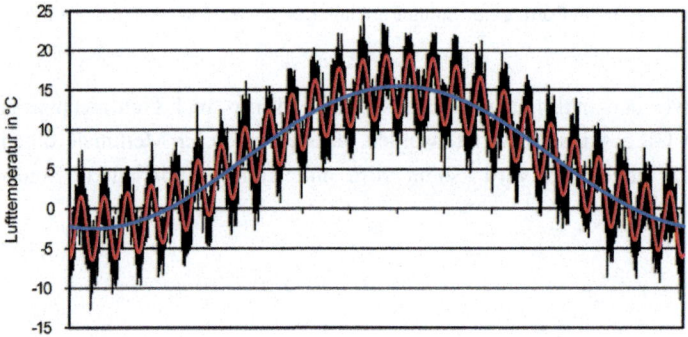

Bild 5.4-6 Berechneter Verlauf der Außenlufttemperatur über ein Jahr.
blau Jahresgang **rot** Jahresgang+Wochengang **schwarz** Gesamtschwingung

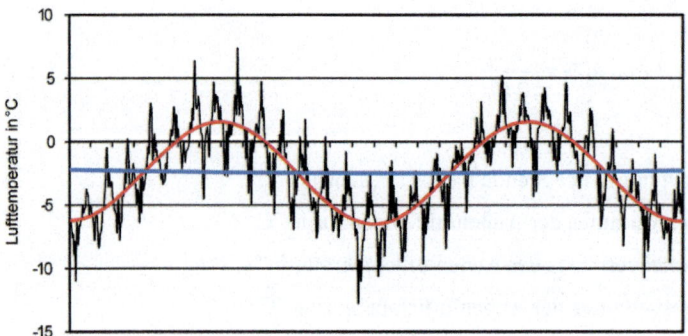

Bild 5.4-7 Berechneter Verlauf der Außenlufttemperatur für den Monat Januar (Ausschnitt aus Bild 5.4-6).
blau Jahresgang **rot** Jahresgang+Wochengang **schwarz** Gesamtschwingung

Zusammenfassend kann festgestellt werden, dass Gl. 5.4-2 für eine Simulation der Außenluft-temperatur grundsätzlich gut geeignet ist. Durch eine Anpassung der Parameter kann eine Adaption an ein beliebiges Ortsklima erfolgen.

Variante 2: Nutzung der Testreferenzjahre (TRY) des DWD

Der Deutsche Wetterdienst (DWD) hat im Rahmen eines Forschungsvorhabens zwischen Juni 2009 und März 2011 neue Testreferenzjahre (TRY) erarbeitet und im Jahr 2011 zur Nutzung veröffentlicht. Die bis dahin verfügbaren, alten TRY basierten auf der Klimaperiode 1961 bis 1990, während die nun verfügbaren neuen TRY auf Grundlage der Klimaperiode 1988 bis 2007 erstellt wurden und somit auch Effekte des Klimawandels berücksichtigen. Die Testreferenzjahre wurden für die Repräsentanzstationen von 15 Klimaregionen (siehe Tabelle 5.4-1) bereitgestellt. Die räumliche Ausdehnung der 15 Klimaregionen ist in Bild 5.4-12 kartiert.

Tabelle 5.4-1 TRY-Klimaregionen und Repräsentanzstationen

	1	2
1	Klimaregion	Repräsentanzstation
2	1 - Nordseeküste	Bremerhaven
3	2 - Ostseeküste	Rostock-Warnemünde
4	3 - Nordwestdeutsches Tiefland	Hamburg-Fuhlsbüttel
5	4 - Nordostdeutsches Tiefland	Potsdam
6	5 - Niederrheinisch-westfälische Bucht und Emsland	Essen
7	6 - Nördliche und westliche Mittelgebirge, Randgebiete	Bad Marienberg
8	7 - Nördliche und westliche Mittelgebirge, zentrale Bereiche	Kassel
9	8 - Oberharz und Schwarzwald (mittlere Lagen)	Braunlage
10	9 - Thüringer Becken und Sächsisches Hügelland	Chemnitz
11	10 - Südöstliche Mittelgebirge bis 1000 m	Hof
12	11 - Erzgebirge, Böhmer- und Schwarzwald oberhalb 1000 m	Fichtelberg
13	12 - Oberrheingraben und unteres Neckartal	Mannheim
14	13 - Schwäbisch-fränkisches Stufenland und Alpenvorland	Mühldorf/Inn
15	14 - Schwäbische Alb und Baar	Stötten
16	15 - Alpenrand und -täler	Garmisch-Partenkirchen

Für jede Repräsentanzstation werden durch den DWD drei „Gegenwarts"-Testreferenzjahre bereitgestellt:

- TRY - mittleres Jahr
  Die mittleren TRY repräsentieren den charakteristischen Witterungsverlauf eines kompletten Jahres und werden aus realen Witterungsabschnitten so zusammengesetzt, dass

Mittel und Streuung vor allem der Lufttemperatur bestmöglich zu den langjährigen monatlichen und jahreszeitlichen Mittelwerten der jeweiligen Repräsentanzstation passen.

- TRY – warmes Sommerhalbjahr
  Für das TRY mit warmem Sommerhalbjahr (Sommer-TRY) wird das an jeder Repräsentanzstation ermittelte zweitwärmste Jahr des Zeitraums 1993 bis 2007 genutzt
- TRY – kaltes Winterhalbjahr
  Für das TRY mit kaltem Winterhalbjahr (Winter-TRY) wird das an jeder Repräsentanzstation ermittelte zweitkälteste Jahr des Zeitraums 1993 bis 2007 genutzt

Zusätzlich stehen für jede Repräsentanzstation drei entsprechende „Zukunft"-Testreferenzjahre zur Verfügung, auf die hier aber nicht näher eingegangen werden soll. Es wird auf die entsprechenden Informationsmaterialien des DWD verwiesen.

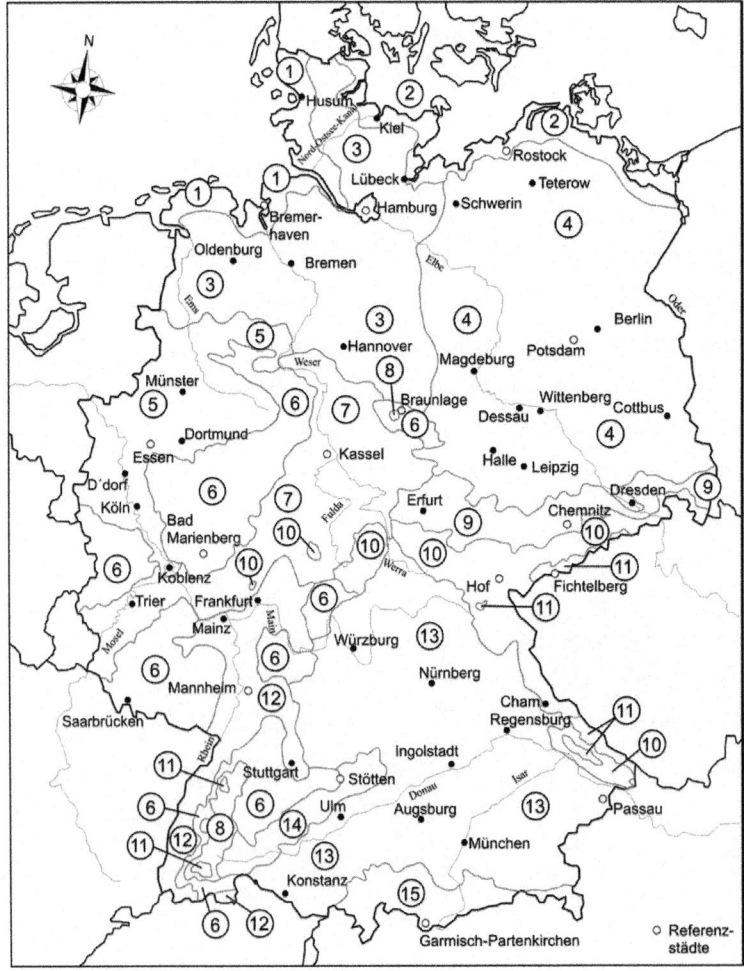

Bild 5.4-12 Einteilung Deutschlands in 15 TRY-Klimaregionen

Zurzeit wird durch das DWD ein aktualisierter TRY-Datensatz erstellt. Dieser soll Daten mit einer hochaufgelösten räumlichen Darstellung bieten, wobei eine Auflösung von 1 km² angestrebt wird. In diesen Daten werden dann auch Stadtklimaeffekte und Höhenkorrekturen eingearbeitet sein. Darüber hinaus werden die zukünftigen Testreferenzjahre nicht primär aus der Lufttemperatur abgeleitet, sondern es wird zusätzlich auch die Solarstrahlung bei der Auswahl berücksichtigt, was insbesondere für die Sommer-TRY von erheblicher Relevanz ist. Es wird allerdings zu prüfen sein, wie – angesichts des etwa 360.000 km² großen Staatsgebietes – die Daten zu nutzen sein werden.

Bildung von Winterklimaregionen

Für die Berechnungen in den folgenden Abschnitten werden die Winter-TRY genutzt. Die Jahresverläufe der Außenlufttemperatur an den 15 Repräsentanzstationen sind für die Winter-TRY in Bild 5.4-13 zusammengestellt. Für jede Repräsentanzstation wurde die maßgebende Temperatur ermittelt (Tab. 5.4-2). Als maßgebende Temperatur im Sinne des Mindestwärmeschutzes und der Wachstumsbedingungen für Schimmelpilze wird hier das kleinste 4-Tagesmittel angesehen. Es fällt auf, dass sich recht offensichtlich 3 Winterklimaregionen ableiten lassen (Bild 5.4-14), in dem man die TRY-Klimaregionen mit ähnlichem 4-Tagesmittelwert zusammenfasst. Es werden folgende Winterklimaregionen eingeführt:

- Winterklimaregion I
  Das 4-Tagesmittel der Außenlufttemperatur beträgt etwa -6°C. In Winterklimaregion I werden die TRY-Regionen 1, 2, 6, 7 und 12 zusammengefasst. Als Repräsentanzstation wird Bremerhaven als Station mit dem niedrigsten 4-Tagesmittel festgelegt.
- Winterklimaregion II
  Das 4-Tagesmittel der Außenlufttemperatur beträgt etwa -10°C. In Winterklimaregion II werden die TRY-Regionen 3, 4, 5, 8, 9 und 14 zusammengefasst. Als Repräsentanzstation wird Braunlage als Station mit dem niedrigsten 4-Tagesmittel festgelegt.
- Winterklimaregion III
  Das 4-Tagesmittel der Außenlufttemperatur beträgt etwa -13°C. In Winterklimaregion III werden die TRY-Regionen 10, 11, 13 und 15 zusammengefasst. Als Repräsentanzstation wird Fichtelberg als Station mit dem niedrigsten 4-Tagesmittel festgelegt.

Tabelle 5.4-2 TRY-Klimaregionen und Repräsentanzstationen

		1	2	3	4	5	6	7	8	9	10	11	12	13	14	15	16
1	Klimaregion	1	2	3	4	5	6	7	8	9	10	11	12	13	14	15	
2	kleinstes 4-Tagesmittel in °C	-6,8	-5,5	-8,9	-10,1	-10,2	-6,7	-6,1	-10,5	-9,9	-13,2	-13,9	-4,8	-13,0	-8,3	-12,3	
3	Winterklimaregion	I	I	II	II	II	I	I	II	II	III	III	I	III	II	III	

Sicherheitsniveau der Testreferenzjahre / Wahl des Bemessungswinters

Die Winter-Testreferenzjahre sollen einen Winter repräsentieren, der über die gesamte Jahreszeit betrachtet als ungewöhnlich kalt angesehen werden kann. Für die Schimmelpilzbildung kann allerdings bereits eine kurze Kälteperiode maßgebend sein. Es stellt sich daher die Frage, ob die Testreferenzjahre auch vor dem Hintergrund eines kleinsten 4-Tagesmittelwertes der Lufttemperatur ein ausreichend hohes Sicherheitsniveau aufweisen. Hierzu wurde für die Klimastation Potsdam für den Zeitraum Winter 1894/1895 bis Winter 2014/2015 jeweils das kleinste 4-Tagesmittel berechnet, eine Zeitreihe gebildet (Bild 5.4-15) sowie eine Sortierung nach dem kleinsten 4-Tagesmittel vorgenommen. Das Winter-TRY, welches sich für den Standort Potsdam aus dem Winter 2002/2003 ergibt, wurde farblich hervorgehoben. Es zeigt sich, dass das Winter-TRY für das Kriterium „4-Tagesmittel" eher einen mittleren Winter als einen extremen Winter darstellt. Zur Bewertung des Schimmelpilzrisikos sollte daher ein anderes Jahr gewählt werden, welches ein ausreichendes Sicherheitsniveau nahelegt. In diesem Sinne wird der zweitkälteste Winter der letzten 50 Jahre ausgewählt. Für den Standort Potsdam wäre dies der Winter 1969/1970. In gleicher Form wurde die Zeitreihe für die vorstehend gewählten Repräsentanzstationen Bremerhaven (Bild 5.4-16), Braunlage (Bild 5.4-17) und Fichtelberg (Bild 5.4-18) gebildet. Für die weiteren Berechnungen wurden daraus folgende Winter als Bemessungswinter abgeleitet:

- Bremerhaven: Extremwinter 1996/1997, mit $\theta_{min,4d} = -11{,}0\ °C$
- Braunlage: Extremwinter 1978/1979, mit $\theta_{min,4d} = -15{,}4\ °C$
- Fichtelberg: Extremwinter 2011/2012, mit $\theta_{min,4d} = -18{,}7\ °C$

Insgesamt wurden entsprechende Zeitreihen für alle 15 Repräsentanzstationen ermittelt. Diese sind in Abschnitt 9 dargestellt. Vergleicht man die jeweiligen maßgebenden Temperaturen $\theta_{min,4d}$, ergibt sich eine von Bild 5.4-14 abweichende Einteilung in drei Winterklimaregionen. Diese Einteilung ist in Bild 5.4-19 dargestellt.

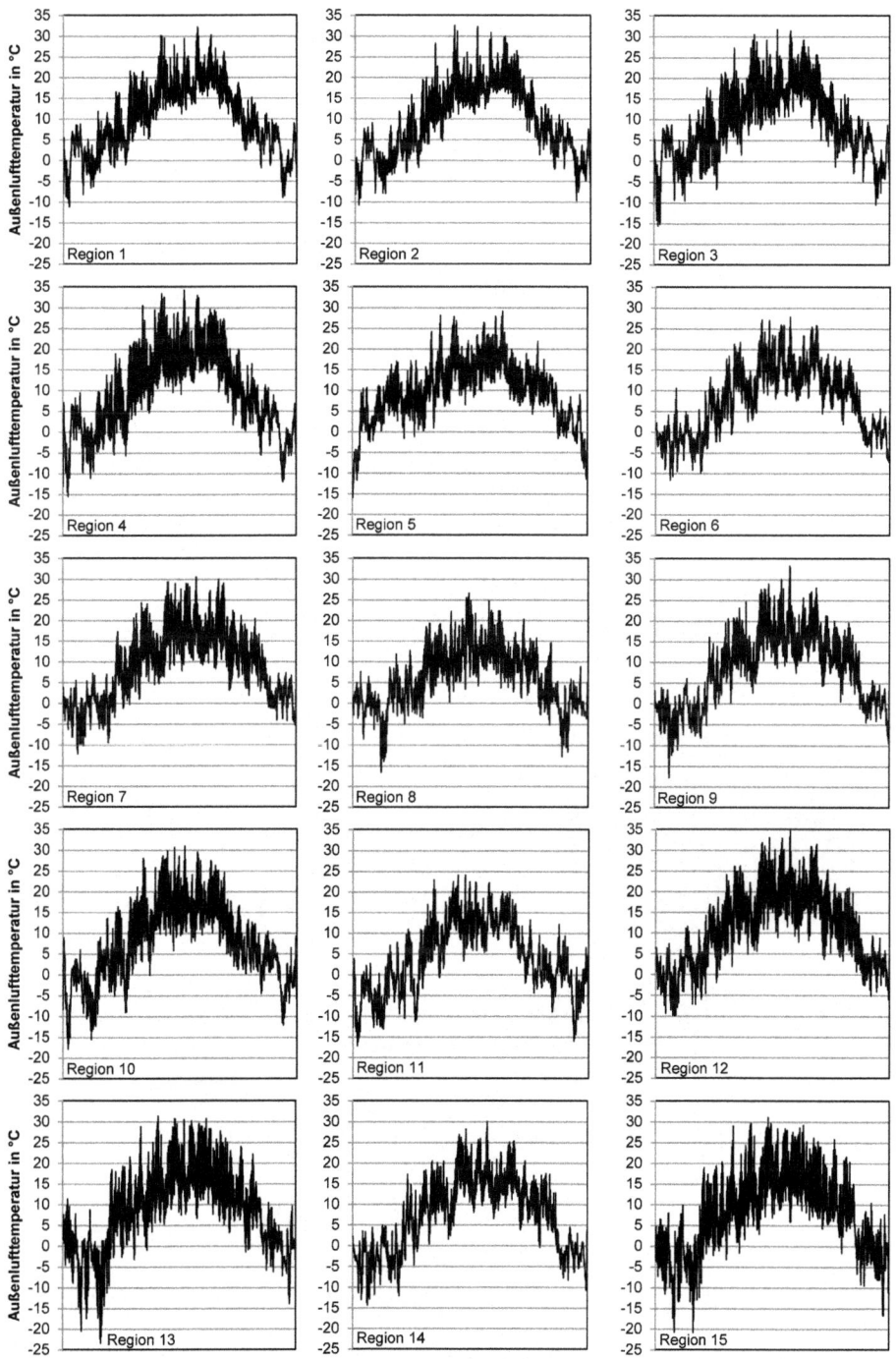

Bild 5.4-13 Jahresverläufe der Außenlufttemperatur für die 15 Repräsentanzstationen (Winter-TRY)

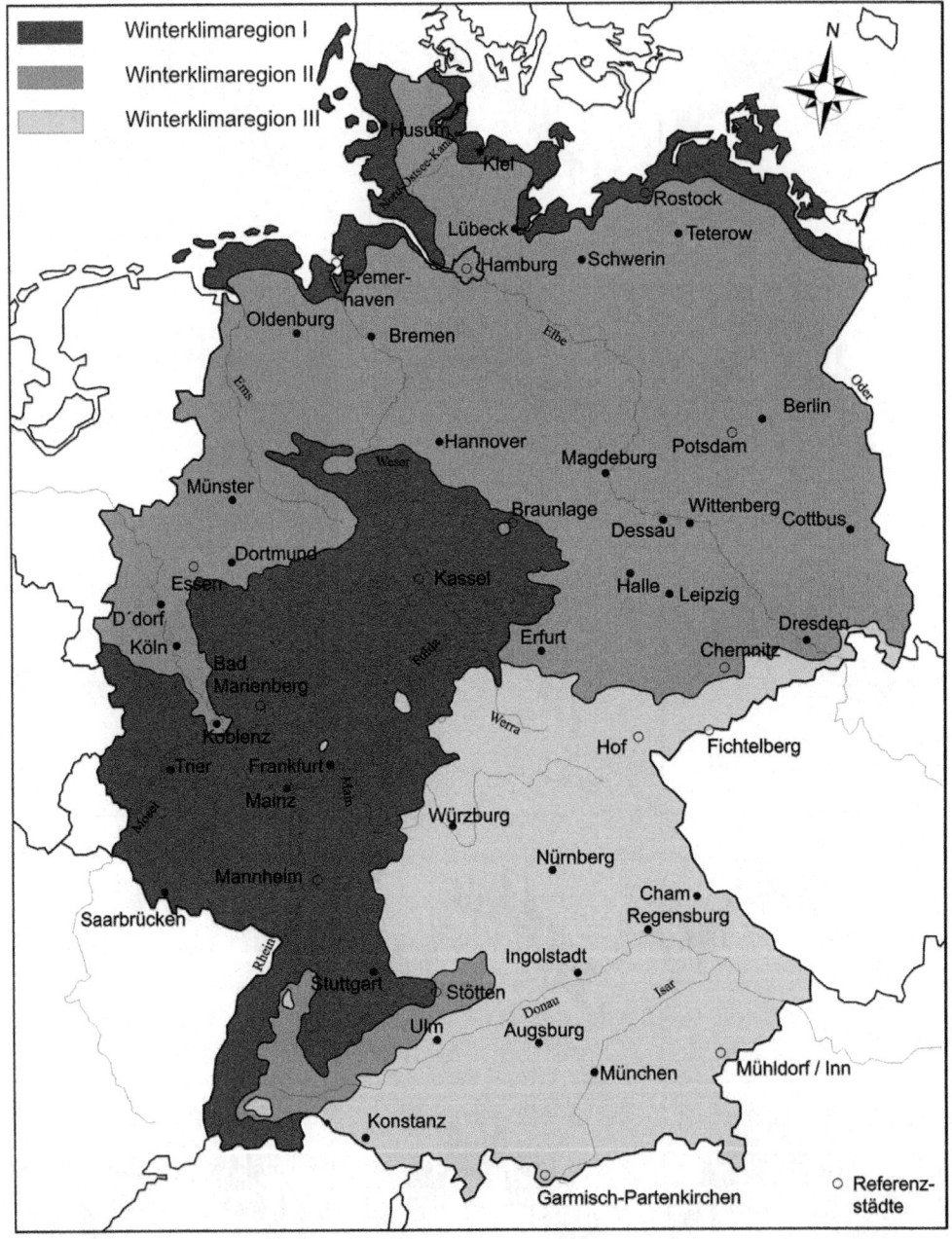

Bild 5.4-14 Einteilung Deutschlands in 3 Winterklimaregionen entsprechend den Winter-TRY des DWD

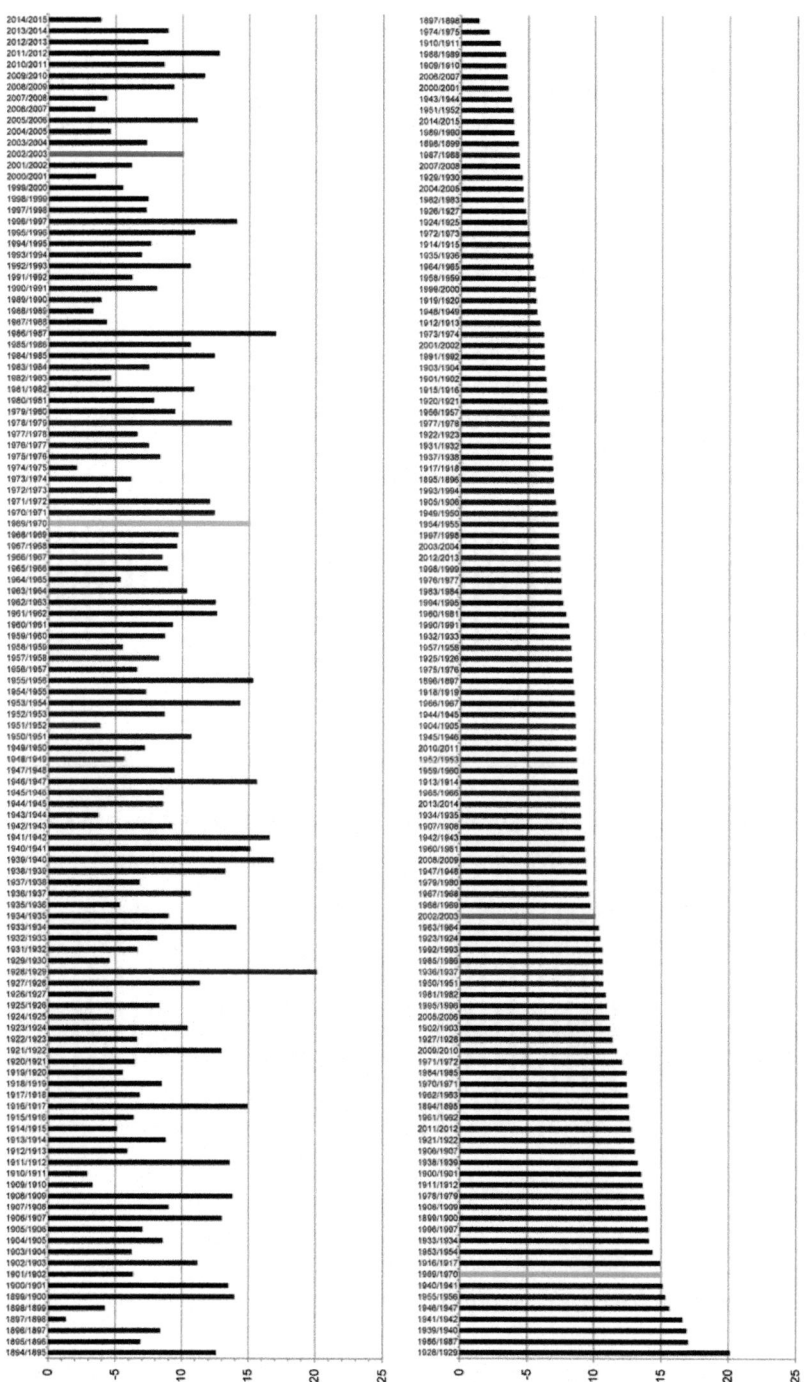

Bild 5.4-15 Zeitreihe (120 Jahre) der kleinsten 4-Tagesmittel der Außenlufttemperatur für den Standort Potsdam. **rot** Periode des Winter-TRY des DWD **grün** Extremwinter nach eigener Ableitung

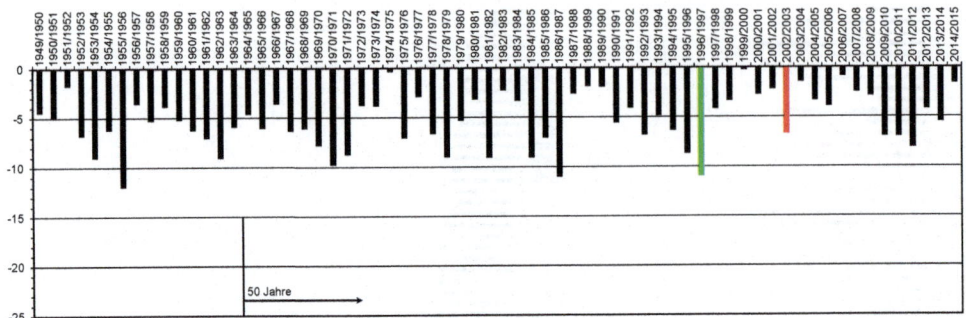

Bild 5.4-16 Zeitreihe (65 Jahre) der kleinsten 4-Tagesmittel der Außenlufttemperatur für den Standort Bremerhaven. **rot** Periode des Winter-TRY des DWD **grün** Extremwinter nach eigener Ableitung

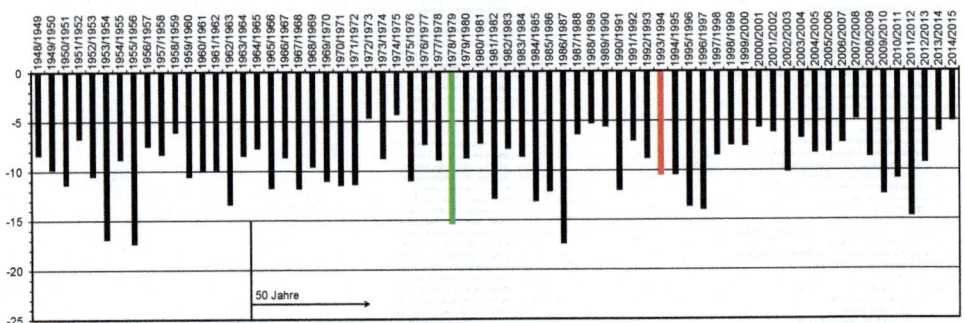

Bild 5.4-17 Zeitreihe (66 Jahre) der kleinsten 4-Tagesmittel der Außenlufttemperatur für den Standort Braunlage. **rot** Periode des Winter-TRY des DWD **grün** Extremwinter nach eigener Ableitung

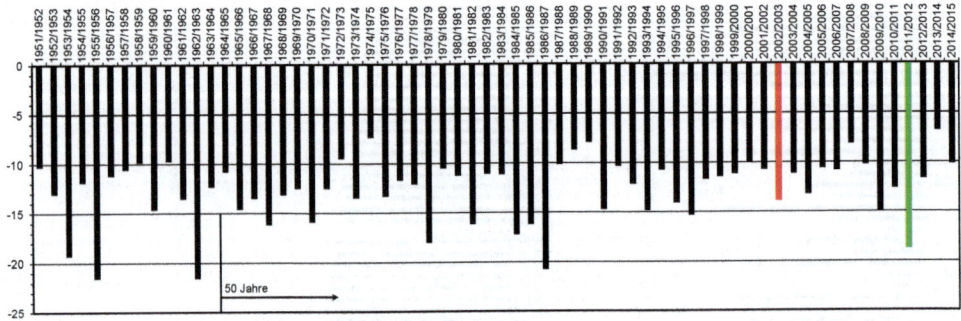

Bild 5.4-18 Zeitreihe (63 Jahre) der kleinsten 4-Tagesmittel der Außenlufttemperatur für den Standort Fichtelberg. **rot** Periode des Winter-TRY des DWD **grün** Extremwinter nach eigener Ableitung

Bild 5.4-19 Einteilung Deutschlands in 3 Winterklimaregionen entsprechend den Extremwintern nach eigener Ableitung

5.4.3 Solare Einstrahlung

Die Temperatur einer Oberfläche (Erdreichoberfläche bzw. Bauteiloberfläche) weicht in der Regel signifikant von der in 2 m Höhe gemessenen Lufttemperatur ab. Treibende Kraft hierfür ist die kurzwellige Sonneneinstrahlung am Tage und die langwellige Abstrahlung des Nachts. Die tagsüber theoretisch zur Verfügung stehende solare Strahlungsintensität beträgt an der Grenze der Atmosphäre für eine waagerechte schwarze Oberfläche (Normalfläche) etwa 1370 W/m² ($\triangleq$ 100 %). Beim Durchgang durch die Atmosphäre wird ein Teil der Strahlung an Gasmolekülen und Staubteilchen reflektiert (ca. 28 %), ein weiterer Teil durch Gasmoleküle absorbiert (ca. 18 %). Eine entsprechende Normalfläche auf der Erdoberfläche erhält daher nur etwa die Hälfte der an der Atmosphärengrenze wirksamen Strahlungsintensität. Je länger der Weg der Sonnenstrahlen durch die Atmosphäre ist, desto geringer ist dieser Anteil. Die Strahlungsintensität an der Erdoberfläche verändert sich daher mit der Sonnenhöhe sowohl im Tages- als auch im Jahresverlauf (Bild 5.4-20) und in Abhängigkeit des Breitengrades.

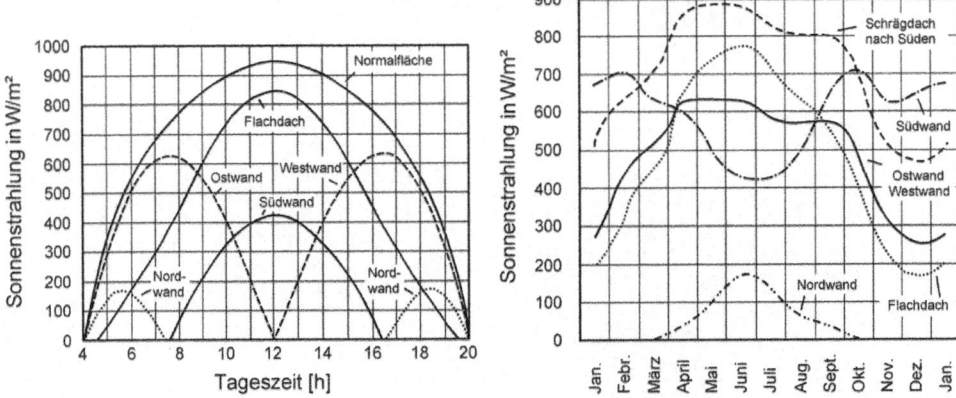

Bild 5.4-20 Strahlungsintensität auf verschieden orientierte Flächen (nach [39])
links Tagesgang am 01.Juli für 50° nördlicher Breite (Frankfurt(Main) **rechts** Jahresgang für 52° nördlicher Breite (Potsdam)

Für von der waagerechten schwarzen Oberfläche abweichend orientierte und/oder gefärbte Oberflächen ergeben sich in Abhängigkeit vom Absorptionsgrad der Oberfläche und von Orientierung und Neigung der Fläche geringere wirksame Strahlungsintensitäten. Durch die vorstehend beschriebenen Abläufe findet eine Erwärmung der jeweiligen Oberfläche statt. Das Temperaturmaximum an der Oberfläche wird in der Regel oberhalb der Temperatur der umgebenden Luft liegen. Sobald abends die Sonne untergegangen ist, steht keine Strahlung zur weiteren Erwärmung der Oberflächen mehr zur Verfügung. Die erwärmten Oberflächen geben nun die gespeicherte Wärmeenergie an die sich abkühlende Umgebungsluft ab. Eine weitere Abkühlung der Oberflächen erfolgt bei Wolkenfreiheit durch Strahlungsaustausch mit den oberen Schichten der Atmosphäre (Lufttemperatur der Mesosphäre: $\theta \approx$ -90 °C). Hierdurch bedingt kann die Temperatur an der Erdreichoberfläche, aber auch an Bauteiloberflächen (infolge der geringen Speichermasse besonders betroffen sind z.B. Putzschichten von WDVS oder Metalldeckschichten von Fassaden und Dächern) unter die Temperatur der Umgebung absinken. Tagesverläufe der Oberflächen-

temperatur verschieden gefärbter Putzoberflächen monolithischer und mit einem WDVS beklei-
deter Mauerwerkaußenwände können Bild 5.4-21 entnommen werden.

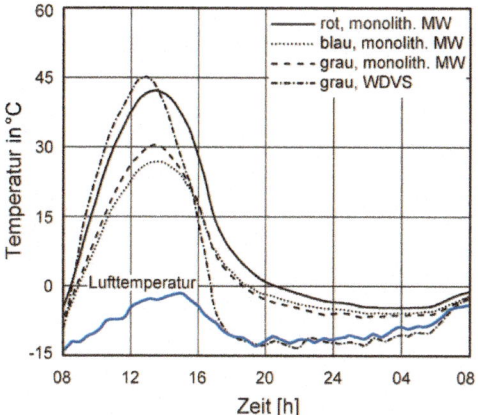

Bild 5.4-21 Tagesgang der Oberflächentemperatur verschieden gefärbter Putzoberflächen an einem
kalten Wintertag und zugehörige Außenlufttemperatur (nach [30])

Für die Erdreichoberfläche können die in Bild 5.4-1 und 5.4-2 zusammengestellten Temperaturverläufe zur Verdeutlichung dienen. Aus den dort für den Standort Bochum zusammengestellten
Daten lässt sich ablesen, dass die Erdoberflächentemperatur an strahlungsreichen Tagen die
Lufttemperatur im Sommer tagsüber um ca. 12 °C und im Winter um etwa 6 °C überschreitet.
Die nächtliche Abstrahlung hat zur Folge, dass an wolkenfreien Tagen am Standort Bochum
sowohl im Sommer als auch im Winter die Lufttemperatur des Nachts um etwa 2 °C bis 3 °C
unterschritten wird. In verschiedenen Arbeiten ([11],[34],[47]) wird vereinfachend angenommen,
dass im Jahresmittel die Erdoberflächentemperatur um 1 °C über der in 2 m Höhe gemessenen
Lufttemperatur liegt.

Im Rahmen einer Wärmebrückenuntersuchung kann - wie die Außenlufttemperatur - ein synthe-
tischer Verlauf der Solareinstrahlung durch Überlagerung von Jahresschwingung und Tages-
schwingung orientierungsabhängig berücksichtigt werden. Da, wie bereits erwähnt, für die Berechnungen in den nachfolgenden Abschnitten allerdings Testreferenzjahre bzw. reale Extremwinterklimate zur Anwendung kommen, wird hier nicht näher auf synthetisch erzeugte Strah-
lungsdaten eingegangen.

5.4.4 Wärmeübergangskoeffizient

Der Wärmeaustausch zwischen einem Fluid oder Gas (hier: Luft) und einer angrenzenden festen
Oberfläche wird als Wärmeübergang bezeichnet. Beschrieben wird dieser Wärmeübergang durch
den Wärmeübergangskoeffizient h oder seinen Kehrwert, den Wärmeübergangswiderstand R_s.
Der Wärmeübergangskoeffizient h beschreibt dabei die Wärmemenge, die durch eine Fläche der
Grenzschicht von 1 m² in 1 s ausgetauscht wird, wenn die Temperaturdifferenz zwischen Luft
und Bauteiloberfläche 1 K beträgt. Der Wärmeübergangskoeffizient h setzt sich aus einem Anteil

h$_r$, der den Strahlungseinfluss beschreibt, und einem Anteil h$_c$, der den Konvektionseinfluss beschreibt, zusammen. Aufgrund der geringen Wärmeleitfähigkeit der Luft kann ein weiterer Anteil, durch welchen der Einfluss der Wärmeleitung berücksichtigt würde, im Allgemeinen vernachlässigt werden. Für die Berechnung von R$_s$ bzw. h wird in DIN EN ISO 6946, Anhang A ein Näherungsverfahren zur Bestimmung von h$_r$ und h$_c$ beschrieben, welches nachfolgend erläutert wird.

$$R_S = \frac{1}{h} = \frac{1}{h_r + h_C} \qquad (5.4\text{-}6)$$

Darin ist:

R$_s$ = Wärmeübergangswiderstand in m²K/W

h   = Wärmeübergangskoeffizient in W/(m²K)

h$_r$ = Wärmeübergangskoeffizient für Strahlung in W/(m²K)

h$_c$ = Wärmeübergangskoeffizient für Konvektion in W/(m²K)

Der Strahlungsanteil h$_r$ berechnet sich gemäß DIN EN ISO 6946 als Produkt aus dem Emissionsgrad ε der jeweiligen Oberfläche (siehe Tabelle 5.4-3) und dem Wärmeübergangskoeffizienten h$_{ro}$ eines schwarzen Körpers. Als Emissionsgrad für Innen- und Außenoberflächen darf gemäß DIN EN ISO 6946 üblicherweise ε = 0,9 verwendet werden. Für konkrete Materialien werden Emissionsgrade in Tabelle 5.4-3 angegeben.

$$h_r = \varepsilon \cdot h_{ro} \qquad (5.4\text{-}7)$$

Darin ist:

h$_r$ = Wärmeübergangskoeffizient für Strahlung in W/(m²K)

ε   = Emissionsgrad der Oberfläche

h$_{ro}$ = $4 \cdot \sigma \cdot T_m^3$, Wärmeübergangskoeffizient für Strahlung eines schwarzen Körpers in W/(m²K)

σ   = Stefan-Boltzmann-Konstante = $5{,}67 \cdot 10^{-8}$ W/(m²K⁴)

T$_m$ = Mittelwert aus der Temperatur der Umgebung und derjenigen der Oberfläche in K

Auf diese Weise ergeben sich für übliche mineralische Oberflächen strahlungsbedingte äußere Wärmeübergangskoeffizienten etwa zwischen 3,7 W/(m²K) (Winterfall, Kälteperiode) und 9,0 W/(m²K) (Sommerfall, aufgeheizte, dunkle Fassadenoberfläche).

Der den Einfluss der Konvektion beschreibende Anteil am äußeren Wärmeübergangswiderstand wird gemäß DIN EN ISO 6946 in Abhängigkeit von der Windgeschwindigkeit wie folgt berechnet.

$$h_{ce} = 4 + 4 \cdot v \qquad (5.4\text{-}8)$$

Darin ist:

h$_{ce}$ = Wärmeübergangskoeffizient für Konvektion in W/(m²K)

v   = Windgeschwindigkeit an der Oberfläche in m/s

Tabelle 5.4-3 Emissionsgrade ε verschiedener Oberflächen bei Temperaturen zwischen 0°C und 100 °C (Anhaltswerte nach [41])

	1	2
1	Oberfläche	Emissionsgrad ε
2	Aluminium, walzblank	0,05
3	Beton	0,93
4	Dachpappe	0,93
5	Glas	0,90
6	Holz	0,94
7	Lehm, nass	0,98
8	Putz, Mörtel	0,93
9	Sand, trocken	0,88
10	Stahl, frisch gewalzt	0,24
11	Stahl, oxidiert	0,80
12	Wald	0,90
13	Wiese	0,93
14	Ziegelstein, rot	0,93

Tabelle 5.4-4 Windstärke in Beaufort, Windgeschwindigkeit in m/s und zugehörige Werte für den konvektiven äußeren Wärmeübergangskoeffizienten h_{ce}

	1	2	3
1	Windstärke in Beaufort	Zugehörige Windgeschwindigkeit in m/s	h_{ce} in W/(m²K)
2	0	0,0 bis < 0,3	4,0 bis < 5,2
3	1	0,3 bis < 1,6	5,2 bis < 10,4
4	2	1,6 bis < 3,4	10,4 bis < 17,6
5	3	3,4 bis < 5,5	17,6 bis < 26,0
6	4	5,5 bis < 8,0	26,0 bis < 36,0
7	5	8,0 bis < 10,8	36,0 bis < 42,2
8	6	10,8 bis < 13,9	42,2 bis < 59,6
9	7	13,9 bis < 17,2	59,6 bis < 72,8
10	8	17,2 bis < 20,8	72,8 bis < 87,2
11	9	20,8 bis < 24,5	87,2 bis < 102,0
12	10	24,5 bis < 28,5	102,0 bis < 118,0
13	11	28,5 bis < 32,7	118,0 bis < 134,8
14	12	> 32,7	> 134,8

Der mögliche Wertebereich für h_{ce} wird in Tabelle 5.4-4 in Abhängigkeit der Windgeschwindigkeit dargestellt. Hieraus ist ersichtlich, dass bei höheren Windgeschwindigkeiten schnell Werte
erreicht werden, die eine Berücksichtigung von h_{ce} überflüssig machen. Für übliche bauphysikalische Berechnungen ist es daher sinnvoll, einen langjährigen Mittelwert der Windgeschwindigkeit zur Berechnung von h_{ce} zu verwenden. In diesem Sinne wird in DIN EN ISO 6946 eine
Windgeschwindigkeit v = 4 m/s angesetzt (siehe auch Bild 5.4-22). Somit ergibt sich h_{ce} = 20
W/(m²K).

Insgesamt ergibt sich für luftberührte Bauteil-Außenoberflächen ein Wärmeübergangswiderstand
zwischen 23,7 W/(m²K) und 29 W/(m²K). Bei Berechnungen z.B. gemäß DIN 4108-2 wird vereinfacht h_e = 25 W/(m²K) bzw. R_{se} = 0,04 m²K/W angesetzt. Für erdberührte Bauteilaußenober-
flächen entfallen sowohl Strahlungs- als auch Konvektionseinflüsse, woraus h = ∞ folgt.

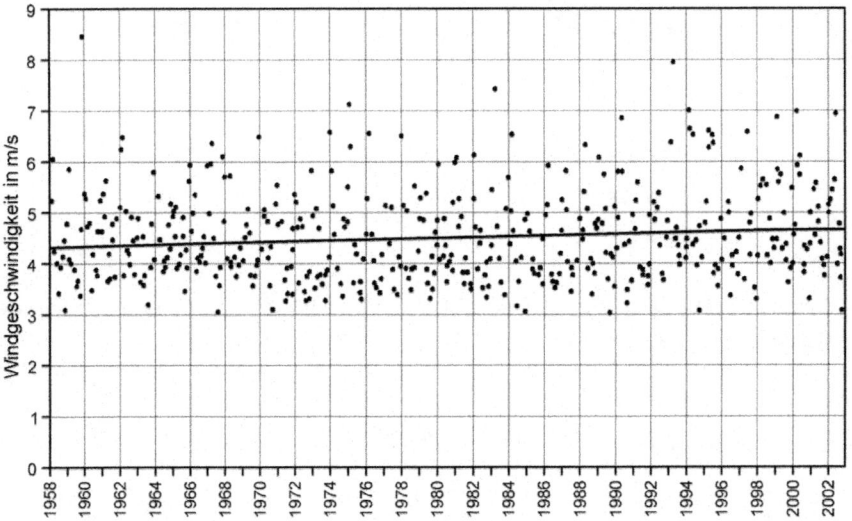

Bild 5.4-22 Entwicklung der mittleren Windgeschwindigkeit für Deutschland im Zeitraum 1958 bis 2002
(Quelle: European Centre for Medium-Range Weather Forecasts)

5.5 Erdreichtemperatur

5.5.1 Temperaturverteilung im ungestörter Erdreich

Die Temperaturverteilung im ungestörten Erdreich wird im oberflächennahen Bereich primär
durch die solare Einstrahlung, den Niederschlag, die Bodenfeuchte sowie die Wärmeleitfähigkeit
und die Wärmespeicherkapazität des Bodens bestimmt. Die Temperaturverteilung in den obersten Erdschichten ist daher ähnlichen jahreszeitlichen Schwankungen unterworfen wie die Lufttemperaturen. Allerdings tritt eine mit zunehmender Eindringtiefe steigende Amplitudendämpfung und Phasenverschiebung auf. Der Tagesgang der Oberflächentemperatur wirkt sich dabei
lediglich auf die obersten ca. 50 bis 100 cm aus (siehe auch Bild 5.4-1 und Bild 5.4-2), der Jahresgang der Oberflächentemperatur etwa auf die obersten 10 bis 20 m. Beispielhaft für einen

solchen Jahresgang ist in Bild 5.5-1 für den Standort Potsdam der Verlauf der über den Zeitraum 1961 bis 1990 gemittelten Erdbodentemperaturen bis zu einer Tiefe von 12 m dargestellt.

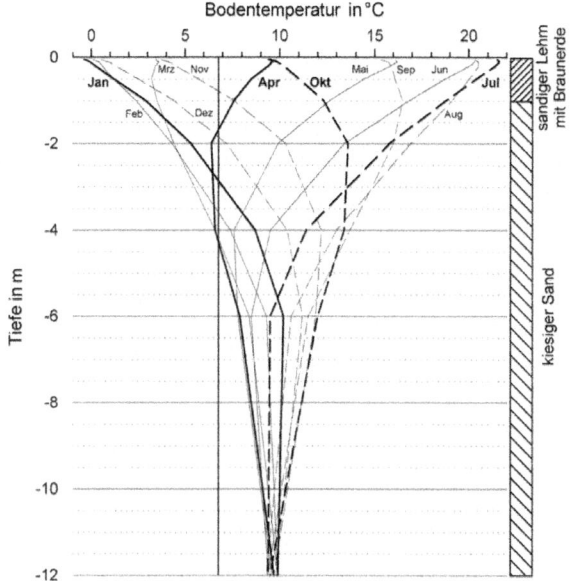

Bild 5.5-1 Monatliche Verläufe der über den Zeitraum 1961 bis 1990 gemittelten Erdbodentemperaturen für den Standort Potsdam (siehe auch DIN 4710)

In Tiefen größer als 15 m ist der Einfluss der Solarstrahlung zu vernachlässigen, so dass sich zunächst eine Zone (neutrale Zone) mit ganzjährig konstanten Temperaturen einstellt. Ihre Temperatur entspricht in etwa der langjährigen Jahresmitteltemperatur an der Erdoberfläche in der jeweiligen Region. Unterhalb der neutralen Zone ab etwa 30 m Tiefe ist der geothermische Gradient der temperaturbestimmende Faktor. Dieser beträgt etwa 1,5 K bis 4 K pro 100 m Tiefe. Für bauübliche Problemstellungen kann dieser in aller Regel vernachlässigt werden.

Eine Gleichung zur Ermittlung der Temperatur eines Punktes in ungestörtem Erdreich in Abhängigkeit von Tiefe und Zeitpunkt im Jahr wird in [19] angegeben.

$$\theta(z,t) = \theta_{e,m} - \theta_{e,Amp} \cdot \eta_0 \cdot e^{-\xi} \cdot cos\left(2 \cdot \pi \cdot \frac{t}{365} - (\varepsilon_0 + \xi)\right) \tag{5.5-1}$$

Darin ist:

$\theta_{e,m}$ = Jahresmittel der Außenlufttemperatur in °C

$\theta_{e,Amp}$ = Jahresamplitude der Außenlufttemperatur in °C

z = Tiefe im Erdreich in m

t = Zeit in d

ξ = $z \cdot \sqrt{\dfrac{\pi}{a \cdot 31536000}}$

$$\eta_0 \quad = \frac{1}{\sqrt{\left(1 + 2 \cdot \beta + 2 \cdot \beta^2\right)}}$$

$$\varepsilon_0 \quad = arctan\left(\frac{\beta}{1+\beta}\right)$$

$$\beta \quad = \frac{\lambda}{h_{Oberfl.}} \cdot \sqrt{\frac{\pi}{a \cdot 31536000}}$$

λ = Wärmeleitfähigkeit des Erdreiches in W/(mK)

$h_{Oberfl.}$ = Wärmeübergangskoeffizient an der Erdoberfläche zur Luft in W/(m²K)

a   = Temperaturleitzahl in m²/s

$$\quad\quad = \frac{\lambda}{c \cdot \rho}$$

c   = spezifische Wärmekapazität des Erdreiches in Wh/(kgK)

ρ = Rohdichte des Erdreiches in kg/m³

In Gl. 5.5-1 wird die Amplitudendämpfung durch den Faktor $\eta_0 \cdot e^{-\xi}$ beschrieben, die Phasenverschiebung durch $\varepsilon_0 + \xi$. Für $h_{Oberfl.} \rightarrow \infty$ entfallen die Anteile η_0 und ε_0, welche die Schwingungsveränderung zwischen Umgebung und Oberfläche charakterisieren. Der Einfluss von $h_{Oberfl.}$ wird in Bild 5.5-2 dargestellt. Bei geringen Wärmeübergangskoeffizienten bzw. großen Wärmeübergangswiderständen ergeben sich im Winter etwas geringere Temperaturen in den oberflächennahen Erdschichten, im Sommer etwas höhere.

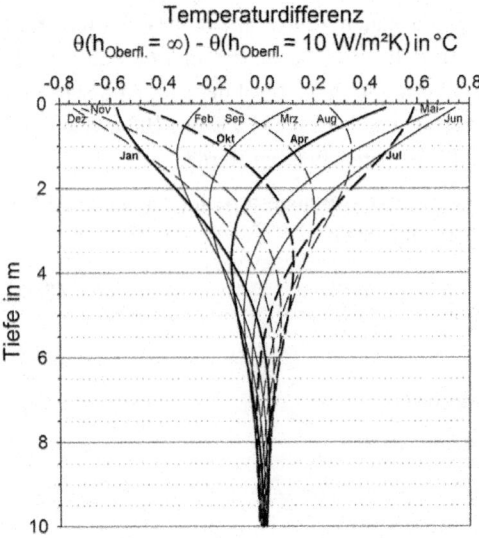

Bild 5.5-2 Differenzen der ungestörten Erdreichtemperaturen bei Wärmeübergangskoeffizienten $h_{Oberfl.}$ = 10 W/(m²K) und $h_{Oberfl.}$ = ∞ in Abhängigkeit von der Tiefe

5.5.2 Niederschlag

Durch das Eindringen von Regenwasser in den Boden wird das Temperaturfeld in den oberflächennahen Bodenschichten kurzfristig beeinflusst. Kann dieses Regenwasser entlang der Außenoberfläche eines Gebäudes in tiefere Erdschichten vordringen, so wird es Wärme von der Bauteiloberfläche mit sich führen. Dies führt zu kurzzeitig erhöhten Wärmeverlusten. Der Einfluss eines kurzen heftigen Gewitterschauers auf die Bodentemperatur in ungestörtem Erdreich wurde in [6] dokumentiert (siehe Bild 5.5-3).

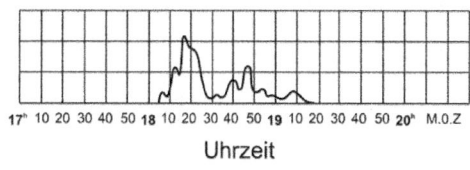

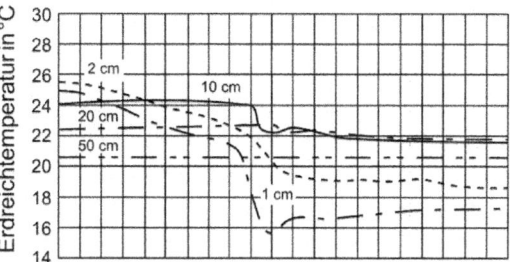

Bild 5.5-3 Einfluss eines kalten Gewitterregens auf die Bodentemperatur gemäß [6]
oben Niederschlagsintensität **unten** zugehöriger zeitlicher Verlauf der Erdreichtemperatur

Der Einfluss einzelner Niederschlagsereignisse kann, wie durch Untersuchungen in [50] bestätigt wird, aufgrund der geringen Einflussdauer bei Berechnungen des Temperaturfeldes des Erdreiches in aller Regel vernachlässigt werden.

5.5.3 Grundwasser

Auf die Erdoberfläche treffender Niederschlag dringt in das Erdreich ein und beeinflusst hierdurch das Temperaturfeld des Erdreiches in bodennahen Schichten. Unter dem Einfluss der Schwerkraft und der Wirkung von Kapillarkräften dringt das Sickerwasser über Hohlräume im Boden in tiefere Schichten vor. Dieser Eindringvorgang kommt zum Erliegen, wenn im Erdreich eine weitgehend undurchlässige Schicht (Grundwasserstauer) vorliegt. Im wassergesättigten Bereich oberhalb dieser Schicht bewegt sich das Wasser dann als Grundwasserströmung entsprechend dem Gefälle des Grundwasserstauers fort. Durch das Speichervermögen des Wassers wird Wärme mitgeführt. Übliche Fließgeschwindigkeiten (= Filtergeschwindigkeit) unter realen Bedingungen werden in [32] mit weniger als 1 m/d für Sand und mit weniger als 20 m/d für Kies angegeben. Für andere Bodenarten kann ein theoretischer Wert gemäß Gl. 5.5-2 ermittelt werden. Anhaltswerte für den Durchlässigkeitsbeiwert k_f sind Tabelle 5.5-1 zu entnehmen.

$$v_f = k_f \cdot i \qquad (5.5-2)$$

Darin ist:

v_f = Filtergeschwindigkeit in m/s

i   = hydraulisches Gefälle (in der Regel i = 0,01 bis 0,001 m/m)

k_f = Durchlässigkeitsbeiwert in m/s

Tabelle 5.5-1 Durchlässigkeitsbeiwerte k_f für verschiedene Bodenarten (Anhaltswerte)

	1	2
1	Bodenarten	k_f in m/s
2	Ton	$< 10^{-9}$
3	Sandiger Ton	10^{-9} bis 10^{-8}
4	Feinsand	10^{-5} bis 10^{-4}
5	Grobsand	10^{-4} bis 10^{-3}
6	Sandiger Kies	10^{-3} bis 10^{-2}
7	Kies	$> 10^{-2}$

In ungestörtem Erdreich kann, wenn der Grundwasserspiegel innerhalb der neutralen Zone liegt, von einer konstanten Grundwassertemperatur ausgegangen werden, die in etwa dem langjährigen Jahresmittelwert der Außenlufttemperatur entspricht. Liegt der Grundwasserspiegel in einem geringeren Abstand zur Oberfläche, so ist von einer Beeinflussung der Grundwassertemperatur durch den Jahresgang der Außenlufttemperatur bzw. der Solarstrahlung auszugehen.

Unter dem Einfluss des Grundwassers verändert sich das Temperaturfeld im Bereich eines Gebäudes in einer Form, wie es in Bild 5.5-4 und Bild 5.5-5 gezeigt wird. Deutlich ist zu erkennen, wie sich bei fließendem Grundwasser eine Verzerrung der Isothermen in Fließrichtung einstellt. Dies hat zur Folge, dass auf der in Fließrichtung gelegenen Seite eines Gebäudes die Wärmeverluste verringert werden, auf der anderen Seite dagegen erhöht.

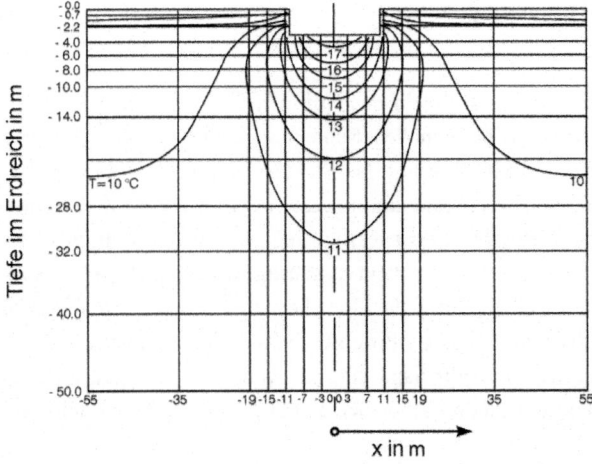

Bild 5.5-4 Isothermenverläufe für eine Fließgeschwindigkeit von 0 cm/d (nach [40]). Berechnung für einen drei Meter tiefen Keller, der 1,5 m im Grundwasser steht.

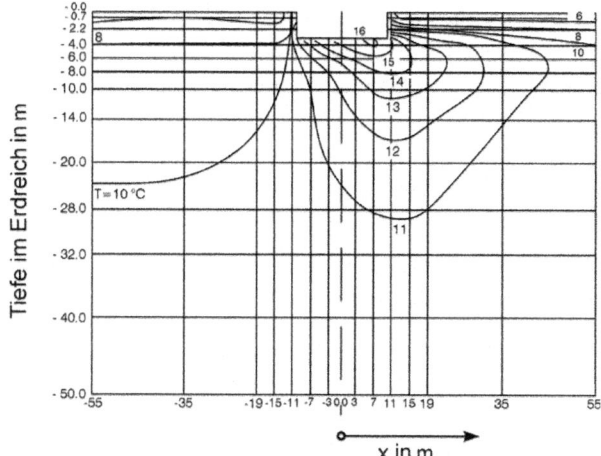

Bild 5.5-5 Isothermenverläufe für eine Fließgeschwindigkeit von 10 cm/d (nach [40]). Berechnung für einen drei Meter tiefen Keller, der 1,5 m im Grundwasser steht.

Führt man Messungen der Grundwassertemperatur in dicht besiedeltem Gebiet durch, so wird man in der Regel als Folge der Wärmeabgabe der Gebäude und der teilweisen Entkopplung des Grundwassers von der Außenlufttemperatur eine erhöhte Temperatur im Vergleich zum Umland nachweisen können (siehe beispielsweise [3], [4], [23]).

5.5.4 Schnee

Die Wärmeleitfähigkeit von Schnee ist stark von seiner Konsistenz abhängig und liegt für lockeren Neuschnee bei etwa 0,1 W/(mK) sowie für dichten Altschnee bei etwa 1,9 W/(mK). Liegt daher in Zeiten tiefer Temperaturen eine dicke Schneeschicht auf der Erdoberfläche (gilt analog auch für Bauteiloberflächen), so wirkt diese als „wärmedämmende" Schicht und verringert damit den Wärmeverlust durch das Erdreich. Ein Beispiel hierfür wird für ein Gebäude (nicht unterkellert, Bodenplatte auf dem Erdreich) in [20] gegeben: Liegt über einen Zeitraum von 3 Monaten eine 20 cm dicke Schneedecke ($\lambda_{\text{Schnee}} = 0,15$ W/(mK)), so reduziert sich der maximale Wärmestrom um 25 %, der jährliche mittlere Wärmestrom immerhin um 12 %. Des Weiteren wird in [20] gezeigt, dass der Einfluss des Schnees näherungsweise durch einen ganzjährig erhöhten Wärmeübergangswiderstand berücksichtigt werden kann. Da die den Untersuchungen in [20] zugrundeliegenden skandinavischen Klimaverhältnisse mit lange bestehenden dicken Schneedecken nicht unmittelbar auf das mitteleuropäische Klima übertragbar sind, kann auf die Berücksichtigung des Schnees in Deutschland auf der sicheren Seite liegend verzichtet werden.

5.5.5 Frost

Beim Gefrieren der oberflächennahen Bodenschicht wird während des Phasenüberganges Latentwärme frei. Hierdurch wird einerseits das Vordringen des Frostes in das Erdreich verlangsamt und damit der Wärmeverlust verringert, andererseits liegt die Wärmeleitfähigkeit gefrorener Böden jedoch über derjenigen ungefrorener Böden ($\lambda_{\text{Wasser}} \approx 0,6$ W/(mK); $\lambda_{\text{Eis}} \approx 2,2$ W/(mK)), wodurch die Wärmeverluste sich wiederum erhöhen. Der Phasenübergang von „flüssig" nach

„fest" tritt im allgemeinen bei Temperaturen zwischen 0°C und - 0,2 °C auf, die genaue Temperatur ist unter anderem von der jeweiligen Bodenart abhängig. Bei diesem Phasenübergang ge-
friert jedoch nicht der gesamte Wasseranteil, sondern es verbleibt ein dünner flüssiger Film im
Bereich der festen Bodenpartikel. Darüber hinaus wird durch das Gefrieren der oberen Bodenschichten die Konzentration etwaiger gelöster Stoffe in den Schichten unterhalb der Frostfront
erhöht. Dadurch können ungefrorene Bereiche mit hoher Stoffkonzentration innerhalb des gefro-
renen Bodens eingeschlossen werden [25].

In [20] wird der Einfluss des Frostes auf den Wärmeverlust über das Erdreich mit weniger als
5 % angegeben. Er wird bei praktischen Berechnungen vernachlässigt.

5.5.6 Wärmeleitfähigkeit des Erdreiches

Die Wärmeleitfähigkeit ist in erster Linie abhängig von der Art des Bodenmaterials sowie dessen
Wassergehalt. Für verschiedene Bodenarten sind die Wärmeleitfähigkeiten in Tabelle 5.5-2 zu-
sammengestellt. Die Abhängigkeit der Wärmeleitfähigkeit verschiedener Böden von deren
Feuchtegehalt wird in Bild 5.5-6 gezeigt. Für praktische Berechnungen wird in der Regel $\lambda = 2,0$
W/(mK) verwendet.

Tabelle 5.5-2 Durchlässigkeitsbeiwerte k_f für verschiedene Bodenarten (Anhaltswerte)

		1	2
1	Bodenarten	λ in W/(mk)	Literaturquelle
2	Kies, trocken	0,4	VDI 4640, Bl. 1
3	Kies, wassergesättigt	1,8	VDI 4640, Bl. 1
4	Sand/Kies	2,0	DIN EN 12524
5	Sand, trocken	0,40 0,70	VDI 4640, Bl. 1 [24]
6	Sand, trocken (8 % Feuchte)	1,6	DIN EN ISO 13370
7	Sand, wassergesättigt	2,4	VDI 4640, Bl. 1
8	Nasser Sand	2,1	DIN EN ISO 13370
9	Torf	0,4	VDI 4640, Bl. 1
10	Torf, 100% Feuchte	0,35	DIN EN ISO 13370
11	Lehm, feucht	1,45	[24]
12	Lehm, gesättigt	2,9	[24]
13	Ton/Schluff, trocken	0,5	VDI 4640, Bl. 1
14	Ton/Schluff, wassergesättigt	1,7	VDI 4640, Bl. 1
15	Ton/Schluff	1,5	DIN EN 12524
16	Ton	1,2	DIN EN ISO 13370
17	Schluff	1,5	DIN EN ISO 13370

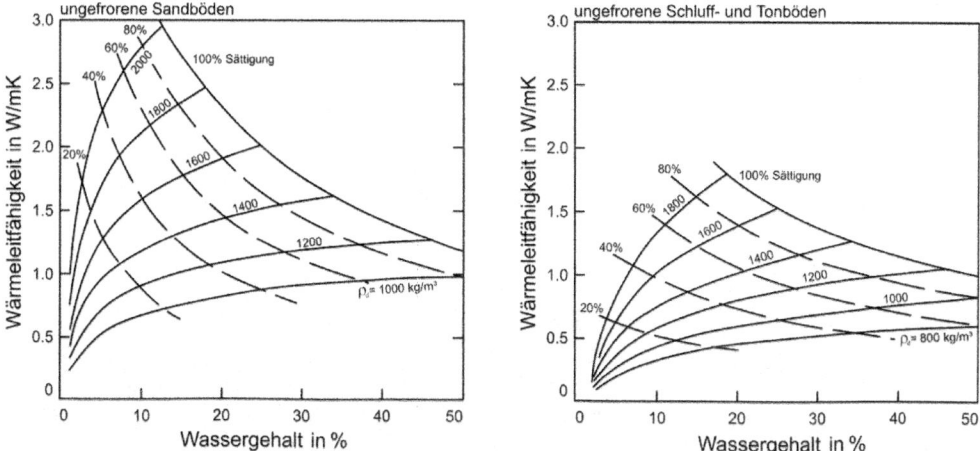

Bild 5.5-6 Wärmeleitfähigkeiten verschiedener Böden in Abhängigkeit von deren Feuchtegehalt und Rohdichte ρ (nach [1])

5.5.7 Wärmeübergangskoeffizient an der Erdoberfläche

Erdreichoberflächen werden in den gegenwärtig Anwendung findenden Berechnungsverfahren zur Ermittlung der Wärmeverluste analog zu Bauteiloberflächen betrachtet. Welchen Einfluss der äußere Wärmeübergangswiderstand auf das Temperaturfeld des ungestörten Erdreiches hat, ergibt sich aus der in Bild 5.5-2 gezeigten Auswertung von Gl. 5.5-1 für $h_e = \infty$ und $h_e = 10$ W/(m²K).

Eine Gleichung speziell zur Berechnung des Wärmeübergangskoeffizienten an Erdreichoberflächen $h_{Oberfl.}$ in Abhängigkeit von der Windgeschwindigkeit wird in [15] angegeben.

$$h_{Oberfl.} = \begin{cases} 1,8 + 4,1 \cdot v & \text{für } v \leq 5\ m/s \\ 7,3 \cdot v^{0,73} & \text{für } v > 5\ m/s \end{cases} \tag{5.5-3}$$

Darin ist:

v   = Windgeschwindigkeit in m/s

Für realistische mittlere Windgeschwindigkeiten zwischen 1 m/s und 4 m/s ergeben sich demnach Wärmeübergangskoeffizienten zwischen 1,8 W/(m²K) und 22,3 W/(m²K) und mit Gl. 5.5-1 Temperaturdifferenzen an der Oberfläche zwischen ± 3 °C (bei 1,8 W/m²K) und ± 0,3 °C (bei 22,3 W/m²K).

5.5.8 Erdreichtemperatur in der Wärmebrückenberechnung

Im Rahmen einer Wärmebrückenberechnung können verschiedene Ansätze für die Temperatur im Erdreich gewählt werden.

Ansatz gemäß DIN EN ISO 10211

Nach DIN EN ISO 10211 ist beim Erdreichmodell gemäß Bild 5.2-1 am unteren Modellrand eine adiabate Randbedingung anzusetzen. Diese Vereinfachung hat den Vorteil, dass bei der ψ-Wert Berechnung ein Rechenmodell mit zwei Temperaturrandbedingungen entsteht. Wenn eine Temperatur an der Unterkante des Modells angesetzt würde, entstünde rechnerisch ein Wärmestrom aus dem Gebäude zur Modellunterkante und ein zweiter Wärmestrom von der Modellunterkante zur Erdoberfläche. Dies würde die Berechnung des ψ-Wertes erschweren.

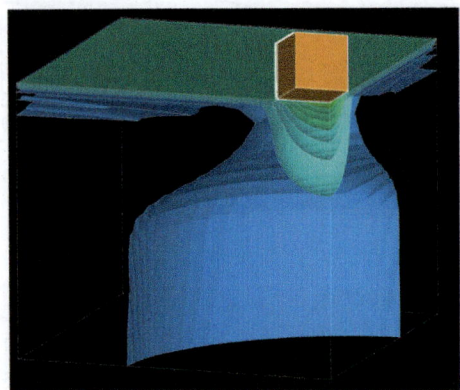 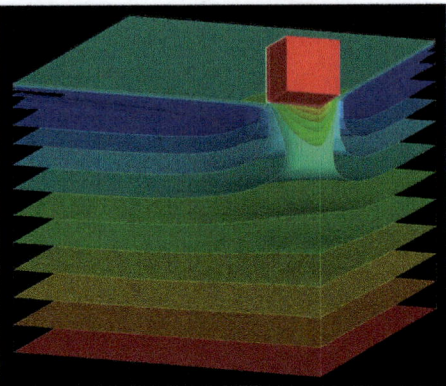

Bild 5.5-7 Exemplarische Darstellung der Temperaturverteilung (Flächen gleicher Temperatur) im Erdreich **links** Rechenmodell mit adiabatem Modellabschluss gemäß DIN EN ISO 10211 **rechts** Rechenmodell mit Ansatz einer Temperatur von 10°C in 10 m Tiefe

Für die Berechnung des Temperaturfeldes ist der adiabate Rand allerdings eine recht grobe Vereinfachung. Er hat zur Folge, dass das gesamte Erdreich um das Gebäude herum bis in große Tiefen rechnerisch einfriert, was in der Realität selbstverständlich nicht auftritt. Bild 5.5-7 verdeutlicht an einem Beispiel den Effekt des adiabaten Randes. Der Ansatz gemäß DIN EN ISO 10211 führt zu geringeren Innenoberflächentemperaturen als die im Folgenden beschriebenen alternativen Ansätze.

Ansatz gemäß DIN 4108, Beiblatt 2

In DIN 4108, Beiblatt 2 wird für die Berechnung der ψ-Werte auf die Modellierung von Erdreich verzichtet und stattdessen eine Temperaturrandbedingung direkt auf die Oberfläche der erdberührten Bauteile aufgebracht. Die Dämmwirkung des Erdreiches wird berücksichtigt, da die Oberflächentemperatur höher ist, als die Außenlufttemperatur. Die bildhaften Darstellungen in Abschnitt 7.3 von DIN 4108, Beiblatt 2 verdeutlichen den Ansatz hinlänglich.

Für die Berechnung der Oberflächentemperaturen unterscheidet DIN 4108 Beiblatt 2 zwischen einer Erdreichanschüttung $\leq$ 1m und einer Erdreichanschüttung > 1 m (siehe Bild 5.5-8). In beiden Fällen wird am unteren Modellrand eine Temperatur von 10 °C angesetzt. In diesen Fällen allerdings sehr nah unter dem Bauteil: 3 m unter OK Rohdecke bzw. 1 m unter OK Rohdecke.

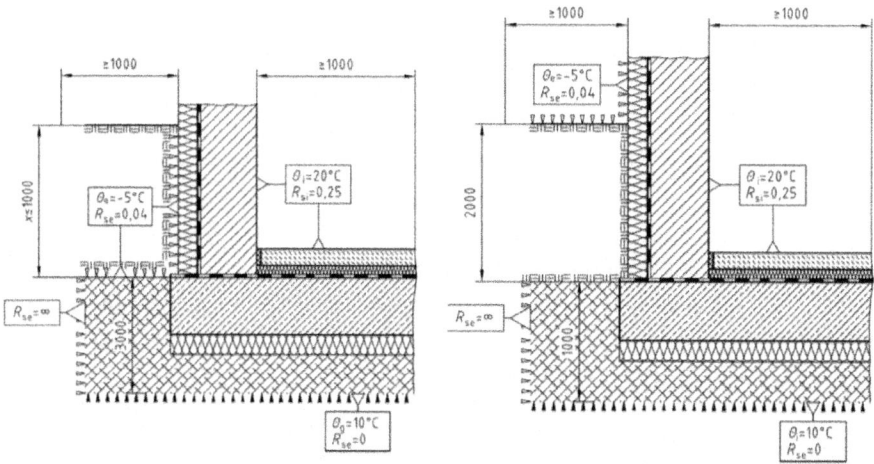

Bild 5.5-8 Rechenmodell zur Bestimmung der Oberflächentemperaturen gemäß DIN 4108, Beiblatt 2
links Modellbildung bei Erdreichanschüttung ≤ 1m **rechts** Modellbildung bei Erdreichanschüttung > 1m

Ansatz gemäß DIN 4108-2

Gemäß DIN 4108-2, Tabelle 5 darf zum Nachweis des Mindestwärmeschutzes am unteren Modellrand gemäß DIN EN ISO 10211 (Bild 5.2-1) eine Temperatur von 10 °C angesetzt werden. Dieser Modellrand liegt in ≥ 20 m Tiefe, womit dieser Ansatz vor dem Hintergrund von Bild 5.5-1 auf der sicheren Seite liegt.

Ansatz von 10 °C in 10 m Tiefe

Diese Randbedingung entspricht dem Temperaturverlauf im ungestörten Erdreich gemäß Bild 5.5-1 und ist somit der realistischste Rechenansatz. In Bild 5.5-7 wird der Unterschied zwischen dem Modell gemäß DIN EN ISO 10211 und dem Ansatz „10°C/10m" visualisiert.

Exkurs: Temperaturannahme für Horizontalschnitte im Erdreich

Wenn für Wärmebrücken zweidimensionale Berechnungen als Horizontalschnitte im Erdreich notwendig sind (z.B. Außenwandkante unter GOK), fehlt in den aktuellen Normen (DIN EN ISO 10211, DIN 4108 Beiblatt 2) eine Angabe, welche Temperatur auf der erdberührten Seite aufzubringen ist. Da die Geländeoberfläche im Horizontalschnitt nicht abgebildet ist, kann keine Außenlufttemperatur an einer Modellgrenze verwendet werden. Auch die Bildung eines großen dreidimensionalen Erdreichmodells ist nicht zielführend, da daran kein ψ-Wert z.B. für die Außenwandkante im Erdreich abgeleitet werden kann. Es ist daher zu prüfen, in welcher Tiefe im Erdreich auf der Wandaußenoberfläche mit welchen Temperaturen zu rechnen ist. Hierbei ist auch das Winterklima der entsprechenden Winterklimaregion heranzuziehen. Im Gegensatz zu den Betrachtungen zum Mindestwärmeschutz, wo ein Extremklima heranzuziehen ist, ist beim Wärmestrom die Verwendung eines durchschnittlichen Winterklimas vorzuziehen. Daher werden für die hier dokumentierten Berechnungen die Winter-TRY des DWD genutzt.

Exemplarisch wird ein beheiztes Kellergeschoss betrachtet. Die Dämmschichtdicke wurde umlaufend mit 20 cm angenommen. Somit ist die äußere Wandoberfläche thermisch weitestgehend von Innenraum entkoppelt, das Temperaturfeld an der Außenoberfläche ausschließlich von der Außenlufttemperatur bestimmt. Die Berechnung liegt damit für übliche Fälle auf der sicheren Seite. An der Unterkante des Erdreichmodells wurde in 10 m Tiefe eine konstante Temperatur von 10 °C angenommen.

Als Ergebnis wird in Wandmitte zwischen Punkt 2 und 3 – je nach Klimaregion – eine ungefähre Winter-Mitteltemperatur an der äußeren erdberührten Wandoberfläche von 3 °C bis 6 °C erreicht. Eine Unterscheidung entsprechend der Klimaregionen erscheint nicht angemessen, weswegen empfohlen wird, bei der Berechnung der Oberflächentemperaturen die Außenlufttemperatur auch für Horizontalschnitte im Erdreich zu verwenden (Mindestwärmeschutz für den kritischen Punkt nahe der Kellerdecke) und bei der Berechnung des ψ-Wertes vereinfacht $\theta_g = 5$ °C auf der äußeren Wandoberfläche anzusetzen.

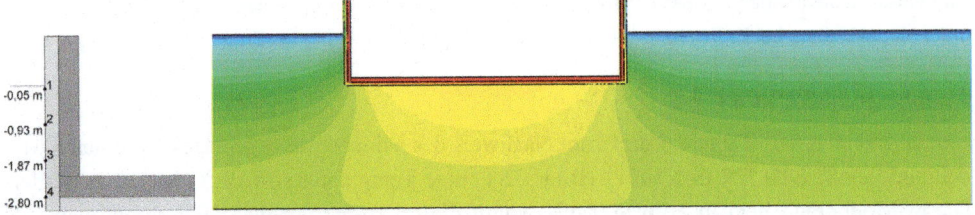

Bild 5.5-9 Exemplarische Darstellung des Rechenmodells für einen Zeitpunkt Ende Januar und Angabe der Lage der ausgewerteten Temperaturknoten

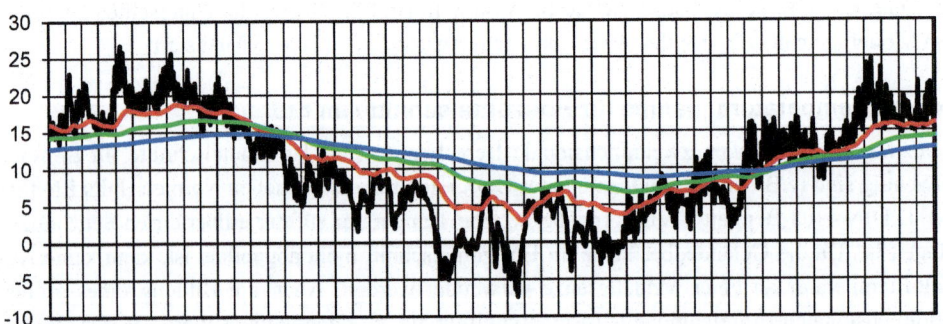

Bild 5.5-10 Darstellung des zeitabhängigen Temperaturverlaufes an der Außenoberfläche der Kellerwand in verschiedenen Tiefen – Winterklimaregion I, Winter-TRY

schwarz Punkt 1 **rot** Punkt 2 **grün** Punkt 3 **blau** Punkt 4

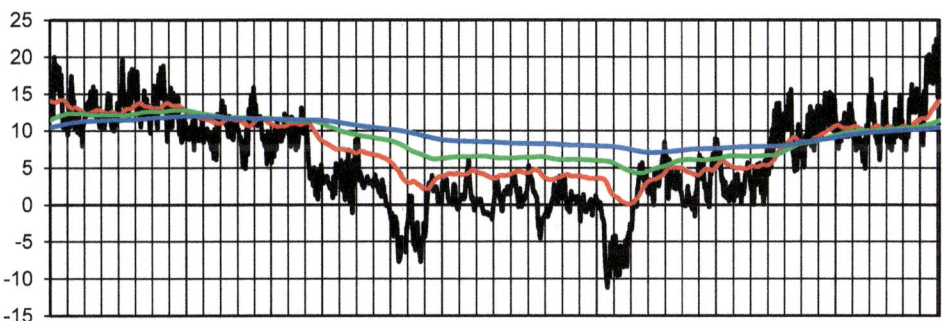

Bild 5.5-11 Darstellung des zeitabhängigen Temperaturverlaufes an der Außenoberfläche der Kellerwand in verschiedenen Tiefen – Winterklimaregion II, Winter-TRY

schwarz Punkt 1 **rot** Punkt 2 **grün** Punkt 3 **blau** Punkt 4

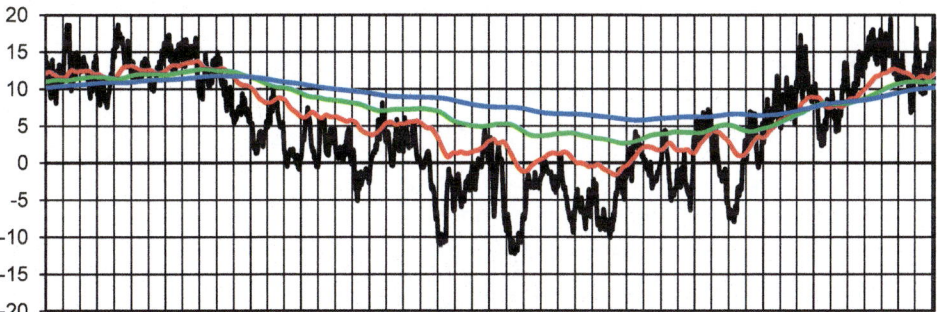

Bild 5.5-12 Darstellung des zeitabhängigen Temperaturverlaufes an der Außenoberfläche der Kellerwand in verschiedenen Tiefen – Winterklimaregion III, Winter-TRY

schwarz Punkt 1 **rot** Punkt 2 **grün** Punkt 3 **blau** Punkt 4

5.6 Raumklima

5.6.1 Raumlufttemperatur

Hinsichtlich der im Gebäudeinnern auftretenden Temperaturen wird in der realen Nutzung bezüglich der Art der Raumnutzung unterschieden. Beispielsweise wird in Schlafzimmern die erwünschte Temperatur niedriger liegen als in Wohnzimmern oder Bädern, in Fluren niedriger als in Büroräumen. In den verschiedenen Berechnungsnormen werden Standardisierungen vorgenommen und vereinfachte Temperaturvorgaben gemacht.

Raumtemperatur in der Heizlastberechnung

Eine umfangreiche Zusammenstellung von Norm-Innentemperaturen zur Berechnung der Norm-Heizlast (*Anmerkung: Die Norm-Innentemperatur ist gemäß DIN EN 12831 als die operative Raumtemperatur, also dem arithmetischen Mittel der Innenlufttemperatur und der mittleren*

Strahlungstemperatur, in der Mitte des beheizten Raumes - zwischen 0,6 m und 1,6 m Höhe - definiert, welche für die Berechnung der Norm-Wärmeverluste verwendet wird. In der Regel kann angenommen werden, dass Lufttemperatur und Strahlungstemperatur denselben Wert annehmen.) in Gebäuden konnte E DIN 4701-2 entnommen werden, welche allerdings mittlerweile zurückgezogen und durch DIN EN 12831 ersetzt wurde. In den zugehörigen nationalen Anhang DIN EN 12831, Beiblatt 1 wurde ebenfalls eine tabellarische Zusammenstellung von Norm-Innentemperaturen aufgenommen, im Vergleich zur Aufstellung in E DIN 4701-2 allerdings erheblich verkürzt. Tabelle 5.6-1 gibt eine Übersicht über die in DIN EN 12831, Beiblatt 1 festgelegten Norm-Innentemperaturen.

Tabelle 5.6-1 Norm-Innentemperaturen zur Berechnung der Norm-Heizlast von Gebäuden gemäß DIN EN 12831, Beiblatt 1

	1	2
1	Nutzungstyp	Norm-Innentemperatur in °C
2	Wohn- und Schlafräume	
3	Büroräume, Sitzungszimmer, Ausstellungsräume, Haupttreppenräume, Schalterhallen	
4	Hotelzimmer	20
5	Verkaufsräume und Läden allgemein	
6	Unterrichtsräume allgemein	
7	Theater- und Konzerträume	
8	WC-Räume	
9	Bade- und Duschräume, Bäder, Umkleideräume, Untersuchungszimmer (jede Nutzung für den unbekleideten Bereich)	24
10	beheizte Nebenräume (Flure, Treppenhäuser)	15
11	unbeheizte Nebenräume (Keller, Treppenhäuser, Abstellräume)	10

Raumtemperatur gemäß Energieeinsparverordnung

Die Raumlufttemperatur im Rahmen der energetischen Bewertung von Gebäuden wird in DIN V 18599-10 vorgegeben. Für Wohngebäude ist eine Raumlufttemperatur von 20 °C anzunehmen, für Nichtwohngebäude in der Regel 21 °C.

Raumtemperatur gemäß Arbeitsstättenrichtlinie

Anforderungen an Innentemperaturen von Arbeits- und Betriebsräumen werden in [2] definiert. Demzufolge sind in Arbeitsräumen die Mindesttemperaturen gemäß Tabelle 5.6-2, in Betriebsräumen gemäß Tabelle 5.6-3 einzuhalten.

Tabelle 5.6-2 Mindest-Lufttemperaturen in Arbeitsräumen in Abhängigkeit von der Arbeitshaltung und der Arbeitsschwere gemäß [2]

	1	2	3	4
1	Überwiegende Arbeitshaltung	Arbeitsschwere		
2		leicht	mittel	schwer
3	Sitzen	20 °C	19 °C	-
4	Stehen und/oder Gehen	19 °C	17 °C	12 °C

Tabelle 5.6-3 Mindest-Lufttemperaturen in Betriebsräumen während des Nutzungszeitraumes gemäß [2]

	1	2
1	Nutzungsart	Lufttemperatur
2	Pausen-, Bereitschafts-, Liege-, Sanitär- und Sanitätsräume	21 °C
3	Waschräume mit Duschen oder Badewannen	24 °C

Thermische Behaglichkeit

Bezogen auf die Norm-Innentemperaturen gemäß Tabelle 5.6-1 wird man insbesondere in Wohngebäuden zumeist abweichende Raumtemperaturen vorfinden. Diese Abweichung ergibt sich aus den individuellen Präferenzen hinsichtlich eines behaglichen Raumklimas. Das Raumklima wird von einer Vielzahl von Faktoren beeinflusst, von denen als primäre Einflussgrößen die Lufttemperatur, die mittlere Temperatur der Raumumschließungsflächen, die relative Luftfeuchte, die Luftgeschwindigkeit, die Art der Bekleidung und die Art der Betätigung zu nennen sind. Eine Darstellung der physiologischen, intermediären und physikalischen Einflüsse auf die thermische Behaglichkeit enthält Bild 5.6-1. Für die Raumlufttemperatur folgt in der Regel, dass diese in der Praxis höher eigestellt wird, als gemäß Heizlastberechnung oder Energieeinsparverordnung vorgesehen ist. Auf der anderen Seite wird immer wieder aus falsch verstandener Energieeinsparung die Raumlufttemperatur übermäßig abgesenkt und die Behaglichkeitseinbußen durch wärmere Kleidung kompensiert. Bei älteren Gebäuden (mit geringerem Wärmedämmniveau, unkontrollierter Fensterlüftung und höherer Leckagerate) wiederum werden zumeist höhere Lufttemperaturen zur Erzielung eines behaglichen Raumklimas notwendig sein. Für die Bewertung eines Feuchteschadens sind all dies beachtenswerte Aspekte.

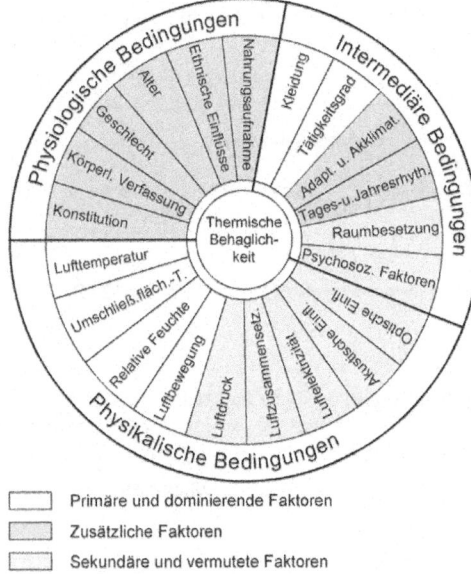

☐ Primäre und dominierende Faktoren

▨ Zusätzliche Faktoren

☐ Sekundäre und vermutete Faktoren

Bild 5.6-1 Thermische Behaglichkeit in Abhängigkeit von physiologischen, intermediären und physikalischen Einflüssen (nach [17])

Raumtemperatur in der Wärmebrückenberechnung

Zum Nachweis des Mindestwärmeschutzes wird in DIN 4108-2 für wohn- und wohnähnliche Nutzungen eine Raumtemperatur $\theta_i = 20\ °C$ vorgegeben.

Im Rahmen der Berechnung von ψ-Werten sollten in der Wärmebrückenberechnung die Raumlufttemperaturen aus DIN V 18599-10 angesetzt werden. Somit ergeben sich für Wohngebäude für dasselbe Detail mitunter andere ψ-Werte als für Nichtwohngebäude.

Nachtabsenkung/-abschaltung der Heizung

Der Einfluss einer Nachtabsenkung bzw. Nachtabschaltung der Heizanlage führt allenfalls zu einer kurzfristigen Reduzierung der Innenoberflächentemperaturen über einen Zeitraum von i.d.R. maximal 7 Stunden. Solch kurzfristig Veränderungen der Oberflächentemperaturen sind für das Risiko einer Schimmelpilzbildung jedoch als unkritisch anzusehen. Lediglich für den Fall, dass die Innenoberflächentemperatur ohnehin zu gering ist, kann durch eine zusätzliche kurzfristige Temperaturreduzierung das Schimmelpilzwachstum beschleunigt werden.

Temperatur in angrenzenden unbeheizten Räumen

Gemäß DIN EN ISO 10211 ist die Temperatur in einem unbeheizten Raum gemäß DIN EN ISO 13789 zu berechnen. Dort wird zur Bestimmung von θ_u die Beziehung gemäß Gl. 5.6-1 angegeben.

$$\theta_u = \frac{\Phi_u + \theta_i \cdot \left(H_{T,iu} + \rho_L \cdot c_L \cdot \dot{V}_{iu}\right) + \theta_e \cdot \left(H_{T,ue} + \rho_L \cdot c_L \cdot \dot{V}_{ue}\right)}{H_{T,iu} + H_{T,ue} + \rho_L \cdot c_L \cdot \dot{V}_{iu} + \rho_L \cdot c_L \cdot \dot{V}_{ue}} \tag{5.6-1}$$

Darin ist:

Φ_u = Wärmestrom, der in den unkonditionierten Raum gelangt,
        (z. B. solarer Wärmegewinn, interne Wärmequelle) in W

θ_i = Raumlufttemperatur in K

θ_e = Außenlufttemperatur in K

$H_{T,iu}$ = Transmissionswärmeverlust vom beheizten in den unbeheizten Raum in W/K

$H_{T,ue}$ = Transmissionswärmeverlust vom unbeheizten Raum an die Außenumgebung in W/K

$\rho_L \cdot c_L$ = spezifische Wärmekapazität von Luft, $\rho_L \cdot c_L = 0{,}34$ Wh/(m³K)

$\dot{V}_{iu}$ = Luftvolumenstrom vom beheizten Raum in den unbeheizten Raum in m³/h
        (Anm.: in der Regel dürfte $\dot{V}_{iu} = 0$ gelten)

$\dot{V}_{ue}$ = Luftvolumenstrom vom unbeheizten Raum an die Außenumgebung in m³/h

Tabelle 5.6-1 Beispiel zur Berechnung der Temperatur in einem unbeheizten Kellergeschoss

		1	2	3	4	5	6	7	8
1	Monat	θ_i in °C	θ_e in °C	$H_{T,iu}$ in W/K	V_{iu} in m³/h	$H_{T,ue}$ in W/K	V_{ue} in m³/h	θ_u in °C
2	Januar	20	1,0	24	0	136	40	3,6
3	Februar	20	1,9	24	0	136	40	4,4
4	März	20	4,7	24	0	136	40	6,8
5	April	20	9,2	24	0	136	40	10,7
6	Mai	20	14,1	24	0	136	40	14,9
7	Juni	20	16,7	24	0	136	40	17,2
8	Juli	20	19,0	24	0	136	40	19,1
9	August	20	18,6	24	0	136	40	18,8
10	September	20	14,3	24	0	136	40	15,1
11	Oktober	20	9,5	24	0	136	40	11,0
12	November	20	4,1	24	0	136	40	6,3
13	Dezember	20	0,9	24	0	136	40	3,5
14	Randbedingungen: - Fläche der Kellerdecke: 80 m² - Fläche der Kellerwände und der Bodenplatte: 170 m² - Wärmedurchgangskoeffizient der Kellerdecke: U = 0,3 W/(m²K) - Wärmedurchgangskoeffizient inkl. Temperaturfaktor der Kellerbauteile: U_{Fx} = 0,8 W/(m²K) - Wärmestrom in das Kellergeschoss: Φ_u = 0								

Die Anwendung von Gl. 5.6-1 wird in Tabelle 5.6-1 an einem Beispiel für ein unbeheiztes Kellergeschoss verdeutlicht. Als Außenklima wurde das Referenzklima der Energieeinsparverordnung (Standort Potsdam gemäß DIN V 18599-10) gewählt. Als Ergebnis lässt sich feststellen, dass die gemäß DIN EN ISO 13789 berechneten Temperaturen in einem unbeheizten Raum (zumindest für den berechneten Fall eines unbeheizten Kellergeschosses) unrealistisch niedrig erscheinen.

Für den Nachweis des Mindestwärmeschutzes gemäß DIN 4108-2 darf für unbeheizte Pufferräume und Kellergeschosse mit einer Temperatur von 10 °C gerechnet werden, für unbeheizte Dachgeschosse und Tiefgaragen mit -5 °C.

5.6.2 Wärmeübergangskoeffizient

Genauso wie an Außenoberflächen, so findet auch an Innenoberflächen ein Wärmeübergang, hier zwischen Raumluft und Bauteiloberfläche, statt. Dieser setzt sich ebenfalls aus einem strahlungs- (h_r) und einem konvektionsbedingten Anteil (h_{ci}) zusammen. Die Größenordnung beider Anteile wird durch mehrere Parameter beeinflusst. Dies sind in erster Linie:

- die inneren Oberflächentemperaturen der raumbildenden Bauteile
- die Raumlufttemperatur
- das Lufttemperaturprofil in Raumhöhe
- die geometrische Anordnung von Heizkörpern
- die Raumgeometrie
- die Möblierung

Da eine umfassende wissenschaftliche Untersuchung der Einzeleinflüsse nicht vorliegt, werden für die praktische Berechnung unterschiedliche vereinfachte Ansätze gewählt, die nachfolgend beschrieben werden.

Rechenwerte für wärmeschutztechnische Berechnungen

In DIN EN ISO 6946 wird ein Verfahren zur Ermittlung des Wärmedurchlasswiderstandes und des Wärmedurchgangskoeffizienten von Bauteilen vorgestellt. Im Rahmen dieses Verfahrens werden konvektive und strahlungsbedingte Wärmeübergangskoeffizienten vereinfacht berechnet und zu einem Gesamt- Wärmeübergangswiderstand zusammengefasst. Der strahlungsbedingte Anteil berechnet sich demnach vereinfacht gemäß Gl. 5.4-7. Der konvektionsbedingte Anteil berechnet sich gemäß DIN EN ISO 6946 vereinfacht in Abhängigkeit von der Richtung des Wärmestroms. Im Ergebnis sind für wärmeschutztechnische Berechnungen die folgenden Wärmeübergangswiderstände bzw. Wärmeübergangskoeffizienten anzusetzen:

- Wärmestrom aufwärts gerichtet: $R_{si} = 0,10$ m²K/W bzw. $h_i = 10$ W/(m²K)
- Wärmestrom horizontal gerichtet: $R_{si} = 0,13$ m²K/W bzw. $h_i = 7,69$ W/(m²K)
- Wärmestrom abwärts gerichtet: $R_{si} = 0,17$ m²K/W bzw. $h_i = 5,88$ W/(m²K)

Rechenwerte für feuchteschutztechnische Berechnungen

Für den Nachweis des Mindestwärmeschutzes gemäß DIN 4108-2 und für den Nachweis von Tauwasserbildung im Bauteil gemäß DIN 4108-3 ist ein erhöhter raumseitiger Wärmeübergangswiderstand R_{si} = 0,25 m²K/W (entspricht h_i = 4 W/(m²K) zu verwenden. Dieser erhöhte Widerstand hat die Intention, auch für geringfügige Strahlungs- und/oder Konvektionsbehinderungen auf der sicheren Seite liegende Ergebnisse zu erzielen. Eine gleichmäßige Beheizung und ausreichende Belüftung der Räume sowie eine weitgehend ungehinderte Luftzirkulation an den Außenwandoberflächen werden vorausgesetzt. In diesem Sinne ist auch bei der normgerechten Bewertung der Oberflächentemperatur an Wärmebrücken mit R_{si} = 0,25 m²K/W zu rechnen.

Experimentelle Untersuchungen

Es liegen einige wenige Arbeiten vor, in denen innere Wärmeübergangskoeffizienten als Ergebnis experimenteller Untersuchungen gewonnen wurden. In [14] wird für die ebene Oberfläche h_i = 8,2 W/(m²K) angegeben, für die 2-D-Kante h_i = 5,8 W/(m²K) und für die 3-D-Ecke h_i = 4,4 W/(m²K). Die Werte sind an einer Ecksituation mit einer Außenwanddämmung entsprechend dem Mindestwärmeschutz gemäß DIN 4108:1981-08, einer Deckendämmung von 6 cm und einer Fußbodendämmung von 8 cm ermittelt worden. Aufgrund von in [14] zusätzlich durchgeführten rechnerischen Untersuchungen wird für einen „guten Wärmeschutz" der Außenwand eine Reduktion des Wärmeübergangskoeffizienten um 1,0 W/(m²K) auf der ebenen Oberfläche und um 0,6 W/(m²K) in der 2-D-Kante abgeleitet und mit den gleichmäßigeren Innenoberflächentemperaturen begründet. Ferner wird in [14] eine Gleichung zur Bestimmung des funktionalen Verlaufes des Wärmeübergangskoeffizienten über den Abstand von der Ecke angegeben.

$$h_i(x) = h_i \cdot \left[1 - \left(1 - \frac{h_{i,Kante}}{h_i} \right) \cdot e^{\frac{-3 \cdot x}{s}} \right] \qquad (5.6\text{-}2)$$

Darin ist:

h_i = Gesamt-Wärmeübergangskoeffizient im ungestörten Bereich in W/(m²K)

$h_{i,Kante}$ = Gesamt-Wärmeübergangskoeffizient in der Kante in W/(m²K)

x = Abstand von der Kante in m

s = Einflussbreite in m (wird in [14] etwa der Wanddicke gleichgesetzt)

Die Auswirkungen einer oberflächennahen Möblierung auf den Wärmeübergangskoeffizienten wurden in [13] messtechnisch untersucht und dokumentiert. Die Ergebnisse sind in Bild 5.6-2 dargestellt. Die Ergebnisse zeigen die erheblichen Auswirkungen einer vor einer Außenwand angeordneten großflächigen Möblierung. Für den Fall eines Einbauschrankes sinkt der Wärmeübergangskoeffizient bis auf Werte zwischen 1 W/(m²K) und 3 W/(m²K) ab, selbst bei einem freistehenden Schrank ergeben sich erheblich geringere Wärmeübergangskoeffizienten im Vergleich zum unmöblierten Referenzfall.

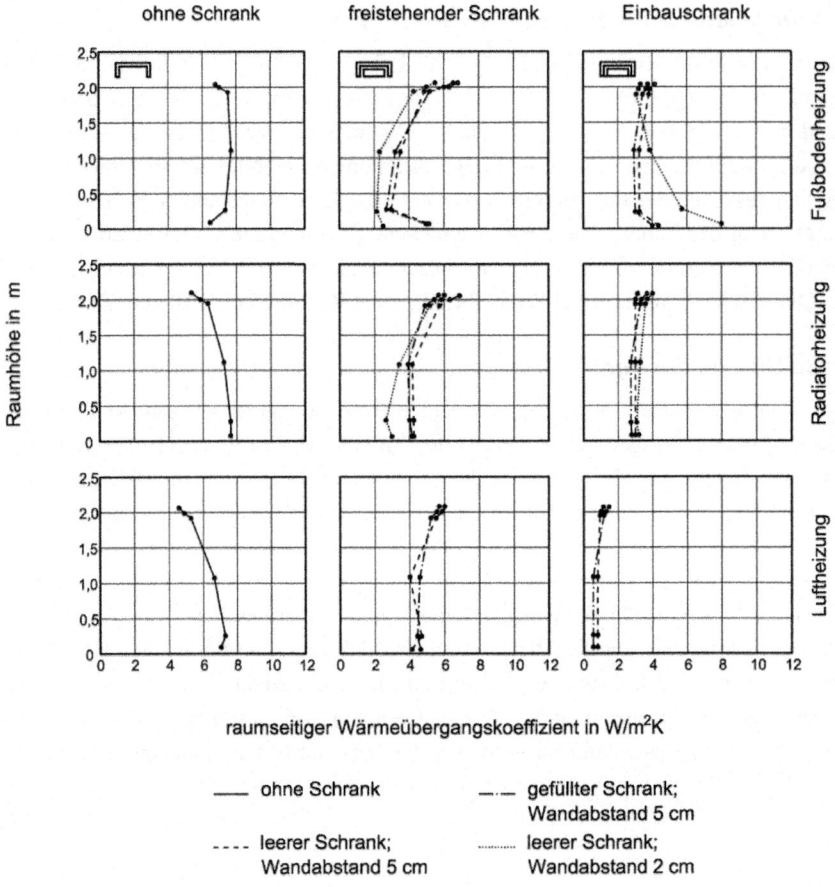

Bild 5.6-2 Raumseitiger Wärmeübergangskoeffizient in Abhängigkeit von der Raumhöhe an einer homogenen Außenwand bei verschiedenen Schrankanordnungen und unterschiedlichen Heizsystemen (nach [13])

Ansatz eines variablen Wärmeübergangskoeffizienten

Für die im weiteren Verlauf durchgeführten instationären 3D-Berechnungen wurde auf der Basis von Gl. 5.6-2 eine ausführlichere Formulierung abgeleitet (Gl. 5.6-3), mit deren Hilfe ein zweidimensionales Feld von Wärmeübergangskoeffizienten berechnet werden kann. In Anlehnung an die Ausführungen in [14] wird Gl. 5.6-3 - auch vor dem Hintergrund des weiter gestiegenen Dämmniveaus - für die weiteren Berechnungen mit folgenden Basiswerten genutzt: $h_{i,Regel} = 7$ W/(m²K); $h_{i,Kante} = 5$ W/(m²K); $h_{i,Ecke} = 4$ W/(m²K). Als Einflussbreite wird die Wanddicke angenommen. Eine graphische Darstellung von Gl. 5.6-3 für die vorgenannten Werte und einer Einflussbreite von 0,365 m ist in Bild 5.6-3 dargestellt. Das aus der Gleichung resultierende Wärmeübergangskoeffizientenfeld für eine 3D-Raumecke wird exemplarisch in Bild 5.6-4 gezeigt. Es wurden jeweils die Mittelpunktkoordinaten der finiten Elemente zur Bestimmung von $h_i(x,y)$ verwendet.

$$h_i(x,y) = \left[h_{i,Regel} \cdot \left[1 - \left(1 - \frac{h_{i,Kante}}{h_{i,Regel}}\right) \cdot e^{\frac{-3 \cdot x}{s}}\right]\right] \cdot \left[1 - \left(1 - \frac{h_{i,Kante} \cdot \left(1 - \left(1 - \frac{h_{i,Ecke}}{h_{i,Kante}}\right) \cdot e^{\frac{-3 \cdot x}{s}}\right)}{h_{i,Regel} \cdot \left(1 - \left(1 - \frac{h_{i,Kante}}{h_{i,Regel}}\right) \cdot e^{\frac{-3 \cdot x}{s}}\right)}\right) \cdot e^{\frac{-3 \cdot y}{s}}\right] \quad (5.6-3)$$

Darin ist:

$h_{i,Rege}$ = Gesamt-Wärmeübergangskoeffizient im ungestörten Bereich in W/(m²K)

$h_{i,Kante}$ = Gesamt-Wärmeübergangskoeffizient in der 2D-Kante in W/(m²K)

$h_{i,Ecke}$ = Gesamt-Wärmeübergangskoeffizient in der 3D-Ecke in W/(m²K)

x = x-Abstand von der Kante in m

y = y-Abstand von der Kante in m

s = Einflussbreite in m

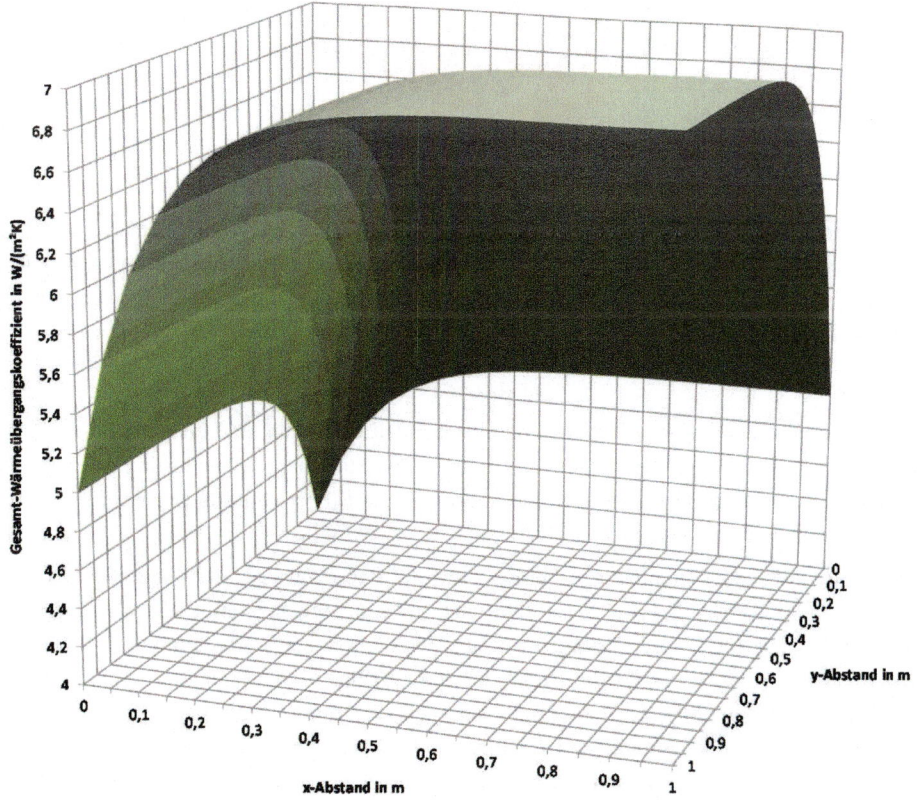

Bild 5.6-3 Visualisierung des Koeffizientenfeldes gemäß Gl. 5.6-2 für $h_{i,Regel}$ = 7 W/(m²K), $h_{i,Kante}$ = 5 W/(m²K), $h_{i,Ecke}$ = 4 W/(m²K) und s = 0,365 m

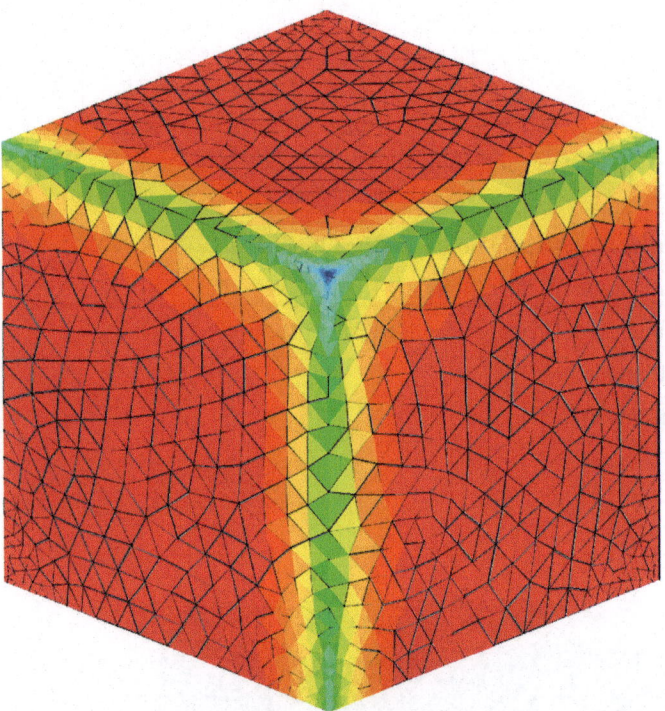

Bild 5.6-4 Beispiel für ein 3D-Koeffizientenfeld gemäß Gl. 5.6-2 auf der raumseitigen Oberfläche einer Raumecke. Kalte Farben repräsentieren geringe Wärmeübergangskoeffizienten bzw. hohe -widerstände.

5.7 Weitere Parameter

Netzdichte

Die heutzutage für Simulationsrechnungen bereitstehenden Computer sind allesamt leistungsfähig genug, dass für eine Wärmebrückenberechnung unter stationären Randbedingungen keine besonderen Limitierungen bei der Netzdichte notwendig sind. Hier sollte eher ein zu feines als ein zu grobes Netz gewählt werden.

Eine vernünftig gewählte Netzdichte ist bei instationären Berechnungen allerdings nicht nur essentiell für die Qualität der Ergebnisse sondern auch für eine angemessen niedrige Rechenzeit. Bei einer übermäßig feinen Vernetzung kann die Simulation eines Zeitraums von 2 Jahren (=17520 Rechenschritte á 1 h) für die in Abschnitt 8 dokumentierten Details schnell mehrere Tage dauern. Das für die durchgeführten Berechnungen verwendete Netz wurde daher vor dem Hintergrund von Ergebnisqualität und Rechengeschwindigkeit so optimiert, dass die Abweichung bei den relevanten Temperaturen (Ecke, Kante, Fläche) < 0,1 K vom „idealen" Netz beträgt. Dies entspricht der Validierungsbedingung in DIN EN ISO 10211, Anhang A.

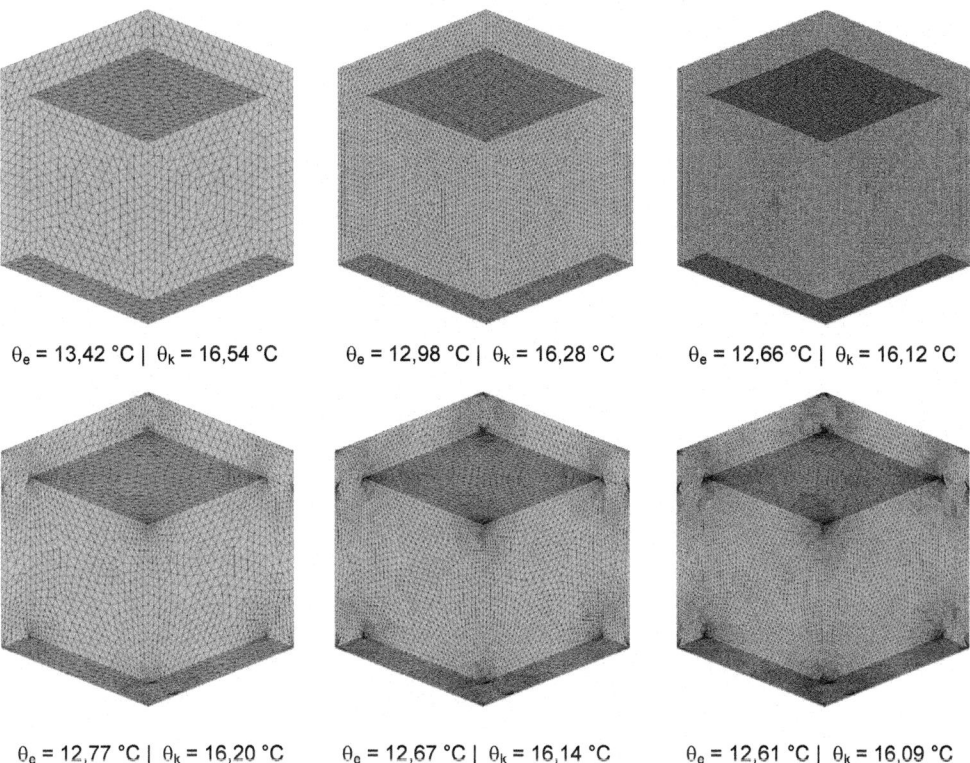

$\theta_e = 13,42\ ^\circ C\ |\ \theta_k = 16,54\ ^\circ C$ $\theta_e = 12,98\ ^\circ C\ |\ \theta_k = 16,28\ ^\circ C$ $\theta_e = 12,66\ ^\circ C\ |\ \theta_k = 16,12\ ^\circ C$

$\theta_e = 12,77\ ^\circ C\ |\ \theta_k = 16,20\ ^\circ C$ $\theta_e = 12,67\ ^\circ C\ |\ \theta_k = 16,14\ ^\circ C$ $\theta_e = 12,61\ ^\circ C\ |\ \theta_k = 16,09\ ^\circ C$

Bild 5.7-1 Unterschiedliche Netzdichten am Beispiel der monolithischen Raumecke mit Angabe der jeweiligen Eck- und Kantentemperatur
oben gleichmäßige Netze mit unterschiedlichen Elementgrößen **unten** Netze mit lokaler Verdichtung der Elemente

Einschwingzeit

Damit das Temperaturfeld im Bauteil sich an die instationären Klimarandbedingungen anpassen kann, wird bei Simulationsrechnungen dem Auswertezeitraum eine Einschwingphase vorangestellt. Konkret wurde bei den weiteren 3D-Berechnungen ein Zeitraum von 2 Jahren, beginnend am 1. Januar, simuliert. Das erste Halbjahr dient als Vorlauf, ausgewertet wurde der Zeitraum vom 01.07. bis zum 30.06 des Folgejahres. Für die Sockelmodelle wurde ein verlängerter Berechnungszeitraum von 5 Jahren genutzt, damit auch das Erdreich ausreichend vortemperiert ist.

5.8 Beispiele zur Modellbildung

Traufe bei beheiztem Dachraum

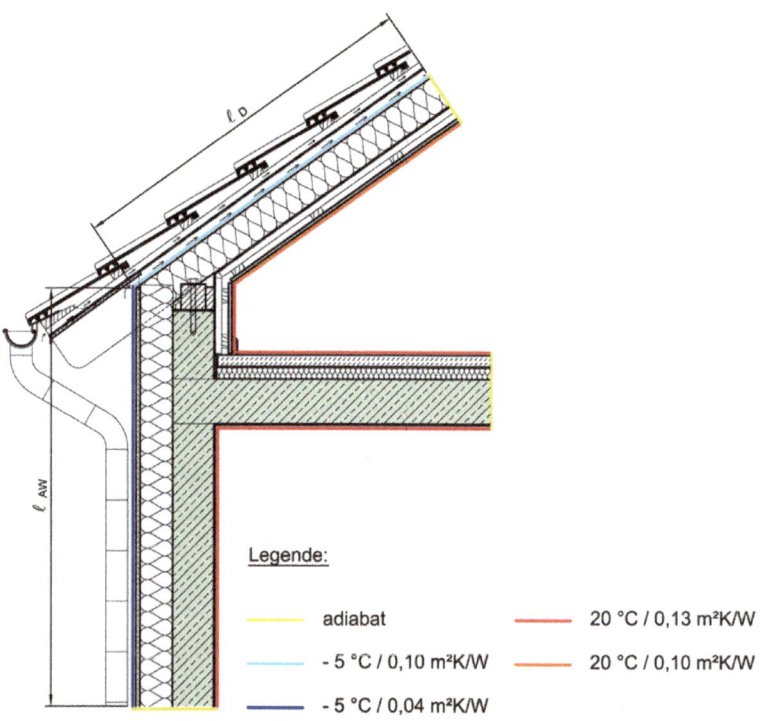

Legende:

——— adiabat	——— 20 °C / 0,13 m²K/W
——— - 5 °C / 0,10 m²K/W	——— 20 °C / 0,10 m²K/W
——— - 5 °C / 0,04 m²K/W	

Traufe bei unbeheiztem Dachraum

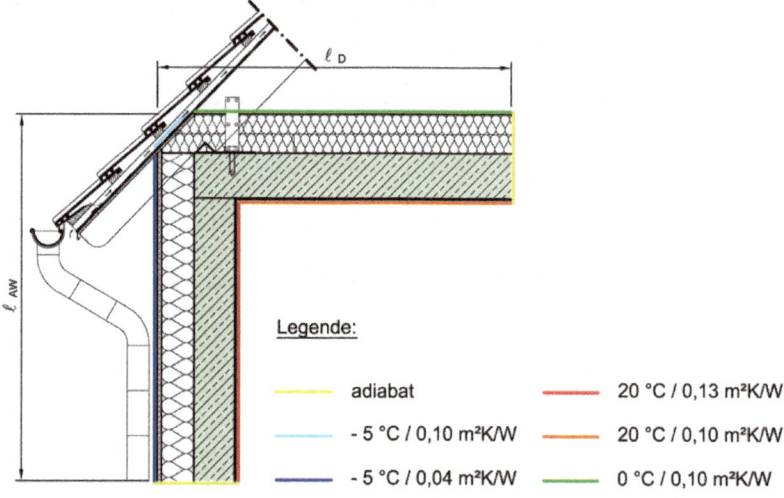

Legende:

——— adiabat	——— 20 °C / 0,13 m²K/W
——— - 5 °C / 0,10 m²K/W	——— 20 °C / 0,10 m²K/W
——— - 5 °C / 0,04 m²K/W	——— 0 °C / 0,10 m²K/W

Gebäudetrennwand

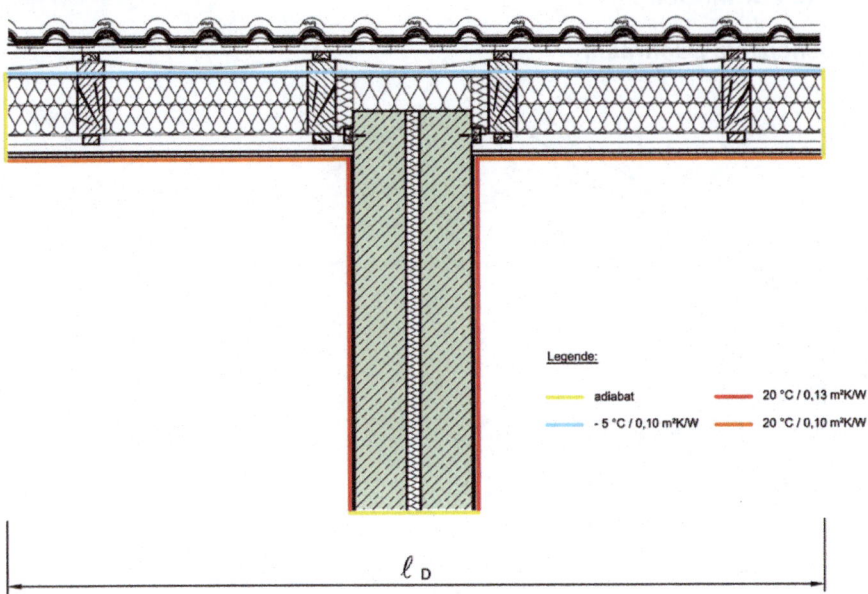

Legende:

▬ adiabat	▬ 20 °C / 0,13 m²K/W
▬ - 5 °C / 0,10 m²K/W	▬ 20 °C / 0,10 m²K/W

ℓ_D

Innenwand zum unbeheizten Dachgeschoss

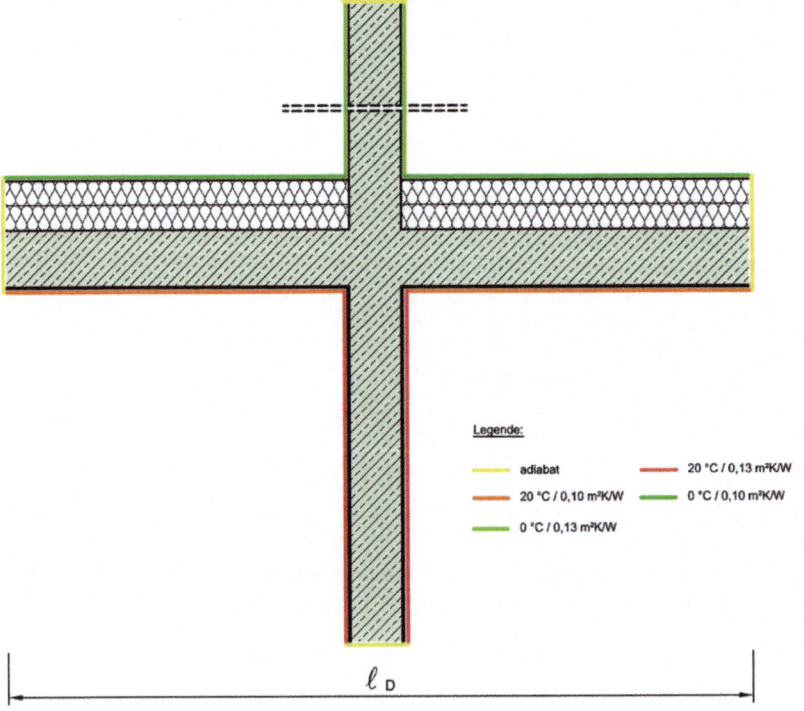

Legende:

▬ adiabat	▬ 20 °C / 0,13 m²K/W
▬ 20 °C / 0,10 m²K/W	▬ 0 °C / 0,10 m²K/W
▬ 0 °C / 0,13 m²K/W	

ℓ_D

Ortgang

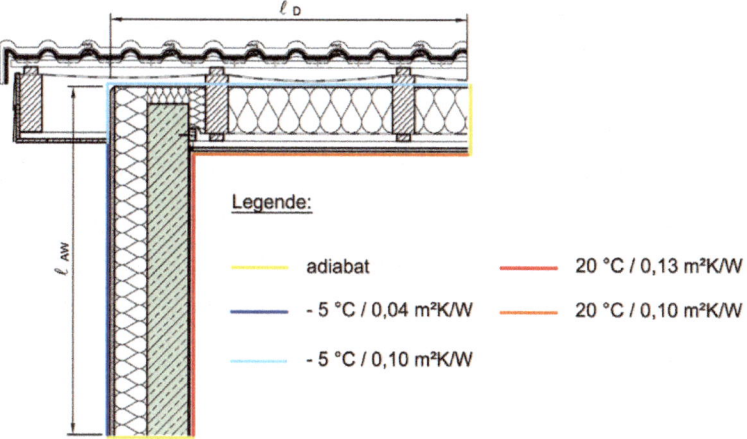

Giebelwand zum unbeheizten Dachgeschoss

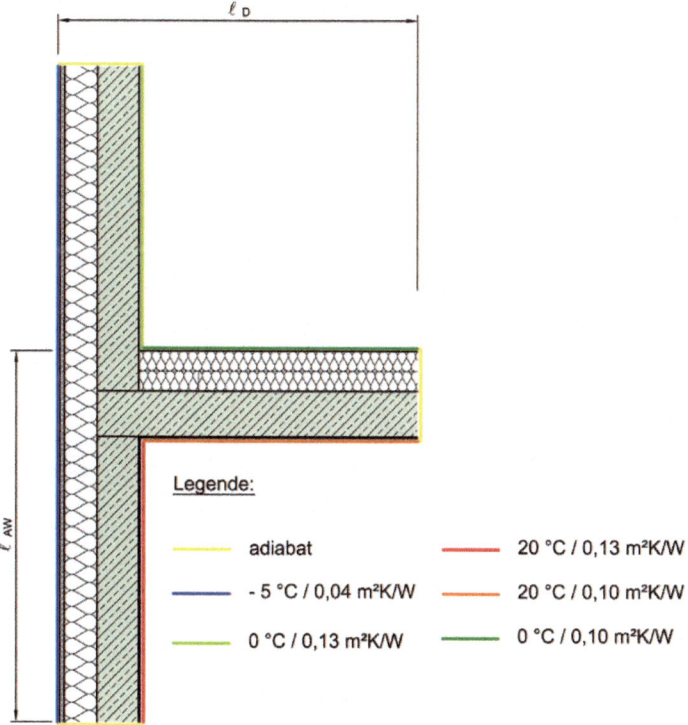

Fensterlaibung (Variante mit erhöhtem Rsi gemäß DIN EN ISO 10077)

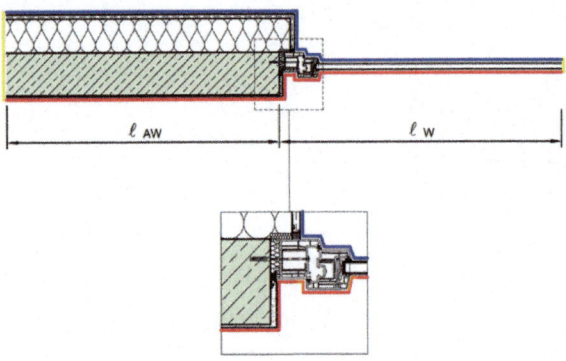

Legende:

———	adiabat	———	20 °C / 0,13 m²K/W
———	- 5 °C / 0,04 m²K/W	———	20 °C / 0,20 m²K/W

Lichtkuppel

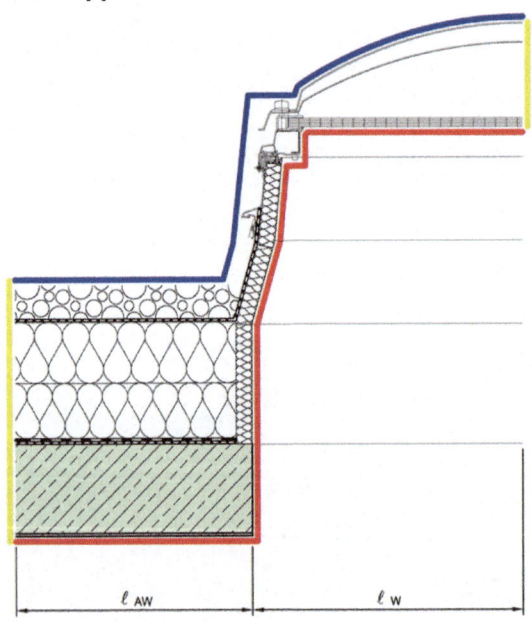

Legende:

———	adiabat	———	20 °C / 0,13 m²K/W
———	- 5 °C / 0,04 m²K/W		

Gebäudesockel

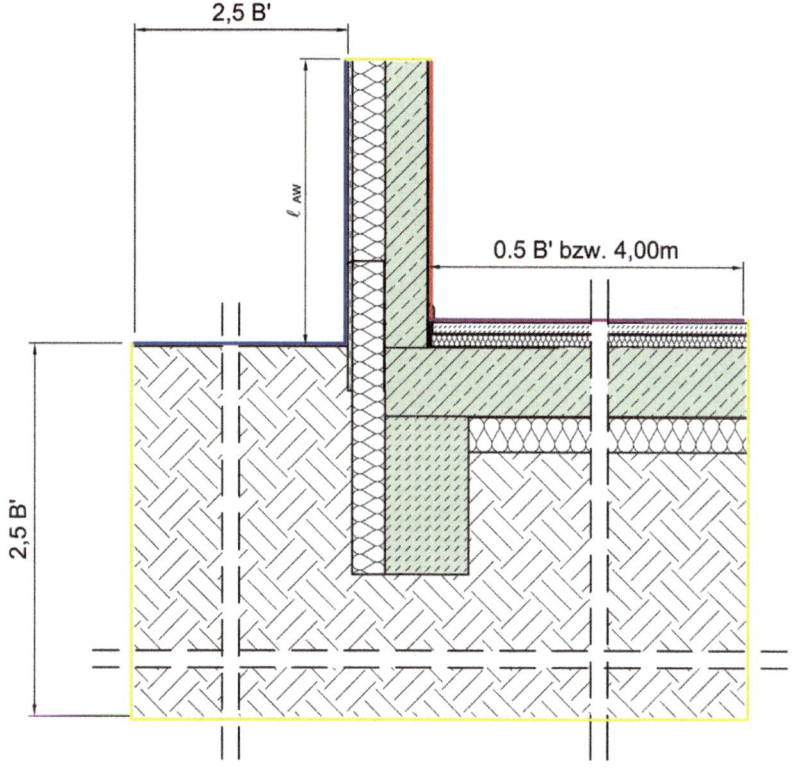

Legende:

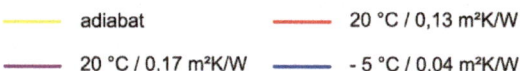

——	adiabat	——	20 °C / 0,13 m²K/W
——	20 °C / 0,17 m²K/W	——	- 5 °C / 0,04 m²K/W

B´ = charakteristisches Bodenplattenmaß gemäß DIN EN ISO 13370

6 Auswertung der 3D-Berechnungen

6.1 Umfang der Berechnungen

Bauweisen

Es wurden primär Berechnungen für Raumecken durchgeführt. Hierdurch wird erreicht, dass zunächst ausschließlich geometrische Effekte bewertet werden. Eine Vermischung mit konstruktiven Besonderheiten unterbleibt. Um den Einfluss der verschiedenen Konstruktionsarten auf die zeitliche Veränderung des Temperaturfeldes bewerten zu können, wurden die Bauweisen gemäß Bild 6.1-1 bei den Berechnungen berücksichtigt. Die Darstellungen aus Bild 6.1-1 finden sich auch in Abschnitt 8 wieder, um ein schnelles Auffinden eines gesuchten Modells zu ermöglichen.

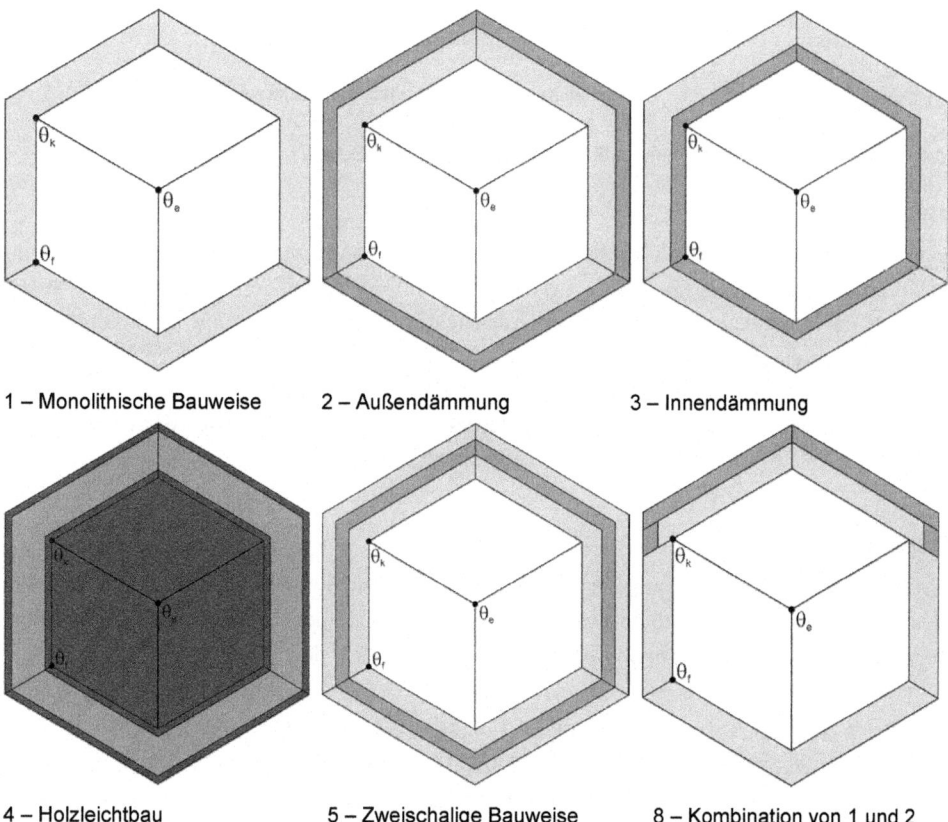

1 – Monolithische Bauweise   2 – Außendämmung   3 – Innendämmung

4 – Holzleichtbau   5 – Zweischalige Bauweise   8 – Kombination von 1 und 2

Bild 6.1-1 Prinzipskizzen der untersuchten Raumecken

Um zu prüfen, ob sich für „reale" Anschlussdetails abweichende Ergebnisse ergeben, wurden zusätzliche Berechnungen für eine Flachdachattika (mit Außendämmung) und ein Sockeldetail

(mit monolithischer Wand und Dämmung oberhalb der Bodenplatte) durchgeführt. Die Flach-
dachattika wurde repräsentativ für Durchdringungssituationen ausgewählt, die Dämmung auf
dem Attikakopf bewusst weggelassen. Das Sockeldetail dient der Überprüfung, welchen Einfluss
das Erdreich auf die Innenoberflächentemperaturen hat.

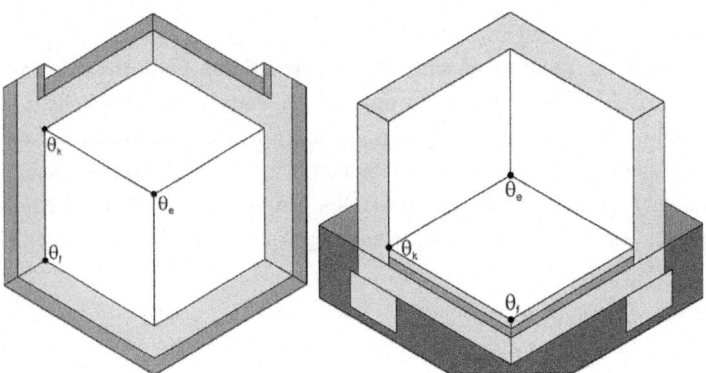

6 – Attika, außen gedämmt   7 – Sockeldetail bei monolithischem Mauerwerk

Bild 6.1-2 Prinzipskizzen der untersuchten weiteren Konstruktionsdetails

Materialien

Die in den folgenden Tabellen dargestellten Materialparameter wurden so gewählt, dass eine
Bandbreite von Ausführungsqualitäten zwischen den Anforderungen des Mindestwärmeschutzes
und denen der Energieeinsparverordnung berücksichtigt werden konnte. Für die monolithische
Raumecke dient die Variante mit der schlechten Wärmeleitfähigkeit von $\lambda = 0{,}55$ W/(mK) dem
Vergleich mit Altbaukonstruktionen. Der resultierende Wärmedurchlasswiderstand von $R = 0{,}55$
W/(mK) entspricht in etwa dem Mindestwärmeschutz vergangener Ausgaben der DIN 4108, in
denen noch die Tauwasservermeidung im Vordergrund stand.

Klimadaten

Es wurde gezeigt, dass die Winter-Testreferenzjahre vermutlich nicht ausreichen, um einen extremen Winter im Sinne des Mindestwärmeschutzes zu beschreiben. Somit wurden für alle Bauweisen und alle Variationen gemäß Tabelle 6.1-1 jeweils folgende Klimate in die Berechnungen
miteinbezogen:

- für Winterklimaregion I: Winter-TRY 1 und Extremwinter 1996/1997
- für Winterklimaregion II: Winter-TRY 8 und Extremwinter 1978/1979
- für Winterklimaregion III: Winter-TRY 11 und Extremwinter 2011/2012

Sonderfälle

Anhand von zwei Sonderberechnungen wurde der Einfluss von Solarstrahlung einerseits und
Nachabsenkung andererseits untersucht.

Tabelle 6.1-1 Übersicht der verwendeten Schichtdicken und Wärmeleitfähigkeiten

		1	2	3	4	5	6	7	8	9
1	Baustoff-schicht	Bauweise gemäß Bild 6.1-1 und 6.1-2								
		1	2	3	4	5	6	7	8	
2	Trag-schicht(en)	$\lambda = 0{,}10$ W/(mK) $\lambda = 0{,}25$ W/(mK) $\lambda = 0{,}55$ W/(mK) d = 0,3 m	$\lambda = 2{,}3$ W/(mK) d = 0,15 m	$\lambda = 2{,}3$ W/(mK) d = 0,15 m	$\lambda = 0{,}13$ W/(mK) 2 x 0,016 m Holzwerk-stoffplatte	$\lambda = 2{,}3$ W/(mK) d = 0,15 m	$\lambda = 2{,}3$ W/(mK) d = 0,15 m	$\lambda = 0{,}10$ W/(mK) $\lambda = 0{,}25$ W/(mK) $\lambda = 0{,}55$ W/(mK) d = 0,3 m	Wand: $\lambda = 0{,}10$ W/(mK) $\lambda = 0{,}25$ W/(mK) d = 0,3 m Boden: $\lambda = 2{,}3$ W/(mK) d = 0,15 m	
3	Wärme-dämmung	-	$\lambda = 0{,}035$ W/(mK) d = 12 cm d = 8 cm d = 4 cm	$\lambda = 0{,}035$ W/(mK) d = 12 cm d = 8 cm d = 4 cm	$\lambda = 0{,}035$ W/(mK) d = 18 cm d = 12 cm d = 6 cm	$\lambda = 0{,}035$ W/(mK) d = 12 cm d = 8 cm d = 4 cm	$\lambda = 0{,}035$ W/(mK) d = 12 cm d = 8 cm d = 4 cm	Boden: $\lambda = 0{,}035$ W/(mK) d = 12 cm d = 8 cm d = 4 cm	Boden: $\lambda = 0{,}035$ W/(mK) d = 12 cm d = 4 cm	

Tabelle 6.1-2 Übersicht der verwendeten Materialparameter

		1	2	3	4
1	Material	Wärmeleitfähigkeit in W/(mK)	Rohdichte in kg/m³	Spez. Wärmekapazität in J/(kgK)
2	Stahlbeton	2,3	2300	1000
3	Dämmung	0,035	30	1000
4	Mauerwerk	0,10 0,25 0,55	300 800 1200	1000
5	Holzwerkstoffplatte	0,13	600	2000
6	Fundament (7)	2,3	2300	1000
7	Erdreich (7)	2,0	2000	1000
8	Randdämmstreifen (7)	0,040	30	1000
9	Estrich (7)	1,4	2000	1000

Ergebnisse

Im Rahmen jeder Einzelrechnung wurde zunächst der stationäre Zustand mit Randbedingungen gemäß DIN 4108-2 berechnet. Danach erfolgte die instationäre Berechnung. Alle relevanten Berechnungsergebnisse sind in Abschnitt 8 übersichtlich dargestellt.

6.2 Einfluss der Nachtabsenkung

→ Modelle 1.2 und 1.8 nach Abschnitt 8

Obwohl der Sinn einer Nachtabsenkung/-abschaltung kontrovers diskutiert wird, da ein Großteil der Nachts eingesparten Energie morgens aufgewendet werden muss, um die Räume wieder auf Solltemperatur aufzuheizen, findet man diese Betriebsweise immer noch vor. Um zu prüfen, welchen Einfluss eine Nachtabsenkung auf die Innenoberflächentemperatur hat, wurde exemplarisch eine monolithische Raumecke betrachtet. Für den Basis-Berechnungsfall (Modell 1.2) wurde eine konstante Innenraumtemperatur von 20°C angenommen. Für das Vergleichsmodell 1.8 wurde eine Nachtabsenkung gemäß Bild 6.2-1 berücksichtigt, vereinfacht an jedem Tag der Woche.

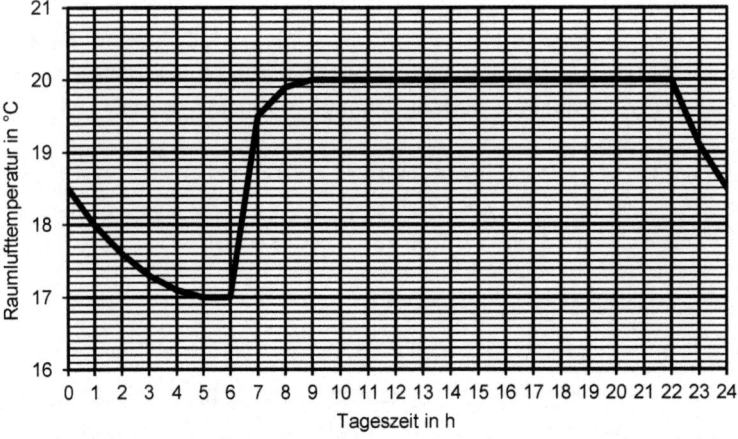

Bild 6.2-1 Angenommene tägliche Nachtabsenkung von 22 Uhr bis 6 Uhr in Modell 1.8

Der angenommene Temperaturabfall um 3 K von 20 °C auf 17 °C wird in der Praxis, in Abhängigkeit vom Dämmniveau, weniger ausgeprägt ausfallen und ist somit auf der sicheren Seite liegend gewählt. Beim Vergleich der Verläufe der Innenoberflächentemperatur in der Ecke (Bild 6.2-2) ergaben sich sichtbare Unterschiede: Der Temperaturverlauf für das Modell mit Nachabsenkung ist deutlich dynamischer. Bildet man die Differenz der beiden Temperaturverläufe gemäß Bild 6.2-2, so wird der Einfluss der Nachtabsenkung deutlicher (Bild 6.2-3). Ausgehend von den maximal 3 K Absenkung der Lufttemperatur ergibt sich eine Reduzierung der Oberflächentemperatur von maximal etwa 1,5 K. Ferner kann festgestellt werden, dass durch die Wiederaufheizung während des Tages der Effekt der Nachtabsenkung auch an kalten Wintertagen wieder ausgeglichen wird. Eine mehrtägige Reduktion der Oberflächentemperatur aufgrund der Nachtabsenkung tritt nicht auf. Eine Nachtabsenkung führt somit nicht zu konstruktions- und/oder klimaabhängigen Spezifika und wird daher im Rahmen der weiteren Betrachtung vernachlässigt. Lediglich über einige Stunden in der Nacht liegen etwas günstigere Bedingungen für das Auskeimen von Schimmelpilzsporen vor. Eine ausreichende Beheizung und Belüftung der Räume vorausgesetzt, wird die erhöhte Feuchte an der Oberfläche tagsüber aber schnell wieder reduziert.

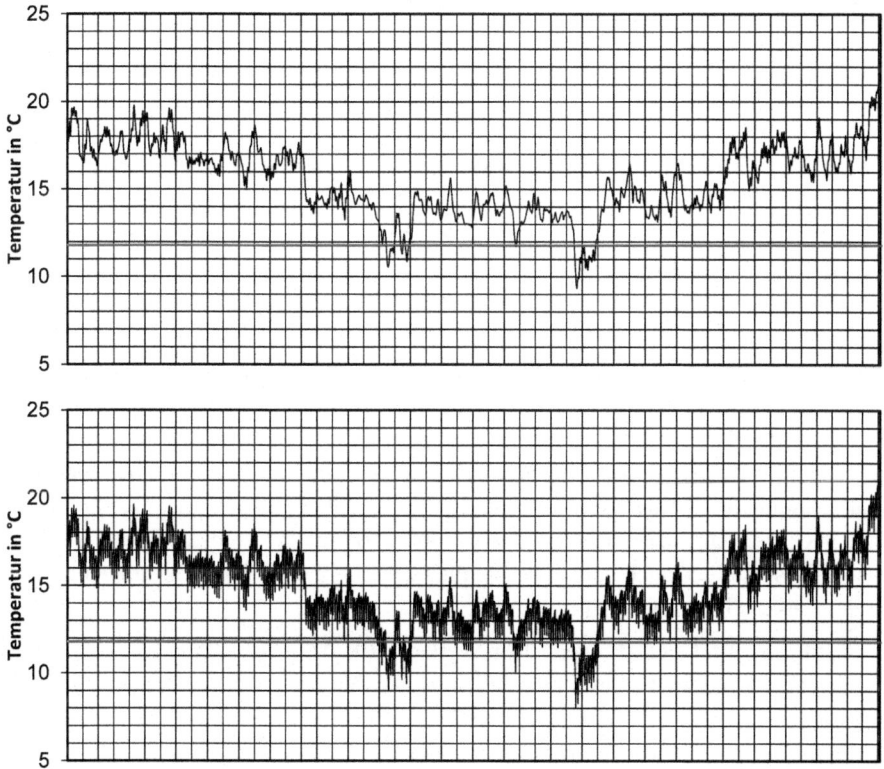

Bild 6.2-2 Jahresverlauf (01.07. bis 30.06., x-Achsenteilung in Wochen) der Innenoberflächentemperatur in der Ecke und Vergleichswert (rot) aus der stationären Berechnung **oben** ohne Nachtabsenkung (Modell 1.2) **unten** mit Nachtabsenkung gemäß Bild 6.2-1 (Modell1.8)

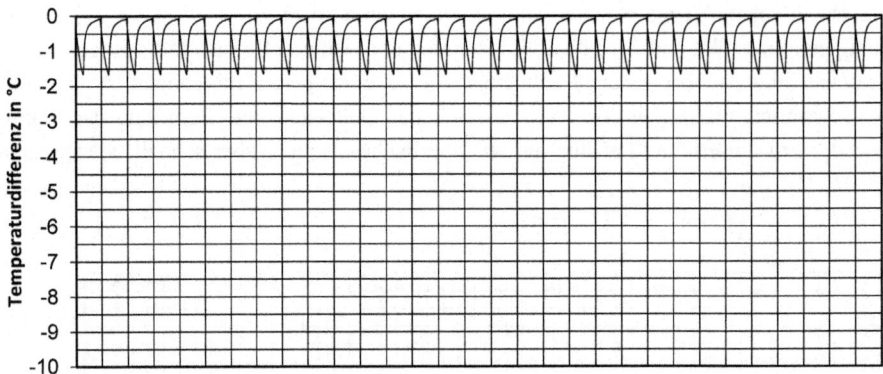

Bild 6.2-3 Temperaturdifferenz der beiden Modelle exemplarisch für den Januar (x-Achsenteilung in Tagen)

6.3 Einfluss der Solarstrahlung

→ Modelle 1.2 und 1.7 nach Abschnitt 8

Ein weiterer Faktor, dessen Relevanz für die auftretenden Innenoberflächentemperaturen geprüft wurde, ist die auf die Außenoberfläche auftreffende Solarstrahlung. Hierbei wurde ein stark vereinfachter Ansatz gewählt, indem die Solarstrahlung gemäß Testreferenzjahr unkorrigiert als Randbedingung auf alle Oberflächen der Raumecke aufgebracht wurde. Zum einen werden in der Realität nicht alle drei Seiten einer Ecke zugleich bestrahlt, zum anderen ist die Solarstrahlung gemäß TRY zunächst orientierungs- und zeitabhängig auf die vertikale Wandoberfläche umzurechnen. Dies alles bedeutet, dass in der Realität der Effekt der solaren Einstrahlung erheblich geringer ist als in diesem Beispiel.

Zunächst wird in Bild 6.3-1 der Jahresverlauf (01.07. bis 30.06.) der **Außen**-Oberflächentemperatur gegenübergestellt. Deutlich ist der Einfluss der Solarstrahlung zu erkennen, durch welche im Sommerhalbjahr die Oberflächentemperatur erheblich oberhalb der Außenlufttemperatur liegt. Im Winter tritt dieser Effekt ebenfalls auf, jedoch deutlich abgeschwächt.

In Bild 6.3-2 ist die Differenz der **Innen**-Oberflächentemperaturen zwischen der Berechnung mit und ohne solare Einstrahlung für die Raumecke dargestellt. Im Winter ergibt sich hierbei auf der Innenoberfläche durch die solare Einstrahlung nur eine geringe Temperaturerhöhung um 0,1 bis 0,4 K. Lediglich bei sehr kalten aber gleichzeitig strahlungsreichen Tagen steigt die Temperaturerhöhung auf 0,5 bis 1,5 K. Hierbei ist, wie schon angemerkt, zu beachten, dass in der Realität diese Temperaturerhöhung noch deutlich geringer ausfällt und eher bei 50 % der hier errechneten Differenzen anzunehmen sein dürfte. Ferner muss der Mindestwärmeschutz auch dann gewährleistet sein, wenn es zwar kalt aber zugleich auch bewölkt ist. Auf eine Berücksichtigung der solaren Einstrahlung wird daher für die übrigen Berechnungen verzichtet.

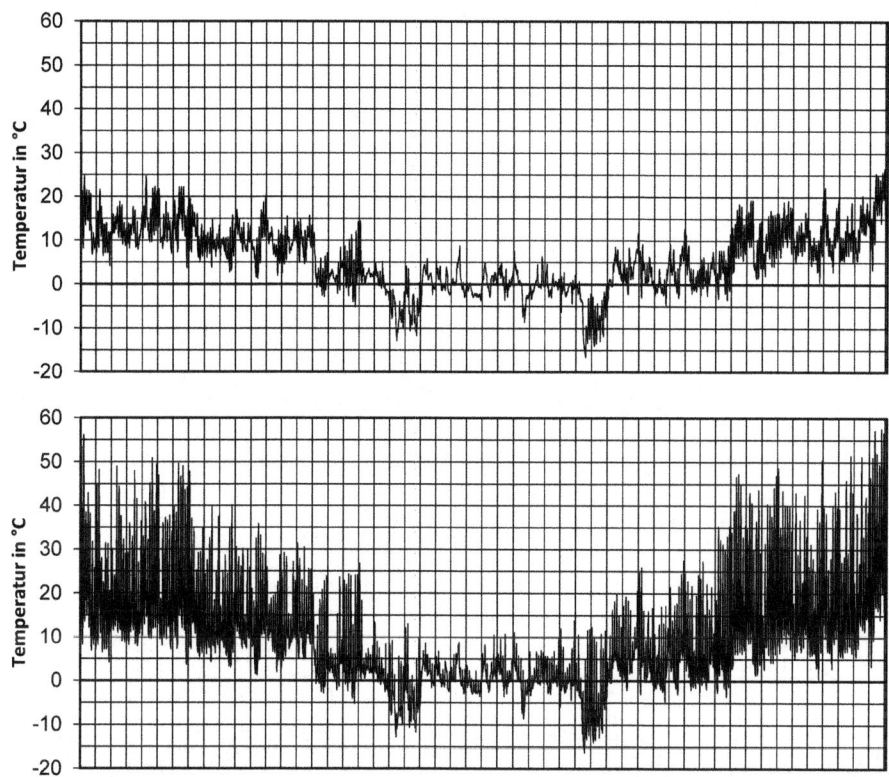

Bild 6.3-1 Jahresverlauf (01.07. bis 30.06., x-Achsenteilung in Wochen) der **Außen-**
Oberflächentemperatur in der Ecke **oben** ohne solare Einstrahlung (Modell 1.2) **unten** mit solarer Einstrahlung gemäß Winter-TRY (Modell 1.7)

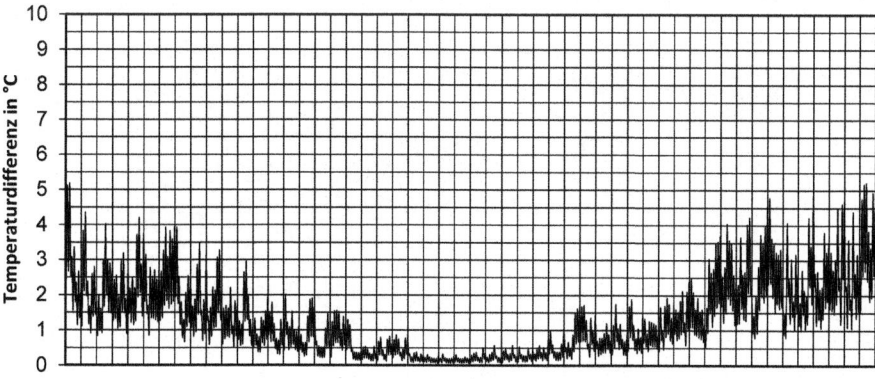

Bild 6.3-2 Differenz der **Innen**-Oberflächentemperatur beider Modelle in der Raumecke (01.07. bis
30.06., x-Achsenteilung in Wochen)

6.4 Einfluss des Klimadatensatzes

6.4.1 Visualisierung der grundsätzlichen Auswirkungen

Es wurden für alle untersuchten Anschlussdetails sowohl Berechnungen für Winter-Testreferenzjahre durchgeführt, als auch für die ausgewählten Extremwinter. Exemplarisch wird nachfolgend der Einfluss der Klimate in den drei Winterklimaregionen WI, WII und WIII für eine monolithische Raumecke dargestellt (→ Modelle 1.1 bis 1.6).

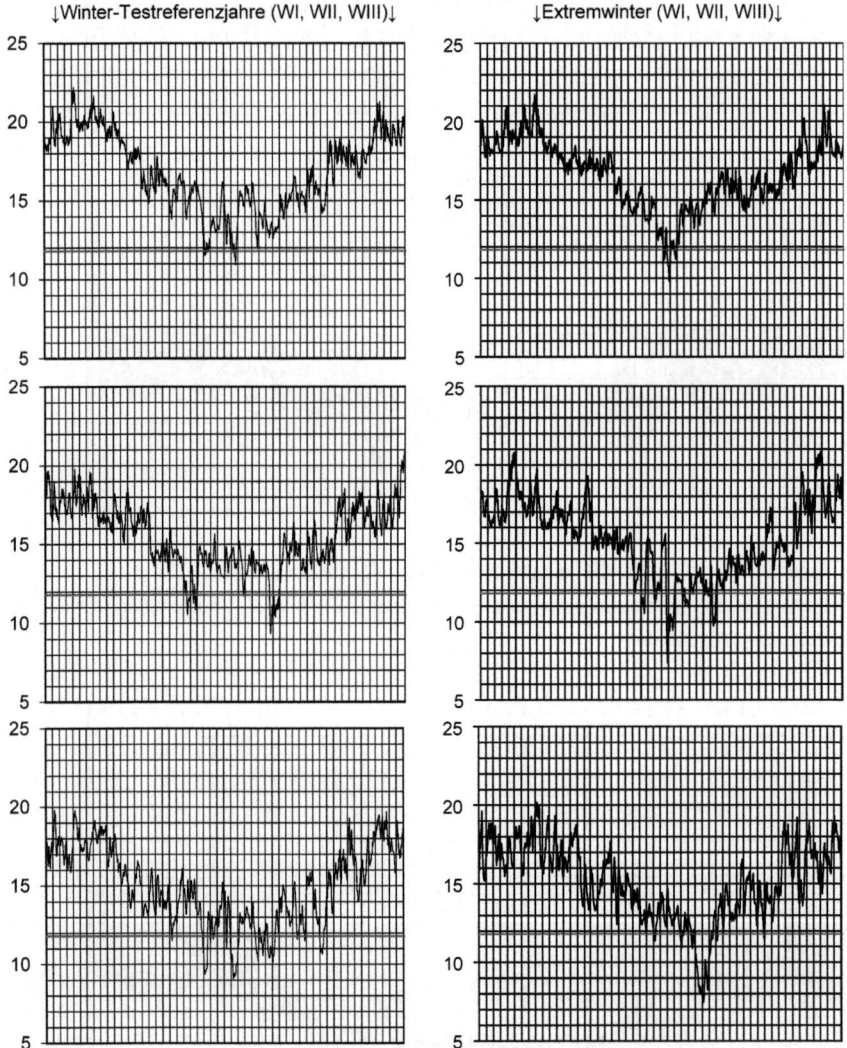

Bild 6.4-1 Jahresverlauf (01.07. bis 30.06., x-Achsenteilung in Wochen) der Ecktemperatur für die drei Winterklimaregionen WI, WII und WIII (von oben nach unten) jeweils für die Winter-TRYs und die Extremwinter. Gegenüberstellung der Modelle 1.1 bis 1.6 gemäß Abschnitt 8. Zusätzlich dargestellt ist der Vergleichswert (rot) aus der stationären Berechnung.

6.4.2 Auswertung über alle Berechnungen

Ausgewertet wird die Abweichung der Eck- und Kantentemperatur zwischen der jeweiligen Berechnung unter instationären und der unter stationären Temperaturrandbedingungen.

Winter-Testreferenzjahre, Ecktemperatur

◯ gut gedämmt | ● mittelgut gedämmt | ☐ schlecht gedämmt

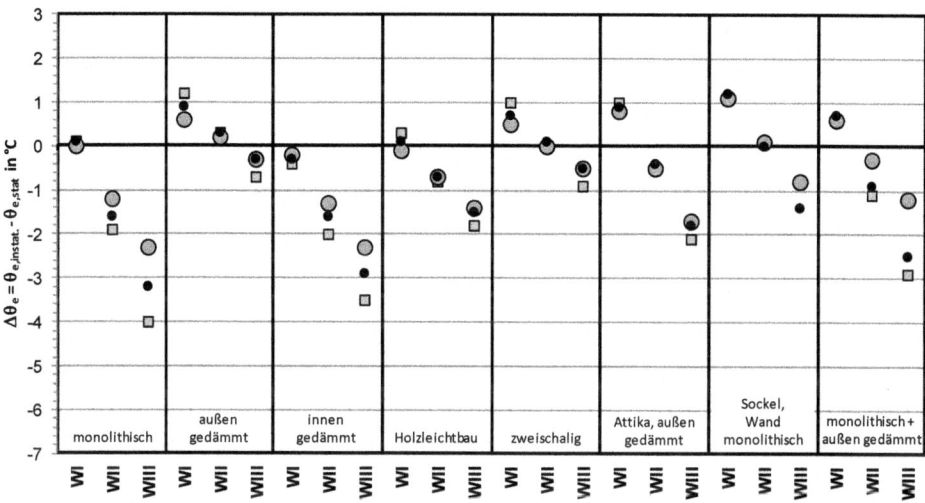

Extremwinter, Ecktemperatur

◯ gut gedämmt | ● mittelgut gedämmt | ☐ schlecht gedämmt

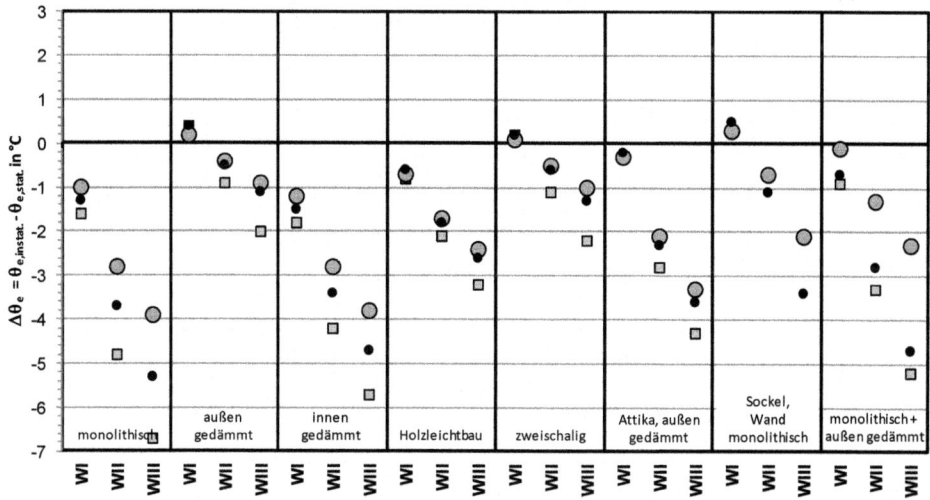

Winter-Testreferenzjahre, Kantentemperatur

⬤ gut gedämmt | ● mittelgut gedämmt | ▢ schlecht gedämmt

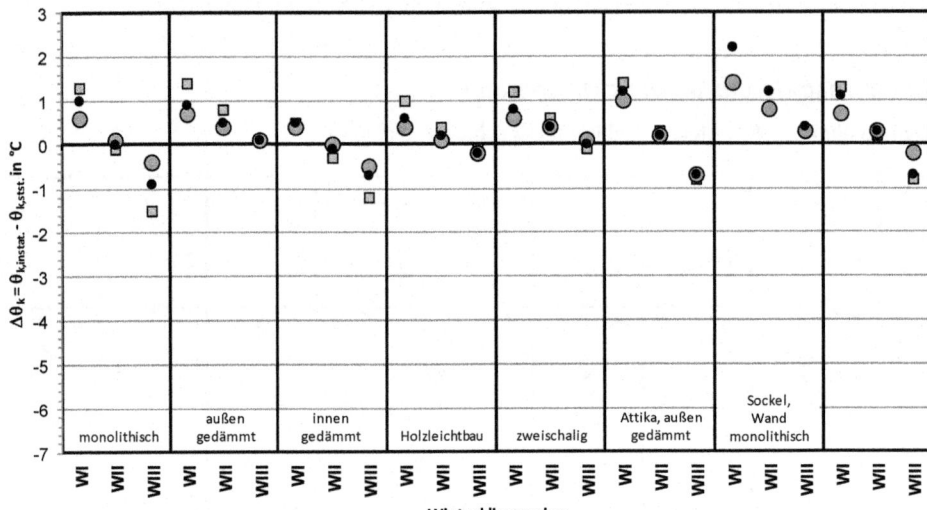

Extremwinter, Kantentemperatur

⬤ gut gedämmt | ● mittelgut gedämmt | ▢ schlecht gedämmt

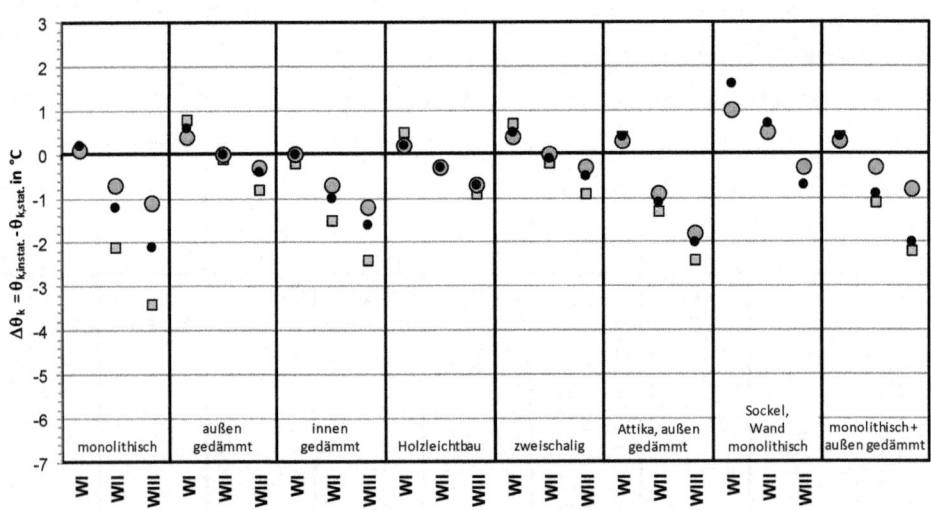

6.5 Einfluss der Dämmqualität

6.5.1 Visualisierung der grundsätzlichen Auswirkungen

Exemplarisch wird nachfolgend der Einfluss der Dämmqualität für eine monolithische Raumecke und eine außen gedämmte Raumecke dargestellt (→ Modelle 1.6, 1.14, 1.20, 2.6, 2.12, 2.18). Es werden die Berechnungen für den Extremwinter in Winterklimaregion III dargestellt.

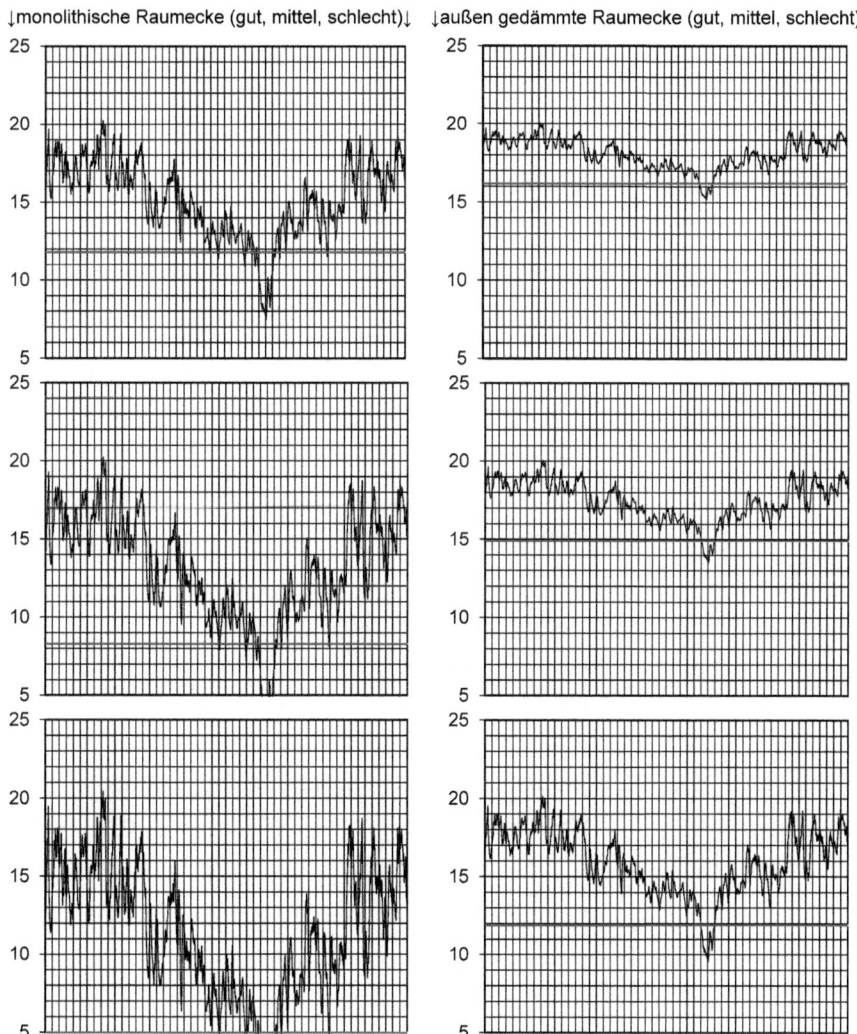

Bild 6.5-1 Jahresverlauf (01.07. bis 30.06., x-Achsenteilung in Wochen) der Ecktemperatur für die drei Dämmniveaus (von oben nach unten) für den Extremwinter in Winterklimaregion III. Zusätzlich dargestellt ist der Vergleichswert (rot) aus der stationären Berechnung.

6.5.2 Auswertung über alle Berechnungen

Ausgewertet wird die Abweichung der Eck- und Kantentemperatur zwischen der jeweiligen Berechnung unter instationären und der unter stationären Temperaturrandbedingungen.

Winter-Testreferenzjahre, Ecktemperatur

○ Winterklimaregion I | ● Winterklimaregion II | ▢ Winterklimaregion III

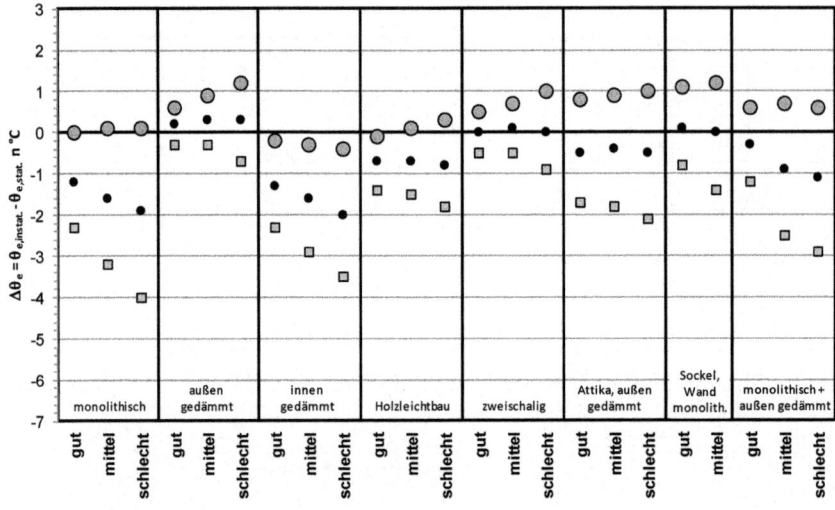

Extremwinter, Ecktemperatur

○ Winterklimaregion I | ● Winterklimaregion II | ▢ Winterklimaregion III

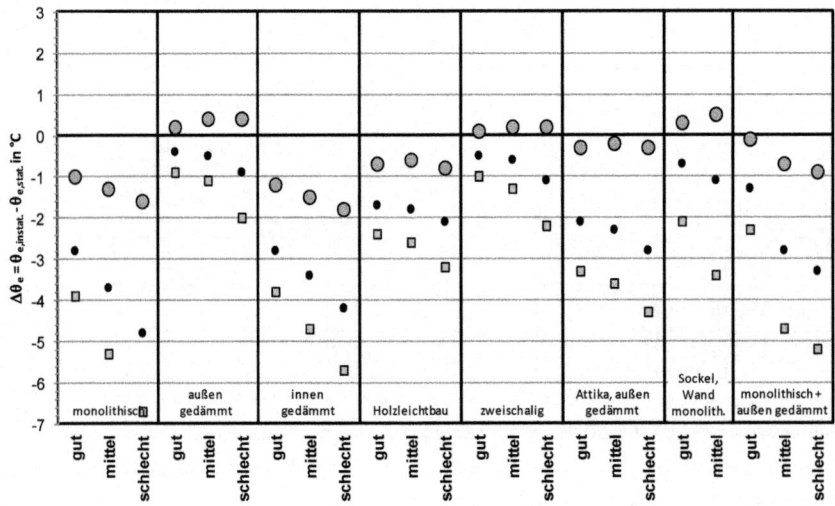

Winter-Testreferenzjahre, Kantentemperatur

⊙ Winterklimaregion I | ● Winterklimaregion II | ▢ Winterklimaregion III

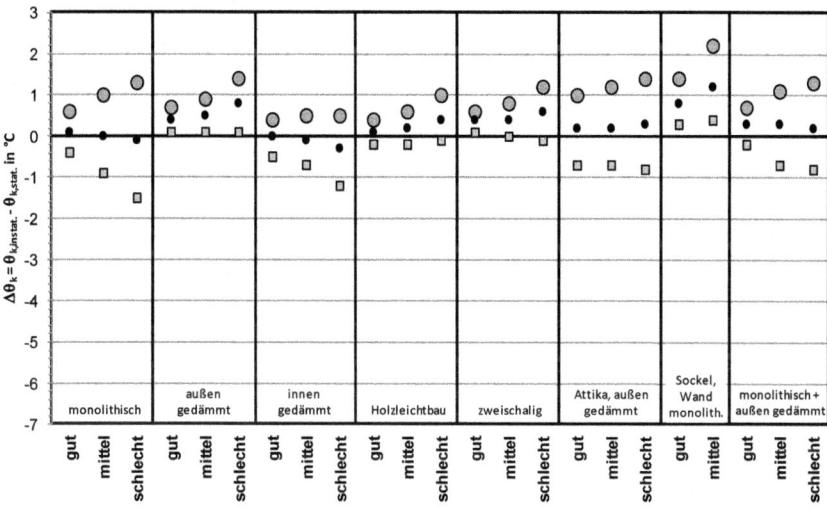

Extremwinter, Kantentemperatur

⊙ Winterklimaregion I | ● Winterklimaregion II | ▢ Winterklimaregion III

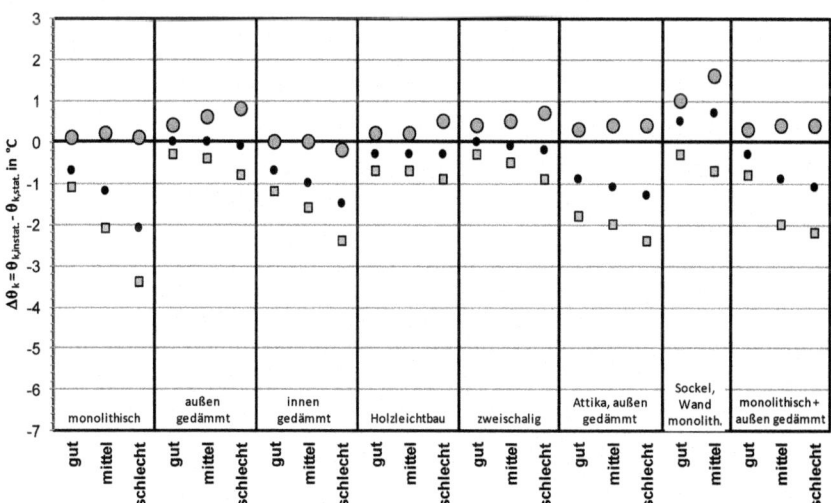

6.6 Einfluss der Masse

Exemplarisch wurde anhand von Modell 1.6 der Einfluss der Masse des Wandbaustoffes unter-sucht. Die monolithische Wand bietet sich hierfür an, da sowohl Wärmeleitfähigkeit als auch Masse EINES Stoffes für das Temperaturfeld in der Wand verantwortlich sind. Es wurde der Extremwinter in Klimaregion III genutzt, um den ungünstigsten Klimafall zu untersuchen. Hier-bei ist der Einfluss der Masse besonders groß, weil sehr niedrige Temperaturen auftreten. Die Wärmeleitfähigkeit der Wand wurde in beiden Fällen mit $\lambda = 0{,}10$ W/(mK) angenommen, die Masse beträgt im Ausgangsfall gemäß Modell 1.6 $\rho = 300$ kg/m³, in der fiktiven Variantenrech-nung $\rho = 800$ kg/m³. Als Ergebnis (Bild 6.6-1) ergibt sich, dass für einzelne kurze Tempera-turextrema die größere Masse eine erhebliche geringere Auskühlung der Raumecke bewirkt (Fall ① in Bild 6.6-1). Für eine längere Kälteperiode (Fall ② in Bild 6.6-1) bewirkt die größere Masse zunächst ein langsameres Auskühlen, dann aber auch ein langsameres Wiedererwärmen. Für längere Kälteperioden kann daher für die größere Masse kein grundsätzlich positiver Effekt ab-geleitet werden. Anzumerken ist, dass ein Material mit guter Wärmedämmwirkung ($\lambda = 0{,}10$ W/(mK)) und gleichzeitig hoher Rohdichte ($\rho = 800$ kg/m³) selbstverständlich eine unrealistisch günstige Kombination darstellt.

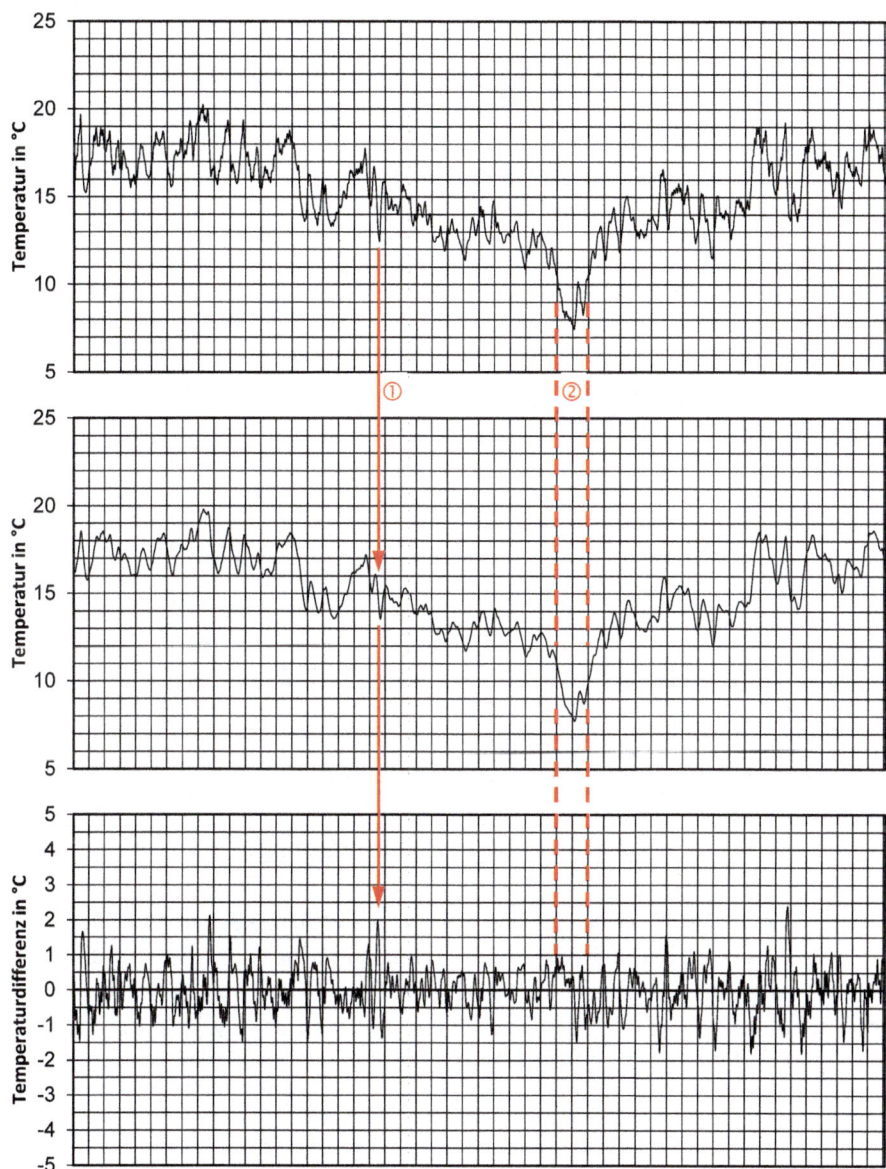

Bild 6.6-1 Einfluss der Masse am Beispiel einer monolithischen Raumecke (Modell 1.6)
oben Jahresverlauf (01.07. bis 30.06., x-Achsenteilung in Wochen) der Ecktemperatur gemäß Modell 1.6
(ρ = 300 kg/m³) **mitte** Jahresverlauf (01.07. bis 30.06., x-Achsenteilung in Wochen) der Ecktemperatur
bei angepasster Rohdichte von ρ = 800 kg/m³ **unten** Temperaturdifferenz $\theta_{e,800} - \theta_{e,300}$.

6.7 Einfluss der Wanddicke

Ebenfalls am Beispiel von Modell 1.6 wurde geprüft, welchen Einfluss die Wanddicke auf die Ecktemperatur hat. Als Variante zum Grundmodell gemäß Abschnitt 8 (d = 30 cm, λ = 0,10 W/(mK) wurde eine Zusatzberechnung mit d = 42 cm, λ = 0,14 W/(mK) durchgeführt. In beiden Varianten ist somit der Wärmedurchlasswiderstand mit R = 3,0 m²K/W identisch, die Rohdichte wurde in beiden Varianten mit ρ = 300 kg/m³ angenommen.

Im Vergleich zu der Variantenrechnung gemäß Abschnitt 6.6 wird hier keine Masseerhöhung aufgrund eines gleich dicken, schwereren – fiktiven – Materials angenommen, sondern allein aufgrund der höheren Dicke der Konstruktion. Da auch hier primär die Masseerhöhung die Temperaturdifferenzen hervorruft, sind die Effekte grundsätzlich vergleichbar mit denen, die schon in Abschnitt 6.6 beschrieben wurden. Es zeigt sich allerdings, dass hier die Größenordnung der Temperaturdifferenzen signifikant kleiner ist.

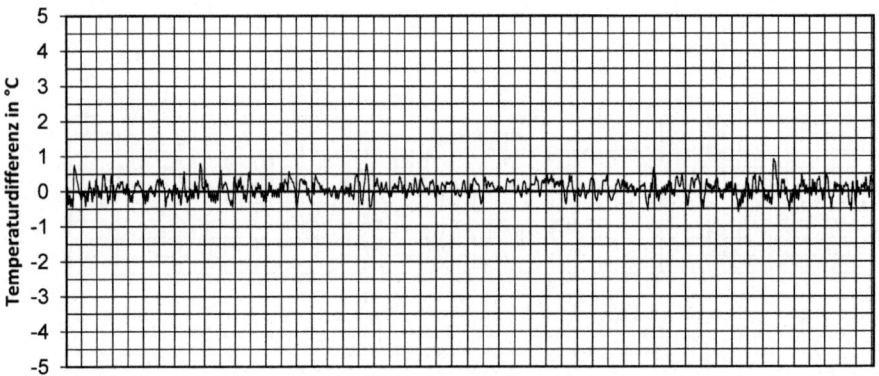

Bild 6.7-1 Einfluss der Wanddicke am Beispiel einer monolithischen Raumecke (Modell 1.6). Verglichen wurden Raumecken mit 42 cm und 30 cm Wanddicke bei gleichem Wärmedurchlasswiderstand von R = 3,0 m²K/W. Dargestellt ist der Jahresverlauf (01.07. bis 30.06., x-Achsenteilung in Wochen) der Temperaturdifferenz $\theta_{e,42}$ - $\theta_{e,30}$.

6.8 Zusammenhang zwischen Eck- und Kantentemperatur

Im Rahmen dieser Arbeit werden Kanten- und Ecktemperatur getrennt voneinander berechnet und bewertet. Als zusätzliche Information ist nachfolgend für einige Beispiele der Verlauf der Innenoberflächentemperatur entlang der Kante bis in die Ecke dargestellt. Für diesen Vergleich gewählt wurden Raumecken unterschiedlicher Bauweise mit demselben Wärmedurchlasswiderstand R = 2,5 m²K/W und unter stationären Temperaturrandbedingungen. Auf der x-Achse ist der Abstand eines Punktes an der Raumoberfläche von der Ecke aufgetragen. Ein Abstand x = 1,5 m repräsentiert die ungestörte Kante, ein Abstand x = 0 die Ecke.

Beim Vergleich der Bilder fällt auf, dass innen gedämmte und leichte Raumecken einen recht scharfen Temperaturabfall nahe der Ecke aufweisen. Es ist somit bei einer zu geringen Ecktemperatur mit einem lokal begrenzterem Schimmelpilzwachstum als bei monolithischen oder außen gedämmten Konstruktionen zu rechnen. Dort fällt die Temperatur in der Kante bereits ab etwa 50 cm Abstand zur Ecke ab.

Raumecke monolithisch, Temperaturverlauf entlang der Wandkante

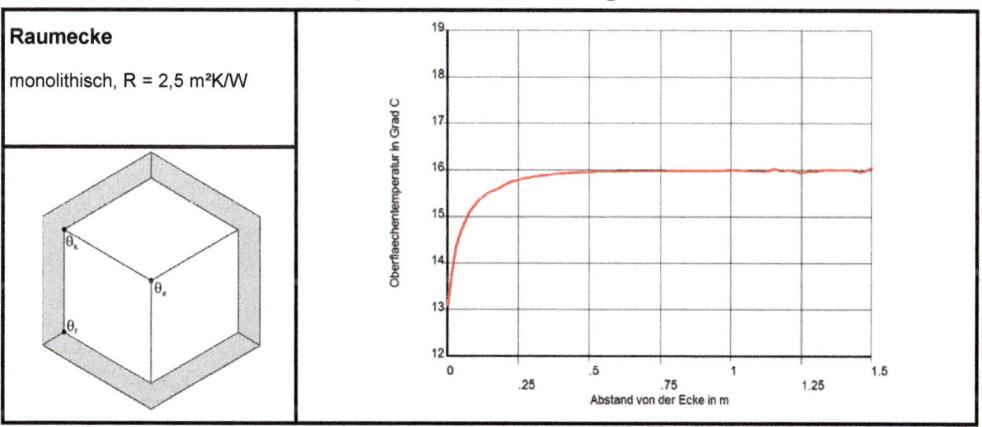

Raumecke außen gedämmt, Temperaturverlauf entlang der Wandkante

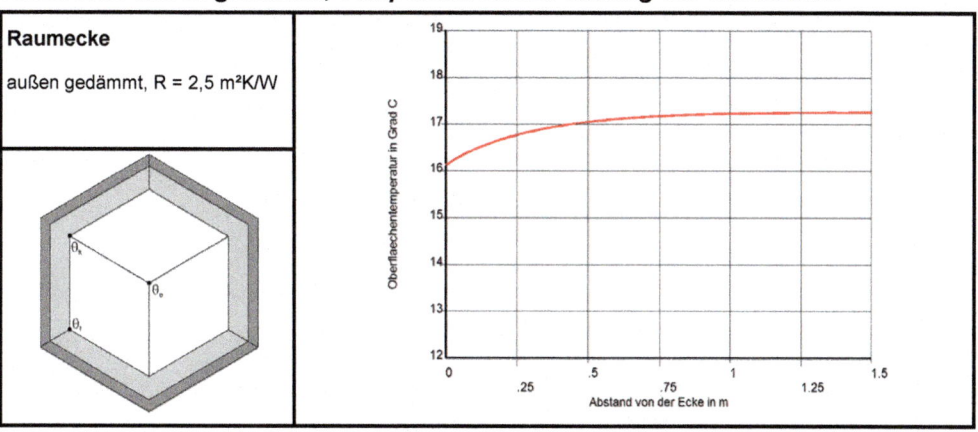

Raumecke innen gedämmt, Temperaturverlauf entlang der Wandkante

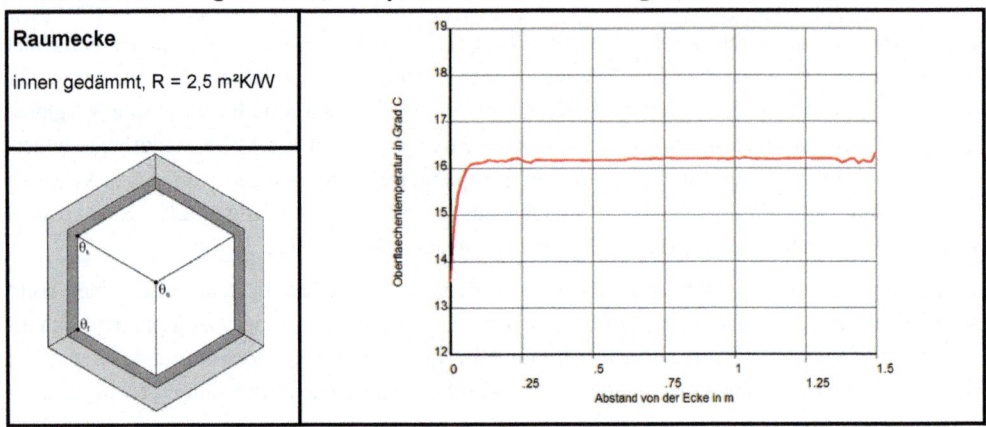

Raumecke Leichtbau, Temperaturverlauf entlang der Wandkante

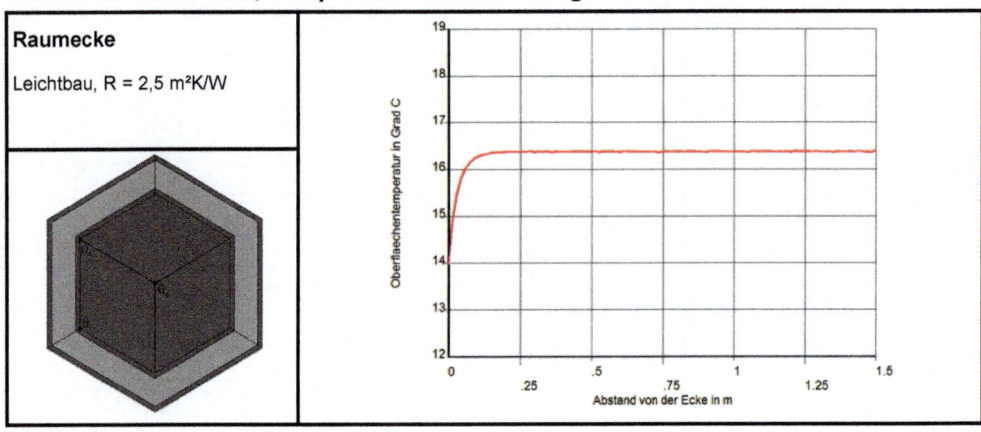

7 Konsequenzen für den Mindestwärmeschutz

7.1 Einordnung des aktuellen Mindestwärmeschutzes

In DIN 4108-2 erfolgt der Nachweis des Mindestwärmeschutzes unter folgenden Klimarandbedingungen:

- Raumlufttemperatur: $\theta_i = 20\,°C$,
- Wärmeübergangswiderstand innen: $R_{si} = 0,25\ m^2K/W$
- Außenlufttemperatur: $\theta_e = -5\,°C$,
- Wärmeübergangswiderstand außen: $R_{se} = 0,04\ m^2K/W$

Für „schwere", außenluftberührte Bauteile fordert DIN 4108-2 einen Mindest-Wärmedurchlasswiderstand $R = 1,2\ m^2K/W$. Was dies im Extremfall bedeuten kann, zeigen die Modelle 8.15 und 8.18 eindrucksvoll: Unter den stationären Randbedingungen gemäß DIN 4108-2 ergibt sich eine Oberflächentemperatur in der Raumecke von 7,1 °C. Dies stellt eine erhebliche Unterschreitung der in DIN 4108-2 geforderten Mindest-Oberflächentemperatur $\theta_{si.min} = 12,6\,°C$ dar. Dieser Zustand ist bekannt und wurde bislang unter Hinweis auf die Bauteilmasse und die auf der sicheren Seite liegenden Randbedingungen hingenommen. Nun, da erstmals instationäre dreidimensionale Berechnungen von Raumecken vorliegen, ist zu erkennen, dass sich unter Berücksichtigung der Bauteilmasse und des „realen" Außenklimas keine günstigeren Oberflächentemperaturen ergeben, sondern dass vielmehr noch deutlich niedrigere Temperaturen zu erwarten sind. Für Winterklimaregion III ergibt sich bei Verwendung des Winter-Testreferenzjahres (TRY11, Modell 8.15) eine Ecktemperatur von 4,2 °C, bei Verwendung des Extrem-Winters (Winter 2011/2012, Modell 8.18) sind es sogar nur 1,9 °C.

Für die innen gedämmte Raumecke ergeben sich ähnlich niedrige Ecktemperaturen. Auch innen gedämmte Konstruktionen sind im Übrigen „schwere" Bauweisen im Sinne von DIN 4108-2, da die flächenbezogene Masse für den Gesamtaufbau bewertet wird.

Für die anderen untersuchten schweren Bauweisen ergeben sich für $R = 1,2\ m^2K/W$ höhere Ecktemperaturen, die aber – je nach Klimaregion und Klimadatensatz – immer noch deutlich unter 12,6 °C liegen.

Eine „leichte" Bauweise wird durch die Raumecke in Holzbauweise (Modelle 4.x) repräsentiert. Für „leichte" Bauweisen wird in DIN 4108-2 ein erhöhter Mindest-Wärmedurchlasswiderstand $R = 1,75\ m^2K/W$ gefordert. Dies entspricht den Modellen 4.13 bis 4.18. Auch hier wird die geforderte Temperatur von 12,6 °C in der Ecke nicht erreicht.

Zusammenfassend lässt sich feststellen, dass die aktuellen Anforderungen und Randbedingungen zum Mindestwärmeschutz gemäß DIN 4108-2 **NICHT** geeignet scheinen, das Risiko der Schimmelpilzbildung ausreichend sicher und standortpräzise zu bewerten.

Dass es in der Realität trotzdem nicht zu einer Häufung von Schimmelpilzschäden kommt, ist vermutlich der Energieeinsparverordnung geschuldet. Durch die dort formulierten hohen Bauteilanforderungen kommt eine Ausführung mit derart schlechten Wärmedurchlasswiderständen wie R = 1,2 m²K/W schlicht nicht zur Ausführung.

Damit der Mindestwärmeschutz seiner Aufgabe zur Vermeidung von Schimmelpilzwachstum gerecht werden kann, müssen einerseits Nachweisrandbedingungen verwendet werden, die das Standortklima und die Bauweise ausreichend würdigen und andererseits das Anforderungsniveau neu festgelegt werden.

7.2 Ableitung neuer Nachweisrandbedingungen

7.2.1 Erläuterung der Vorgehensweise

Ausgewertet wurden zunächst nur die Differenzen zwischen den Innenoberflächentemperaturen aus der instationären und der stationären Berechnung. Die absolute Größe der Temperatur ist hier zunächst irrelevant.

Als Ergebnis der durchgeführten Berechnungen wurden in Abschnitt 6.4 und 6.5 Diagramme gezeigt, welche die Abhängigkeit dieser Temperaturdifferenzen vom Außenklima und der Dämmqualität zeigen. Zusammenfassend ist festzustellen, dass es zwei relevante Auffälligkeiten gibt:

- Abhängigkeit vom Standortklima
  Mit Verschärfung der Klimarandbedingungen treten immer größere Abweichungen zwischen stationärer und instationärer Berechnung auf. Negative Differenzen $\Delta\theta_e$ (siehe exemplarisch Bild 7.2-1 bzw. Abschnitt 6) repräsentieren Fälle, bei denen die stationäre Berechnung gemäß DIN 4108-2 auf der unsicheren Seite liegt. Für die Extremwinter treten erwartungsgemäß niedrigere Oberflächentemperaturen auf, als bei Verwendung der Winter-TRY.
- Abhängigkeit von der Bauweise
  Es lassen sich zwei Gruppen von Bauweisen einteilen. Die eine Gruppe (Gruppe A in Bild 7.2-1) umfasst die schweren Bauarten mit ausreichender Konstruktionsmasse. Die zweite Gruppe umfasst die Bauweisen mit geringer Speichermasse (Gruppe B in Bild 7.2-1). Die „Startpunkte" der Punktescharen für die Winterklimaregion sind für Gruppe A ($\Delta\theta_e \sim 0$ K) und Gruppe B (($\Delta\theta_e \sim +1$ K)) unterschiedlich. Die Gruppen werden in Tabelle 7.2-1 zusammenfassend beschrieben. Auf die übliche Bezeichnung „leicht" und „schwer" wird hier bewusst verzichtet, da auch innen gedämmte und monolithische Bauweisen als „schwer" im Sinne von DIN 4108-2 bezeichnet werden können, die Masse aber nicht ausreichend wirksam ist.

Damit eine bessere Übereinstimmung von instationärer und stationärer Berechnung erzielt werden kann, müssen die Randbedingungen der stationären Berechnung angepasst werden. Für einen Ausgleich der Klimaabhängigkeit liegt es nahe, für die drei Winterklimaregionen unterschiedliche Außenlufttemperaturen für den stationären Nachweis abzuleiten. Hierzu wurde für die verschiedenen Modelle berechnet, wie sich die Innenoberflächentemperatur verändert, wenn die Außenlufttemperatur abgesenkt wird.

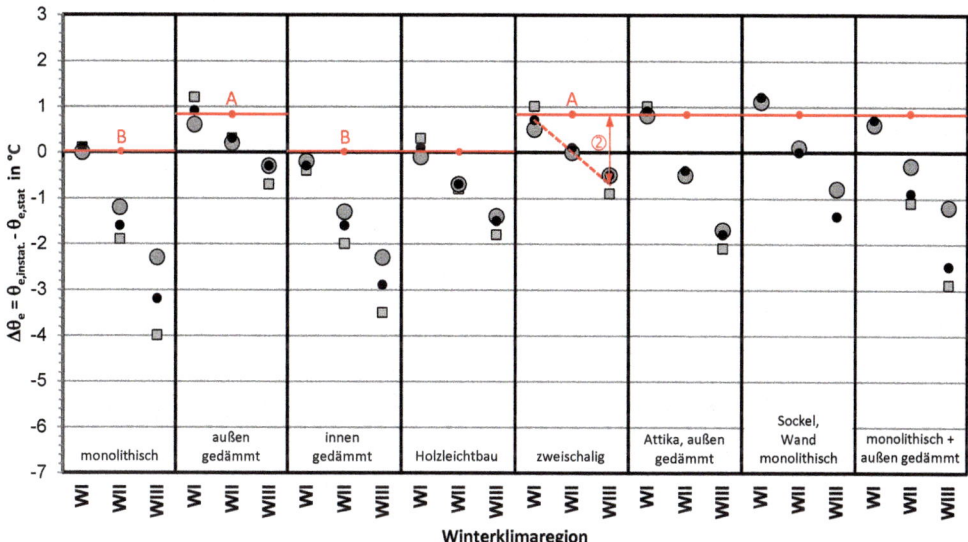

Bild 7.2-1 Darstellung der Ergebnisauffälligkeiten am Beispiel der Ecktemperaturdifferenzen für die Berechnungen mit Testreferenzjahren.
① Abhängigkeit vom Umgebungsklima ② Abhängigkeit von der Bauweise

Tabelle 7.2-1 Einteilung von Bauweisen in die Gruppen A und B

	1	2
1	Gruppe	Bauweise
2	A	- außen gedämmte Konstruktionen - zweischalige massive Konstruktionen - Mischbauweisen, bei denen mindestens eine Flanke der Gruppe A entspricht
3	B	- monolithische Konstruktionen - innen gedämmte Konstruktionen - Leichtbaukonstruktionen

In Bild 7.2-2 ist diese Abhängigkeit zwischen Innenoberflächen- und Außenlufttemperatur exemplarisch für die monolithische und die außen gedämmte Raumecke dargestellt. Durch Vergleich der klimazonenspezifischen Abweichungen der Temperaturdifferenzen mit den Ergebnissen gemäß Bild 7.2-2 lässt sich feststellen, dass sich für alle Modelle eine ähnliche Größenordnung für die Außenlufttemperatur bei stationärer Berechnung ableiten lässt, wenn die klimabedingten Abweichungen ausgeglichen werden sollen. Eine weitere Korrektur wird vorgenommen, so dass die Abweichung $\Delta\theta_{e,\text{instat.}} - \Delta\theta_{e,\text{stat.}}$ für die Bauteilgruppe B minimiert wird. Für Bauteilgruppe A ergibt sich daraus eine notwendige Korrektur der Nachweistemperatur um -3 K. Der Nachweis des Mindestwärmeschutzes unter stationären Randbedingungen sollte daher mit den in

Tabelle 7.2-2 dargestellten Temperaturen geführt werden. Vor den Hintergrund der Ausführungen in Abschnitt 5.4 sollten die Werte für die Extremwinter bevorzugt eingesetzt werden.

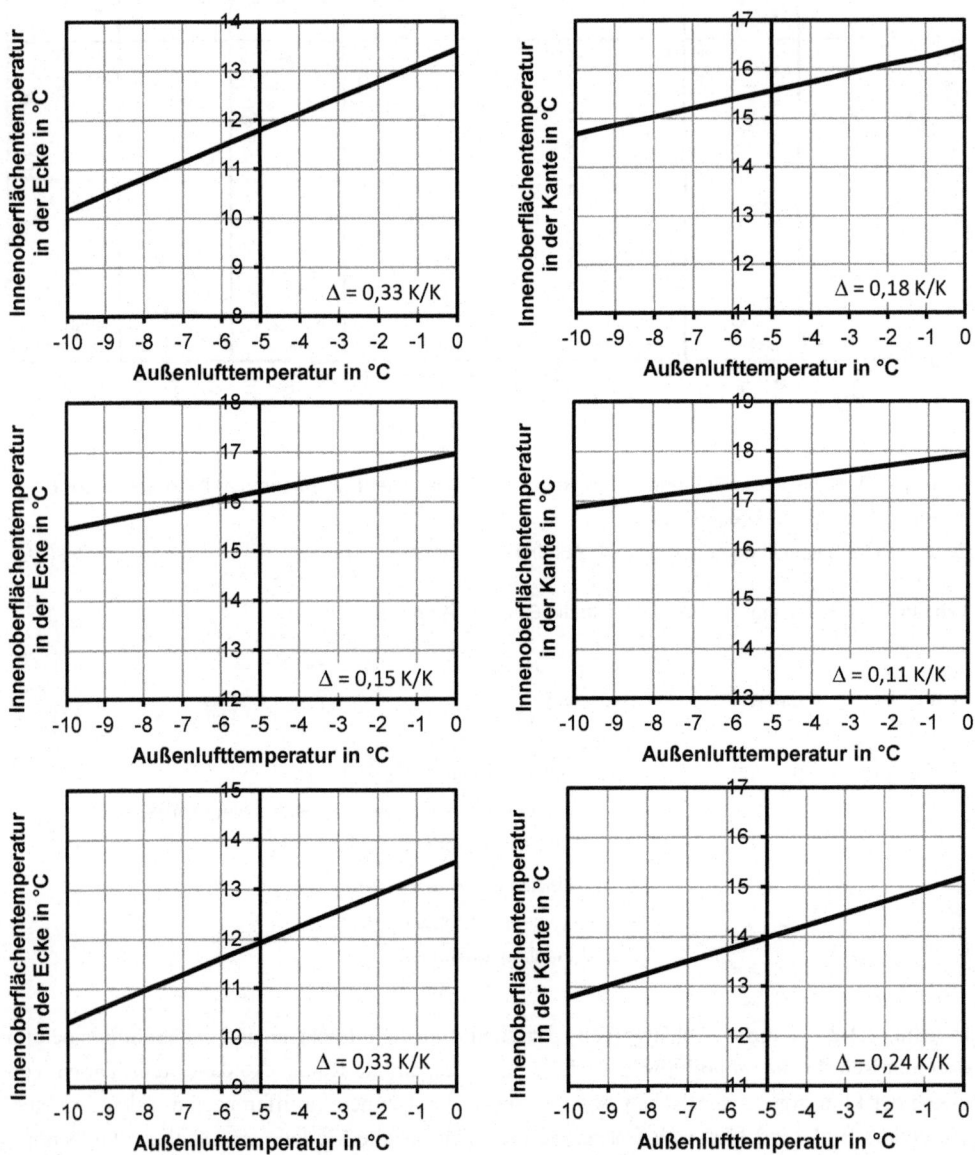

Bild 7.2-2 Abhängigkeit zwischen der Innenoberflächentemperatur (Ecke und Kante) und der Außenlufttemperatur für

oben eine monolithische Raumecke bei guter Dämmqualität (Modelle 1.1 bis 1.6)

mitte eine außen gedämmte Raumecke bei guter Dämmqualität (Modelle 2.1 bis 2.6)

unten eine außen gedämmte Raumecke bei schlechter Dämmqualität (Modelle 2.13 bis 2.18)

Tabelle 7.2-2 Empfohlene Außenlufttemperaturen für den Nachweis des Mindestwärmeschutzes. Bevorzugt sind die Werte für die Extremwinter (fett hervorgehoben) zu verwenden.

	1	2	3	4
1	Gruppe der Bauweise	Klimadatensatz	Winterklimazone gemäß Bild 5.4-19	Nachweis-Außenlufttemperatur in °C
2	A	TRY	I	-2
3		TRY	II	-5
4		TRY	III	-8
5		**Extremwinter**	I	**-5**
6		**Extremwinter**	II	**-10**
7		**Extremwinter**	III	**-13**
8	B	TRY	I	-5
9		TRY	II	-8
10		TRY	III	-11
11		**Extremwinter**	I	**-8**
12		**Extremwinter**	II	**-13**
13		**Extremwinter**	III	**-16**

Die anderen Klimarandbedingungen für den stationären Nachweis bleiben gegenüber DIN 4108-2 unverändert. Für den Nachweis gilt also weiterhin:

- Raumlufttemperatur: $\theta_i = 20\ °C$,
- Wärmeübergangswiderstand innen: $R_{si} = 0{,}25\ m^2K/W$
- Wärmeübergangswiderstand außen: $R_{se} = 0{,}04\ m^2K/W$

7.2.2 Nachweis der Anwendbarkeit

Alle Modelle gemäß Abschnitt 8 werden mit den veränderten Randbedingungen gemäß Tabelle 7.2-2 neu berechnet. Die Auswertung gemäß Abschnitt 6.4 und 6.5 wird wiederholt. Die Ergebnisse sind nachfolgend dargestellt. Es ist zu erkennen, dass die Abweichungen signifikant reduziert werden konnten. Betrachtet man ausschließlich Konstruktionen, welche auch hinsichtlich der absoluten Ecktemperatur eine akzeptable Ausführungsqualität darstellen, liegt die Abweichung zwischen instationärer und stationärer Berechnung bei etwa $\pm 0{,}5$ K.

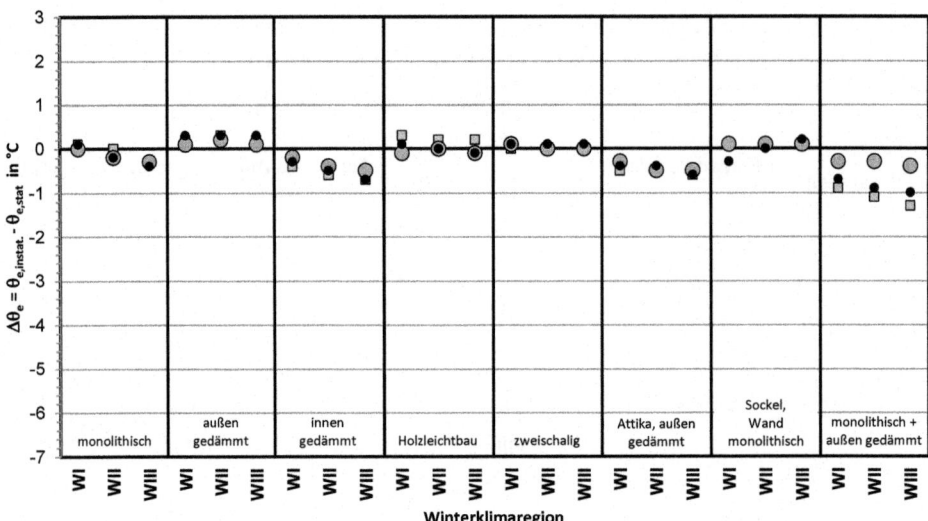

Bild 7.2-3 Abweichung der Ecktemperatur zwischen instationärer Berechnung und stationärer Berechnung mit Temperaturen gemäß Tab 7.2-2. Auswertung für Winter-Testreferenzjahre. Darstellung über die drei Winterklimaregionen WI, WII und WIII

⬤ gut gedämmt | ● mittelgut gedämmt | ☐ schlecht gedämmt

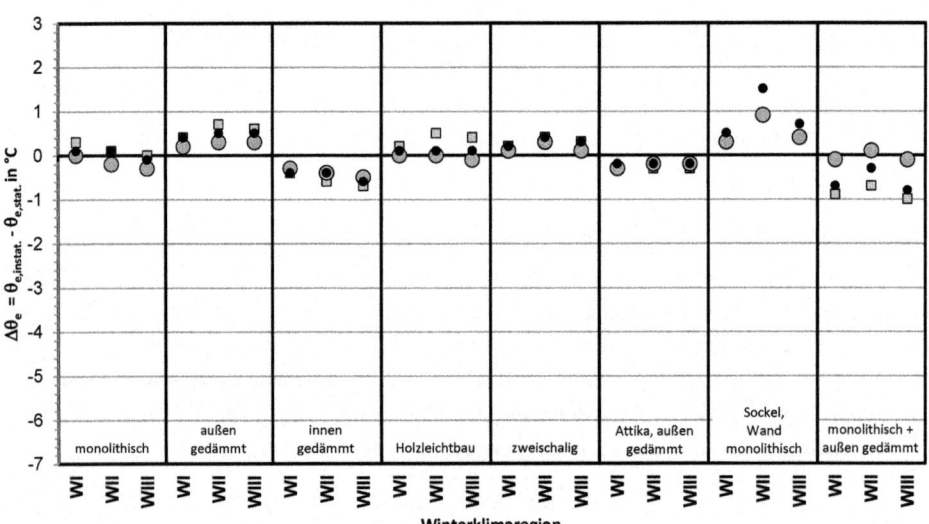

Bild 7.2-4 Abweichung der Ecktemperatur zwischen instationärer Berechnung und stationärer Berechnung mit Temperaturen gemäß Tab 7.2-2. Auswertung für Extremwinter. Darstellung über die drei Winterklimaregionen WI, WII und WIII

⬤ gut gedämmt | ● mittelgut gedämmt | ☐ schlecht gedämmt

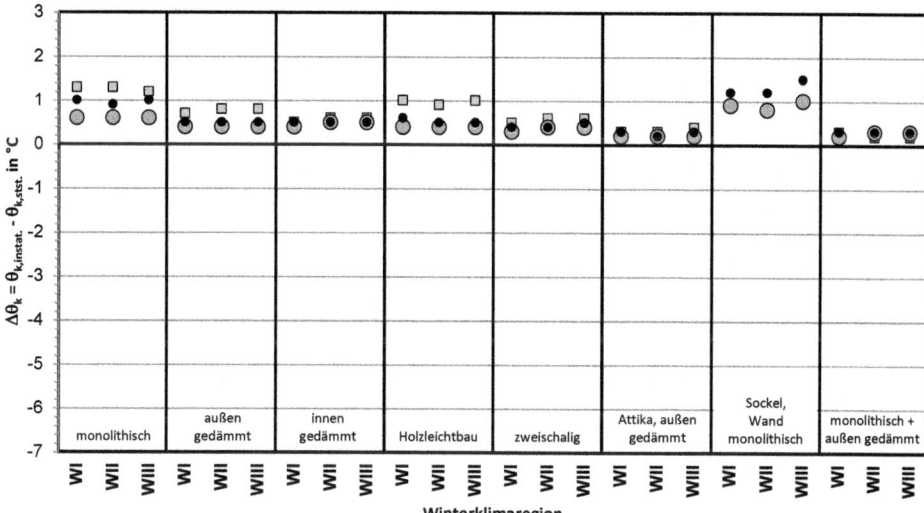

Bild 7.2-5 Abweichung der Kantentemperatur zwischen instationärer Berechnung und stationärer Berechnung mit Temperaturen gemäß Tab 7.2-2. Auswertung für Winter-Testreferenzjahre. Darstellung über die drei Winterklimaregionen WI, WII und WIII

◯ gut gedämmt | ⬤ mittelgut gedämmt | ☐ schlecht gedämmt

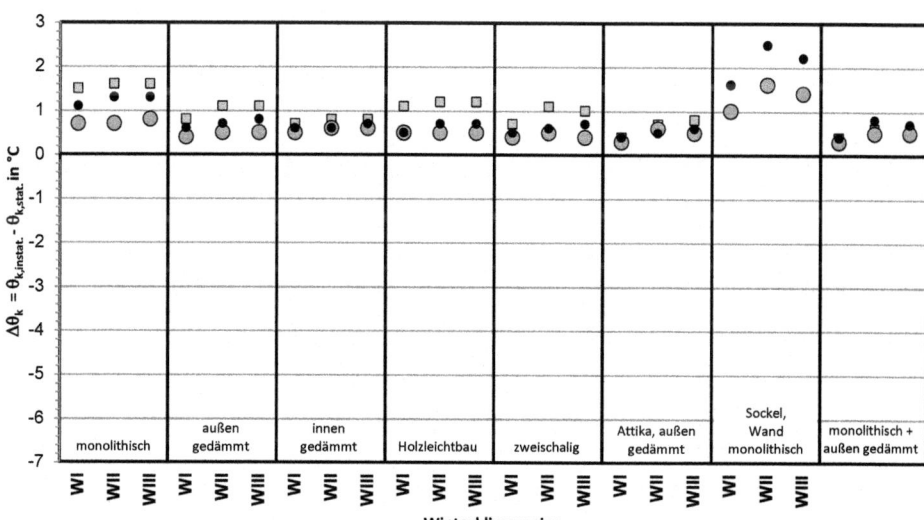

Bild 7.2-6 Abweichung der Kantentemperatur zwischen instationärer Berechnung und stationärer Berechnung mit Temperaturen gemäß Tab 7.2-2. Auswertung für Extremwinter. Darstellung über die drei Winterklimaregionen WI, WII und WIII

◯ gut gedämmt | ⬤ mittelgut gedämmt | ☐ schlecht gedämmt

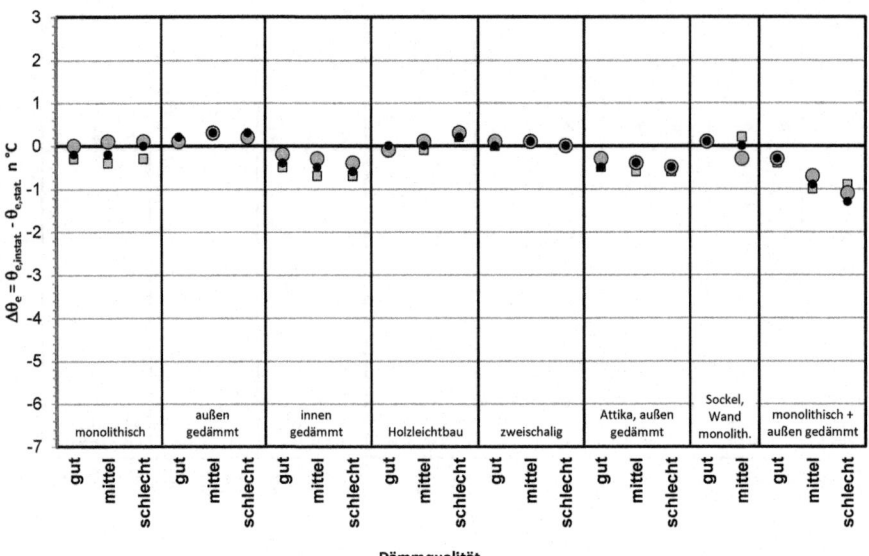

Bild 7.2-7 Abweichung der Ecktemperatur zwischen instationärer Berechnung und stationärer Berechnung mit Temperaturen gemäß Tab 7.2-2. Auswertung für Winter-Testreferenzjahre. Darstellung über die drei untersuchten Dämmniveaus

◉ Winterklimaregion I | ● Winterklimaregion II | ▢ Winterklimaregion III

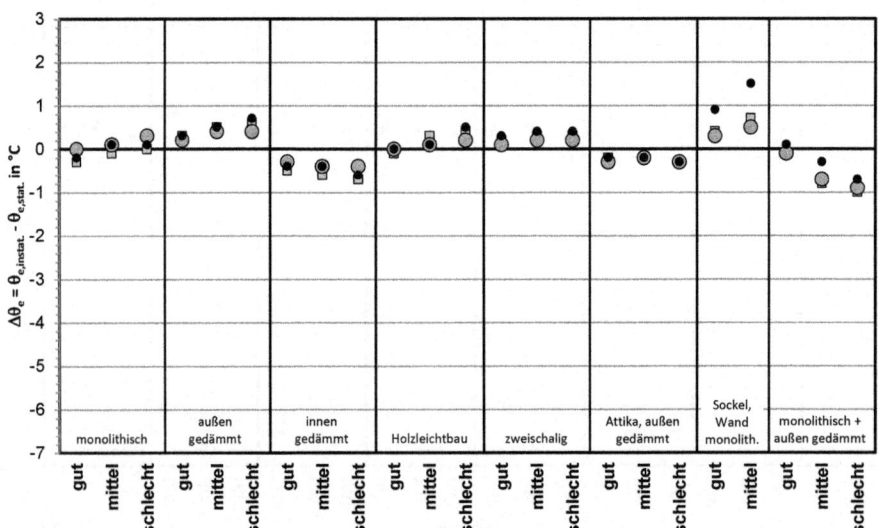

Bild 7.2-8 Abweichung der Ecktemperatur zwischen instationärer Berechnung und stationärer Berechnung mit Temperaturen gemäß Tab 7.2-2. Auswertung für Extremwinter. Darstellung über die drei untersuchten Dämmniveaus

◉ Winterklimaregion I | ● Winterklimaregion II | ▢ Winterklimaregion III

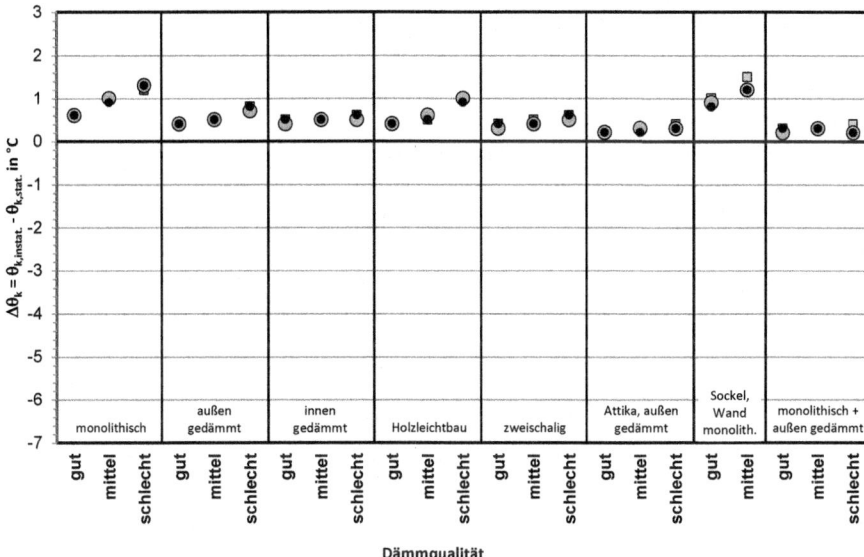

Bild 7.2-9 Abweichung der Kantentemperatur zwischen instationärer Berechnung und stationärer Berechnung mit Temperaturen gemäß Tab 7.2-2. Auswertung für Winter-Testreferenzjahre. Darstellung über die drei untersuchten Dämmniveaus

◎ Winterklimaregion I | ● Winterklimaregion II | ▢ Winterklimaregion III

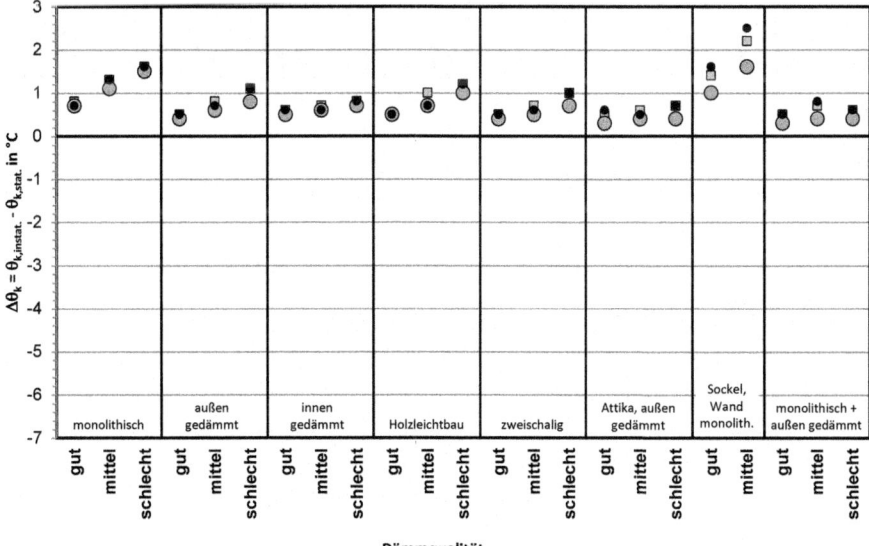

Bild 7.2-10 Abweichung der Kantentemperatur zwischen instationärer Berechnung und stationärer Berechnung mit Temperaturen gemäß Tab 7.2-2. Auswertung für Extremwinter. Darstellung über die drei untersuchten Dämmniveaus

◎ Winterklimaregion I | ● Winterklimaregion II | ▢ Winterklimaregion III

7.3 Festlegung des Anforderungsniveaus

In den bisherigen Ausführungen wurde der Schwerpunkt zunächst auf den Abgleich der verschiedenen Rechenansätze gelegt. Nun, da Temperaturen für Nachweise unter stationären Randbedingungen ermittelt (Tabelle 7.2-2) und die Klimaregionen festgelegt (Bild 5.4-19) wurden, ist die Frage zu beantworten, welche Innenoberflächentemperatur ein geeignetes Anforderungsniveau darstellt. Gegenwärtig wird in DIN 4108-2 ein Raumklima mit θ_i = 20 °C und ϕ_i = 50 % vorgegeben, also unter Bezug auf das 80%-Kriterium eine minimal zulässige Oberflächentemperatur $\theta_{si.min}$ = 12,6 °C gefordert. Geht man die Ergebnisse in Abschnitt 8 durch (siehe auch Bild 7.3-1), zeigt sich, dass eine Ecktemperatur von 12,6 °C sowohl bei den Winter-TRY als auch insbesondere bei den Extremwintern nur in wenigen Fällen erreicht werden kann. Hinsichtlich der weitreichenden Konsequenzen für die Baupraxis ist daher die Frage zu stellen, ob eine Raumluftfeuchte von 50% für den Winterfall unter den verschärften Temperaturrandbedingungen noch eine zutreffende Randbedingungen darstellt.

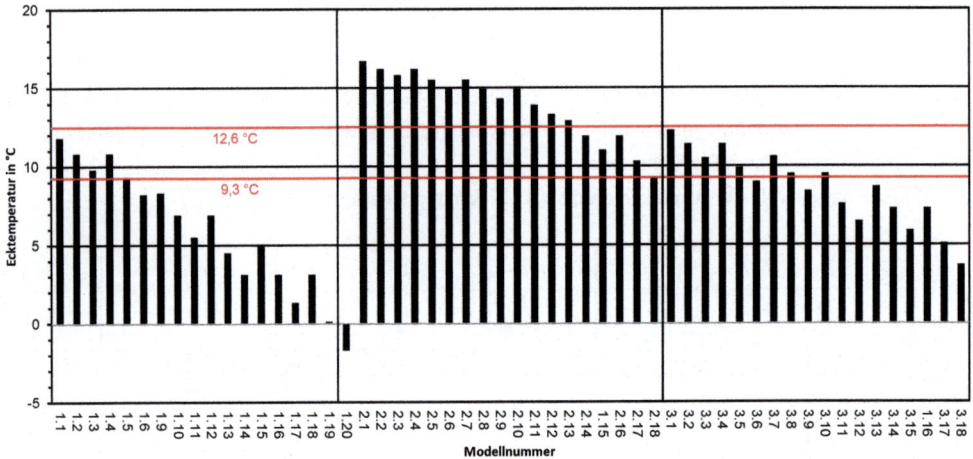

Bild 7.3-1 Übersicht über die Ecktemperaturen der Modelle 1.1 bis 3.18 gemäß Abschnitt 8.

Untersuchungen zu den Raumluftbedingungen in Wohngebäuden werden in [27], [28] und [29] beschrieben. In [28] findet sich die Darstellung gemäß Bild 7.3-2 zum Zusammenhang zwischen Außenlufttemperatur und Raumluftfeuchte. In [27] fasst Künzel wie folgt zusammen: *„Für Wohngebäude sollten in der Regel die WTA-Randbedingungen für eine normale Feuchtelast zur Anwendung kommen. Mit einer relativen Luftfeuchte von 40% im Winter und 60% im Sommer liegen diese Bedingungen für normale Wohnräume einschließlich der sog. Feuchträume (Küche, Bad) ausreichend weit auf der sicheren Seite. "*

Es ist daher naheliegend, dass – insbesondere unter den aus Extremwinter-Klimaten abgeleiteten Nachweistemperaturen – eine Raumluftfeuchte von 40% ausreichend auf der sicheren Seite liegt, während der Ansatz von 50% relativer Feuchte zu sicher gewählt wäre und damit eine unwirtschaftlich scharfe Anforderung darstellen würde.

Für θ_i = 20 °C und ϕ_i = 40 % ergibt sich somit eine nachzuweisende Schimmelpilz-Grenz-temperatur $\theta_{si.min}$ = 9,3 °C. Auch diese stellt, wie Bild 7.3-1 zeigt, immer noch eine Anforderung dar, die – je nach Bauweise – nur von sehr gut gedämmten Konstruktionen eingehalten wird.

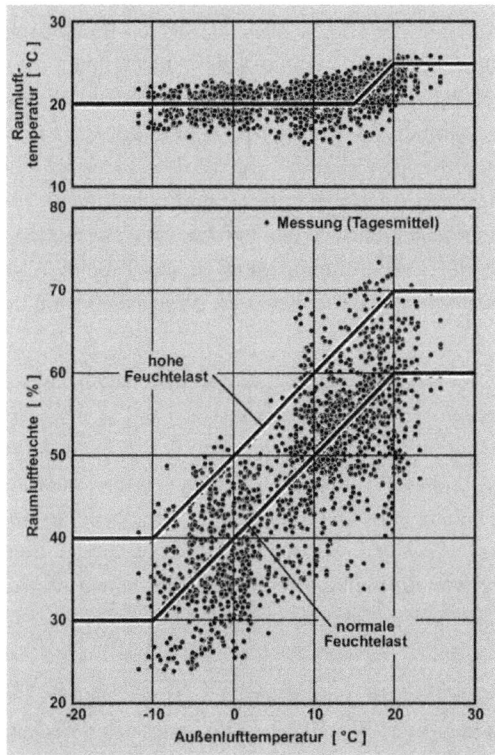

Bild 7.3-2 Zusammenhang zwischen der Außenlufttemperatur und der Raumluftfeuchte für Wohngebäude gemäß [28].

7.4 Ableitung erforderlicher Bauteilqualitäten

7.4.1 Diskussion des Ansatzes gemäß DIN 4108-2

Grundsätzlich ist die Angabe eines Anforderungsniveaus und der zu nutzenden Nachweisrand-bedingungen technisch ausreichend für den Fachplaner, um den Nachweis des Mindestwärme-schutzes führen zu können. Dies führt aber dazu, dass der Mindestwärmeschutz bauteil- und de-tailspezifisch nachzuweisen ist. In der aktuellen Fassung von DIN 4108-2 werden Mindest-Wärmedurchlasswiderstände für Bauteile angegeben (Tabelle 3.3-1), bei deren Einhaltung kein weiterer Nachweis notwendig ist. Für linienförmige und punktuelle Wärmebrücken besteht ge-mäß DIN 4108-2 ebenfalls Nachweisfreiheit, wenn diese aus Bauteilen gebildet werden, die ih-rerseits die Mindest-Wärmedurchlasswiderstände gemäß Tabelle 3.3-1 erfüllen. Wie in Bild 3.3-1 gezeigt wurde, leitet sich der Mindest-Wärmedurchlasswiderstand für außenluftberührte Bauteile daraus ab, das in der Kante (2D-Wärmebrücke) in etwa eine Temperatur von 12,6 °C erreicht wird. Eine Weiterführung von Bild 3.3-1 für eine 3D-Raumecke stellt Modell 1.9 dar. Der aktuelle Mindestwärmeschutz lässt folglich Ecktemperaturen bis etwa 8 °C zu.

Grundsätzlich wäre – aufgrund der einfachen Anwendbarkeit – auch zukünftig die Vorgabe einer Mindestqualität der Regelbauteile als Kriterium für den Nachweis des Mindestwärmeschutzes wünschenswert für die Planungspraxis. Unter Nutzung der vorgeschlagenen, neuen Randbedingungen gemäß Tabelle 7.2-2 wurde für die Raumecken aus Abschnitt 8 die Abhängigkeit zwischen dem Wärmedurchlasswiderstand des Regelbauteils und der daraus resultierenden Ecktemperatur ermittelt. Die Ergebnisse sind in den Diagrammen 7.4-1 bis 7.4-5 dargestellt. Neben dem favorisierten Grenzwert von 9,3 °C ist auch das bisherige Kriterium von 12,6 °C kenntlich gemacht. Einige Rechenmodelle wurden im Vergleich zu Abschnitt 8 leicht modifiziert, damit die Bandbreite der Wärmedurchlasswiderstände besser abgebildet werden konnte. Jede Berechnung wurde zweimal durchgeführt. Zum einen wurde die Außenlufttemperatur gemäß Tabelle 7.2-2 verwendet, welche aus den Winter-TRY abgeleitet wurde, zum anderen die Werte die charakteristisch für die Extremwinter sind.

Exemplarisch werden die Ergebnisse für Bild 7.4-1 (monolithische Raumecke) erläutert: Wenn die Winter-TRY als Maßstab herangezogen werden sollen und ein Grenzwert $\theta_{si.min}$ = 9,3 °C akzeptiert wird, ist in Winterklimaregion I eine Qualität der Regelbauteile von R_{min} = 1,5 m^{2}K/W notwendig, in Winterklimaregion III wird R_{min} = 2,6 m^{2}K/W benötigt. Werden Extremwinter als maßgebend betrachtet, ergeben sich folgerichtig höhere Anforderungen an die Regelbauteile von R_{min} = 2,0 m^{2}K/W in Winterklimaregion I und R_{min} = 3,8 m^{2}K/W in Winterklimaregion III. Eine Grenztemperatur $\theta_{si.min}$ = 12,6 °C ist – insbesondere für Winterklimaregion III – nicht, beziehungsweise nur mit unverhältnismäßig hohem Aufwand, zu erreichen.

Bei Ansatz der Extremwinterklimate und einer Schimmelpilz-Grenztemperatur $\theta_{si.min}$ = 9,3 °C ergeben sich aus den durchgeführten Berechnungen die Anforderungsgrößen gemäß Tabelle 7.4-1, wenn derselbe Weg gewählt wird, wie bislang in DIN 4108-2 (Ableitung des Mindest-Wärmedurchlasswiderstandes aus den Regelbauteilen).

Tabelle 7.4-1 Mindest-Wärmedurchlasswiderstände R_{min} bei Ansatz der Extremwinterklimate für eine geforderte Innenoberflächentemperatur $\theta_{si.min}$ = 9,3 °C

	1	2	3	4
1	Bauweise	Winterklimaregion		
2		I	II	III
3	monolithisch	2,0	3,0	3,8
4	außen gedämmt	0,8	1,1	1,2
5	innen gedämmt	2,0	3,0	3,4
6	Leichtbauweise	1,4	1,9	2,3
7	zweischalig	0,7	1,0	1,2

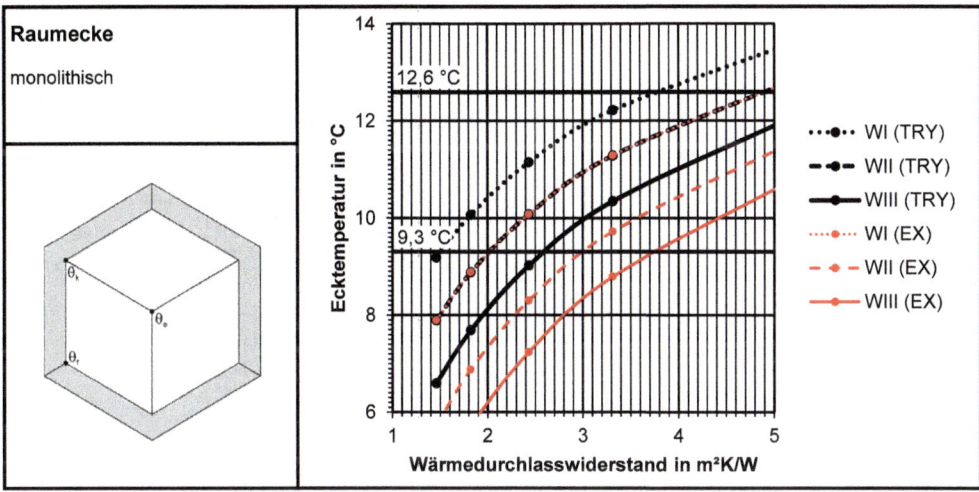

Bild 7.4-1 Zusammenhang zwischen Wärmedurchlasswiderstand und Ecktemperatur für die monolithische Raumecke

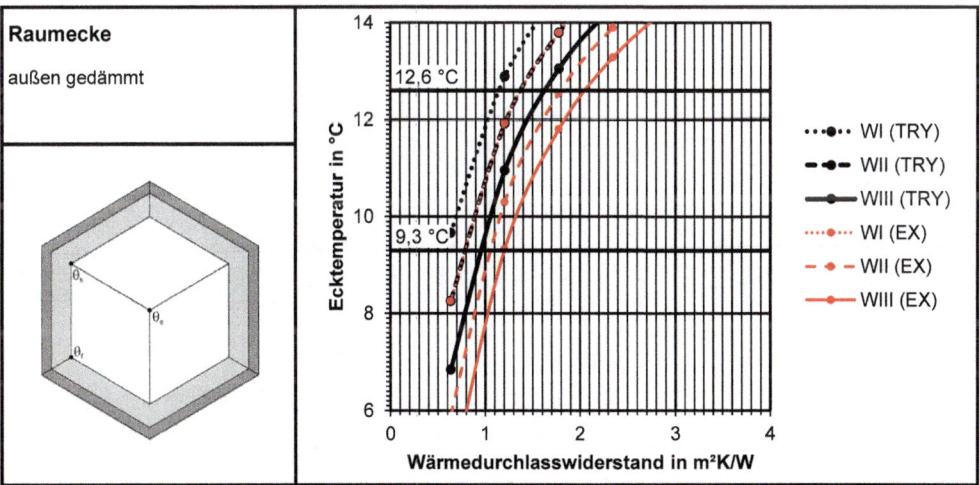

Bild 7.4-2 Zusammenhang zwischen Wärmedurchlasswiderstand und Ecktemperatur für die außen gedämmte Raumecke

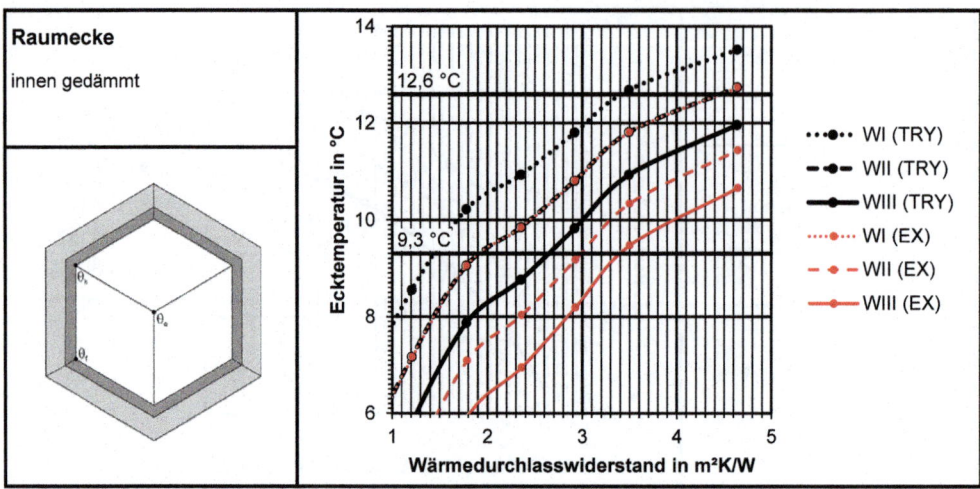

Bild 7.4-3 Zusammenhang zwischen Wärmedurchlasswiderstand und Ecktemperatur für die innen gedämmte Raumecke

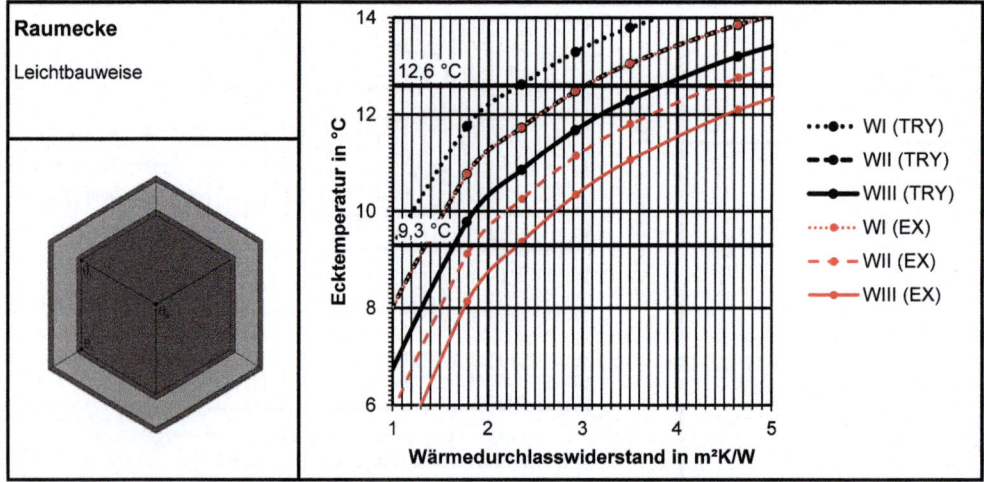

Bild 7.4-4 Zusammenhang zwischen Wärmedurchlasswiderstand und Ecktemperatur für die Leichtbau-
Raumecke

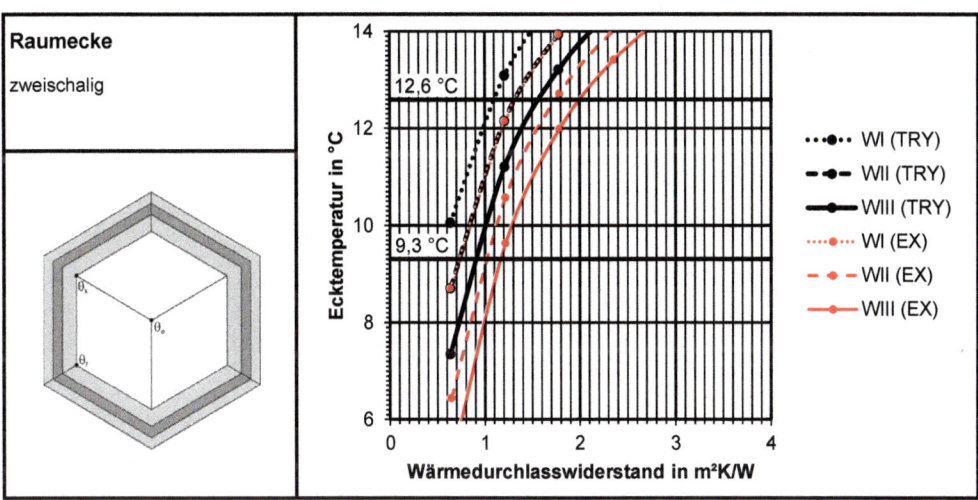

Bild 7.4-5 Zusammenhang zwischen Wärmedurchlasswiderstand und Ecktemperatur für die zweischalige Raumecke

Dieser Ansatz, wie auch der aktuelle Ansatz in DIN 4108-2, beinhaltet jedoch einen strukturellen Fehler. Das Gedankenmodell, welches dem Ansatz von DIN 4108-2 entspricht, ist in Bild 7.4-6 dargestellt. Es werden Vorgaben für die Regelbauteile gemacht und es wird unterstellt, dass dann an den Kanten und Ecken - ungeachtet der tatsächlichen Ausführung - der Mindestwärmeschutz ebenfalls erfüllt ist. Es wird lediglich gefordert, dass die Dämmebene durchgängig geführt ist.

In Bild 7.4-7 werden am Beispiel eines Flachdachanschlusses einige mögliche Ausführungen gezeigt, welche alle den Vorgaben aus DIN 4108-2 entsprechen. Es ist offensichtlich, dass sich für alle dargestellten Varianten stark unterschiedliche Ecktemperaturen einstellen werden.

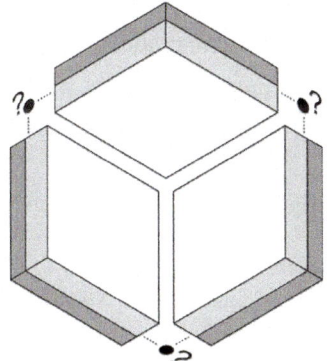

Bild 7.4-6 Gedankenmodell als Grundlage für den Mindestwärmeschutz gemäß DIN 4108-2

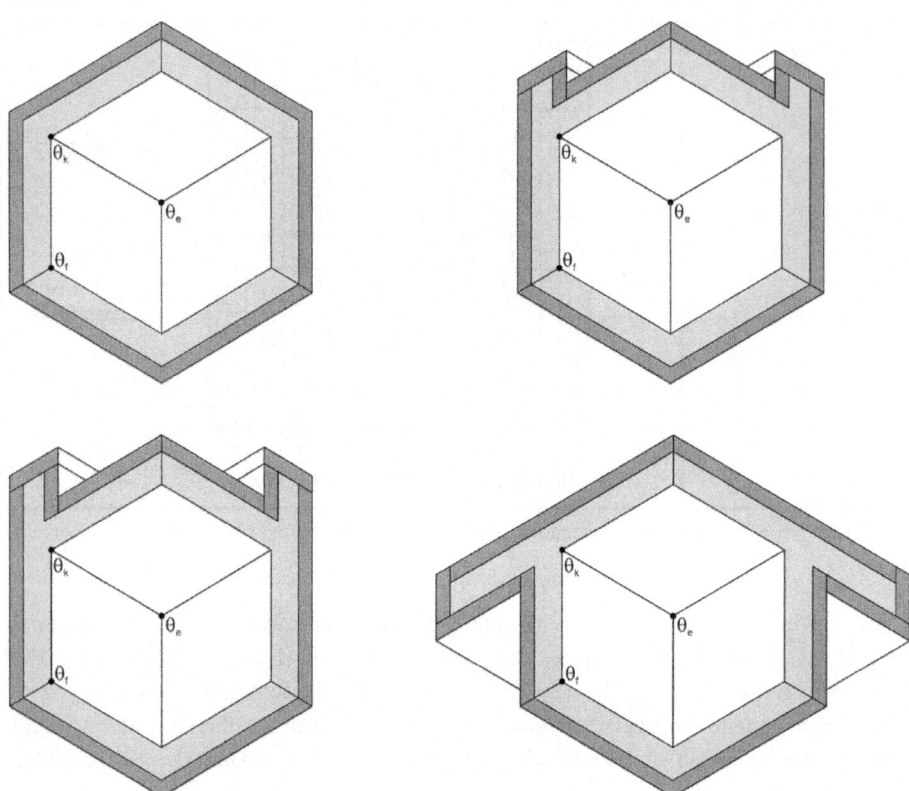

Bild 7.4-7 Verschiedene Eckausführungen am Beispiel eines Flachdachanschlusses
oben links ideale Ecke **oben rechts** Attika mit geringer Aufkantungshöhe **unten links** Attika mit erhöhter
Aufkantungshöhe **unten rechts** Flachdachauskragung

7.4.2 Einfluss der Eckausführung auf den Mindest-Wärmedurchlasswiderstand

Damit der Einfluss einer konkreten Detailausführung auf die Ecktemperatur beurteilt werden
kann, wurden weitere Berechnungen für modifizierte Modelle durchgeführt. Hierbei wurden
zwei Fallgruppen untersucht:

- Raumecken mit monolithischem Wandaufbau und außen gedämmtem Dach, jeweils ohne
  Auskragungen/Überstände
  (Fragestellung: Welchen Einfluss hat der Wechsel der Bauweisen?)
- Außen gedämmte Flachdachattiken mit verschiedenen Aufkantungen/Auskragungen
  (Fragestellung: Welchen Einfluss hat die Geometrie der Auskragung?)

Die Attika wurde gewählt, da sie in der Regel eine der bezüglich des Mindestwärmeschutzes
kritischsten Wärmebrücke darstellt.

In den nachfolgenden Bildern 7.4-8 bis 7.4-14 sind die Ergebnisse der zusätzlichen Berechnungen dargestellt. Auch hier wurden Berechnungen für beide Klimadatensätze (Winter-TRY und
Extremwinter) durchgeführt. Grenzwertkurven für 9,3 °C und 12,6 °C werden ebenfalls gezeigt.

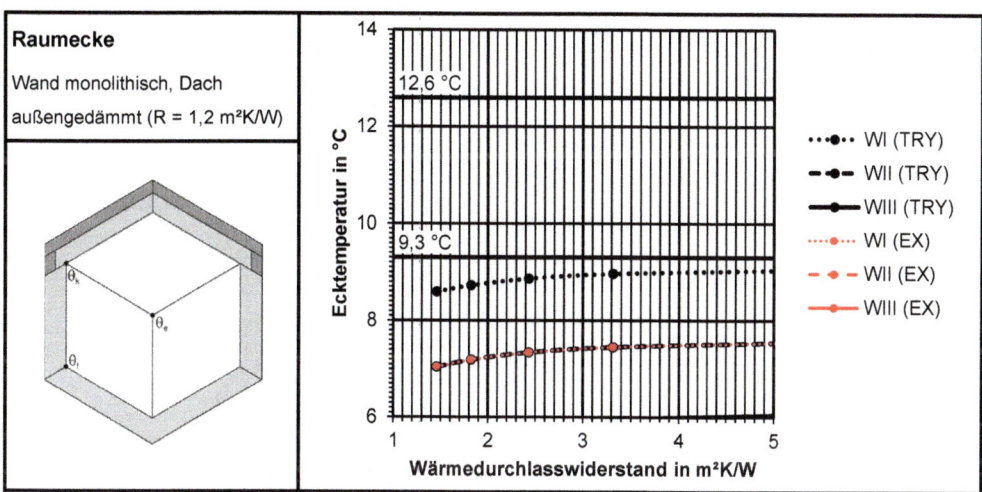

Bild 7.4-8 Zusammenhang zwischen Wärmedurchlasswiderstand und Ecktemperatur für die Raumecke mit monolithischer Wand bei außen gedämmtem Dach mit R = 1,2 m²K/W

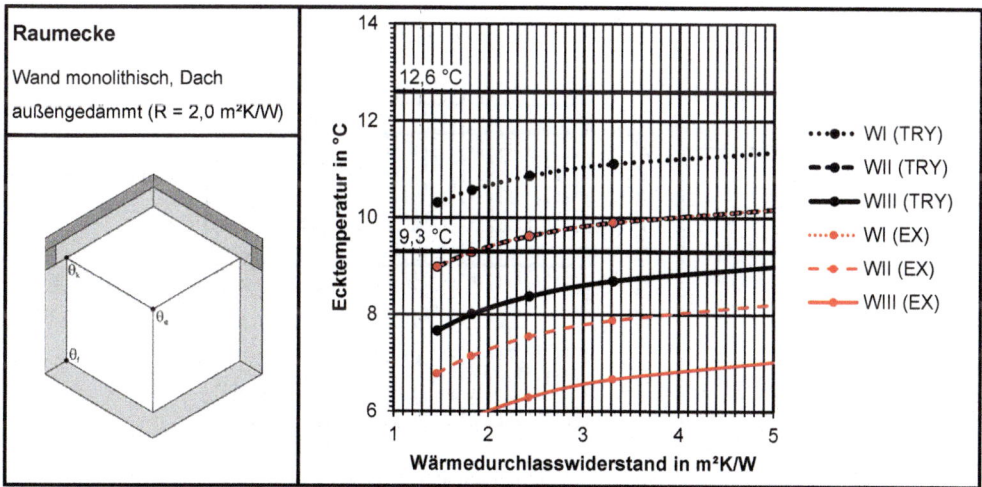

Bild 7.4-9 Zusammenhang zwischen Wärmedurchlasswiderstand und Ecktemperatur für die Raumecke mit monolithischer Wand bei außen gedämmtem Dach mit R = 2,0 m²K/W

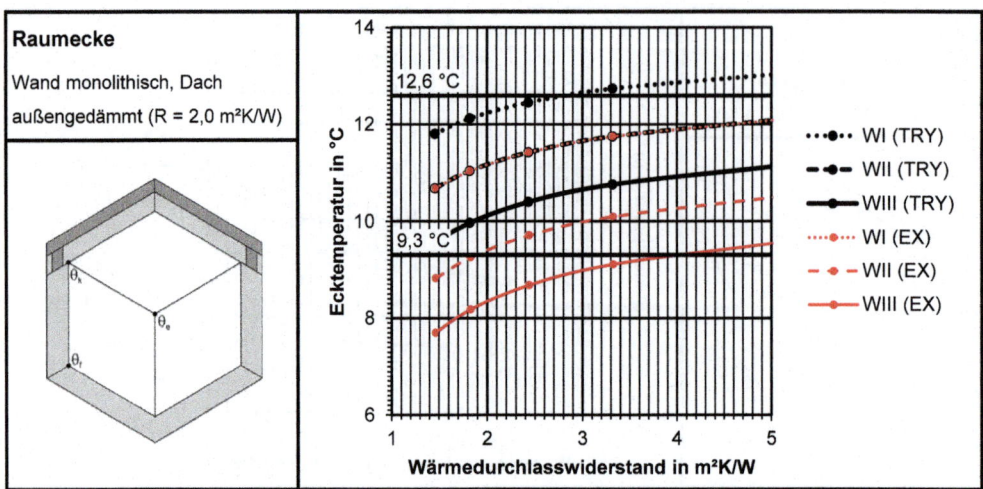

Bild 7.4-10 Zusammenhang zwischen Wärmedurchlasswiderstand und Ecktemperatur für die Raumecke mit monolithischer Wand bei außen gedämmtem Dach mit R = 2,0 m²K/W. Bei dieser Variante wurde vor der stirnseitigen Dachdämmung eine 10 cm dicke Schicht des Wandmaterials angenommen.

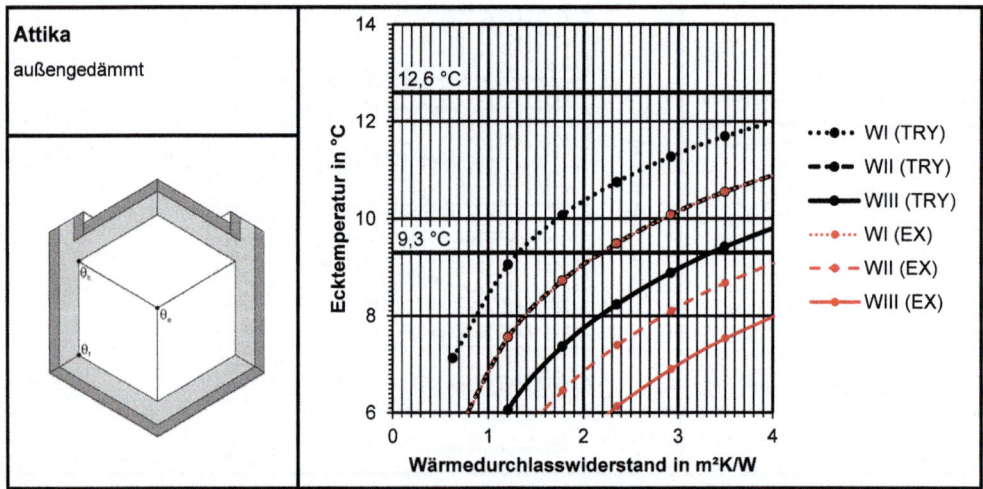

Bild 7.4-11 Zusammenhang zwischen Wärmedurchlasswiderstand und Ecktemperatur für die Flach-dachattika. Bei dieser Variante wurde auf die Umdämmung des Attikakopfes verzichtet. Der Stahlbeton der Attikaaufkantung überragt die Dämmebene des Flachdaches um 15 cm.

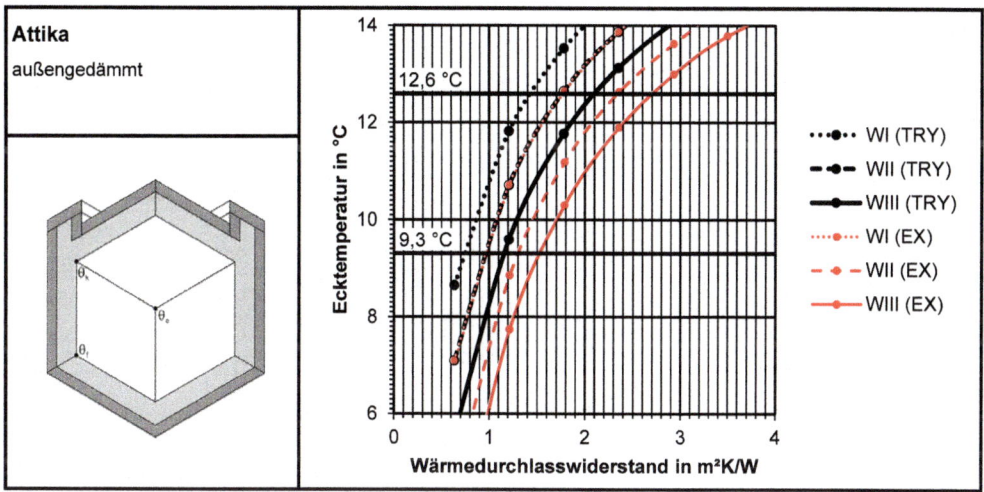

Bild 7.4-12 Zusammenhang zwischen Wärmedurchlasswiderstand und Ecktemperatur für die Flach-
dachattika. Bei dieser Variante wurde der Attikakopfes in der Dicke des Daches komplett umdämmt. Der
Stahlbeton der Attikaaufkantung überragt die Dämmebene des Flachdaches um 15 cm.

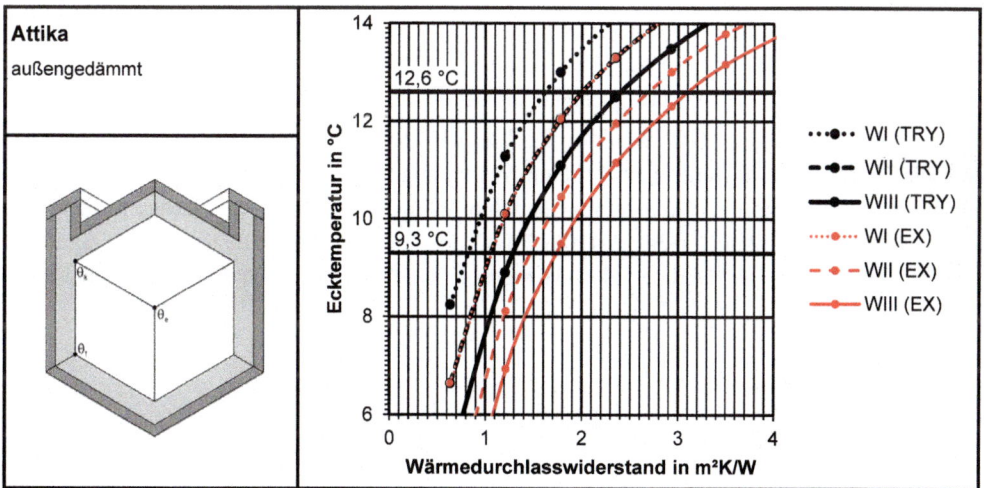

Bild 7.4-13 Zusammenhang zwischen Wärmedurchlasswiderstand und Ecktemperatur für die Flach-
dachattika. Bei dieser Variante wurde der Attikakopfes in der Dicke des Daches komplett umdämmt. Der
Stahlbeton der Attikaaufkantung überragt die Dämmebene des Flachdaches um 30 cm.

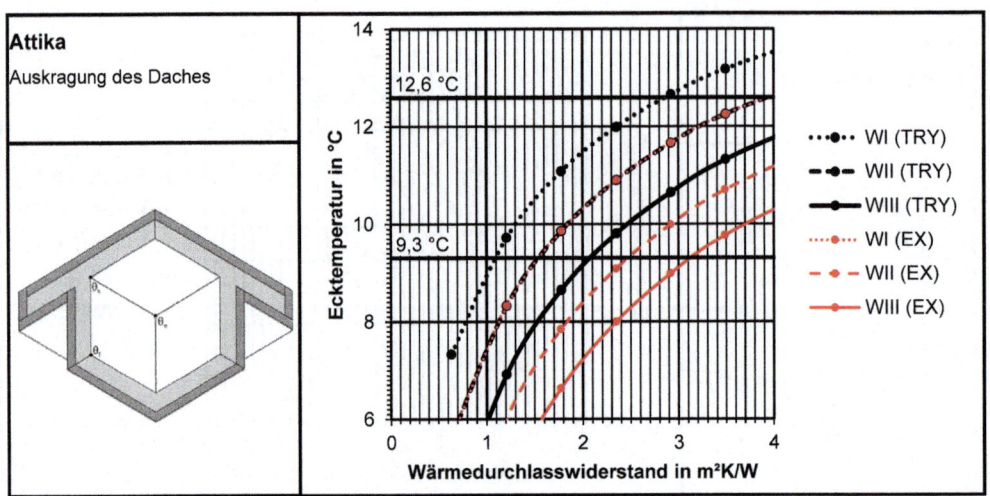

Bild 7.4-14 Zusammenhang zwischen Wärmedurchlasswiderstand und Ecktemperatur für die Flach-dachattika. Bei dieser Variante wurde ein Überstand des Flachdaches über die Dämmebene der Außen-wand von 1,5 m angenommen.

Die Raumecke in Bild 7.4-8 entspricht mit einem Wärmedurchlasswiderstand R = 1,2 m²K/W den Vorgaben an den Mindestwärmeschutz gemäß DIN 4108-2. Zum Vergleich wurden zusätzliche Berechnungen mit einer verbesserten Qualität von R = 2,0 m²K/W der Regelbauteile durchgeführt (Bild 7.4-9). Ferner wurde der Fall betrachtet, dass vor der stirnseitigen Dämmung der Stahlbetonplatte eine Randabmauerung vorhanden ist (Bild 7.4-10).

Für die Flachdachattika wurde zunächst eine Ausführung berechnet (Bild 7.4-11), bei der auf die oberseitige Dämmung des Attikakopfes verzichtet wurde. Darüber hinaus wurden Modelle mit unterschiedlichen Aufkantungshöhen (Bild 7.4-12 und Bild 7.4-13) betrachtet. Auch ein Fall mit einem umdämmten Überstand des Flachdaches über die Außenwand (häufig bei Staffelgeschossen) wurde berücksichtigt (Bild 7.4-14).

7.4.3 Ergebnis und Ausblick

In der Realität wird so gut wie niemals eine ideale Raumecke ausgeführt werden. Jede weitere Störung in der Kante oder Ecke, egal ob geometrisch oder konstruktiv bedingt, führt zu einer Verminderung der Kanten- bzw. Ecktemperatur. Aus der Qualität der Regelbauteilflächen auf die Qualität im Bereich der Wärmebrücke schließen zu wollen, ist daher nicht bzw. nicht ohne weiteres möglich.

Für den Fall eines Flachdachanschlusses im Sinne einer idealen Raumecke ergibt sich beispielsweise für Winterklimaregion III bei außengedämmter Konstruktion ein notwendiger Wärmedurchlasswiderstand R_{min} = 1,2 m²K/W (Bild 7.4-4). Für eine Attika mit geringer Aufkantungshöhe (Bild 7.4-12) erhöht sich der Wert auf R_{min} = 1,5 m²K/W. Bei einer Verdoppelung der Aufkantungshöhe von 15 cm auf 30 cm (Bild 7.4-13) ergibt sich wiederum eine Erhöhung auf R_{min} = 1,7 m²K/W. Wenn statt einer Attikaaufkantung eine Auskragung des Flachdaches ausgeführt wird (Bild 7.4-14), ergibt sich als Folge des ausgeprägteren Kühlrippeneffektes R_{min} = 3,1 m²K/W.

Ist die Dämmschicht im Bereich der Attika unterbrochen (Bild 7.4-11), ergeben sich selbstverständlich noch deutlich ungünstigere Verhältnisse. Eine bessere Ausführung der Regelbauteile führt hier nicht zur Lösung, vielmehr ist die Wärmebrücke selbst zu optimieren. Hier wird erneut deutlich, dass die wärmedämmende Ebene in der wärmeübertragenden Umfassungsfläche eines Gebäudes – wie bereits in Abschnitt 4.2 besprochen wurde – niemals unterbrochen werden sollte. Als Folge einer solchen Fehlstelle in der Dämmhülle kommt es unweigerlich nicht nur zu erheblich erhöhten Wärmeverlusten, sondern auch zu deutlich reduzierten Innenoberflächentemperaturen.

Ein weiteres Beispiel wurde in Bild 7.4-8 bis 7.4-10 dargestellt. Das Dach in Bild 7.4-8 erfüllt die Werte aus Tabelle 3.3-1, die Wand ebenfalls, es ist aber keine Temperatur ≥ 9,3 °C zu erzielen. Hier ist zwar die Dämmschicht ebenfalls durchlaufend vorhanden, die Betonplatte des Daches steht aber sehr weit nach außen in den kalten Bereich der monolithischen Wand vor. Selbst bei einem deutlich erhöhten Wärmedurchlasswiderstand des Daches (Bild 7.4-9) ist keine befriedigende Lösung zu erzielen. Nur, wenn die Dämmschicht des Daches vor der Stahlbetondecke weiter innen liegend fortgeführt und durch eine außenseitige Abmauerung ergänzt wird (Bild 7.4-10), sind Ecktemperaturen ≥ 9,3 °C möglich.

Die Innenoberflächentemperatur im Bereich der Kante bzw. Ecke hängt somit nicht nur von der Qualität der beteiligten Regelbauteile ab, sondern ganz wesentlich auch von der Detailausführung im Bereich der Kante bzw. Ecke. Sollen Wärmedurchlasswiderstände für flächige Bauteile vorgegeben werden, die auch für Kanten und Ecken zur Nachweisfreiheit berechtigen, so müssten diese Wärmedurchlasswiderstände Sicherheitszuschläge beinhalten, die „übliche" Kanten- und Eckausführungen berücksichtigen.

Eine erste Abschätzung auf Basis der vorstehend beschriebenen Beispiele wäre ein Zuschlag von etwa ΔR = 0,5 m²K/W auf die Werte der Tabelle 7.4-1, wobei sichergestellt sein muss, dass die Dämmschicht im Bereich von Kante und Ecke tatsächlich in voller Dicke bzw. mit gleichbleibendem Wärmedurchlasswiderstand durchläuft und das Auskragungen thermisch getrennt ausgeführt werden. Unter diesen Voraussetzungen ergeben sich die Anforderungen gemäß Tabelle 7.4-

2. Für Fälle wie die Auskragung des Flachdaches gemäß Bild 7.4-14 wäre dann ein Einzelnachweis unter den Klimarandbedingungen gemäß Tabelle 7.2-2 zu führen.

Tabelle 7.4-2 Abschätzung der notwendigen Mindest-Wärmedurchlasswiderstände R_{min} bei Ansatz der Extremwinterklimate für eine geforderte Innenoberflächentemperatur $\theta_{si.min}$ = 9,3 °C unter Berücksichtigung zusätzlichen geometrischer und konstruktiver Effekte.

	1	2	3	4
1	Bauweise	Winterklimaregion		
2		I	II	III
3	Leichte Bauweise (monolithisch, innen gedämmt)	2,5	3,5	4,0
4	Holzleichtbau	2,0	2,5	3,0
5	Schwere Bauweise (außen gedämmt, zweischalig)	1,3	1,5	1,7

Eine genauere Festlegung der notwendigen Mindest-Wärmedurchlasswiderstände kann erfolgen, wenn systematisch weitere typische Kanten- und Eckausführungen untersucht werden. Es wäre somit als nächster Schritt ein umfangreicher 3D-Wärmebrückenkatalog zu erstellen, der weitere Informationen zum Einfluss geometrischer und konstruktiver Besonderheiten auf die Ecktemperatur liefert. Hierbei sollten mindestens folgende Anschlusssituationen untersucht werden, wobei auch die Spezifika unterschiedlicher Bauweisen zu betrachten sind:

• weitere typische Attikaausführungen,
• Anschlüsse am Gebäudesockel,
• Auskragungen im Sinne von Balkonplatten, Erkern, Arkaden etc.,
• Durchdringungen von Stützen und Balken durch Decken und Wände,
• Fensteranschlüsse, sowie
• Bauteile zu unbeheizten Räumen

Ferner ist im Rahmen einer Weiterentwicklung von DIN 4108-2 das hinsichtlich der Vermeidung von Schimmelpilzwachstum gewünschte Sicherheitsniveau zu spezifizieren. In Abschnitt 5 wurde der erhebliche Unterschied zwischen den Winter-Testreferenzjahren des DWD und wirklichen Extremwintern ausführlich dargestellt. Vor dem Hintergrund der langen Nutzungsdauer von Gebäuden erscheinen die Extremwinterklimate geeigneter. Dies führt folgerichtig aber auch einerseits zu deutlich aufwändiger umzusetzenden und damit kostenintensiveren Anforderungen als bislang in DIN 4108-2 gefordert. Andererseits stellen die vorgeschlagenen Anforderungen gemäß Tabelle 7.4-2 ein Dämmniveau dar, welches heutzutage vor dem Hintergrund der Energieeinsparung ohnehin regelmäßig überschritten wird. Auch Einschränkungen hinsichtlich der Bauweisen sind somit nicht zu erwarten.

7.4.4 Zusammenfassung

Es wurde gezeigt, dass die aktuell in DIN 4108-2 enthaltenen Anforderungen an den Mindest-Wärmedurchlasswiderstand flächiger Bauteile nicht ausreichend sind, um Schimmelpilzwachstum zu vermeiden. Mit den, aus den durchgeführten Berechnungen abgeleiteten, Außenlufttemperaturen gemäß Tabelle 7.2-2 kann der Mindestwärmeschutz erheblich realistischer nachgewiesen werden. Hierbei trägt die Untergliederung Deutschlands in drei Winterklimaregionen regionalen Klimabesonderheiten Rechnung. Darüber hinaus wird auch die wirksame Speichermasse verschiedener Bauweisen gewürdigt.

Eine weitere Vereinfachung der Nachweisführung durch Vorgabe von Mindest-Wärmedurchlasswiderständen R_{min} im Sinne der Philosophie der DIN 4108-2 ist nicht pauschal möglich. Die Einschränkungen dieser Vorgehensweise wurden gezeigt. Die Abschätzung einer möglichen Größenordnung für R_{min} wurde mit Tabelle 7.4-2 vorgenommen. Weitere Diskussionen sind hierzu allerdings genauso notwendig, wie eine breitere Untersuchung verschiedener Anschlussdetails.

8 Berechnungsergebnisse

In diesem Abschnitt sind die Ergebnisse der durchgeführten 3D-Berechnungen dokumentiert. Hierbei gibt die nachfolgende Matrix einen Überblick über die gewählten Randbedingungen und die jeweils zugeordnete Modellnummer. Für jede Modellnummer können die Ergebnisse im zugehörigen Datenblatt abgelesen werden.

Modellmatrix

Dämmqualität Außenwand	Klimadatensatz	Raumecke, monolithisch	Raumecke, außen gedämmt	Raumecke, innen gedämmt	Raumecke, Holzleichtbau	Raumecke, zweischalig	Attika, außen gedämmt	Sockel, monolithische Wand	Raumecke, monolithische Wand + außen gedämmtes Dach
$\lambda = 0{,}10$ W/(mK) (für Modelle 1.x, 7.x und 8.x) d = 12 cm (für Modelle 2.x, 3.x, 5.x und 6.x) d = 18 cm (für Modelle 4.x)	Region 1 TRY1	1.1	2.1	3.1	4.1	5.1	6.1	7.1[1]	8.1[1] 8.7[2]
	Region 2 TRY8	1.2	2.2	3.2	4.2	5.2	6.2	7.2[1]	8.2[1] 8.8[2]
	Region 3 TRY11	1.3	2.3	3.3	4.3	5.3	6.3	7.3[1]	8.3[1] 8.9[2]
	Region 1 W1996/97	1.4	2.4	3.4	4.4	5.4	6.4	7.4[1]	8.4[1] 8.10[2]
	Region 2 W1978/79	1.5	2.5	3.5	4.5	5.5	6.5	7.5[1]	8.5[1] 8.11[2]
	Region 3 W2011/12	1.6	2.6	3.6	4.6	5.6	6.6	7.6[1]	8.6[1] 8.12[2]
$\lambda = 0{,}25$ W/(mK) (für Modelle 1.x und 7.x) d = 8 cm (für Modelle 2.x, 3.x, 5.x und 6.x) d = 12 cm (für Modelle 4.x)	Region 1 TRY1	1.9	2.7	3.7	4.7	5.7	6.7	7.7[2]	8.13[2]
	Region 2 TRY8	1.10	2.8	3.8	4.8	5.8	6.8	7.8[2]	8.14[2]
	Region 3 TRY11	1.11	2.9	3.9	4.9	5.9	6.9	7.9[2]	8.15[2]
	Region 1 W1996/97	1.12	2.10	3.10	4.10	5.10	6.10	7.10[2]	8.16[2]
	Region 2 W1978/79	1.13	2.11	3.11	4.11	5.11	6.11	7.11[2]	8.17[2]
	Region 3 W2011/12	1.14	2.12	3.12	4.12	5.12	6.12	7.12[2]	8.18[2]
$\lambda = 0{,}55$ W/(mK) (für Modelle 1.x und 7.x) d = 4 cm (für Modelle 2.x, 3.x, 5.x und 6.x) d = 6 cm (für Modelle 4.x)	Region 1 TRY1	1.15	2.13	3.13	4.13	5.13	6.13		
	Region 2 TRY8	1.16	2.14	3.14	4.14	5.14	6.14		
	Region 3 TRY11	1.17	2.15	3.15	4.15	5.15	6.15		
	Region 1 W1996/97	1.18	2.16	3.16	4.16	5.16	6.16		
	Region 2 W1978/79	1.19	2.17	3.17	4.17	5.17	6.17		
	Region 3 W2011/12	1.20	2.18	3.18	4.18	5.18	6.18		
$\lambda = 0{,}10$ W/(mK)	Testmodell Solarstrahlung	1.7							
	Testmodell Nachtabsenkung	1.8							

[1] Dicke der Bodenplattendämmung/Flachdachdämmung: d = 12 cm
[2] Dicke der Bodenplattendämmung/Flachdachdämmung: d = 4 cm

1.1	Raumecke, monolithisch	Winterklimaregion I TRY1	
	MW: d = 0,30 m, λ = 0,10 W/(mK), ρ = 300 kg/m³	-	

	Temperaturen aus stationärer Berechnung	Temperaturen aus instationärer Berechnung
θ_f	18,1	$\theta_{min,4d,f}$ 18,8
$\Delta\theta_f$	0,7	
θ_k	15,5	$\theta_{min,4d,k}$ 16,1
$\Delta\theta_k$	0,6	
θ_e	11,8	$\theta_{min,4d,e}$ 11,8
$\Delta\theta_e$	0,0	

Temperatur in der Ecke - Jahresverlauf vom 01.07. bis 30.06. (Achsenteilung in Wochen) und Vergleichswert (rot) aus der stationären Berechnung

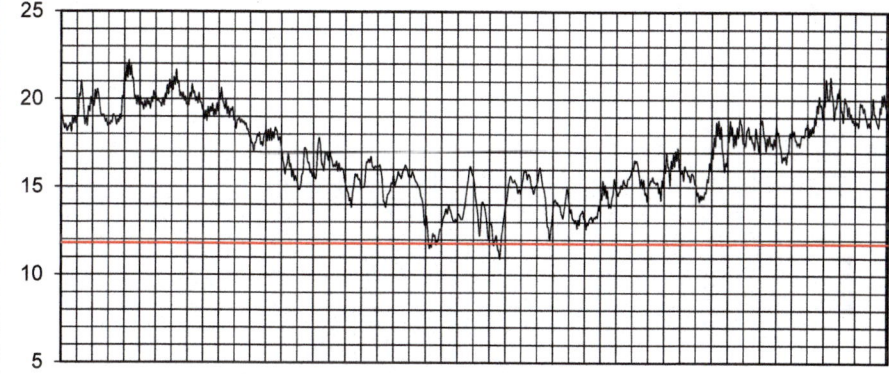

Temperatur in der Kante - Jahresverlauf vom 01.07. bis 30.06. (Achsenteilung in Wochen) und Vergleichswert (rot) aus der stationären Berechnung

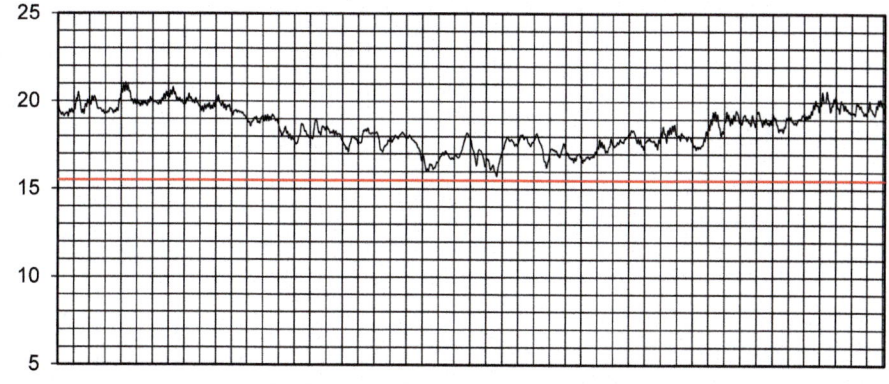

1.2	Raumecke, monolithisch		Winterklimaregion II TRY8	
	MW: d = 0,30 m, λ = 0,10 W/(mK), ρ = 300 kg/m³		-	

		Temperaturen aus stationärer Berechnung	Temperaturen aus instationärer Berechnung
	θ_f	18,1	$\theta_{min,4d,f}$ 18,7
	$\Delta\theta_f$		0,6
	θ_k	15,5	$\theta_{min,4d,k}$ 15,6
	$\Delta\theta_k$		0,1
	θ_e	11,8	$\theta_{min,4d,e}$ 10,6
	$\Delta\theta_e$		**-1,2**

Temperatur in der Ecke - Jahresverlauf vom 01.07. bis 30.06. (Achsenteilung in Wochen) und Vergleichswert (rot) aus der stationären Berechnung

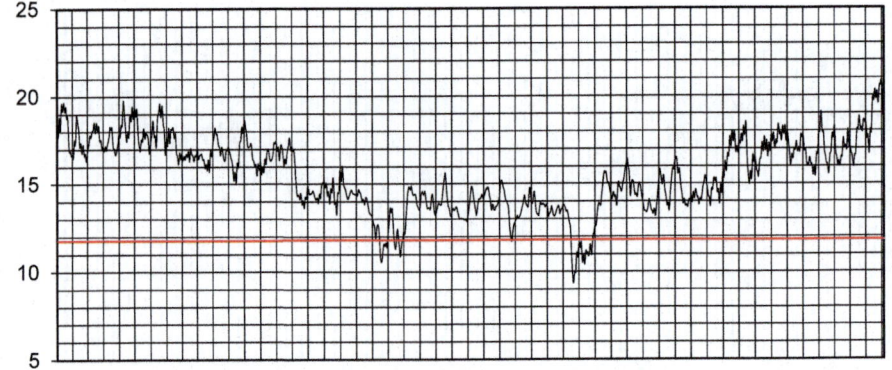

Temperatur in der Kante - Jahresverlauf vom 01.07. bis 30.06. (Achsenteilung in Wochen) und Vergleichswert (rot) aus der stationären Berechnung

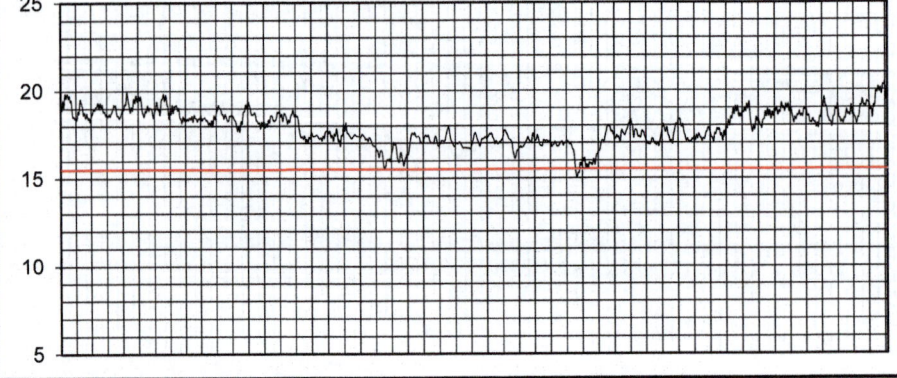

1.3	Raumecke, monolithisch	Winterklimaregion III TRY11
	MW: d = 0,30 m, λ = 0,10 W/(mK), ρ = 300 kg/m³	-

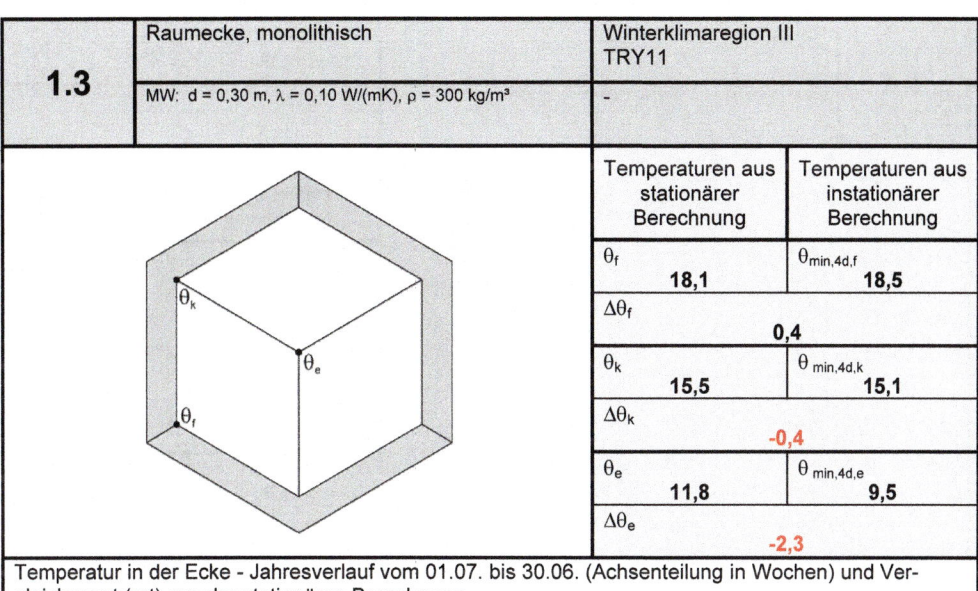

	Temperaturen aus stationärer Berechnung	Temperaturen aus instationärer Berechnung
θ_f	18,1	$\theta_{min,4d,f}$ 18,5
$\Delta\theta_f$	0,4	
θ_k	15,5	$\theta_{min,4d,k}$ 15,1
$\Delta\theta_k$	-0,4	
θ_e	11,8	$\theta_{min,4d,e}$ 9,5
$\Delta\theta_e$	-2,3	

Temperatur in der Ecke - Jahresverlauf vom 01.07. bis 30.06. (Achsenteilung in Wochen) und Vergleichswert (rot) aus der stationären Berechnung

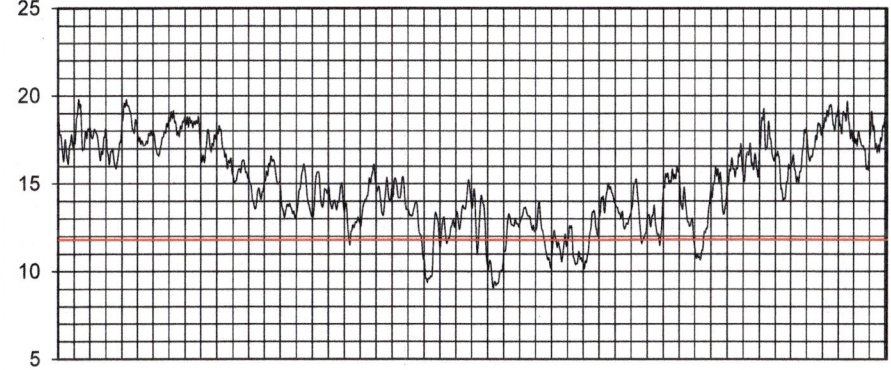

Temperatur in der Kante - Jahresverlauf vom 01.07. bis 30.06. (Achsenteilung in Wochen) und Vergleichswert (rot) aus der stationären Berechnung

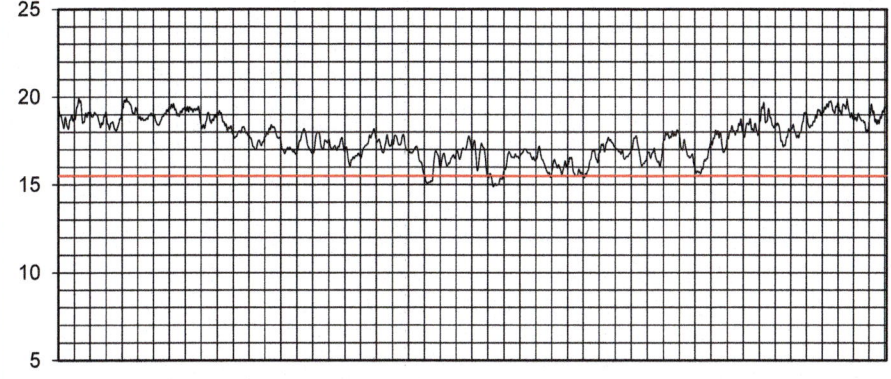

1.4	Raumecke, monolithisch	Winterklimaregion I Extremwinter 1996/1997
	MW: d = 0,30 m, λ = 0,10 W/(mK), ρ = 300 kg/m³	-

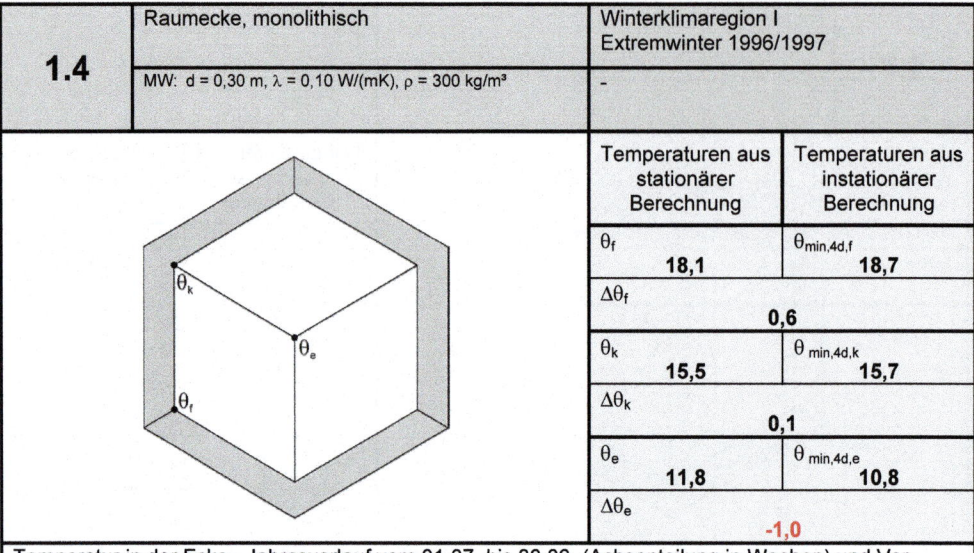

	Temperaturen aus stationärer Berechnung	Temperaturen aus instationärer Berechnung
θ_f	**18,1**	$\theta_{min,4d,f}$ **18,7**
$\Delta\theta_f$		**0,6**
θ_k	**15,5**	$\theta_{min,4d,k}$ **15,7**
$\Delta\theta_k$		**0,1**
θ_e	**11,8**	$\theta_{min,4d,e}$ **10,8**
$\Delta\theta_e$		**-1,0**

Temperatur in der Ecke - Jahresverlauf vom 01.07. bis 30.06. (Achsenteilung in Wochen) und Vergleichswert (rot) aus der stationären Berechnung

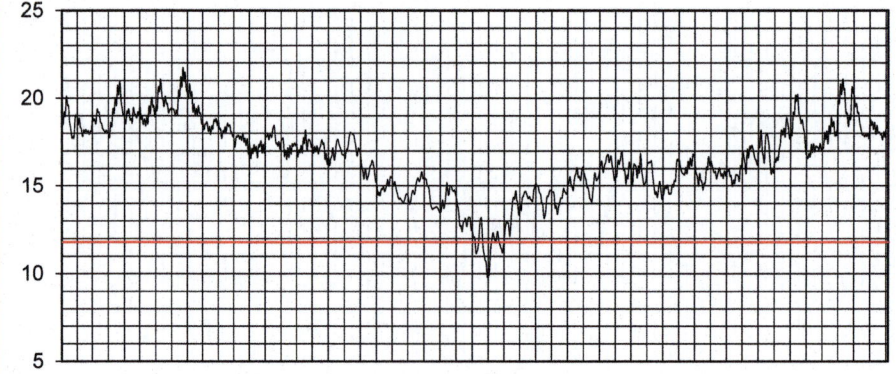

Temperatur in der Kante - Jahresverlauf vom 01.07. bis 30.06. (Achsenteilung in Wochen) und Vergleichswert (rot) aus der stationären Berechnung

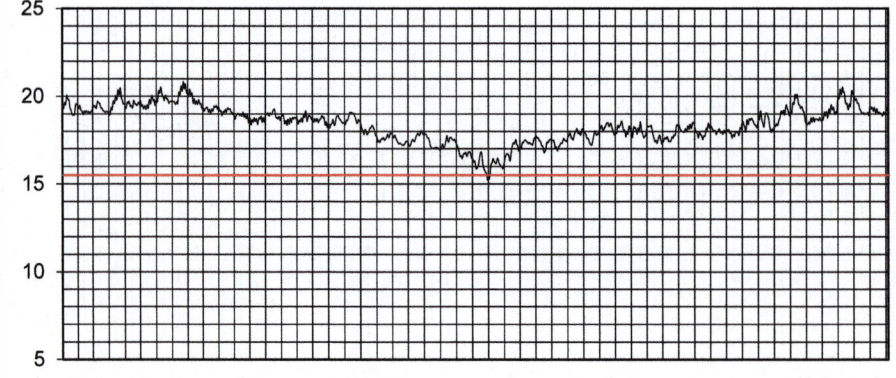

1.5	Raumecke, monolithisch		Winterklimaregion II Extremwinter 1978/1979	
	MW: d = 0,30 m, λ = 0,10 W/(mK), ρ = 300 kg/m³		-	

		Temperaturen aus stationärer Berechnung	Temperaturen aus instationärer Berechnung
	θ_f	**18,1**	$\theta_{min,4d,f}$ **18,4**
	$\Delta\theta_f$		**0,3**
	θ_k	**15,5**	$\theta_{min,4d,k}$ **14,8**
	$\Delta\theta_k$		**-0,7**
	θ_e	**11,8**	$\theta_{min,4d,e}$ **9,0**
	$\Delta\theta_e$		**-2,8**

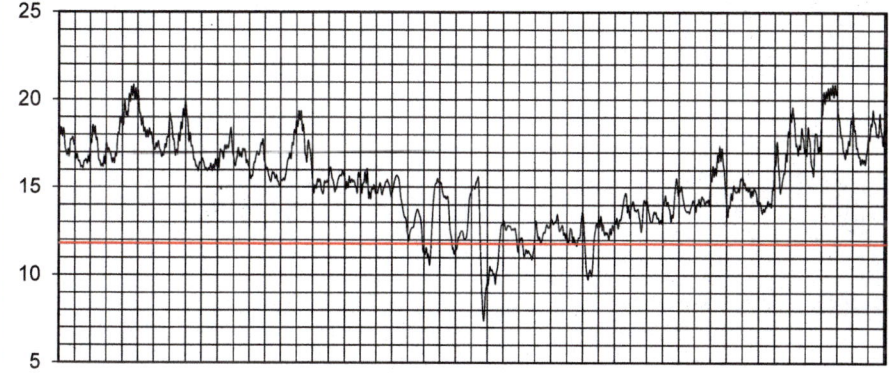

Temperatur in der Ecke - Jahresverlauf vom 01.07. bis 30.06. (Achsenteilung in Wochen) und Vergleichswert (rot) aus der stationären Berechnung

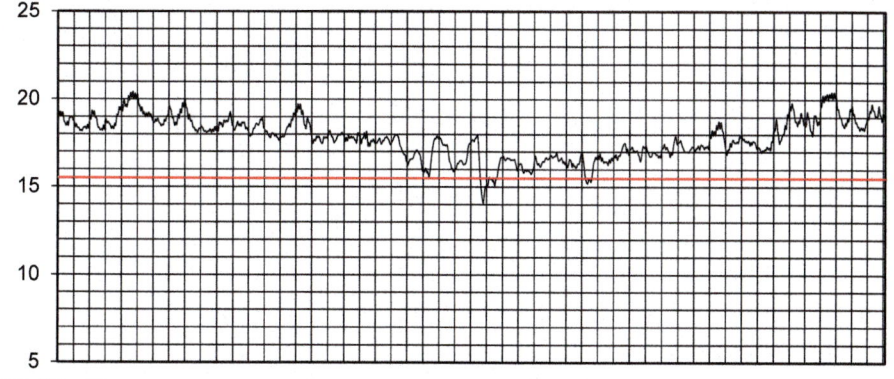

Temperatur in der Kante - Jahresverlauf vom 01.07. bis 30.06. (Achsenteilung in Wochen) und Vergleichswert (rot) aus der stationären Berechnung

1.6	Raumecke, monolithisch	Winterklimaregion III Extremwinter 2011/2012
	MW: d = 0,30 m, λ = 0,10 W/(mK), ρ = 300 kg/m³	-

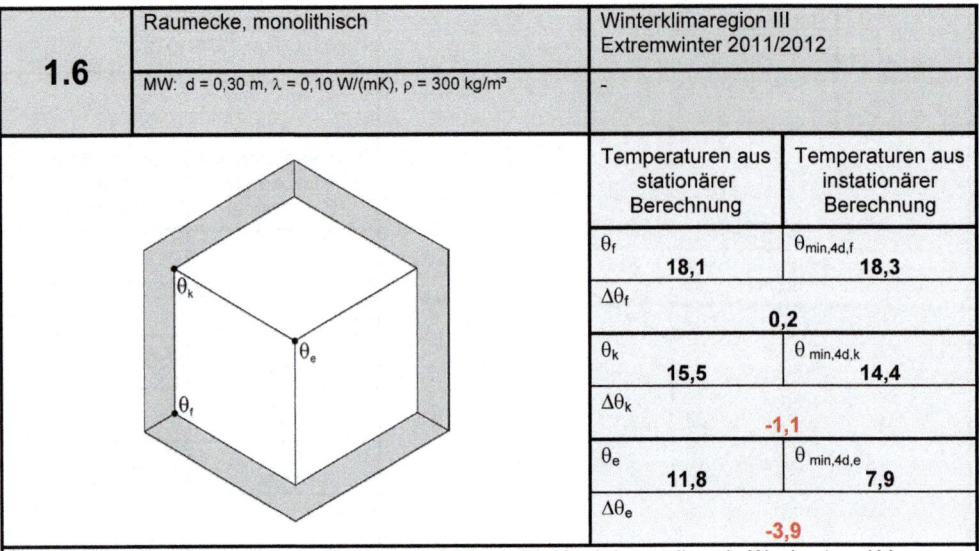

	Temperaturen aus stationärer Berechnung	Temperaturen aus instationärer Berechnung
θ_f	18,1	$\theta_{min,4d,f}$ 18,3
$\Delta\theta_f$		0,2
θ_k	15,5	$\theta_{min,4d,k}$ 14,4
$\Delta\theta_k$		-1,1
θ_e	11,8	$\theta_{min,4d,e}$ 7,9
$\Delta\theta_e$		-3,9

Temperatur in der Ecke - Jahresverlauf vom 01.07. bis 30.06. (Achsenteilung in Wochen) und Vergleichswert (rot) aus der stationären Berechnung

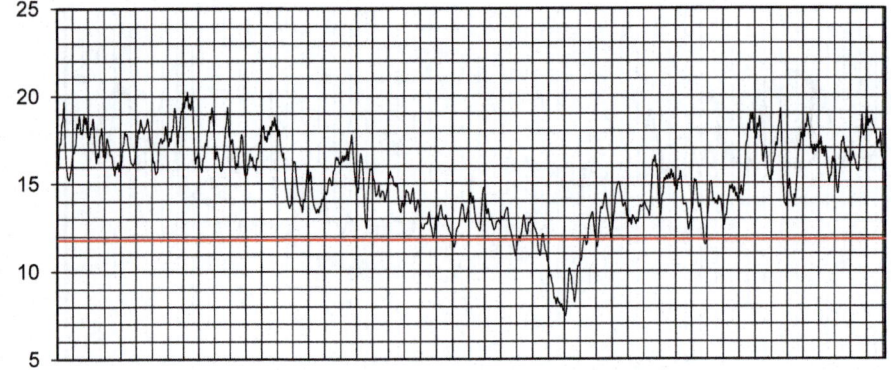

Temperatur in der Kante - Jahresverlauf vom 01.07. bis 30.06. (Achsenteilung in Wochen) und Vergleichswert (rot) aus der stationären Berechnung

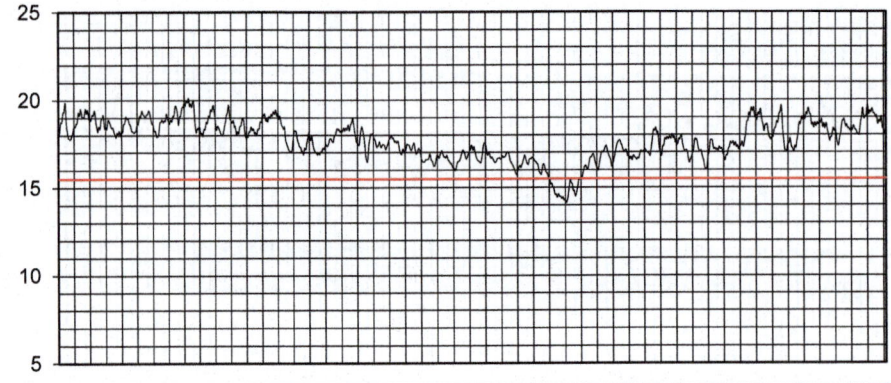

1.7	Raumecke, monolithisch	Winterklimaregion II TRY8
	MW: d = 0,30 m, λ = 0,10 W/(mK), ρ = 300 kg/m³	Variante mit Solarstrahlung auf Außenoberfläche

	Temperaturen aus stationärer Berechnung	Temperaturen aus instationärer Berechnung
θ_f	18,1	$\theta_{min,4d,f}$ 18,8
$\Delta\theta_f$	0,7	
θ_k	15,5	$\theta_{min,4d,k}$ 16,0
$\Delta\theta_k$	0,5	
θ_e	11,8	$\theta_{min,4d,e}$ 11,5
$\Delta\theta_e$	-0,3	

Temperatur in der Ecke - Jahresverlauf vom 01.07. bis 30.06. (Achsenteilung in Wochen) und Vergleichswert (rot) aus der stationären Berechnung

Temperatur in der Kante - Jahresverlauf vom 01.07. bis 30.06. (Achsenteilung in Wochen) und Vergleichswert (rot) aus der stationären Berechnung

1.8	Raumecke, monolithisch	Winterklimaregion II TRY8
	MW: d = 0,30 m, λ = 0,10 W/(mK), ρ = 300 kg/m³	Variante mit Nachtabsenkung

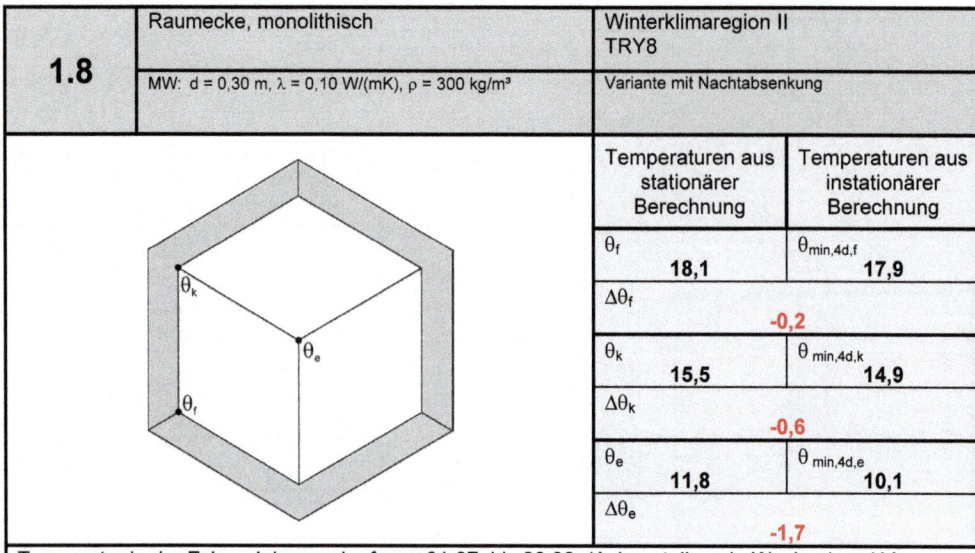

	Temperaturen aus stationärer Berechnung	Temperaturen aus instationärer Berechnung
θ_f **18,1**		$\theta_{min,4d,f}$ **17,9**
$\Delta\theta_f$	**-0,2**	
θ_k **15,5**		$\theta_{min,4d,k}$ **14,9**
$\Delta\theta_k$	**-0,6**	
θ_e **11,8**		$\theta_{min,4d,e}$ **10,1**
$\Delta\theta_e$	**-1,7**	

Temperatur in der Ecke - Jahresverlauf vom 01.07. bis 30.06. (Achsenteilung in Wochen) und Vergleichswert (rot) aus der stationären Berechnung

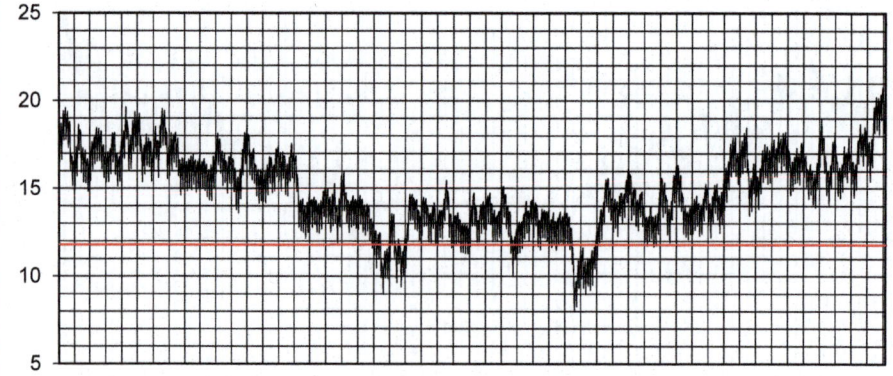

Temperatur in der Kante - Jahresverlauf vom 01.07. bis 30.06. (Achsenteilung in Wochen) und Vergleichswert (rot) aus der stationären Berechnung

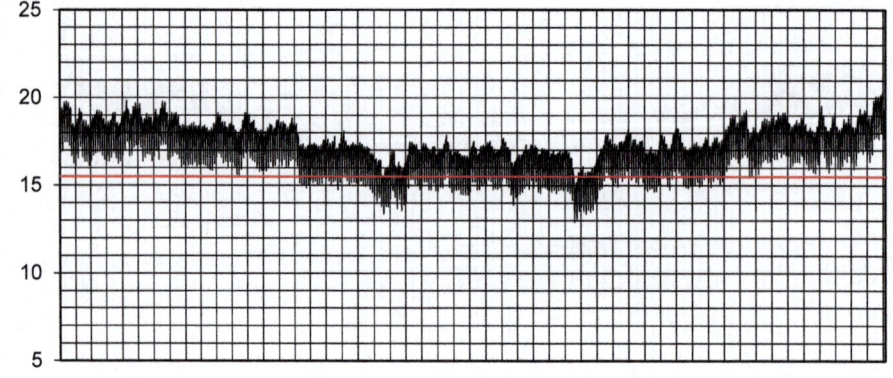

1.9	Raumecke, monolithisch		Winterklimaregion I TRY1
	MW: d = 0,30 m, λ = 0,25 W/(mK), ρ = 800 kg/m³		-

		Temperaturen aus stationärer Berechnung	Temperaturen aus instationärer Berechnung
	θ_f	15,8	$\theta_{min,4d,f}$ 17,3
	$\Delta\theta_f$	1,5	
	θ_k	12,3	$\theta_{min,4d,k}$ 13,3
	$\Delta\theta_k$	1,0	
	θ_e	8,3	$\theta_{min,4d,e}$ 8,4
	$\Delta\theta_e$	0,1	

Temperatur in der Ecke - Jahresverlauf vom 01.07. bis 30.06. (Achsenteilung in Wochen) und Vergleichswert (rot) aus der stationären Berechnung

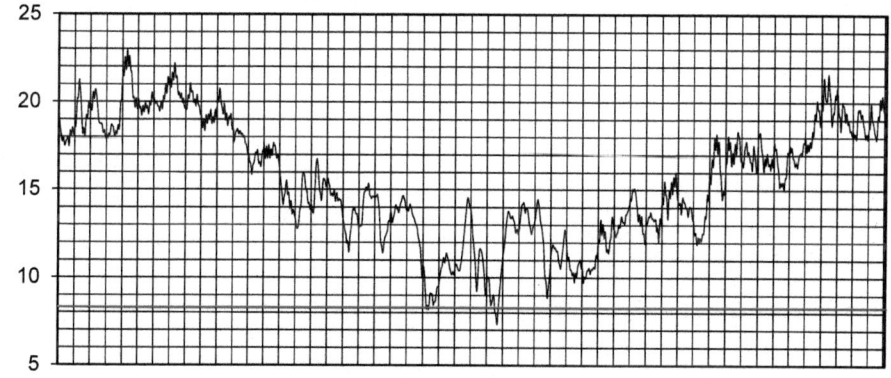

Temperatur in der Kante - Jahresverlauf vom 01.07. bis 30.06. (Achsenteilung in Wochen) und Vergleichswert (rot) aus der stationären Berechnung

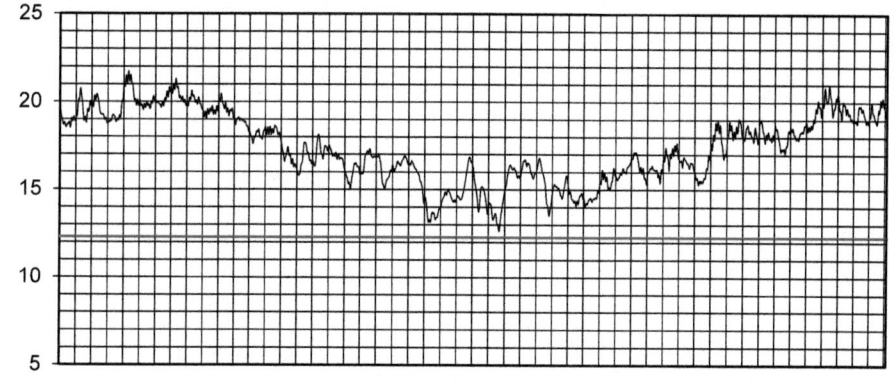

1.10	Raumecke, monolithisch	Winterklimaregion II TRY8
	MW: d = 0,30 m, λ = 0,25 W/(mK), ρ = 800 kg/m³	-

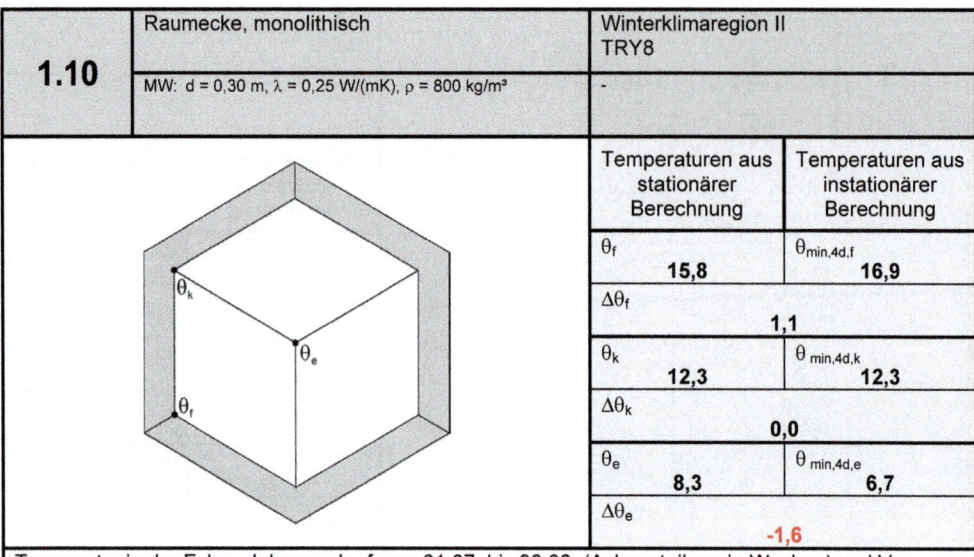

	Temperaturen aus stationärer Berechnung	Temperaturen aus instationärer Berechnung
θ_f	15,8	$\theta_{min,4d,f}$ 16,9
$\Delta\theta_f$	1,1	
θ_k	12,3	$\theta_{min,4d,k}$ 12,3
$\Delta\theta_k$	0,0	
θ_e	8,3	$\theta_{min,4d,e}$ 6,7
$\Delta\theta_e$	-1,6	

Temperatur in der Ecke - Jahresverlauf vom 01.07. bis 30.06. (Achsenteilung in Wochen) und Vergleichswert (rot) aus der stationären Berechnung

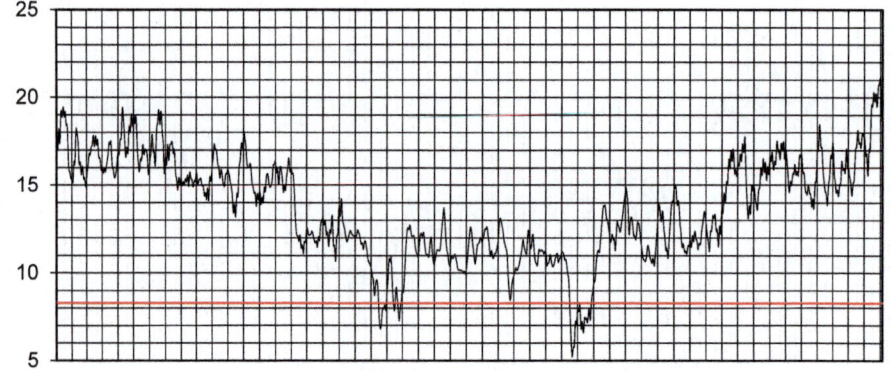

Temperatur in der Kante - Jahresverlauf vom 01.07. bis 30.06. (Achsenteilung in Wochen) und Vergleichswert (rot) aus der stationären Berechnung

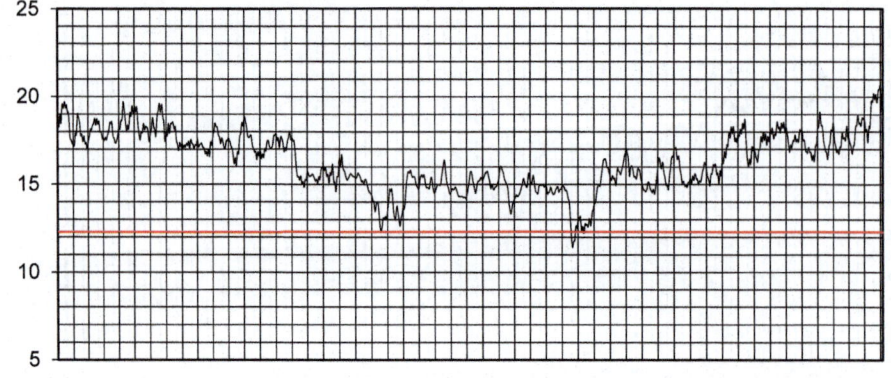

1.11	Raumecke, monolithisch		Winterklimaregion III TRY11	
	MW: d = 0,30 m, λ = 0,25 W/(mK), ρ = 800 kg/m³		-	

		Temperaturen aus stationärer Berechnung	Temperaturen aus instationärer Berechnung
		θ_f **15,8**	$\theta_{min,4d,f}$ **16,5**
		$\Delta\theta_f$ **0,7**	
		θ_k **12,3**	$\theta_{min,4d,k}$ **11,4**
		$\Delta\theta_k$ **-0,9**	
		θ_e **8,3**	$\theta_{min,4d,e}$ **5,1**
		$\Delta\theta_e$ **-3,2**	

Temperatur in der Ecke - Jahresverlauf vom 01.07. bis 30.06. (Achsenteilung in Wochen) und Vergleichswert (rot) aus der stationären Berechnung

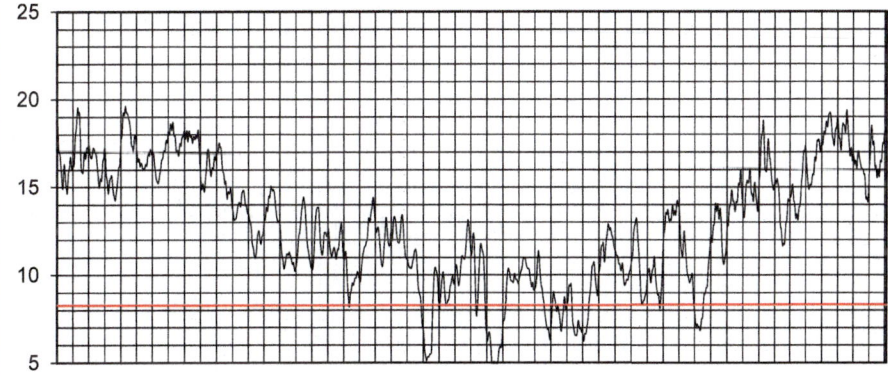

Temperatur in der Kante - Jahresverlauf vom 01.07. bis 30.06. (Achsenteilung in Wochen) und Vergleichswert (rot) aus der stationären Berechnung

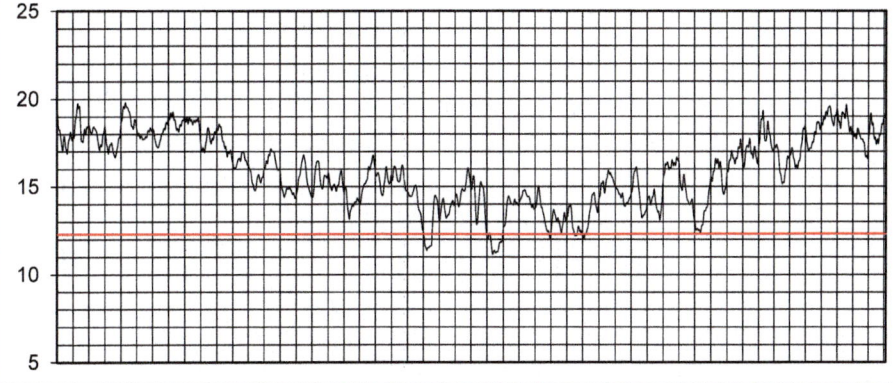

1.12	Raumecke, monolithisch	Winterklimaregion I Extremwinter 1996/1997
	MW: d = 0,30 m, λ = 0,25 W/(mK), ρ = 800 kg/m³	-

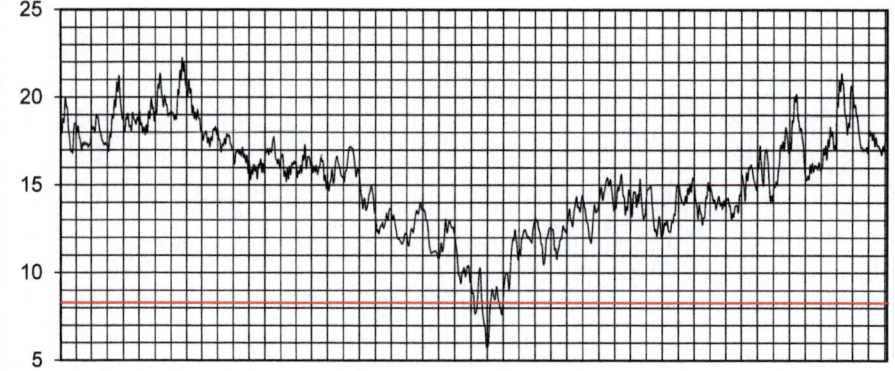

	Temperaturen aus stationärer Berechnung	Temperaturen aus instationärer Berechnung
θ_f	15,8	$\theta_{min,4d,f}$ 16,9
$\Delta\theta_f$	1,1	
θ_k	12,3	$\theta_{min,4d,k}$ 12,5
$\Delta\theta_k$	0,2	
θ_e	8,3	$\theta_{min,4d,e}$ 7,0
$\Delta\theta_e$	-1,3	

Temperatur in der Ecke - Jahresverlauf vom 01.07. bis 30.06. (Achsenteilung in Wochen) und Vergleichswert (rot) aus der stationären Berechnung

Temperatur in der Kante - Jahresverlauf vom 01.07. bis 30.06. (Achsenteilung in Wochen) und Vergleichswert (rot) aus der stationären Berechnung

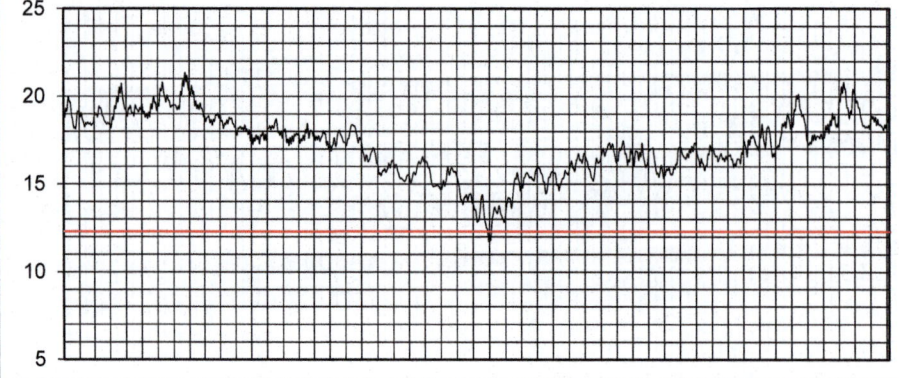

1.13	Raumecke, monolithisch	Winterklimaregion II Extremwinter 1978/1979
	MW: d = 0,30 m, λ = 0,25 W/(mK), ρ = 800 kg/m³	-

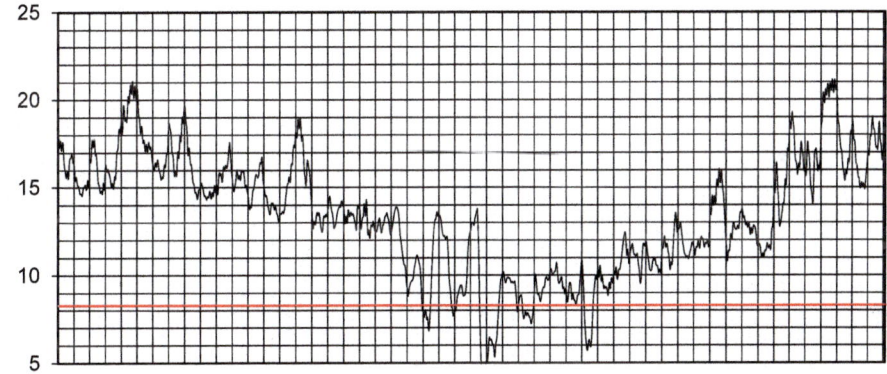

	Temperaturen aus stationärer Berechnung	Temperaturen aus instationärer Berechnung
θ_f	15,8	$\theta_{min,4d,f}$ 16,4
$\Delta\theta_f$		0,6
θ_k	12,3	$\theta_{min,4d,k}$ 11,1
$\Delta\theta_k$		-1,2
θ_e	8,3	$\theta_{min,4d,e}$ 4,6
$\Delta\theta_e$		-3,7

Temperatur in der Ecke - Jahresverlauf vom 01.07. bis 30.06. (Achsenteilung in Wochen) und Vergleichswert (rot) aus der stationären Berechnung

Temperatur in der Kante - Jahresverlauf vom 01.07. bis 30.06. (Achsenteilung in Wochen) und Vergleichswert (rot) aus der stationären Berechnung

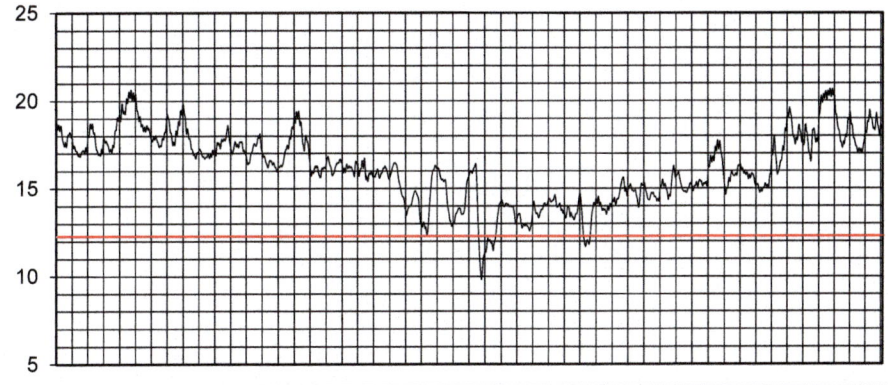

1.14	Raumecke, monolithisch	Winterklimaregion III Extremwinter 2011/2012
	MW: d = 0,30 m, λ = 0,25 W/(mK), ρ = 800 kg/m³	-

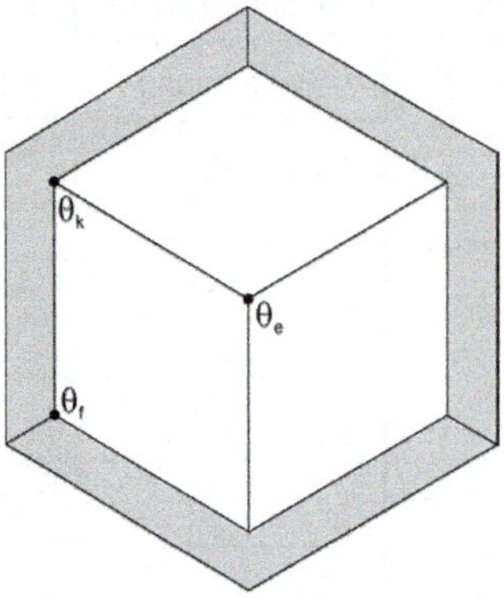

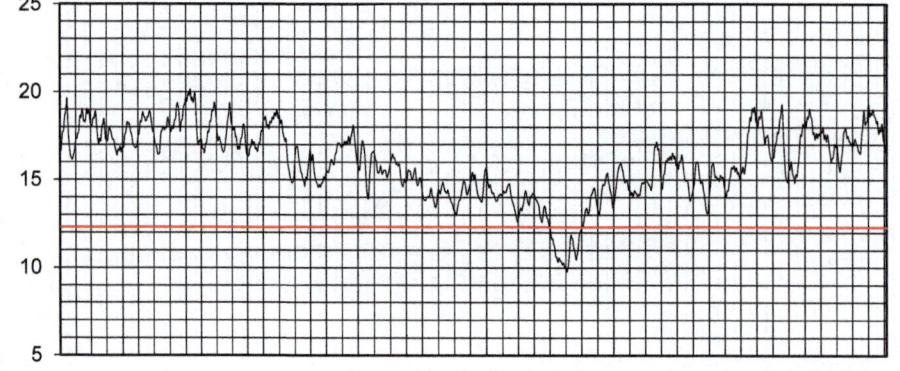

	Temperaturen aus stationärer Berechnung	Temperaturen aus instationärer Berechnung
θ_f	15,8	$\theta_{min,4d,f}$ 16,0
$\Delta\theta_f$	0,2	
θ_k	12,3	$\theta_{min,4d,k}$ 10,2
$\Delta\theta_k$	-2,1	
θ_e	8,3	$\theta_{min,4d,e}$ 3,0
$\Delta\theta_e$	-5,3	

Temperatur in der Ecke - Jahresverlauf vom 01.07. bis 30.06. (Achsenteilung in Wochen) und Vergleichswert (rot) aus der stationären Berechnung

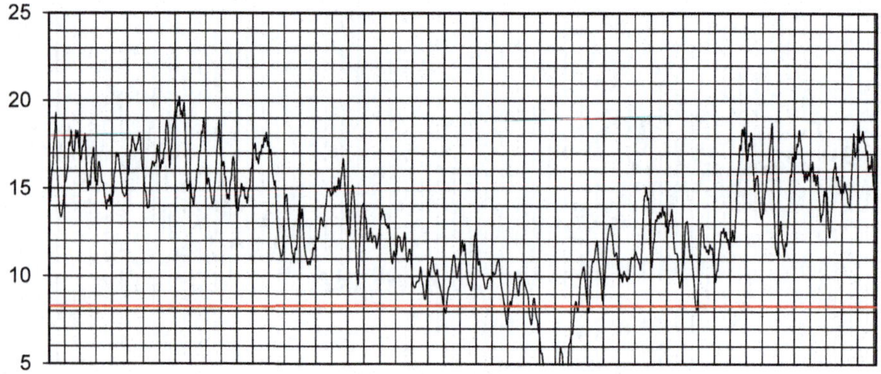

Temperatur in der Kante - Jahresverlauf vom 01.07. bis 30.06. (Achsenteilung in Wochen) und Vergleichswert (rot) aus der stationären Berechnung

1.15	Raumecke, monolithisch		Winterklimaregion I TRY1	
	MW: d = 0,30 m, λ = 0,55 W/(mK), ρ = 1200 kg/m³		-	

	Temperaturen aus stationärer Berechnung	Temperaturen aus instationärer Berechnung
θ_f	**12,5**	$\theta_{min,4d,f}$ **14,8**
$\Delta\theta_f$	**2,3**	
θ_k	**8,7**	$\theta_{min,4d,k}$ **10,0**
$\Delta\theta_k$	**1,3**	
θ_e	**5,0**	$\theta_{min,4d,e}$ **5,1**
$\Delta\theta_e$	**0,1**	

Temperatur in der Ecke - Jahresverlauf vom 01.07. bis 30.06. (Achsenteilung in Wochen) und Vergleichswert (rot) aus der stationären Berechnung

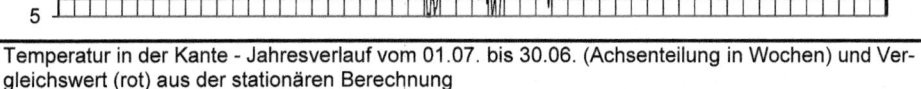

Temperatur in der Kante - Jahresverlauf vom 01.07. bis 30.06. (Achsenteilung in Wochen) und Vergleichswert (rot) aus der stationären Berechnung

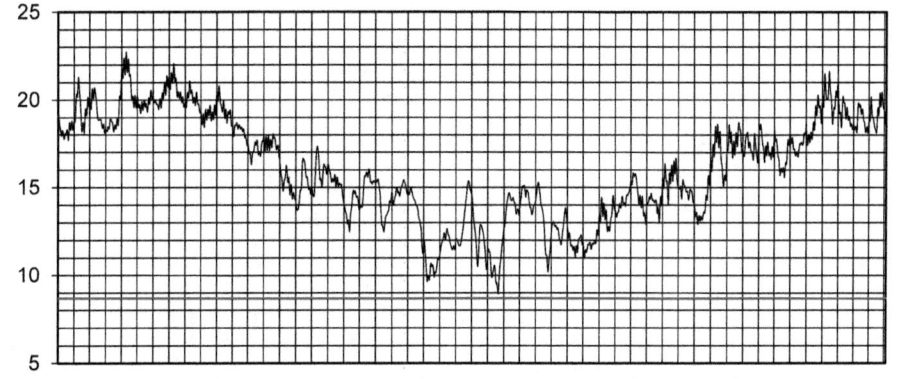

1.16	Raumecke, monolithisch		Winterklimaregion II TRY8	
	MW: d = 0,30 m, λ = 0,55 W/(mK), ρ = 1200 kg/m³		-	

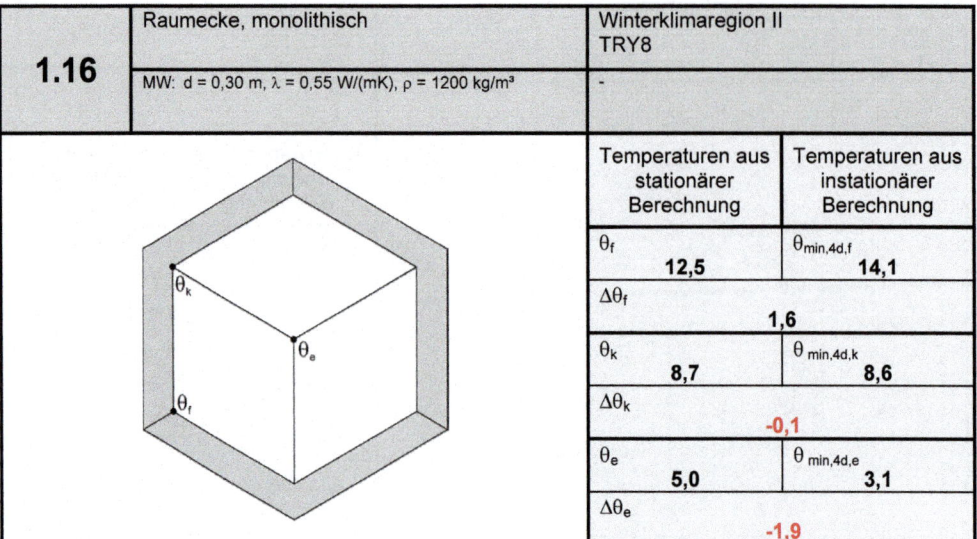

		Temperaturen aus stationärer Berechnung	Temperaturen aus instationärer Berechnung
	θ_f	12,5	$\theta_{min,4d,f}$ 14,1
	$\Delta\theta_f$		1,6
	θ_k	8,7	$\theta_{min,4d,k}$ 8,6
	$\Delta\theta_k$		-0,1
	θ_e	5,0	$\theta_{min,4d,e}$ 3,1
	$\Delta\theta_e$		-1,9

Temperatur in der Ecke - Jahresverlauf vom 01.07. bis 30.06. (Achsenteilung in Wochen) und Vergleichswert (rot) aus der stationären Berechnung

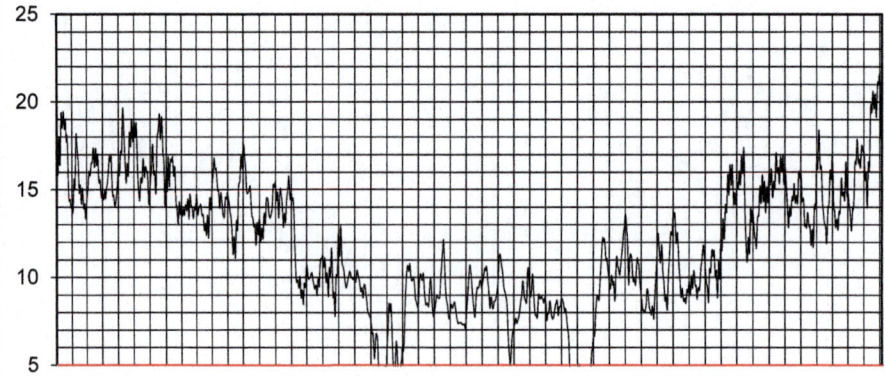

Temperatur in der Kante - Jahresverlauf vom 01.07. bis 30.06. (Achsenteilung in Wochen) und Vergleichswert (rot) aus der stationären Berechnung

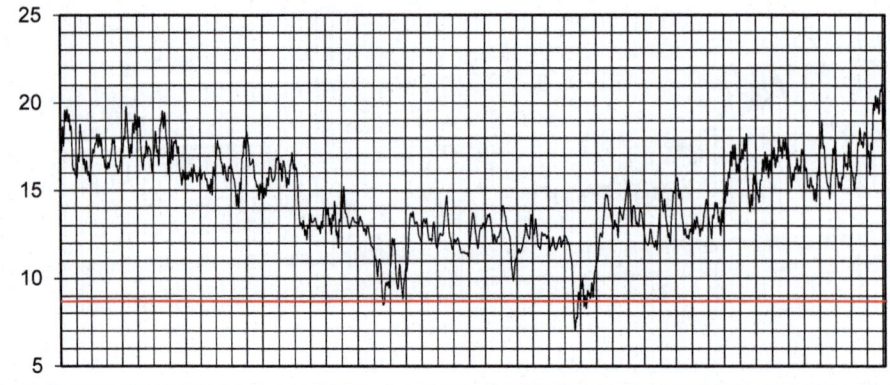

1.17	Raumecke, monolithisch	Winterklimaregion III TRY11
	MW: d = 0,30 m, λ = 0,55 W/(mK), ρ = 1200 kg/m³	-

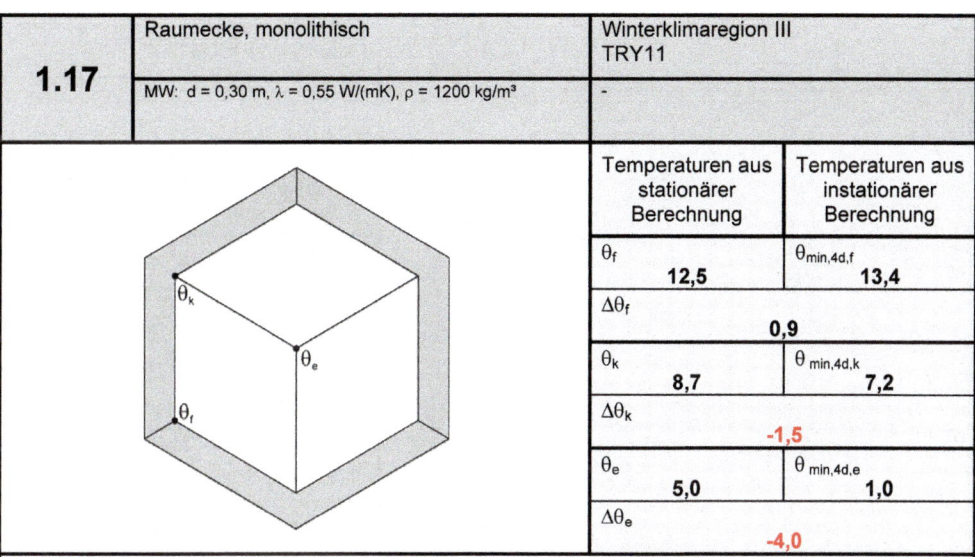

	Temperaturen aus stationärer Berechnung	Temperaturen aus instationärer Berechnung
θ_f	12,5	$\theta_{min,4d,f}$ 13,4
$\Delta\theta_f$	0,9	
θ_k	8,7	$\theta_{min,4d,k}$ 7,2
$\Delta\theta_k$	-1,5	
θ_e	5,0	$\theta_{min,4d,e}$ 1,0
$\Delta\theta_e$	-4,0	

Temperatur in der Ecke - Jahresverlauf vom 01.07. bis 30.06. (Achsenteilung in Wochen) und Vergleichswert (rot) aus der stationären Berechnung

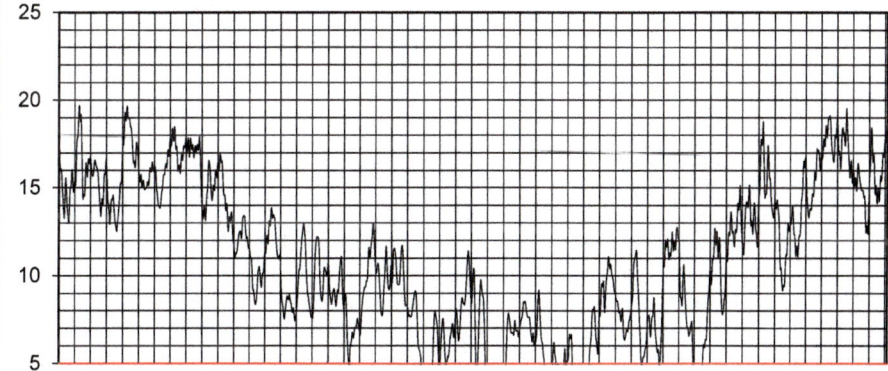

Temperatur in der Kante - Jahresverlauf vom 01.07. bis 30.06. (Achsenteilung in Wochen) und Vergleichswert (rot) aus der stationären Berechnung

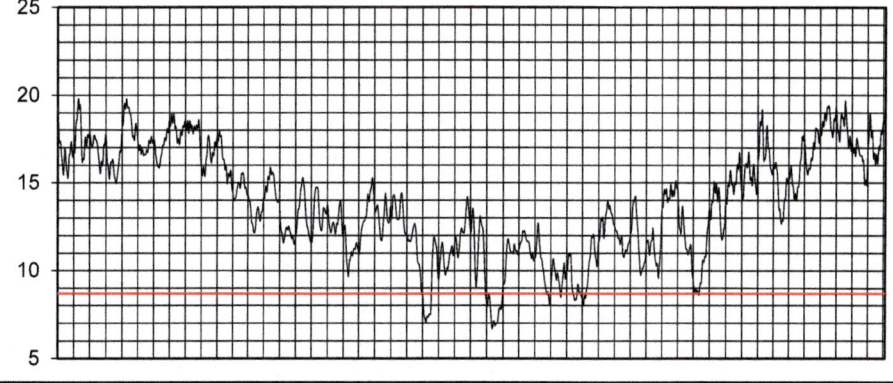

| 1.18 | Raumecke, monolithisch | Winterklimaregion I
Extremwinter 1996/1997 |
| | MW: d = 0,30 m, λ = 0,55 W/(mK), ρ = 1200 kg/m³ | - |

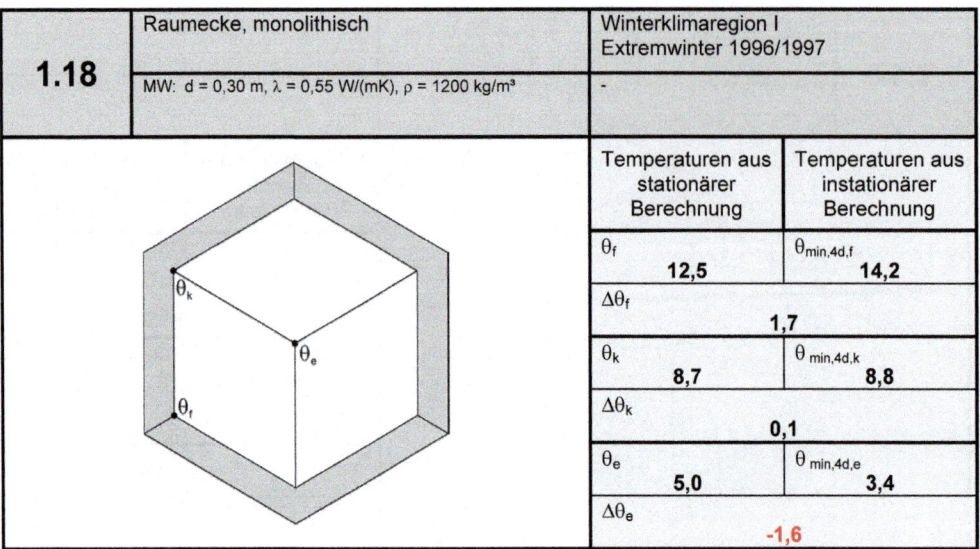

	Temperaturen aus stationärer Berechnung	Temperaturen aus instationärer Berechnung
θ_f	12,5	$\theta_{min,4d,f}$ 14,2
$\Delta\theta_f$		1,7
θ_k	8,7	$\theta_{min,4d,k}$ 8,8
$\Delta\theta_k$		0,1
θ_e	5,0	$\theta_{min,4d,e}$ 3,4
$\Delta\theta_e$		**-1,6**

Temperatur in der Ecke - Jahresverlauf vom 01.07. bis 30.06. (Achsenteilung in Wochen) und Vergleichswert (rot) aus der stationären Berechnung

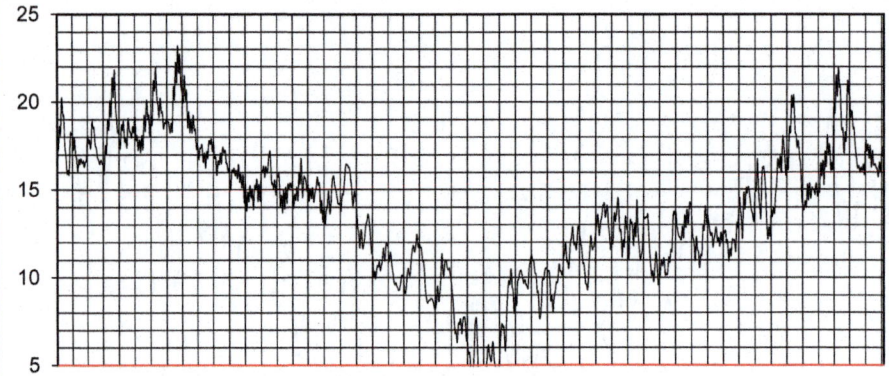

Temperatur in der Kante - Jahresverlauf vom 01.07. bis 30.06. (Achsenteilung in Wochen) und Vergleichswert (rot) aus der stationären Berechnung

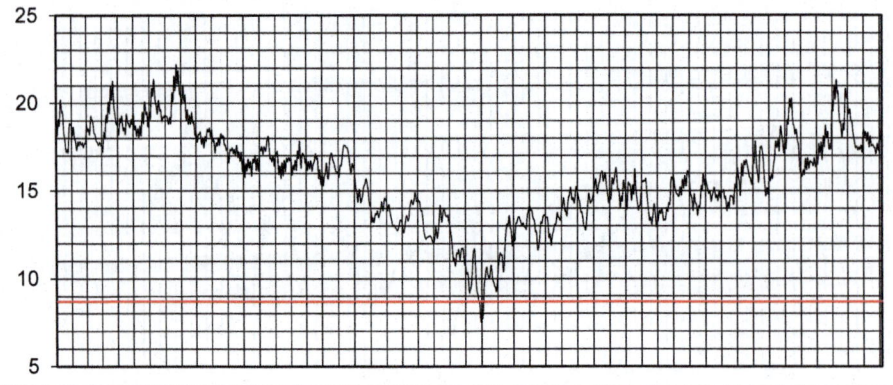

1.19	Raumecke, monolithisch	Winterklimaregion II Extremwinter 1978/1979
	MW: d = 0,30 m, λ = 0,55 W/(mK), ρ = 1200 kg/m³	-

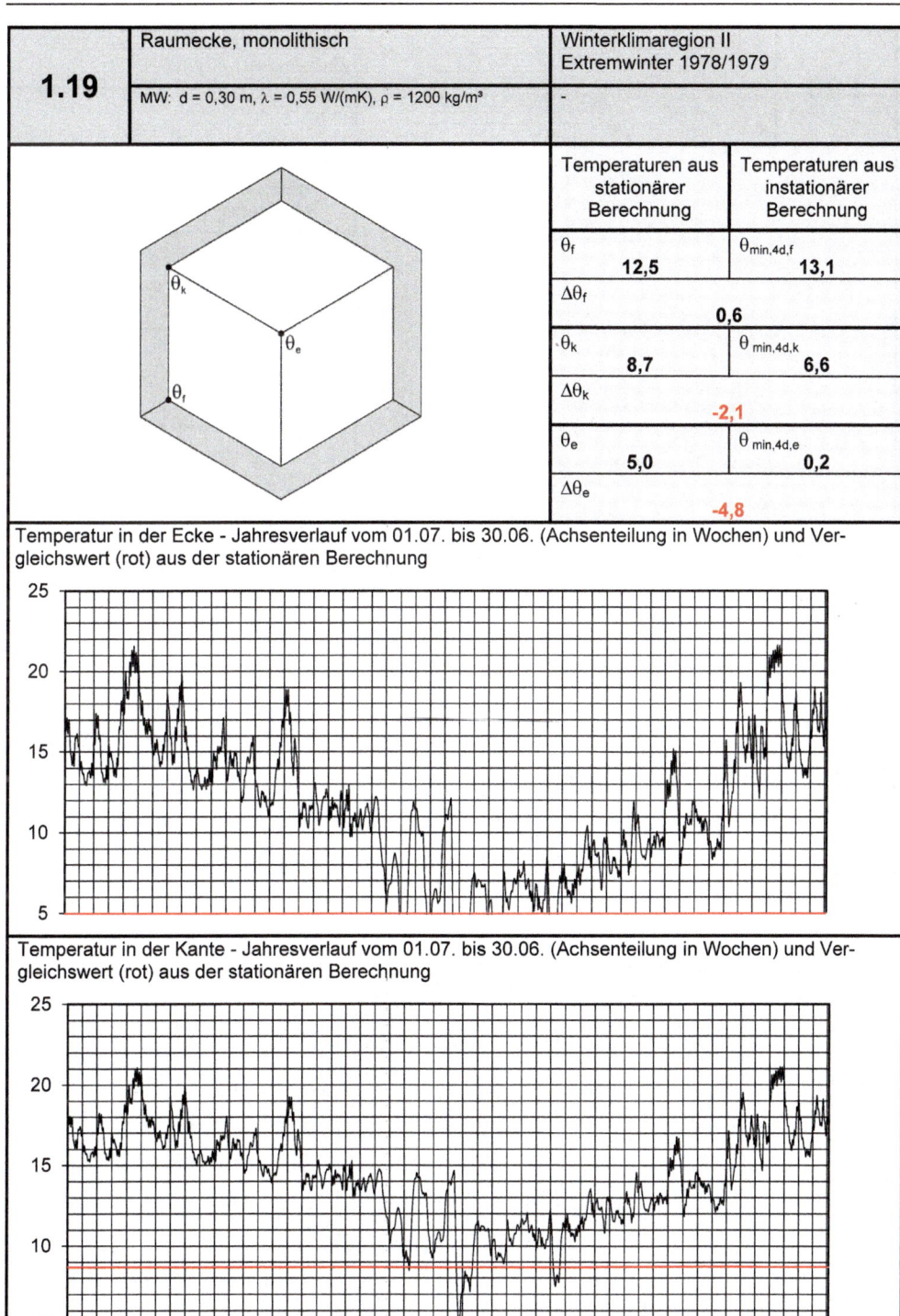

	Temperaturen aus stationärer Berechnung	Temperaturen aus instationärer Berechnung
θ_f	12,5	$\theta_{min,4d,f}$ 13,1
$\Delta\theta_f$	0,6	
θ_k	8,7	$\theta_{min,4d,k}$ 6,6
$\Delta\theta_k$	-2,1	
θ_e	5,0	$\theta_{min,4d,e}$ 0,2
$\Delta\theta_e$	-4,8	

Temperatur in der Ecke - Jahresverlauf vom 01.07. bis 30.06. (Achsenteilung in Wochen) und Vergleichswert (rot) aus der stationären Berechnung

Temperatur in der Kante - Jahresverlauf vom 01.07. bis 30.06. (Achsenteilung in Wochen) und Vergleichswert (rot) aus der stationären Berechnung

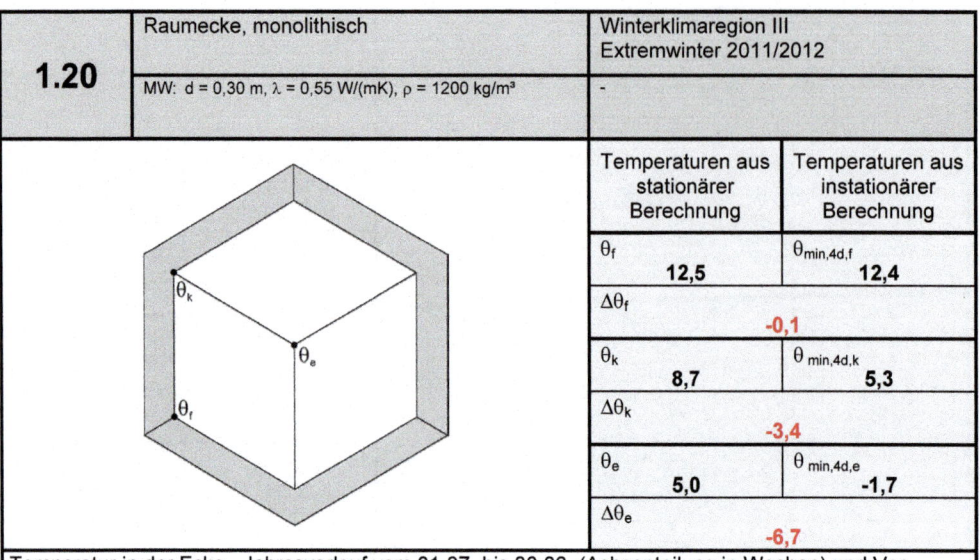

	Raumecke, monolithisch	Winterklimaregion III Extremwinter 2011/2012
1.20	MW: d = 0,30 m, λ = 0,55 W/(mK), ρ = 1200 kg/m³	-

	Temperaturen aus stationärer Berechnung	Temperaturen aus instationärer Berechnung
θ_f	**12,5**	$\theta_{min,4d,f}$ **12,4**
$\Delta\theta_f$	**-0,1**	
θ_k	**8,7**	$\theta_{min,4d,k}$ **5,3**
$\Delta\theta_k$	**-3,4**	
θ_e	**5,0**	$\theta_{min,4d,e}$ **-1,7**
$\Delta\theta_e$	**-6,7**	

Temperatur in der Ecke - Jahresverlauf vom 01.07. bis 30.06. (Achsenteilung in Wochen) und Vergleichswert (rot) aus der stationären Berechnung

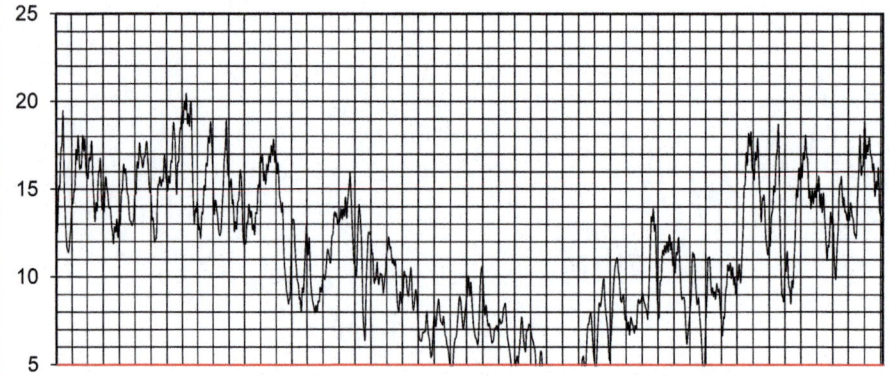

Temperatur in der Kante - Jahresverlauf vom 01.07. bis 30.06. (Achsenteilung in Wochen) und Vergleichswert (rot) aus der stationären Berechnung

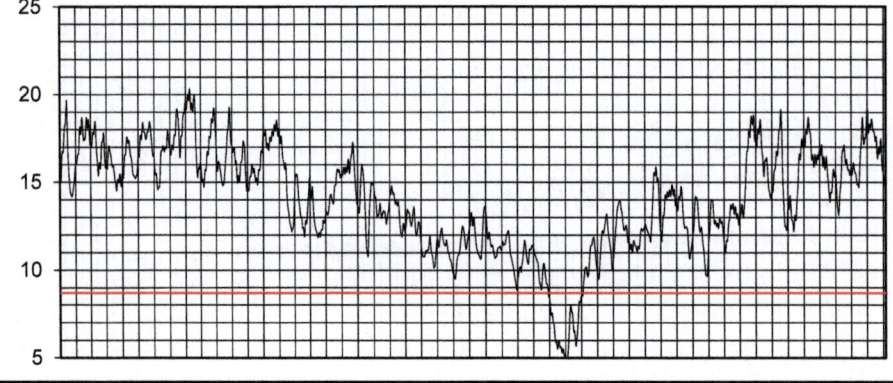

2.1	Raumecke, außen gedämmt	Winterklimaregion I TRY1
	Stahlbeton: d = 0,15 m, λ = 2,3 W/(mK), ρ = 2300 kg/m³ Dämmung: d = 0,12 m, λ = 0,035 W/(mK), ρ = 30 kg/m³	-

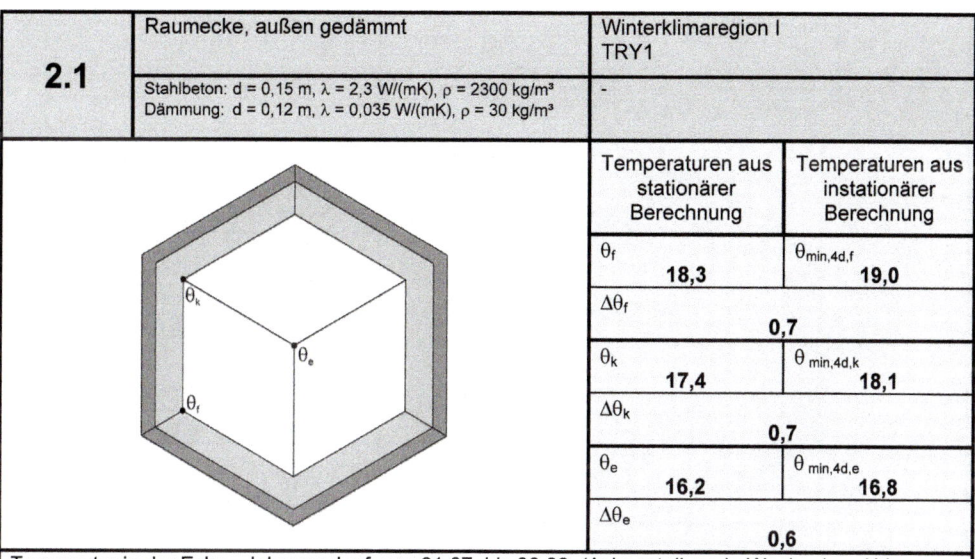

	Temperaturen aus stationärer Berechnung	Temperaturen aus instationärer Berechnung
θ_f	18,3	$\theta_{min,4d,f}$ 19,0
$\Delta\theta_f$	0,7	
θ_k	17,4	$\theta_{min,4d,k}$ 18,1
$\Delta\theta_k$	0,7	
θ_e	16,2	$\theta_{min,4d,e}$ 16,8
$\Delta\theta_e$	0,6	

Temperatur in der Ecke - Jahresverlauf vom 01.07. bis 30.06. (Achsenteilung in Wochen) und Vergleichswert (rot) aus der stationären Berechnung

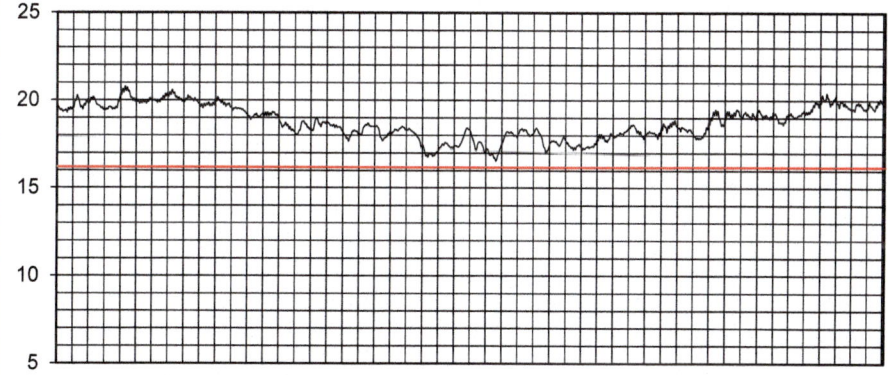

Temperatur in der Kante - Jahresverlauf vom 01.07. bis 30.06. (Achsenteilung in Wochen) und Vergleichswert (rot) aus der stationären Berechnung

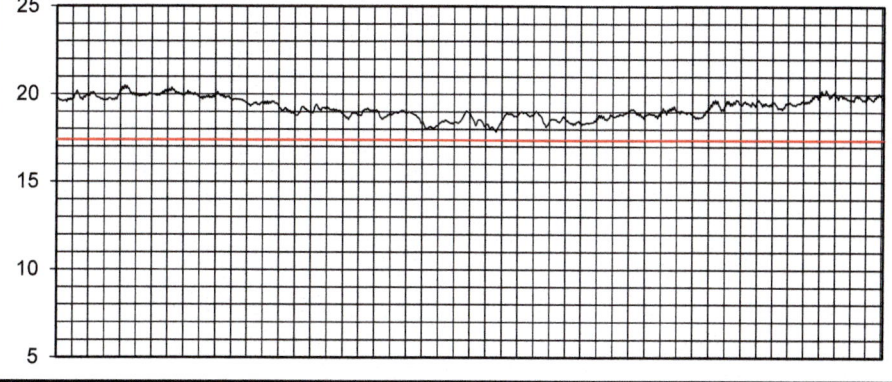

	Raumecke, außen gedämmt	Winterklimaregion II TRY8
2.2	Stahlbeton: d = 0,15 m, λ = 2,3 W/(mK), ρ = 2300 kg/m³ Dämmung: d = 0,12 m, λ = 0,035 W/(mK), ρ = 30 kg/m³	-

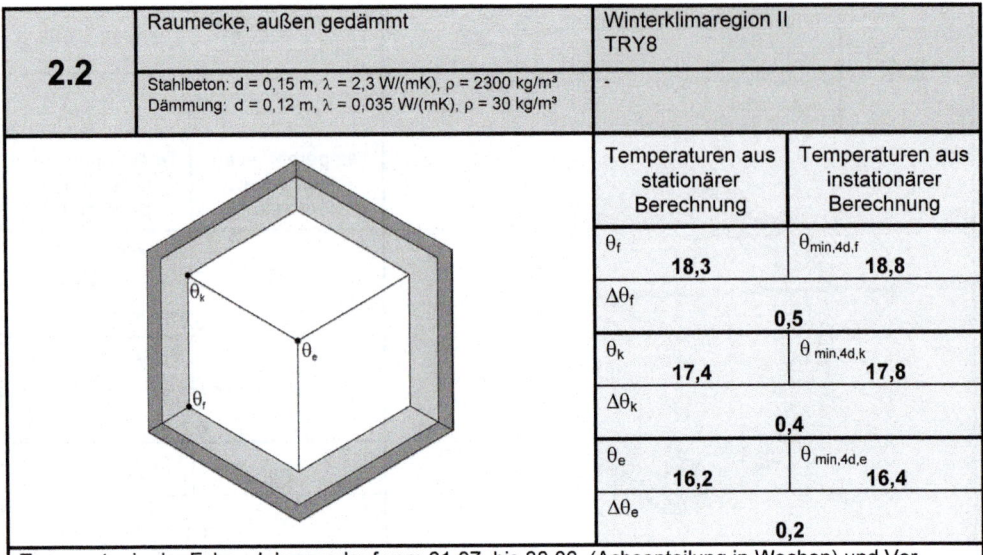

	Temperaturen aus stationärer Berechnung	Temperaturen aus instationärer Berechnung
θ_f	18,3	$\theta_{min,4d,f}$ 18,8
$\Delta\theta_f$		0,5
θ_k	17,4	$\theta_{min,4d,k}$ 17,8
$\Delta\theta_k$		0,4
θ_e	16,2	$\theta_{min,4d,e}$ 16,4
$\Delta\theta_e$		0,2

Temperatur in der Ecke - Jahresverlauf vom 01.07. bis 30.06. (Achsenteilung in Wochen) und Vergleichswert (rot) aus der stationären Berechnung

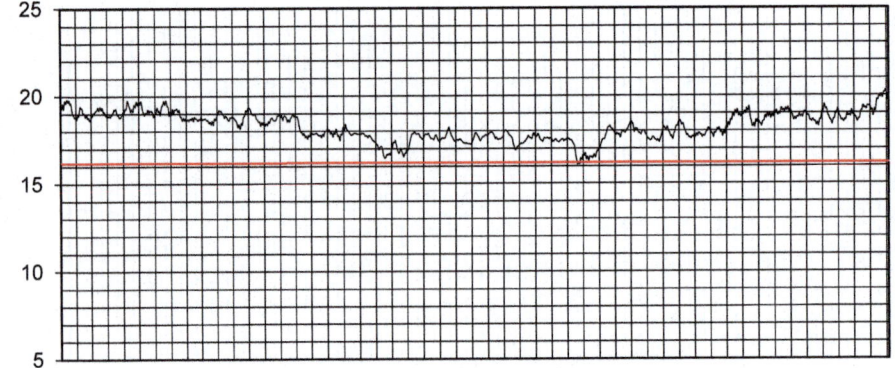

Temperatur in der Kante - Jahresverlauf vom 01.07. bis 30.06. (Achsenteilung in Wochen) und Vergleichswert (rot) aus der stationären Berechnung

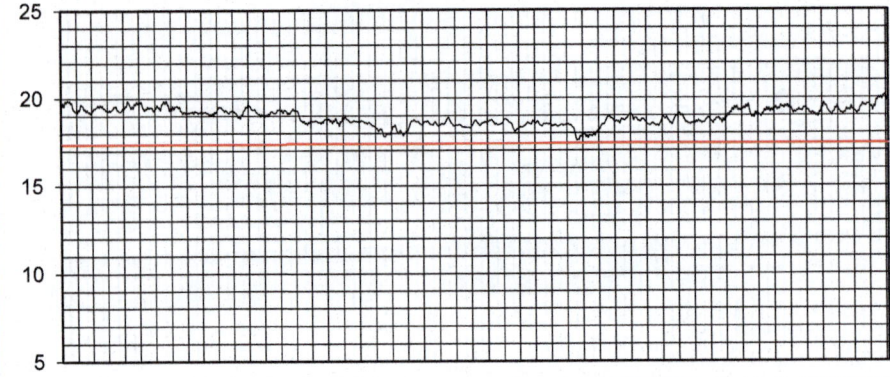

2.3	Raumecke, außen gedämmt		Winterklimaregion III TRY11	
	Stahlbeton: d = 0,15 m, λ = 2,3 W/(mK), ρ = 2300 kg/m³ Dämmung: d = 0,12 m, λ = 0,035 W/(mK), ρ = 30 kg/m³		-	

		Temperaturen aus stationärer Berechnung	Temperaturen aus instationärer Berechnung
	θ_f	18,3	$\theta_{min,4d,f}$ 18,7
	$\Delta\theta_f$	0,4	
	θ_k	17,4	$\theta_{min,4d,k}$ 17,5
	$\Delta\theta_k$	0,1	
	θ_e	16,2	$\theta_{min,4d,e}$ 15,9
	$\Delta\theta_e$	-0,3	

Temperatur in der Ecke - Jahresverlauf vom 01.07. bis 30.06. (Achsenteilung in Wochen) und Vergleichswert (rot) aus der stationären Berechnung

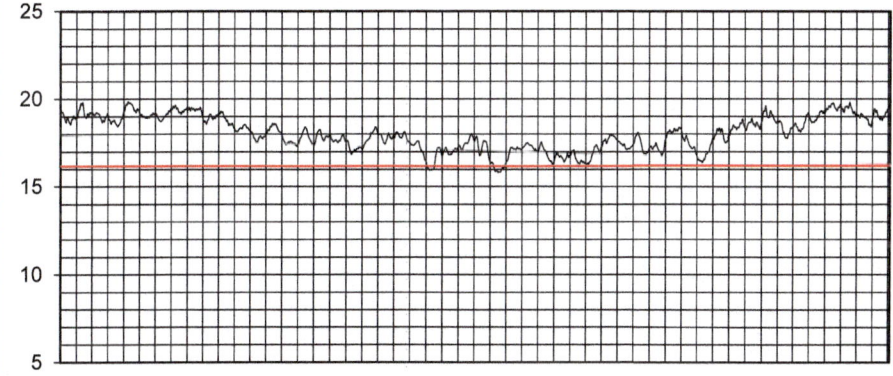

Temperatur in der Kante - Jahresverlauf vom 01.07. bis 30.06. (Achsenteilung in Wochen) und Vergleichswert (rot) aus der stationären Berechnung

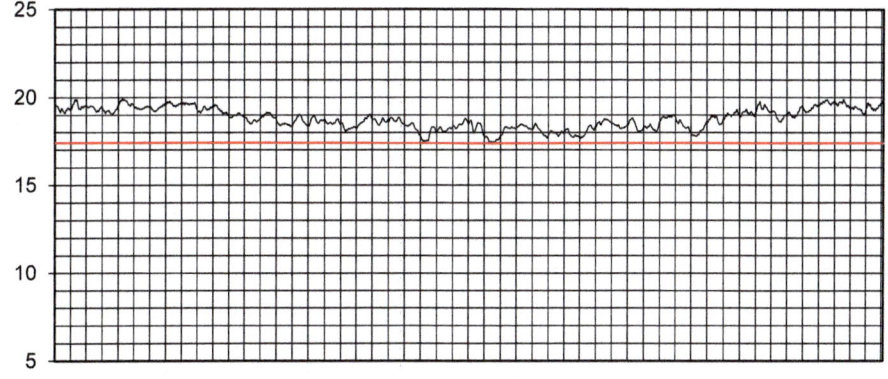

2.4	Raumecke, außen gedämmt Stahlbeton: d = 0,15 m, λ = 2,3 W/(mK), ρ = 2300 kg/m³ Dämmung: d = 0,12 m, λ = 0,035 W/(mK), ρ = 30 kg/m³	Winterklimaregion I Extremwinter 1996/1997 -

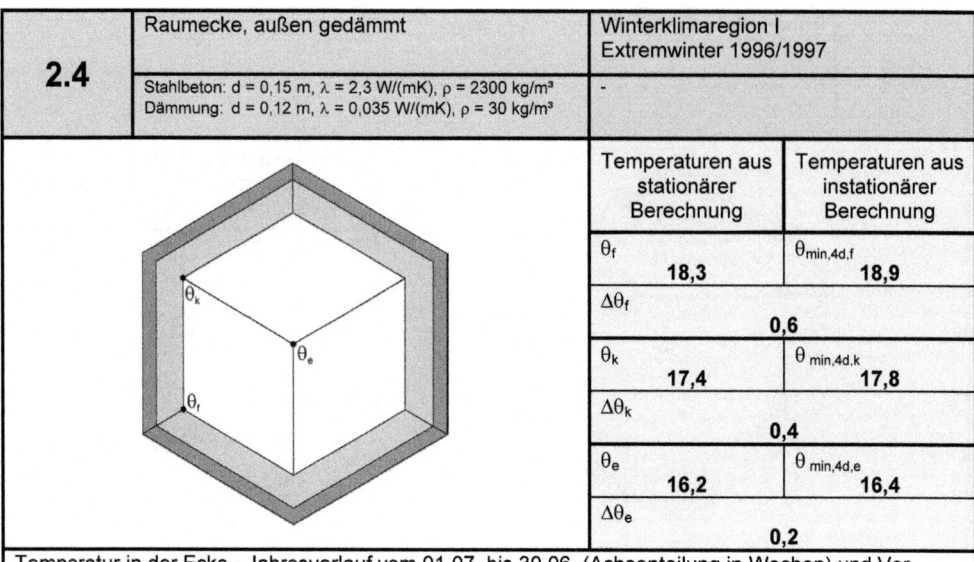

	Temperaturen aus stationärer Berechnung	Temperaturen aus instationärer Berechnung
θ_f	18,3	$\theta_{min,4d,f}$ 18,9
$\Delta\theta_f$		0,6
θ_k	17,4	$\theta_{min,4d,k}$ 17,8
$\Delta\theta_k$		0,4
θ_e	16,2	$\theta_{min,4d,e}$ 16,4
$\Delta\theta_e$		0,2

Temperatur in der Ecke - Jahresverlauf vom 01.07. bis 30.06. (Achsenteilung in Wochen) und Vergleichswert (rot) aus der stationären Berechnung

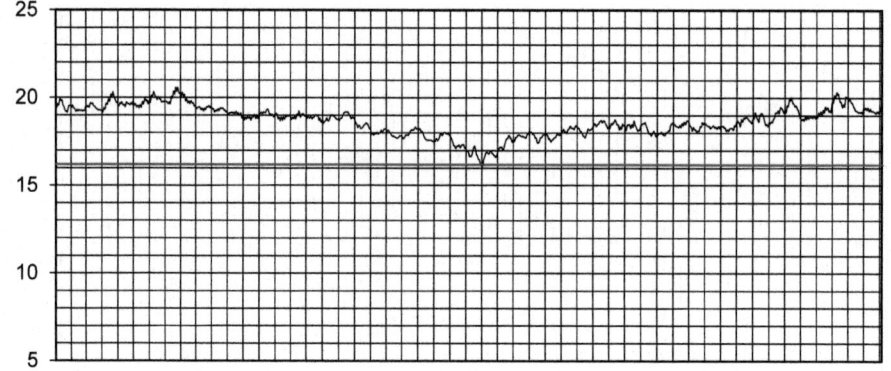

Temperatur in der Kante - Jahresverlauf vom 01.07. bis 30.06. (Achsenteilung in Wochen) und Vergleichswert (rot) aus der stationären Berechnung

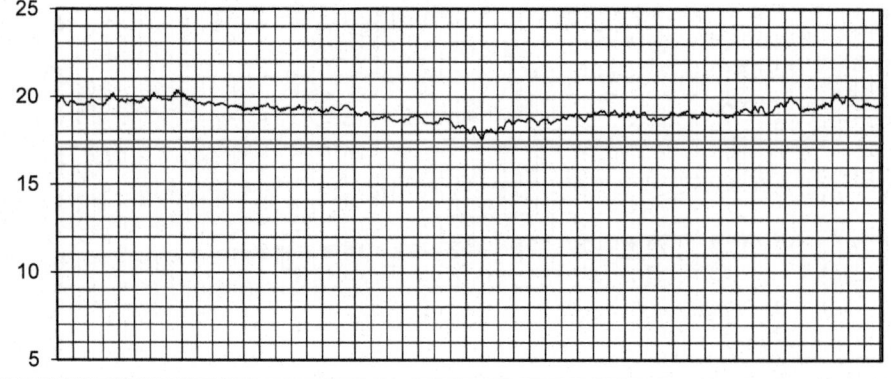

2.5	Raumecke, außen gedämmt	Winterklimaregion II Extremwinter 1978/1979
	Stahlbeton: d = 0,15 m, λ = 2,3 W/(mK), ρ = 2300 kg/m³ Dämmung: d = 0,12 m, λ = 0,035 W/(mK), ρ = 30 kg/m³	-

	Temperaturen aus stationärer Berechnung	Temperaturen aus instationärer Berechnung
θ_f	18,3	$\theta_{min,4d,f}$ 18,6
$\Delta\theta_f$	0,3	
θ_k	17,4	$\theta_{min,4d,k}$ 17,4
$\Delta\theta_k$	0,0	
θ_e	16,2	$\theta_{min,4d,e}$ 15,8
$\Delta\theta_e$	-0,4	

Temperatur in der Ecke - Jahresverlauf vom 01.07. bis 30.06. (Achsenteilung in Wochen) und Vergleichswert (rot) aus der stationären Berechnung

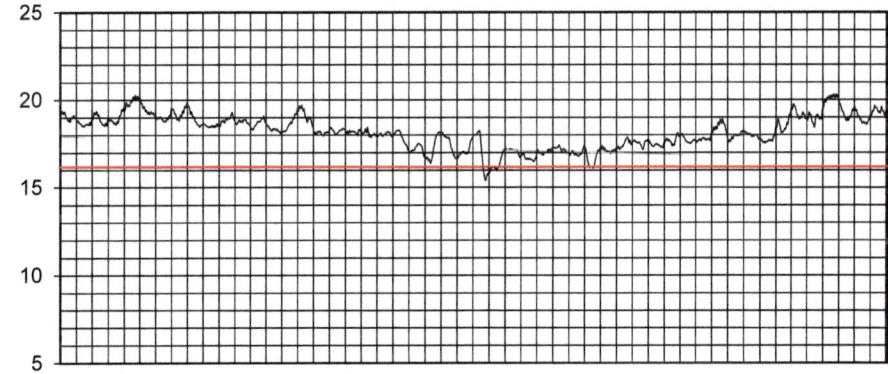

Temperatur in der Kante - Jahresverlauf vom 01.07. bis 30.06. (Achsenteilung in Wochen) und Vergleichswert (rot) aus der stationären Berechnung

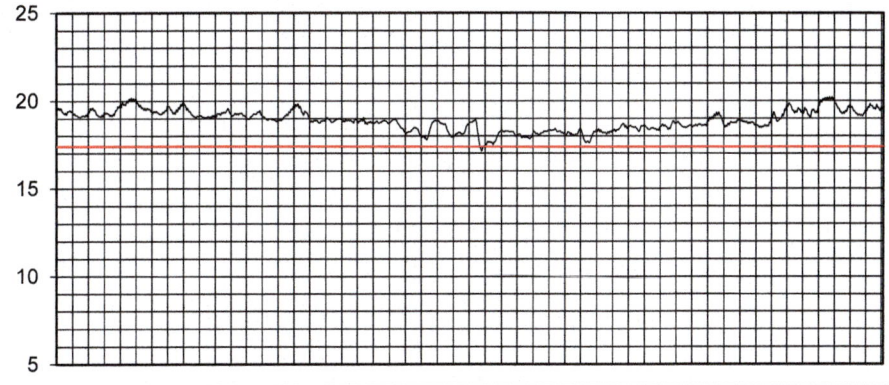

2.6	Raumecke, außen gedämmt	Winterklimaregion III Extremwinter 2011/2012
	Stahlbeton: d = 0,15 m, λ = 2,3 W/(mK), ρ = 2300 kg/m³ Dämmung: d = 0,12 m, λ = 0,035 W/(mK), ρ = 30 kg/m³	-

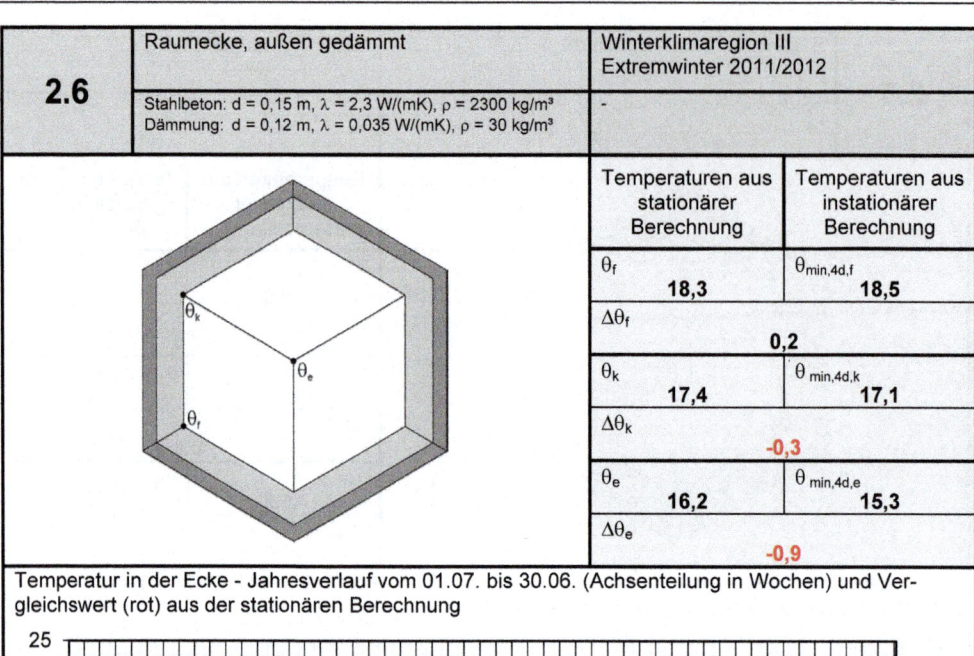

	Temperaturen aus stationärer Berechnung	Temperaturen aus instationärer Berechnung
θ_f 18,3		$\theta_{min,4d,f}$ 18,5
$\Delta\theta_f$	0,2	
θ_k 17,4		$\theta_{min,4d,k}$ 17,1
$\Delta\theta_k$	-0,3	
θ_e 16,2		$\theta_{min,4d,e}$ 15,3
$\Delta\theta_e$	-0,9	

Temperatur in der Ecke - Jahresverlauf vom 01.07. bis 30.06. (Achsenteilung in Wochen) und Vergleichswert (rot) aus der stationären Berechnung

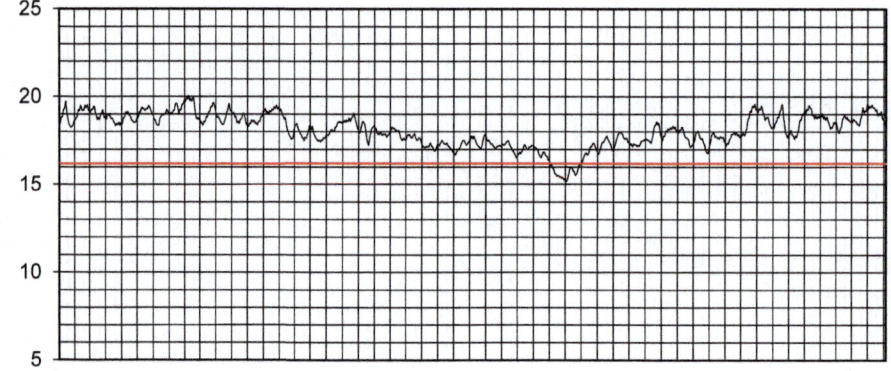

Temperatur in der Kante - Jahresverlauf vom 01.07. bis 30.06. (Achsenteilung in Wochen) und Vergleichswert (rot) aus der stationären Berechnung

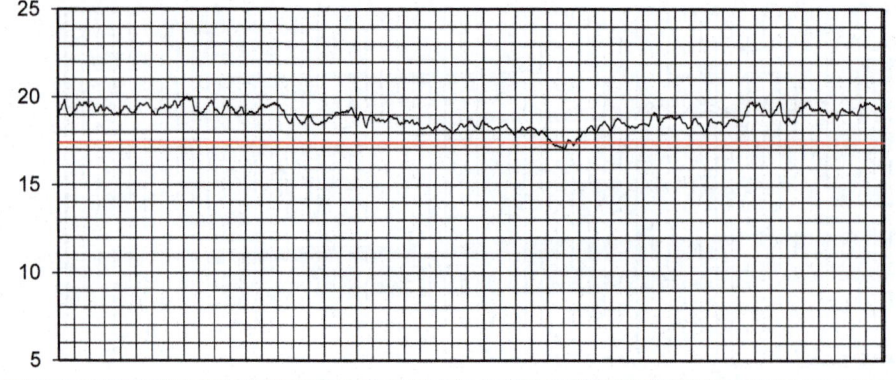

2.7	Raumecke, außen gedämmt	Winterklimaregion I TRY1
	Stahlbeton: d = 0,15 m, λ = 2,3 W/(mK), ρ = 2300 kg/m³ Dämmung: d = 0,08 m, λ = 0,035 W/(mK), ρ = 30 kg/m³	-

	Temperaturen aus stationärer Berechnung	Temperaturen aus instationärer Berechnung
θ_f	17,6	$\theta_{min,4d,f}$ 18,5
$\Delta\theta_f$	0,9	
θ_k	16,4	$\theta_{min,4d,k}$ 17,3
$\Delta\theta_k$	0,9	
θ_e	14,9	$\theta_{min,4d,e}$ 15,8
$\Delta\theta_e$	0,9	

Temperatur in der Ecke - Jahresverlauf vom 01.07. bis 30.06. (Achsenteilung in Wochen) und Vergleichswert (rot) aus der stationären Berechnung

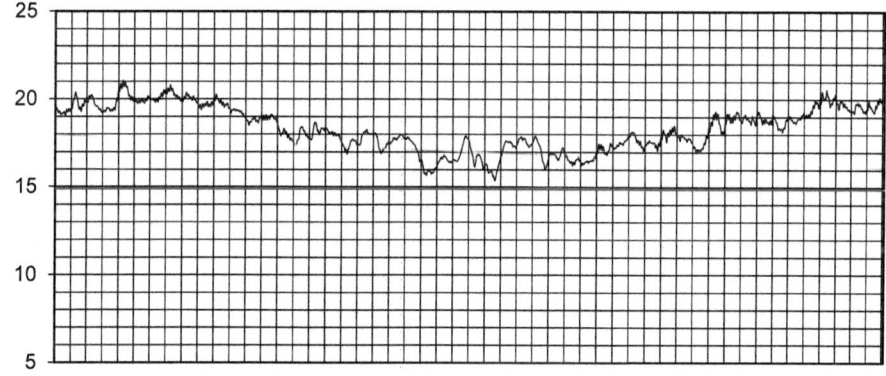

Temperatur in der Kante - Jahresverlauf vom 01.07. bis 30.06. (Achsenteilung in Wochen) und Vergleichswert (rot) aus der stationären Berechnung

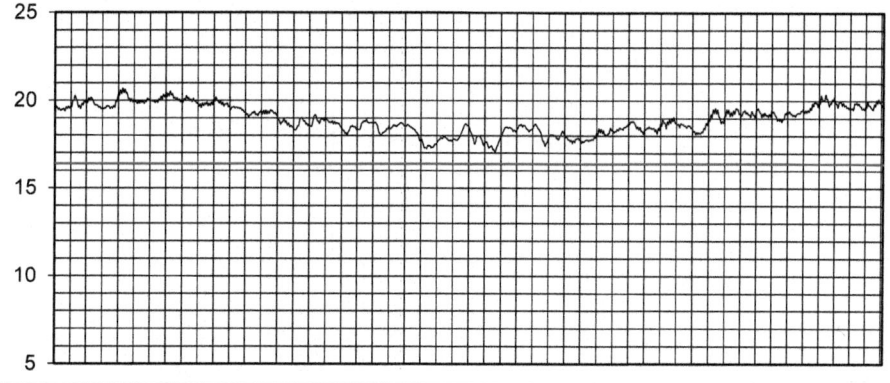

2.8	Raumecke, außen gedämmt	Winterklimaregion II TRY8
	Stahlbeton: d = 0,15 m, λ = 2,3 W/(mK), ρ = 2300 kg/m³ Dämmung: d = 0,08 m, λ = 0,035 W/(mK), ρ = 30 kg/m³	-

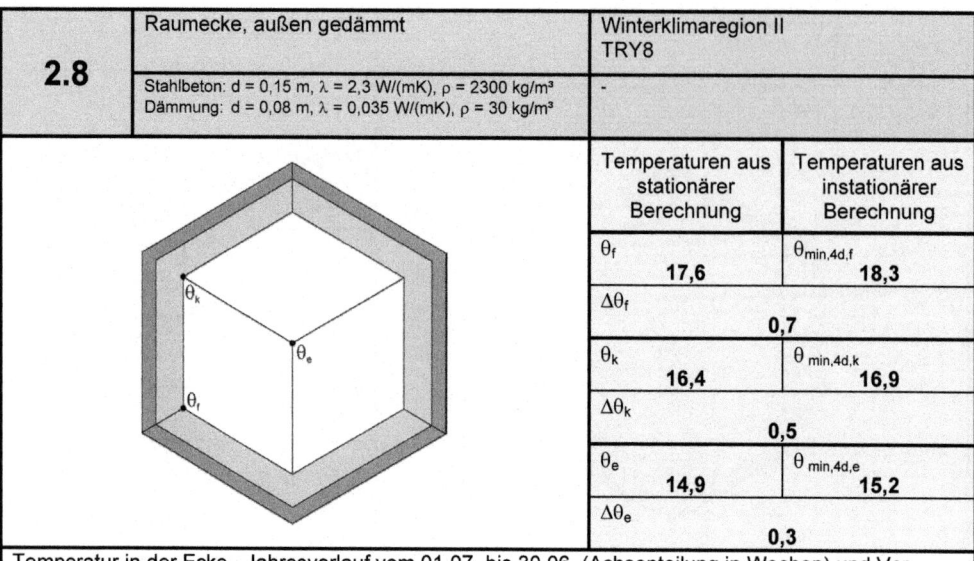

	Temperaturen aus stationärer Berechnung	Temperaturen aus instationärer Berechnung
θ_f	17,6	$\theta_{min,4d,f}$ 18,3
$\Delta\theta_f$	0,7	
θ_k	16,4	$\theta_{min,4d,k}$ 16,9
$\Delta\theta_k$	0,5	
θ_e	14,9	$\theta_{min,4d,e}$ 15,2
$\Delta\theta_e$	0,3	

Temperatur in der Ecke - Jahresverlauf vom 01.07. bis 30.06. (Achsenteilung in Wochen) und Vergleichswert (rot) aus der stationären Berechnung

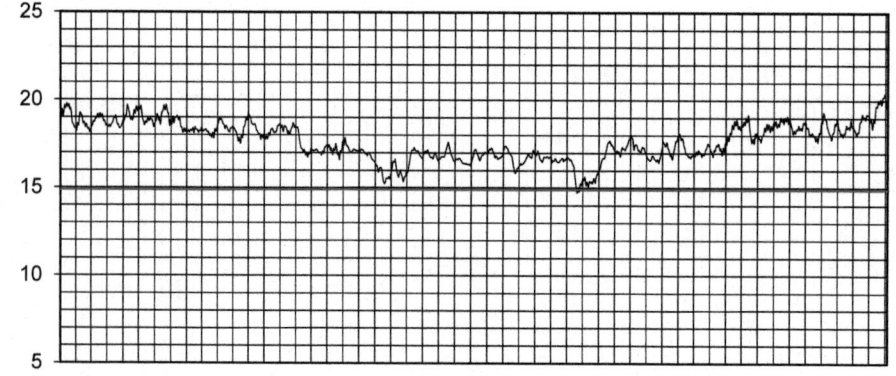

Temperatur in der Kante - Jahresverlauf vom 01.07. bis 30.06. (Achsenteilung in Wochen) und Vergleichswert (rot) aus der stationären Berechnung

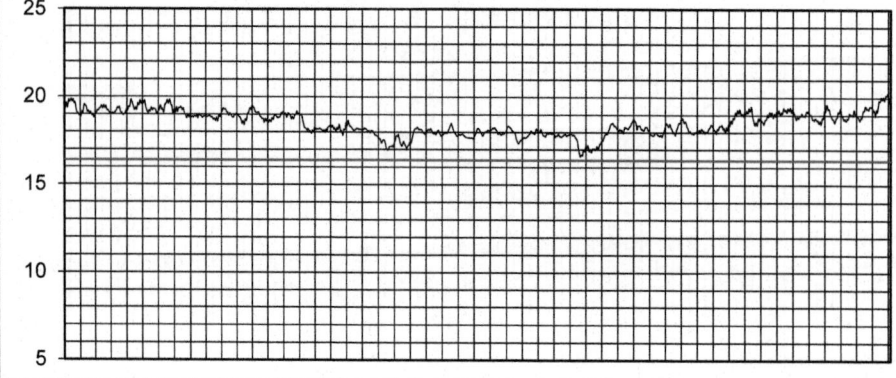

	Raumecke, außen gedämmt	Winterklimaregion III TRY11
2.9	Stahlbeton: d = 0,15 m, λ = 2,3 W/(mK), ρ = 2300 kg/m³ Dämmung: d = 0,08 m, λ = 0,035 W/(mK), ρ = 30 kg/m³	-

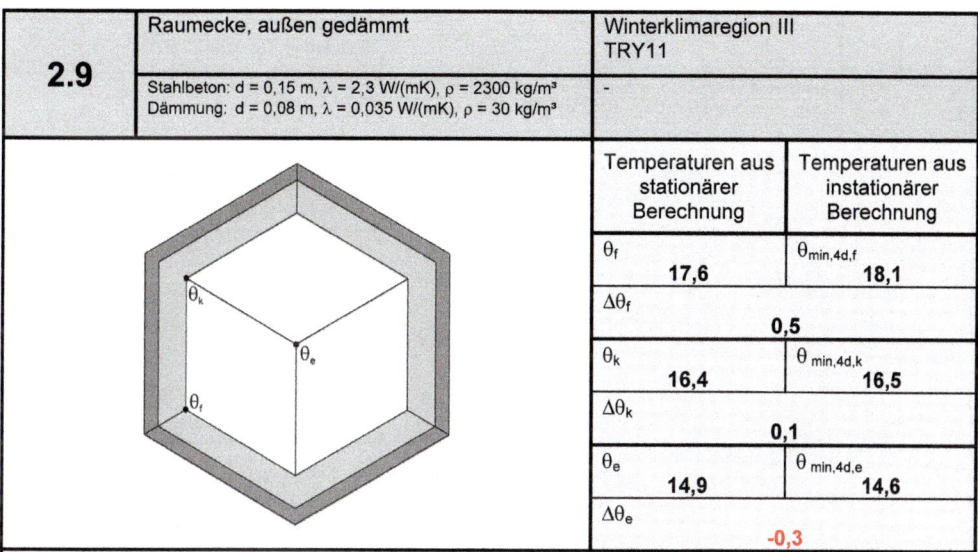

	Temperaturen aus stationärer Berechnung	Temperaturen aus instationärer Berechnung
θ_f	17,6	$\theta_{min,4d,f}$ 18,1
$\Delta\theta_f$	0,5	
θ_k	16,4	$\theta_{min,4d,k}$ 16,5
$\Delta\theta_k$	0,1	
θ_e	14,9	$\theta_{min,4d,e}$ 14,6
$\Delta\theta_e$	-0,3	

Temperatur in der Ecke - Jahresverlauf vom 01.07. bis 30.06. (Achsenteilung in Wochen) und Vergleichswert (rot) aus der stationären Berechnung

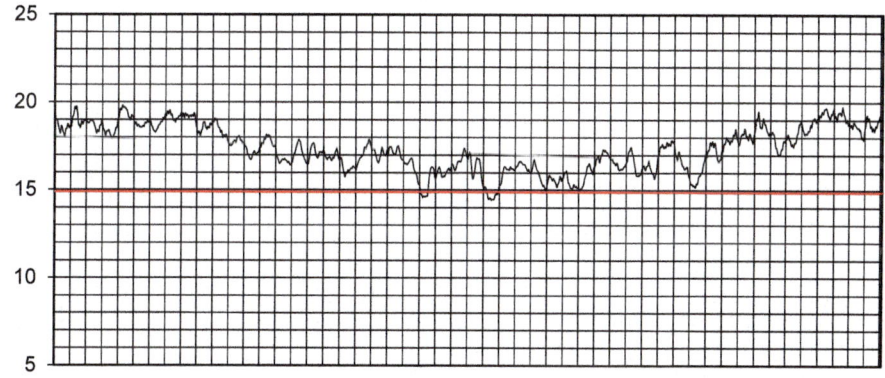

Temperatur in der Kante - Jahresverlauf vom 01.07. bis 30.06. (Achsenteilung in Wochen) und Vergleichswert (rot) aus der stationären Berechnung

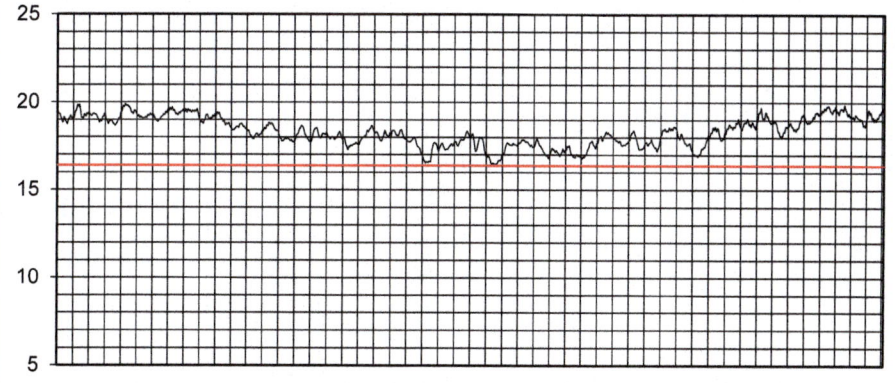

2.10	Raumecke, außen gedämmt	Winterklimaregion I Extremwinter 1996/1997
	Stahlbeton: d = 0,15 m, λ = 2,3 W/(mK), ρ = 2300 kg/m³ Dämmung: d = 0,08 m, λ = 0,035 W/(mK), ρ = 30 kg/m³	-

	Temperaturen aus stationärer Berechnung	Temperaturen aus instationärer Berechnung
θ_f	17,6	$\theta_{min,4d,f}$ 18,3
$\Delta\theta_f$	0,7	
θ_k	16,4	$\theta_{min,4d,k}$ 17,0
$\Delta\theta_k$	0,6	
θ_e	14,9	$\theta_{min,4d,e}$ 15,3
$\Delta\theta_e$	0,4	

Temperatur in der Ecke - Jahresverlauf vom 01.07. bis 30.06. (Achsenteilung in Wochen) und Vergleichswert (rot) aus der stationären Berechnung

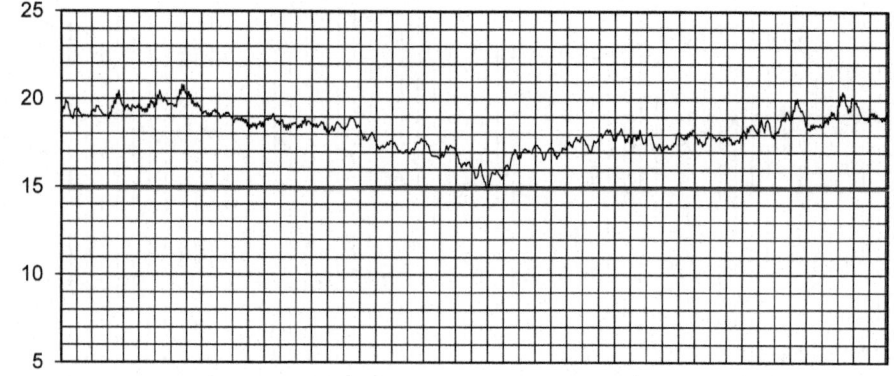

Temperatur in der Kante - Jahresverlauf vom 01.07. bis 30.06. (Achsenteilung in Wochen) und Vergleichswert (rot) aus der stationären Berechnung

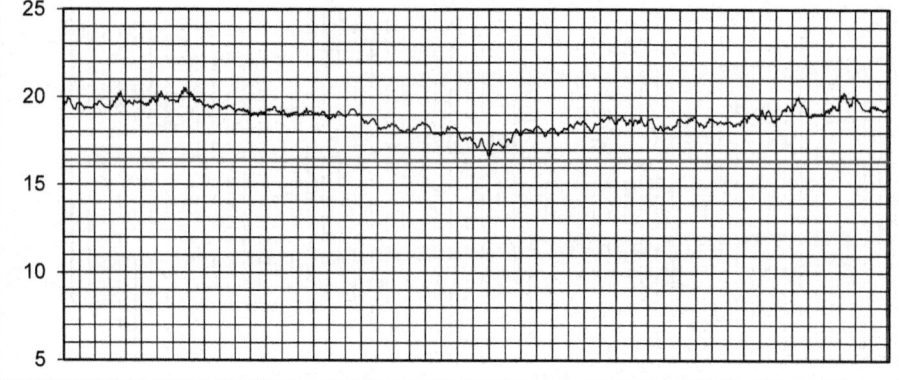

2.11	Raumecke, außen gedämmt	Winterklimaregion II Extremwinter 1978/1979
	Stahlbeton: d = 0,15 m, λ = 2,3 W/(mK), ρ = 2300 kg/m³ Dämmung: d = 0,08 m, λ = 0,035 W/(mK), ρ = 30 kg/m³	-

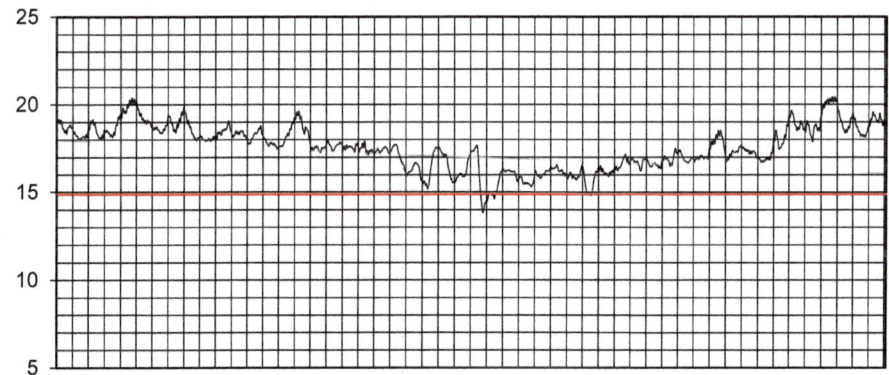

	Temperaturen aus stationärer Berechnung	Temperaturen aus instationärer Berechnung
θ_f	17,6	$\theta_{min,4d,f}$ 18,0
$\Delta\theta_f$		0,4
θ_k	16,4	$\theta_{min,4d,k}$ 16,4
$\Delta\theta_k$		0,0
θ_e	14,9	$\theta_{min,4d,e}$ 14,4
$\Delta\theta_e$		-0,5

Temperatur in der Ecke - Jahresverlauf vom 01.07. bis 30.06. (Achsenteilung in Wochen) und Vergleichswert (rot) aus der stationären Berechnung

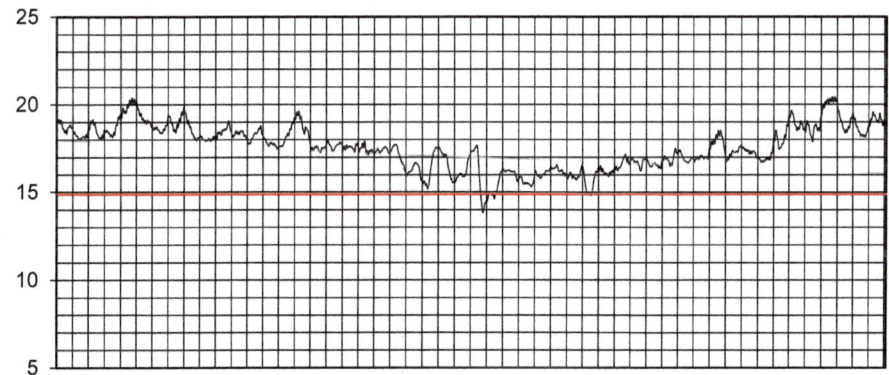

Temperatur in der Kante - Jahresverlauf vom 01.07. bis 30.06. (Achsenteilung in Wochen) und Vergleichswert (rot) aus der stationären Berechnung

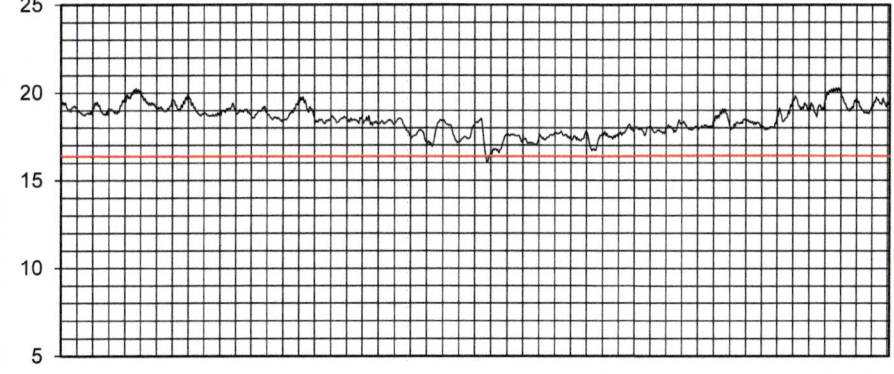

187

2.12	Raumecke, außen gedämmt	Winterklimaregion III Extremwinter 2011/2012
	Stahlbeton: d = 0,15 m, λ = 2,3 W/(mK), ρ = 2300 kg/m³ Dämmung: d = 0,08 m, λ = 0,035 W/(mK), ρ = 30 kg/m³	-

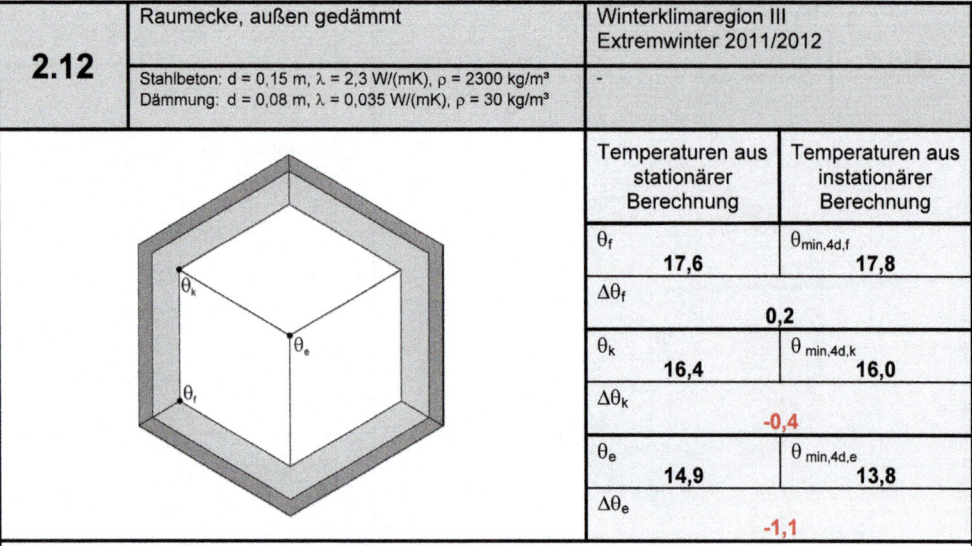

	Temperaturen aus stationärer Berechnung	Temperaturen aus instationärer Berechnung
θ_f	17,6	$\theta_{min,4d,f}$ 17,8
$\Delta\theta_f$		0,2
θ_k	16,4	$\theta_{min,4d,k}$ 16,0
$\Delta\theta_k$		-0,4
θ_e	14,9	$\theta_{min,4d,e}$ 13,8
$\Delta\theta_e$		-1,1

Temperatur in der Ecke - Jahresverlauf vom 01.07. bis 30.06. (Achsenteilung in Wochen) und Vergleichswert (rot) aus der stationären Berechnung

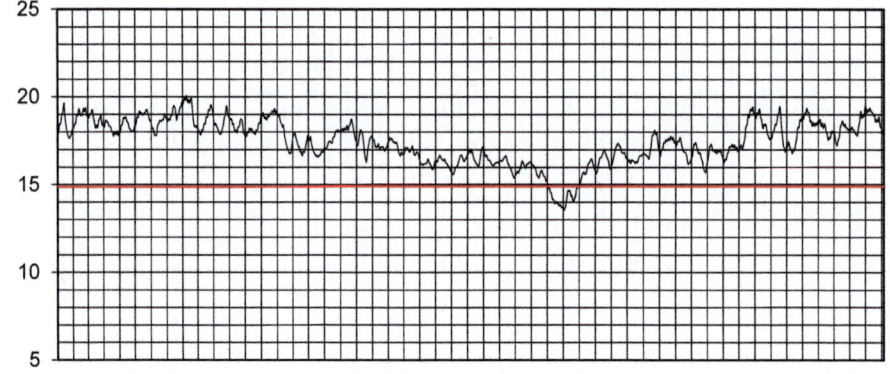

Temperatur in der Kante - Jahresverlauf vom 01.07. bis 30.06. (Achsenteilung in Wochen) und Vergleichswert (rot) aus der stationären Berechnung

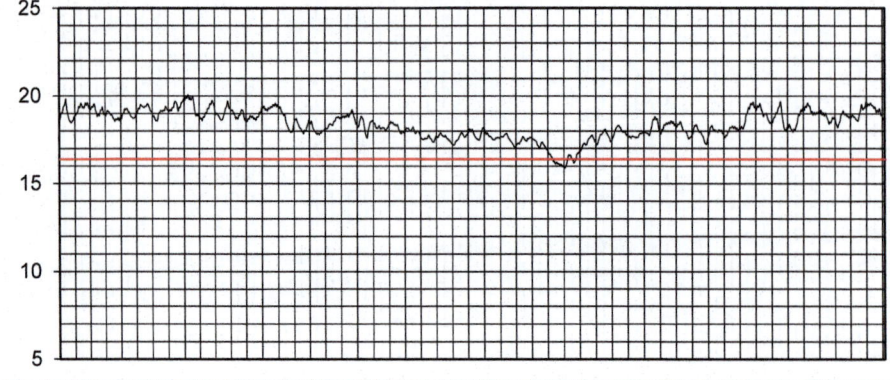

2.13	Raumecke, außen gedämmt		Winterklimaregion I TRY1	
	Stahlbeton: d = 0,15 m, λ = 2,3 W/(mK), ρ = 2300 kg/m³ Dämmung: d = 0,04 m, λ = 0,035 W/(mK), ρ = 30 kg/m³		-	

	Temperaturen aus stationärer Berechnung	Temperaturen aus instationärer Berechnung
θ_f	15,8	$\theta_{min,4d,f}$ 17,3
$\Delta\theta_f$	1,5	
θ_k	14,0	$\theta_{min,4d,k}$ 15,4
$\Delta\theta_k$	1,4	
θ_e	11,9	$\theta_{min,4d,e}$ 13,1
$\Delta\theta_e$	1,2	

Temperatur in der Ecke - Jahresverlauf vom 01.07. bis 30.06. (Achsenteilung in Wochen) und Vergleichswert (rot) aus der stationären Berechnung

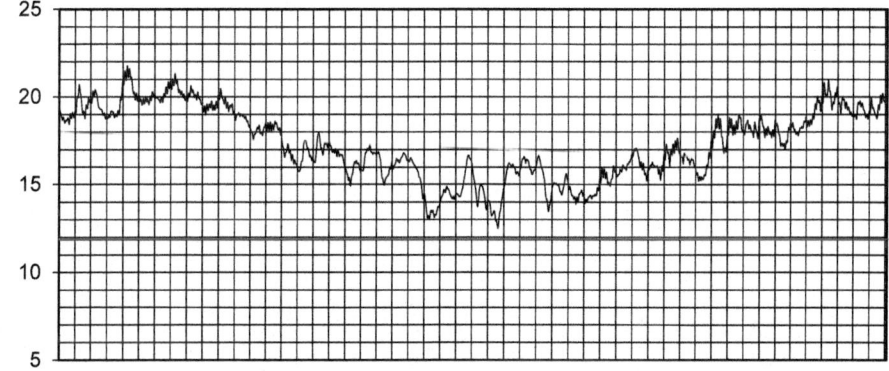

Temperatur in der Kante - Jahresverlauf vom 01.07. bis 30.06. (Achsenteilung in Wochen) und Vergleichswert (rot) aus der stationären Berechnung

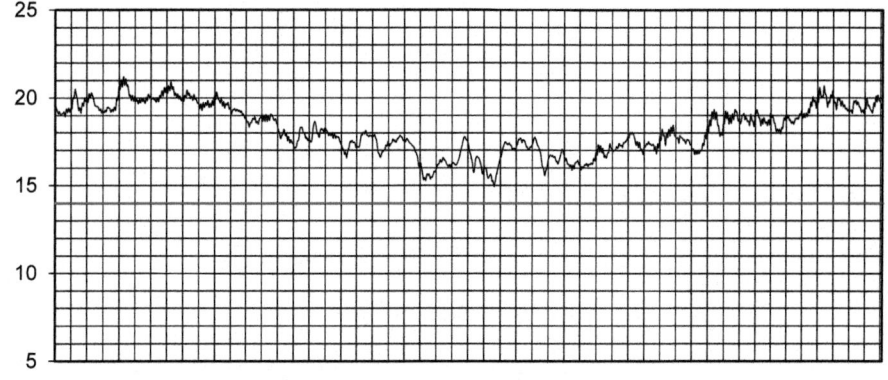

2.14	Raumecke, außen gedämmt	Winterklimaregion II TRY8
	Stahlbeton: d = 0,15 m, λ = 2,3 W/(mK), ρ = 2300 kg/m³ Dämmung: d = 0,04 m, λ = 0,035 W/(mK), ρ = 30 kg/m³	-

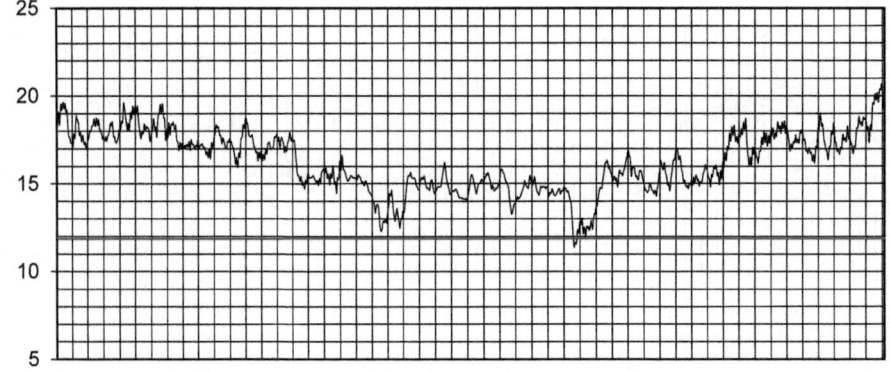

	Temperaturen aus stationärer Berechnung	Temperaturen aus instationärer Berechnung
θ_f	15,8	$\theta_{min,4d,f}$ 16,9
$\Delta\theta_f$	1,1	
θ_k	14,0	$\theta_{min,4d,k}$ 14,8
$\Delta\theta_k$	0,8	
θ_e	11,9	$\theta_{min,4d,e}$ 12,2
$\Delta\theta_e$	0,3	

Temperatur in der Ecke - Jahresverlauf vom 01.07. bis 30.06. (Achsenteilung in Wochen) und Vergleichswert (rot) aus der stationären Berechnung

Temperatur in der Kante - Jahresverlauf vom 01.07. bis 30.06. (Achsenteilung in Wochen) und Vergleichswert (rot) aus der stationären Berechnung

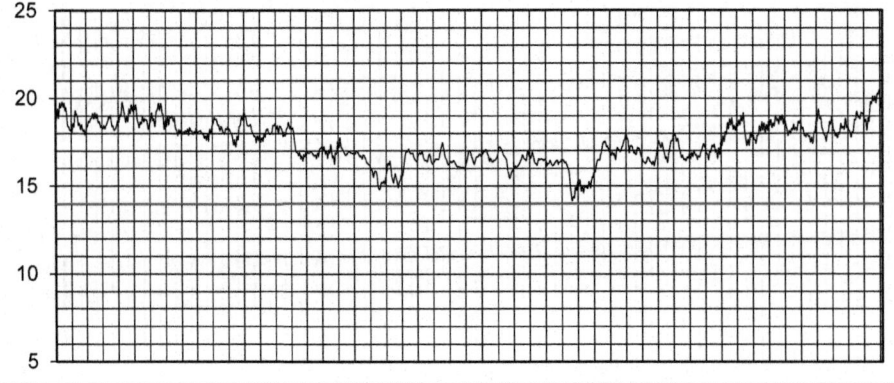

2.15	Raumecke, außen gedämmt	Winterklimaregion III TRY11
	Stahlbeton: d = 0,15 m, λ = 2,3 W/(mK), ρ = 2300 kg/m³ Dämmung: d = 0,04 m, λ = 0,035 W/(mK), ρ = 30 kg/m³	-

Temperaturen aus stationärer Berechnung	Temperaturen aus instationärer Berechnung
θ_f **15,8**	$\theta_{min,4d,f}$ **16,5**
$\Delta\theta_f$ **0,7**	
θ_k **14,0**	$\theta_{min,4d,k}$ **14,1**
$\Delta\theta_k$ **0,1**	
θ_e **11,9**	$\theta_{min,4d,e}$ **11,2**
$\Delta\theta_e$ **-0,7**	

Temperatur in der Ecke - Jahresverlauf vom 01.07. bis 30.06. (Achsenteilung in Wochen) und Vergleichswert (rot) aus der stationären Berechnung

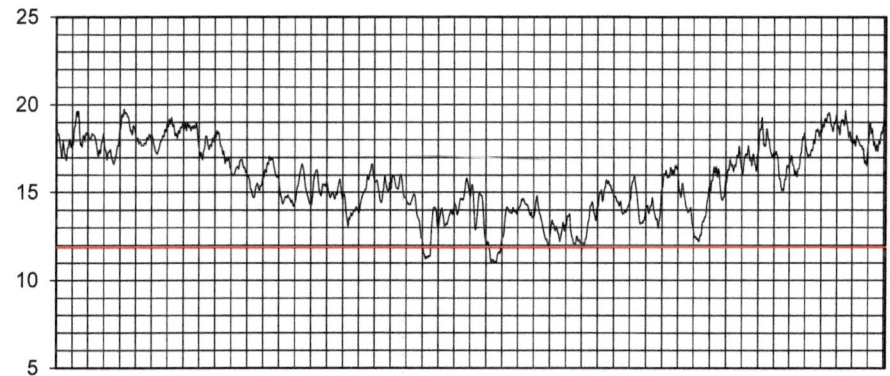

Temperatur in der Kante - Jahresverlauf vom 01.07. bis 30.06. (Achsenteilung in Wochen) und Vergleichswert (rot) aus der stationären Berechnung

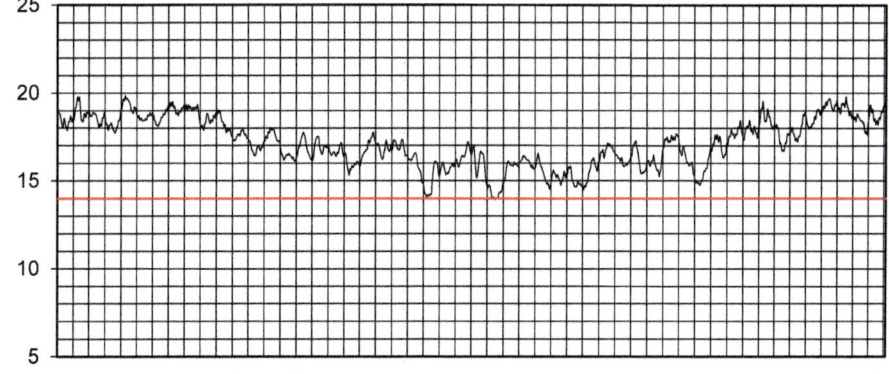

	Raumecke, außen gedämmt		Winterklimaregion I Extremwinter 1996/1997	
2.16	Stahlbeton: d = 0,15 m, λ = 2,3 W/(mK), ρ = 2300 kg/m³ Dämmung: d = 0,04 m, λ = 0,035 W/(mK), ρ = 30 kg/m³		-	

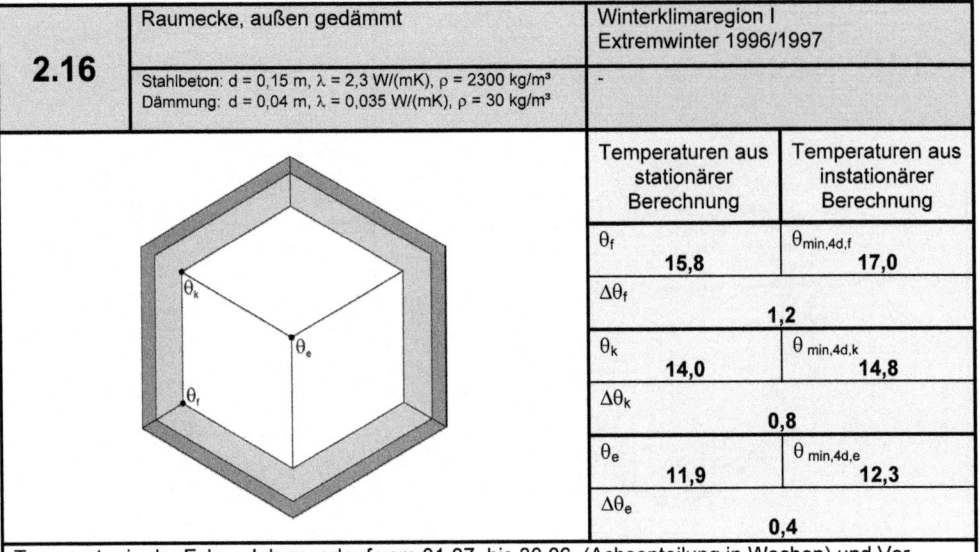

	Temperaturen aus stationärer Berechnung	Temperaturen aus instationärer Berechnung
θ_f	**15,8**	$\theta_{min,4d,f}$ **17,0**
$\Delta\theta_f$		**1,2**
θ_k	**14,0**	$\theta_{min,4d,k}$ **14,8**
$\Delta\theta_k$		**0,8**
θ_e	**11,9**	$\theta_{min,4d,e}$ **12,3**
$\Delta\theta_e$		**0,4**

Temperatur in der Ecke - Jahresverlauf vom 01.07. bis 30.06. (Achsenteilung in Wochen) und Vergleichswert (rot) aus der stationären Berechnung

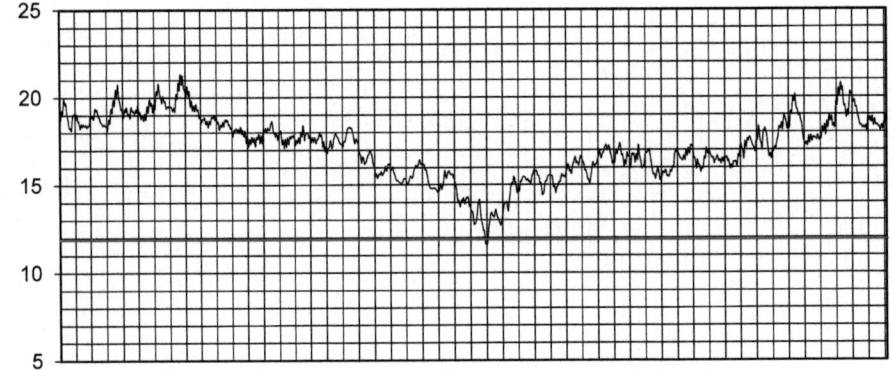

Temperatur in der Kante - Jahresverlauf vom 01.07. bis 30.06. (Achsenteilung in Wochen) und Vergleichswert (rot) aus der stationären Berechnung

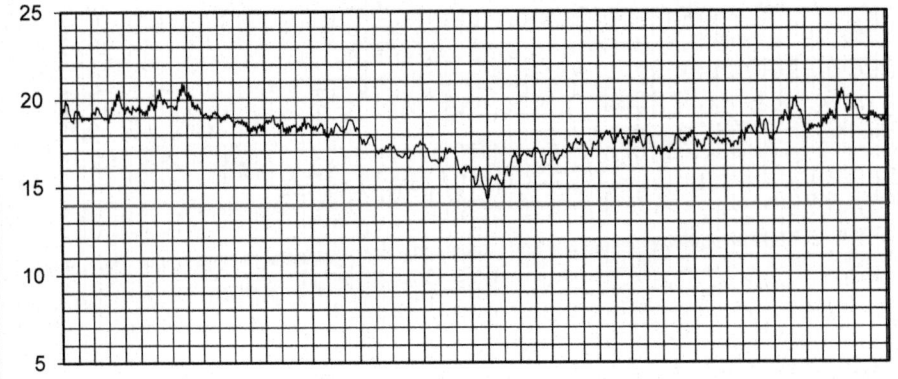

2.17	Raumecke, außen gedämmt Stahlbeton: d = 0,15 m, λ = 2,3 W/(mK), ρ = 2300 kg/m³ Dämmung: d = 0,04 m, λ = 0,035 W/(mK), ρ = 30 kg/m³	Winterklimaregion II Extremwinter 1978/1979 -

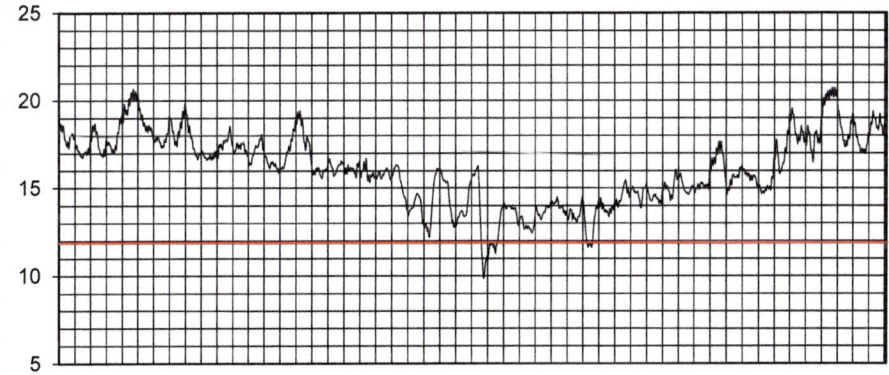

	Temperaturen aus stationärer Berechnung	Temperaturen aus instationärer Berechnung
θ_f	15,8	$\theta_{min,4d,f}$ 16,4
$\Delta\theta_f$	0,6	
θ_k	14,0	$\theta_{min,4d,k}$ 13,9
$\Delta\theta_k$	-0,1	
θ_e	11,9	$\theta_{min,4d,e}$ 11,0
$\Delta\theta_e$	-0,9	

Temperatur in der Ecke - Jahresverlauf vom 01.07. bis 30.06. (Achsenteilung in Wochen) und Vergleichswert (rot) aus der stationären Berechnung

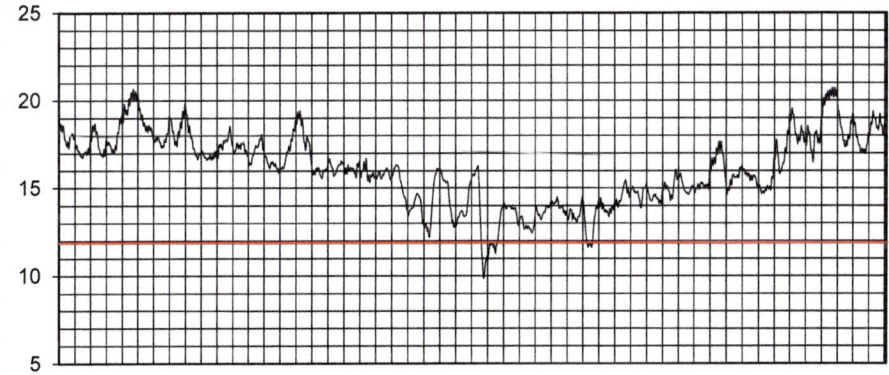

Temperatur in der Kante - Jahresverlauf vom 01.07. bis 30.06. (Achsenteilung in Wochen) und Vergleichswert (rot) aus der stationären Berechnung

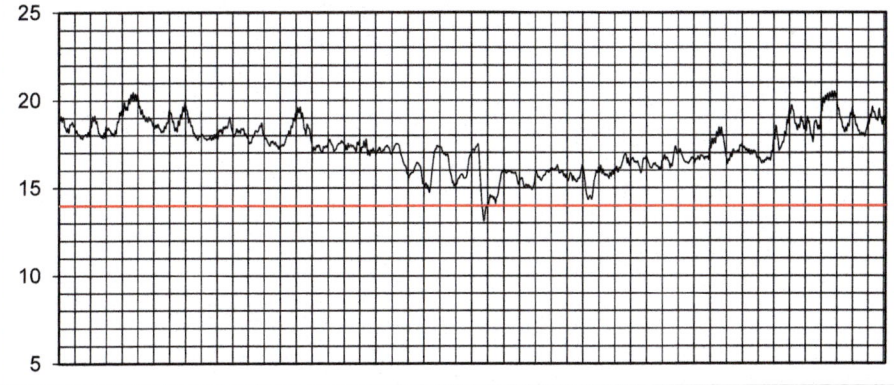

2.18	Raumecke, außen gedämmt	Winterklimaregion III Extremwinter 2011/2012
	Stahlbeton: d = 0,15 m, λ = 2,3 W/(mK), ρ = 2300 kg/m³ Dämmung: d = 0,04 m, λ = 0,035 W/(mK), ρ = 30 kg/m³	-

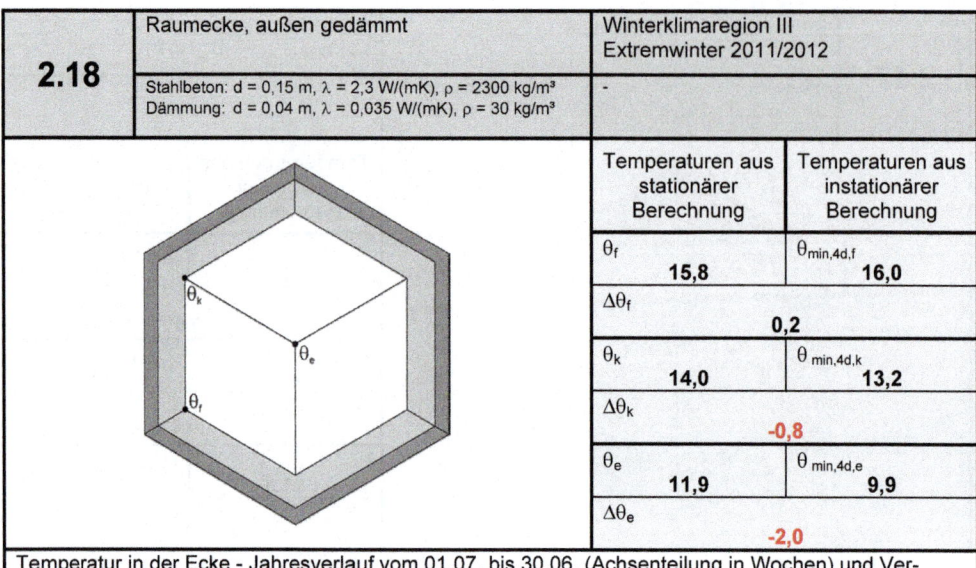

		Temperaturen aus stationärer Berechnung	Temperaturen aus instationärer Berechnung
θ_f		15,8	$\theta_{min,4d,f}$ 16,0
$\Delta\theta_f$		0,2	
θ_k		14,0	$\theta_{min,4d,k}$ 13,2
$\Delta\theta_k$		-0,8	
θ_e		11,9	$\theta_{min,4d,e}$ 9,9
$\Delta\theta_e$		-2,0	

Temperatur in der Ecke - Jahresverlauf vom 01.07. bis 30.06. (Achsenteilung in Wochen) und Vergleichswert (rot) aus der stationären Berechnung

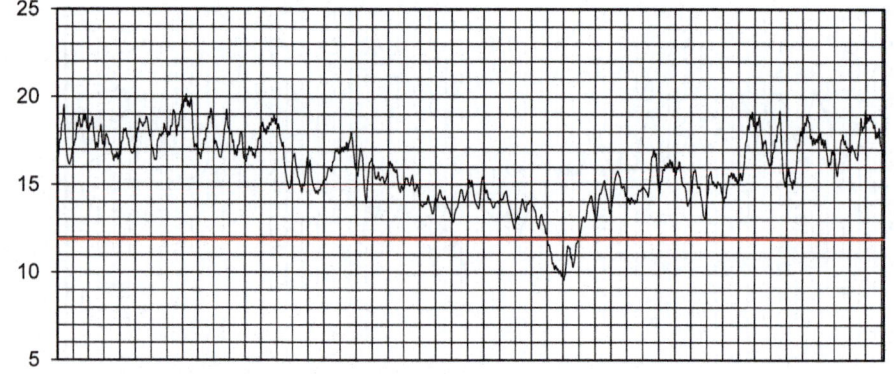

Temperatur in der Kante - Jahresverlauf vom 01.07. bis 30.06. (Achsenteilung in Wochen) und Vergleichswert (rot) aus der stationären Berechnung

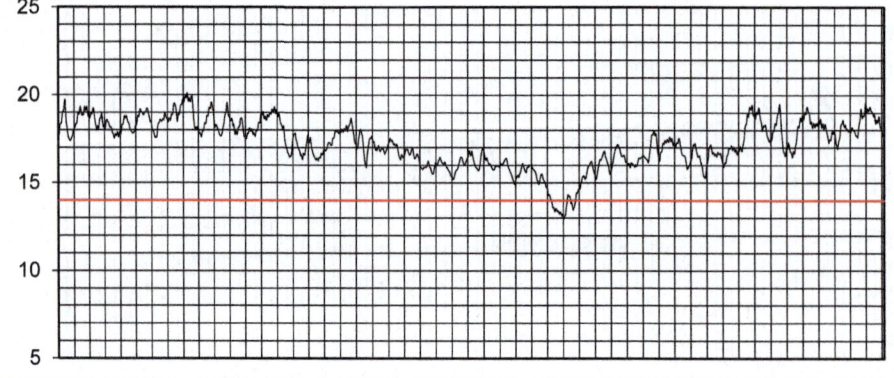

3.1	Raumecke, innen gedämmt	Winterklimaregion I
	Dämmung: d = 0,12 m, λ = 0,035 W/(mK), ρ = 30 kg/m³ Stahlbeton: d = 0,15 m, λ = 2,3 W/(mK), ρ = 2300 kg/m³	TRY1 -

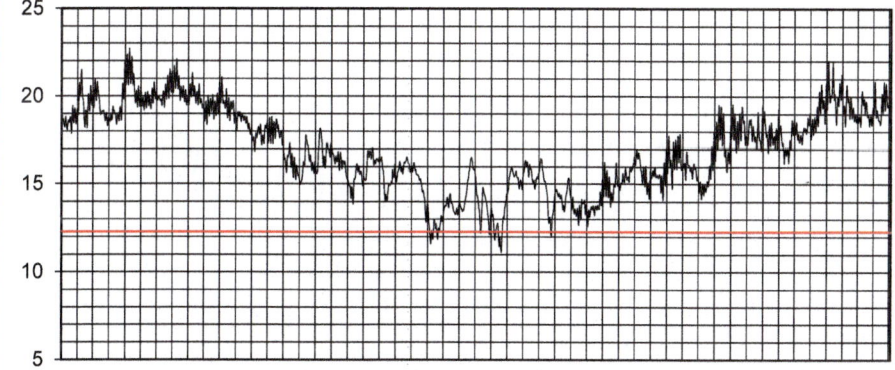

	Temperaturen aus stationärer Berechnung	Temperaturen aus instationärer Berechnung
θ_f	18,4	$\theta_{min,4d,f}$ 19,0
$\Delta\theta_f$	0,6	
θ_k	16,0	$\theta_{min,4d,k}$ 16,4
$\Delta\theta_k$	0,4	
θ_e	12,3	$\theta_{min,4d,e}$ 12,1
$\Delta\theta_e$	-0,2	

Temperatur in der Ecke - Jahresverlauf vom 01.07. bis 30.06. (Achsenteilung in Wochen) und Vergleichswert (rot) aus der stationären Berechnung

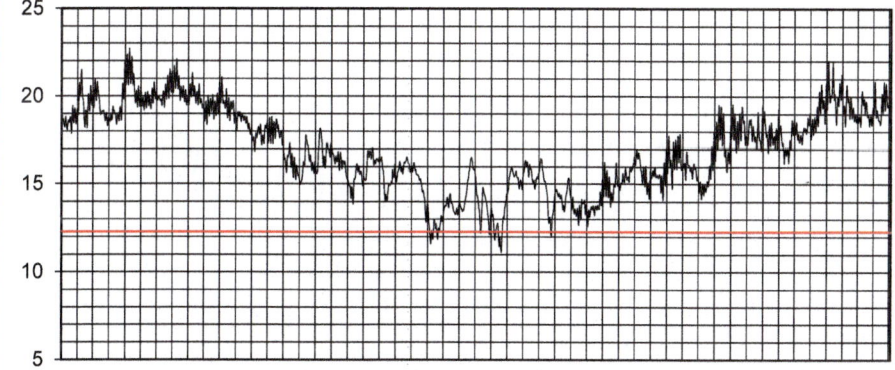

Temperatur in der Kante - Jahresverlauf vom 01.07. bis 30.06. (Achsenteilung in Wochen) und Vergleichswert (rot) aus der stationären Berechnung

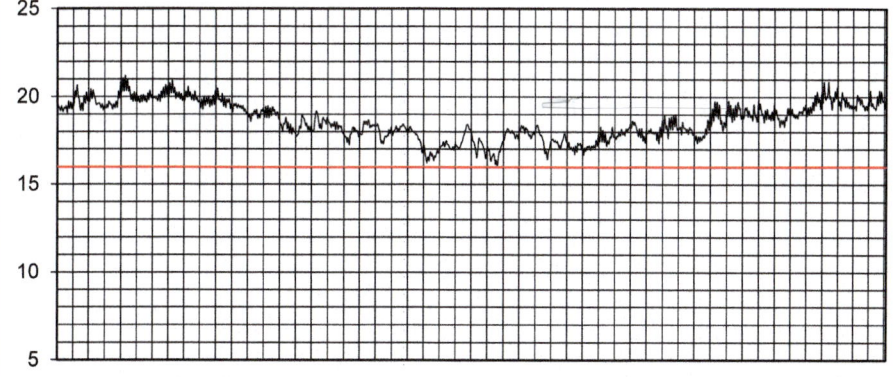

3.2	Raumecke, innen gedämmt	Winterklimaregion II TRY8
	Dämmung: d = 0,12 m, λ = 0,035 W/(mK), ρ = 30 kg/m³ Stahlbeton: d = 0,15 m, λ = 2,3 W/(mK), ρ = 2300 kg/m³	-

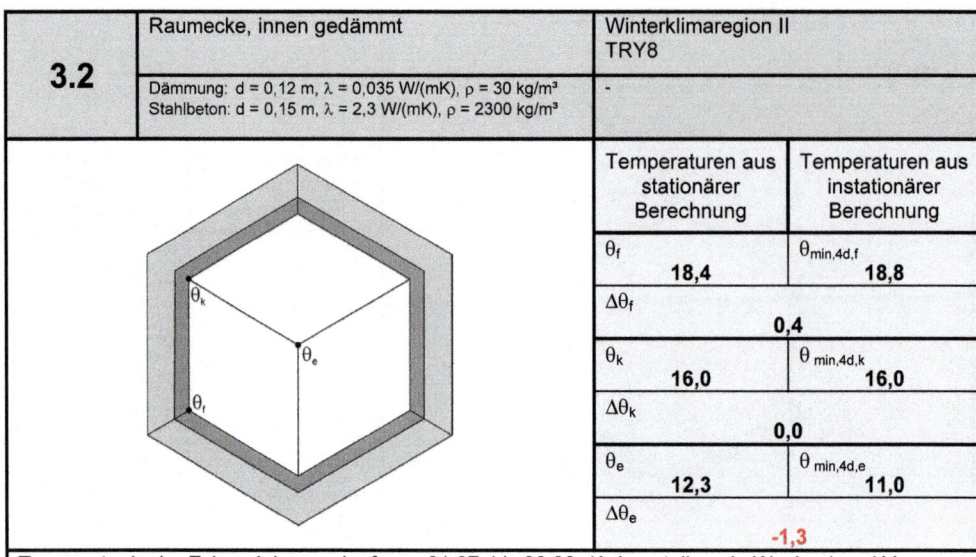

	Temperaturen aus stationärer Berechnung	Temperaturen aus instationärer Berechnung
θ_f	**18,4**	$\theta_{min,4d,f}$ **18,8**
$\Delta\theta_f$	**0,4**	
θ_k	**16,0**	$\theta_{min,4d,k}$ **16,0**
$\Delta\theta_k$	**0,0**	
θ_e	**12,3**	$\theta_{min,4d,e}$ **11,0**
$\Delta\theta_e$	**-1,3**	

Temperatur in der Ecke - Jahresverlauf vom 01.07. bis 30.06. (Achsenteilung in Wochen) und Vergleichswert (rot) aus der stationären Berechnung

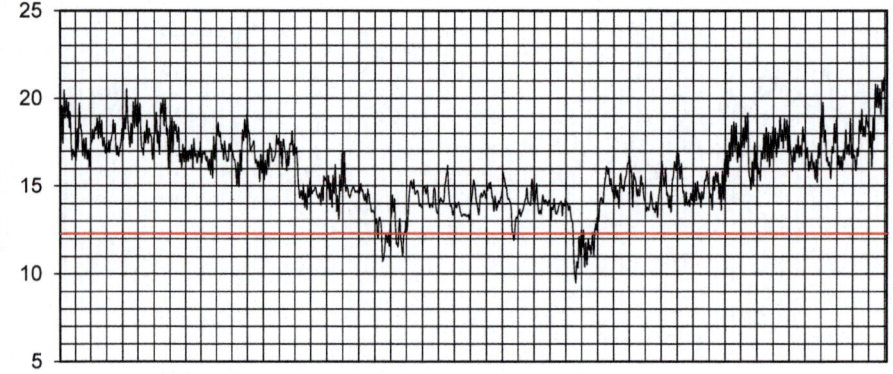

Temperatur in der Kante - Jahresverlauf vom 01.07. bis 30.06. (Achsenteilung in Wochen) und Vergleichswert (rot) aus der stationären Berechnung

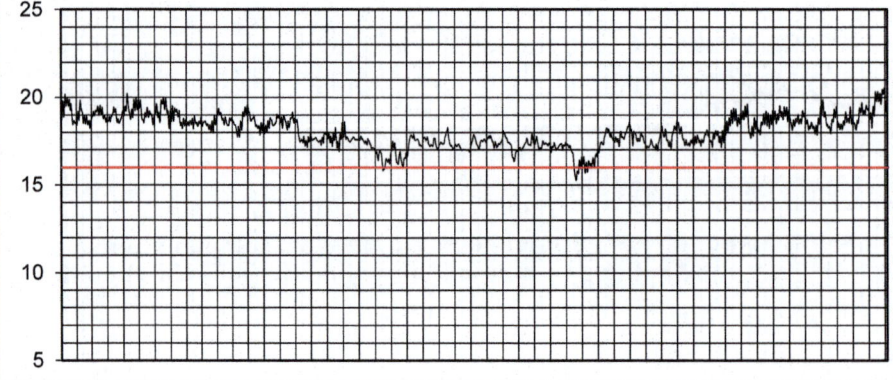

3.3	Raumecke, innen gedämmt		Winterklimaregion III TRY11	
	Dämmung: d = 0,12 m, λ = 0,035 W/(mK), ρ = 30 kg/m³ Stahlbeton: d = 0,15 m, λ = 2,3 W/(mK), ρ = 2300 kg/m³		-	

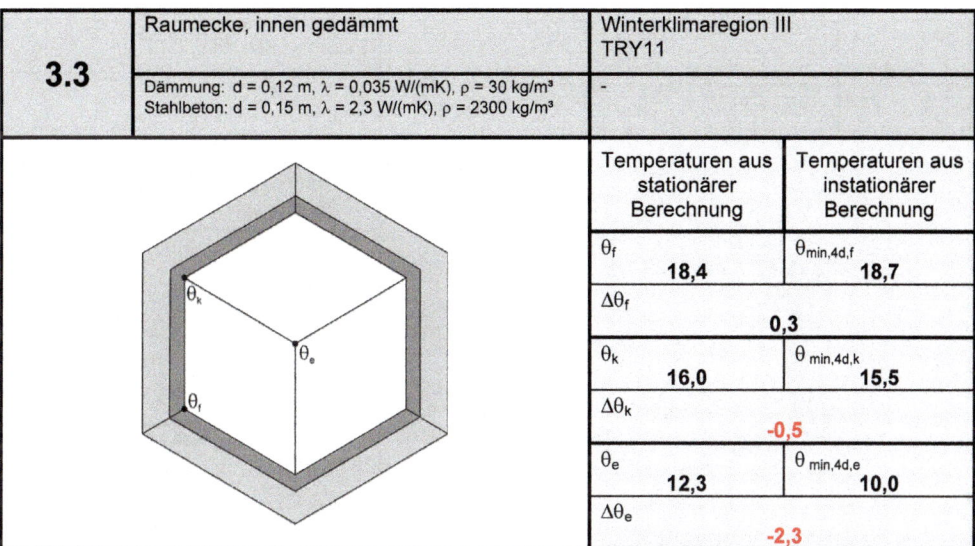

		Temperaturen aus stationärer Berechnung	Temperaturen aus instationärer Berechnung
θ_f	18,4		$\theta_{min,4d,f}$ 18,7
$\Delta\theta_f$		0,3	
θ_k	16,0		$\theta_{min,4d,k}$ 15,5
$\Delta\theta_k$		**-0,5**	
θ_e	12,3		$\theta_{min,4d,e}$ 10,0
$\Delta\theta_e$		**-2,3**	

Temperatur in der Ecke - Jahresverlauf vom 01.07. bis 30.06. (Achsenteilung in Wochen) und Vergleichswert (rot) aus der stationären Berechnung

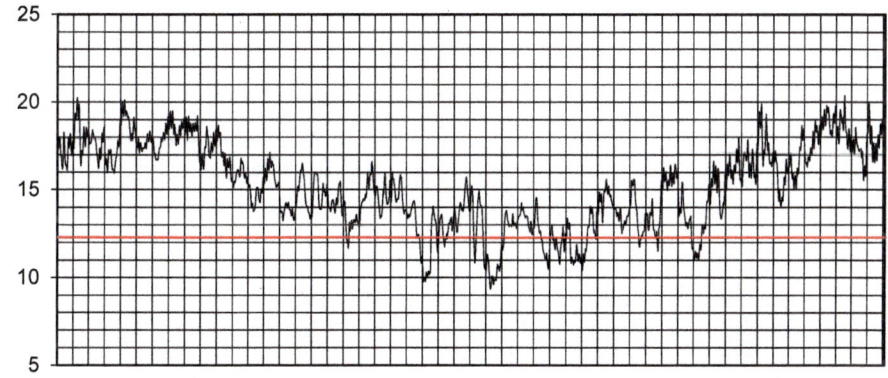

Temperatur in der Kante - Jahresverlauf vom 01.07. bis 30.06. (Achsenteilung in Wochen) und Vergleichswert (rot) aus der stationären Berechnung

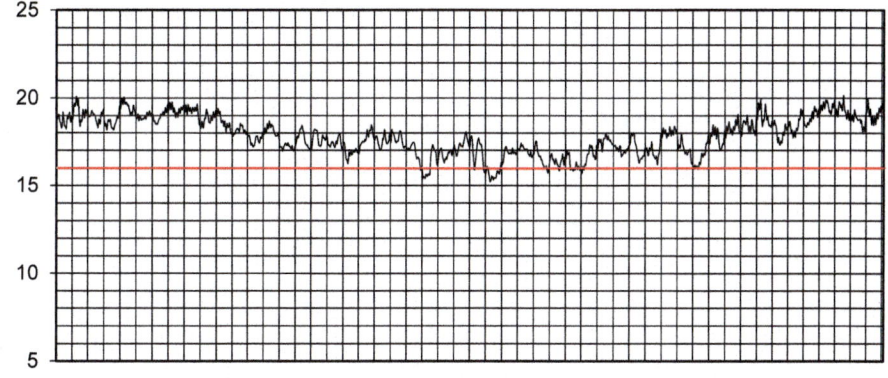

3.4	Raumecke, innen gedämmt	Winterklimaregion I Extremwinter 1996/1997
	Dämmung: d = 0,12 m, λ = 0,035 W/(mK), ρ = 30 kg/m³ Stahlbeton: d = 0,15 m, λ = 2,3 W/(mK), ρ = 2300 kg/m³	-

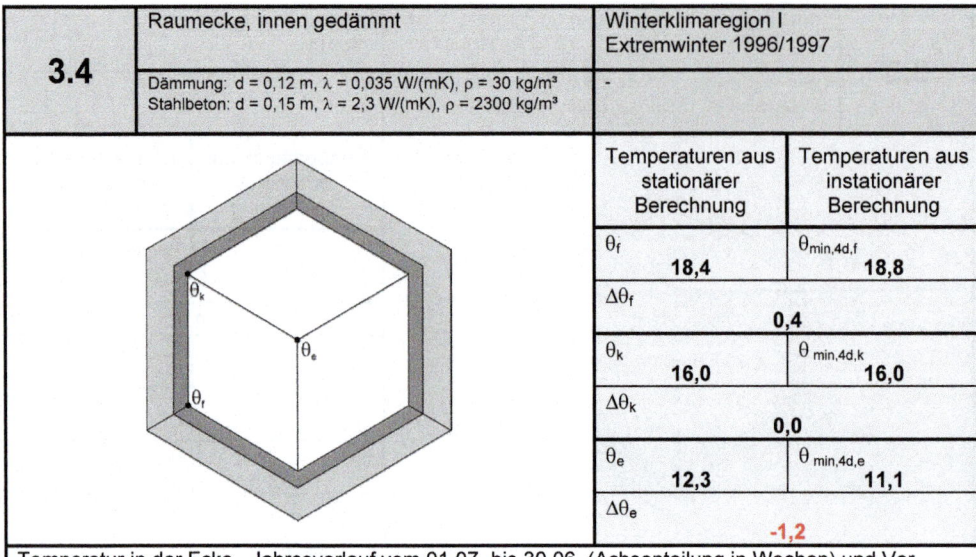

	Temperaturen aus stationärer Berechnung	Temperaturen aus instationärer Berechnung
θ_f	18,4	$\theta_{min,4d,f}$ 18,8
$\Delta\theta_f$	0,4	
θ_k	16,0	$\theta_{min,4d,k}$ 16,0
$\Delta\theta_k$	0,0	
θ_e	12,3	$\theta_{min,4d,e}$ 11,1
$\Delta\theta_e$	**-1,2**	

Temperatur in der Ecke - Jahresverlauf vom 01.07. bis 30.06. (Achsenteilung in Wochen) und Vergleichswert (rot) aus der stationären Berechnung

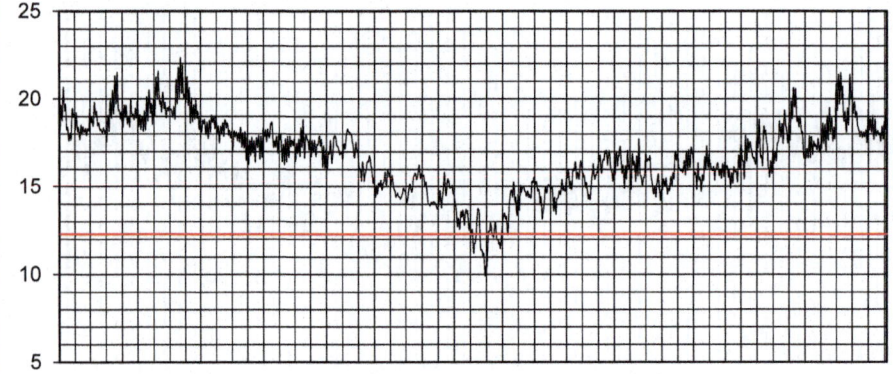

Temperatur in der Kante - Jahresverlauf vom 01.07. bis 30.06. (Achsenteilung in Wochen) und Vergleichswert (rot) aus der stationären Berechnung

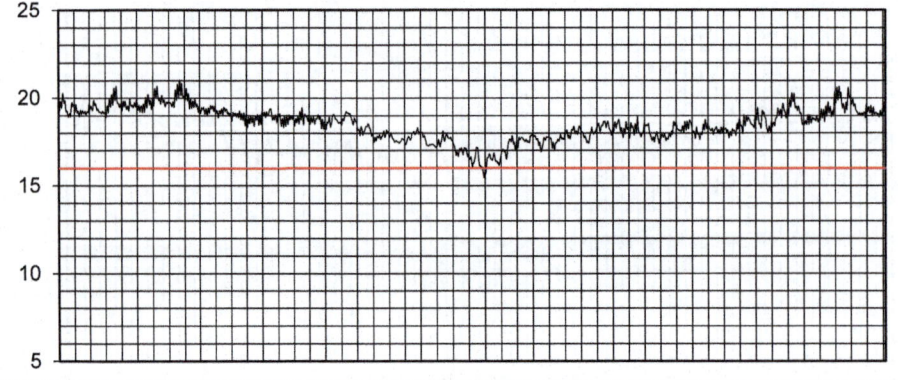

3.5	Raumecke, innen gedämmt		Winterklimaregion II Extremwinter 1978/1979	
	Dämmung: d = 0,12 m, λ = 0,035 W/(mK), ρ = 30 kg/m³ Stahlbeton: d = 0,15 m, λ = 2,3 W/(mK), ρ = 2300 kg/m³		-	

		Temperaturen aus stationärer Berechnung	Temperaturen aus instationärer Berechnung
	θ_f	**18,4**	$\theta_{min,4d,f}$ **18,6**
	$\Delta\theta_f$	**0,2**	
	θ_k	**16,0**	$\theta_{min,4d,k}$ **15,3**
	$\Delta\theta_k$	**-0,7**	
	θ_e	**12,3**	$\theta_{min,4d,e}$ **9,5**
	$\Delta\theta_e$	**-2,8**	

Temperatur in der Ecke - Jahresverlauf vom 01.07. bis 30.06. (Achsenteilung in Wochen) und Vergleichswert (rot) aus der stationären Berechnung

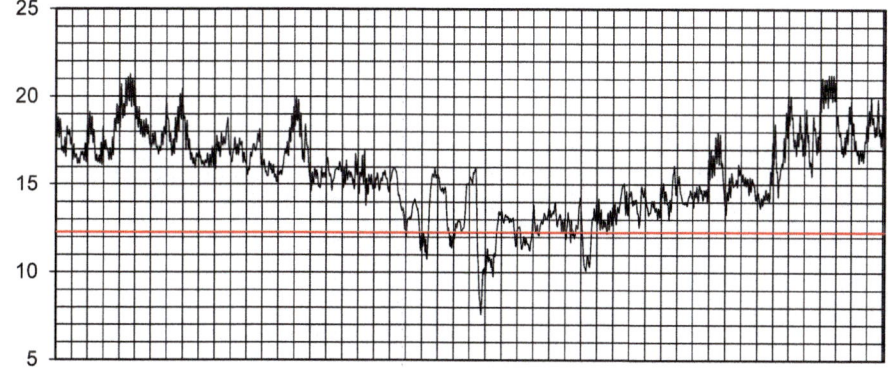

Temperatur in der Kante - Jahresverlauf vom 01.07. bis 30.06. (Achsenteilung in Wochen) und Vergleichswert (rot) aus der stationären Berechnung

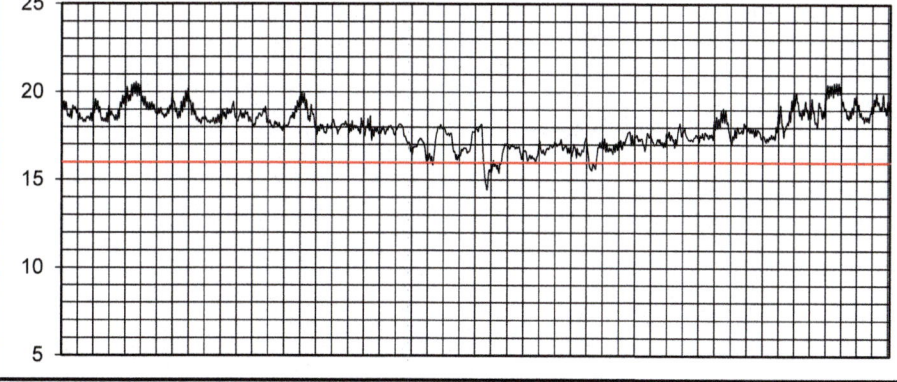

3.6	Raumecke, innen gedämmt	Winterklimaregion III Extremwinter 2011/2012
	Dämmung: d = 0,12 m, λ = 0,035 W/(mK), ρ = 30 kg/m³ Stahlbeton: d = 0,15 m, λ = 2,3 W/(mK), ρ = 2300 kg/m³	-

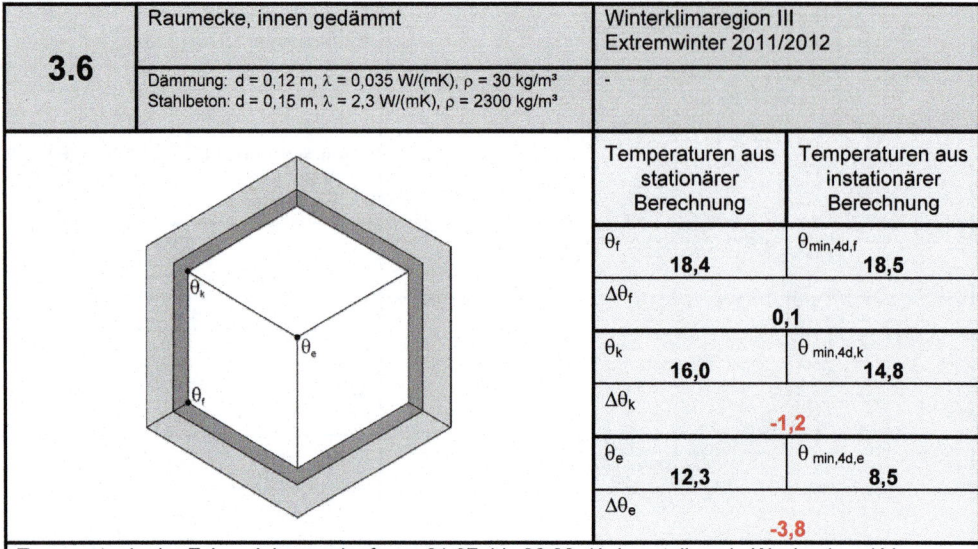

	Temperaturen aus stationärer Berechnung	Temperaturen aus instationärer Berechnung
θ_f	18,4	$\theta_{min,4d,f}$ 18,5
$\Delta\theta_f$	0,1	
θ_k	16,0	$\theta_{min,4d,k}$ 14,8
$\Delta\theta_k$	-1,2	
θ_e	12,3	$\theta_{min,4d,e}$ 8,5
$\Delta\theta_e$	-3,8	

Temperatur in der Ecke - Jahresverlauf vom 01.07. bis 30.06. (Achsenteilung in Wochen) und Vergleichswert (rot) aus der stationären Berechnung

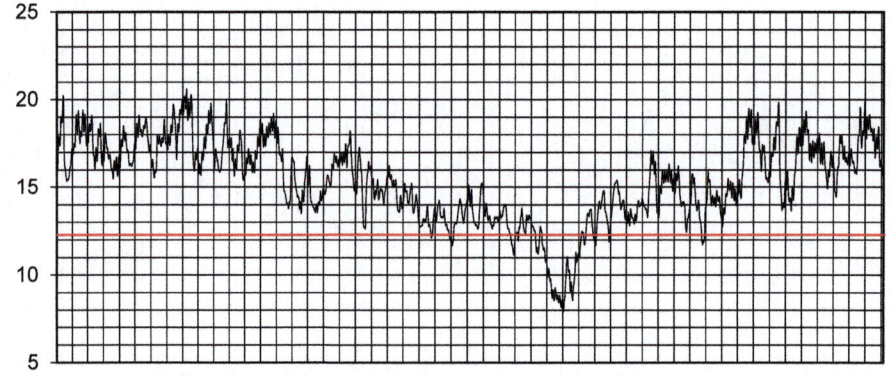

Temperatur in der Kante - Jahresverlauf vom 01.07. bis 30.06. (Achsenteilung in Wochen) und Vergleichswert (rot) aus der stationären Berechnung

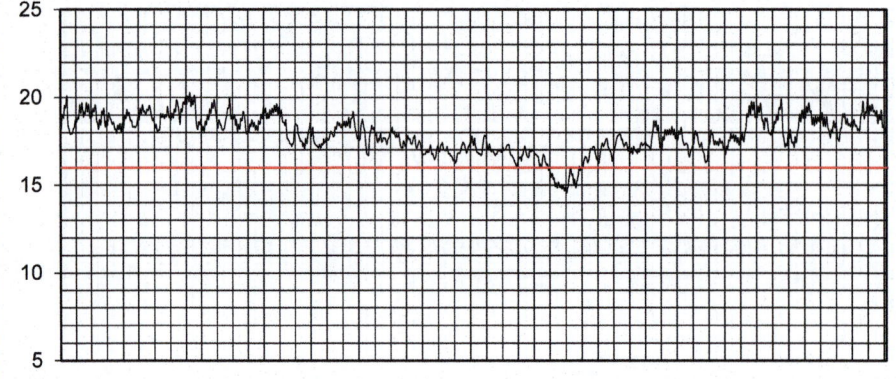

3.7	Raumecke, innen gedämmt	Winterklimaregion I TRY1
	Dämmung: d = 0,08 m, λ = 0,035 W/(mK), ρ = 30 kg/m³ Stahlbeton: d = 0,15 m, λ = 2,3 W/(mK), ρ = 2300 kg/m³	-

	Temperaturen aus stationärer Berechnung	Temperaturen aus instationärer Berechnung
θ_f	17,6	$\theta_{min,4d,f}$ 18,5
$\Delta\theta_f$	0,9	
θ_k	14,7	$\theta_{min,4d,k}$ 15,2
$\Delta\theta_k$	0,5	
θ_e	10,6	$\theta_{min,4d,e}$ 10,3
$\Delta\theta_e$	-0,3	

Temperatur in der Ecke - Jahresverlauf vom 01.07. bis 30.06. (Achsenteilung in Wochen) und Vergleichswert (rot) aus der stationären Berechnung

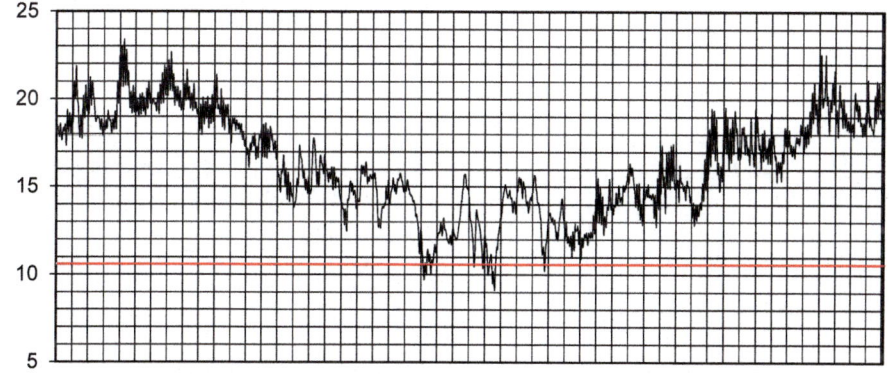

Temperatur in der Kante - Jahresverlauf vom 01.07. bis 30.06. (Achsenteilung in Wochen) und Vergleichswert (rot) aus der stationären Berechnung

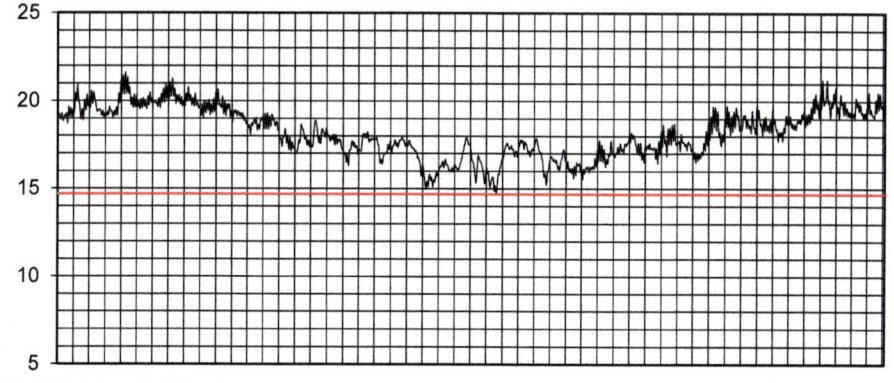

3.8	Raumecke, innen gedämmt	Winterklimaregion II TRY8
	Dämmung: d = 0,08 m, λ = 0,035 W/(mK), ρ = 30 kg/m³ Stahlbeton: d = 0,15 m, λ = 2,3 W/(mK), ρ = 2300 kg/m³	-

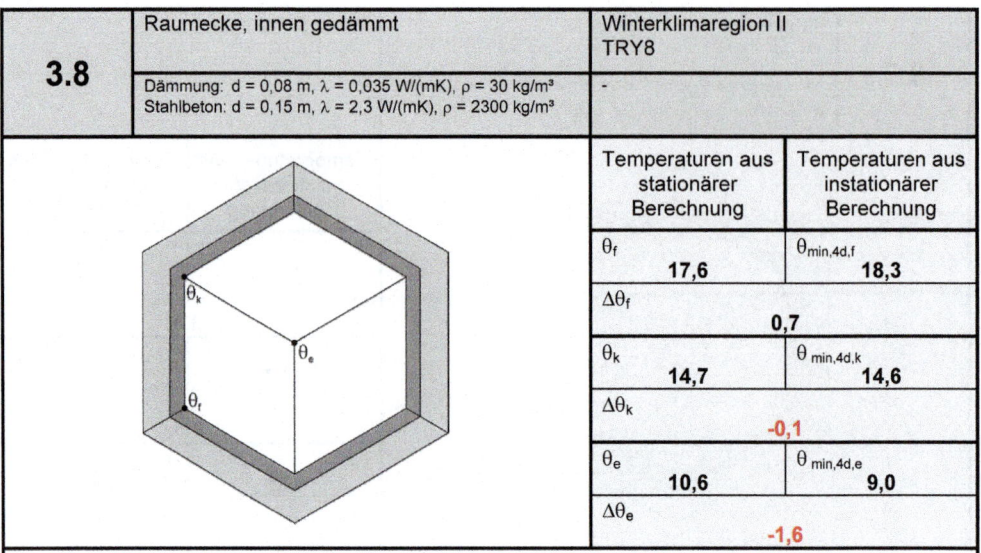

	Temperaturen aus stationärer Berechnung	Temperaturen aus instationärer Berechnung
θ_f	17,6	$\theta_{min,4d,f}$ 18,3
$\Delta\theta_f$	0,7	
θ_k	14,7	$\theta_{min,4d,k}$ 14,6
$\Delta\theta_k$	-0,1	
θ_e	10,6	$\theta_{min,4d,e}$ 9,0
$\Delta\theta_e$	-1,6	

Temperatur in der Ecke - Jahresverlauf vom 01.07. bis 30.06. (Achsenteilung in Wochen) und Vergleichswert (rot) aus der stationären Berechnung

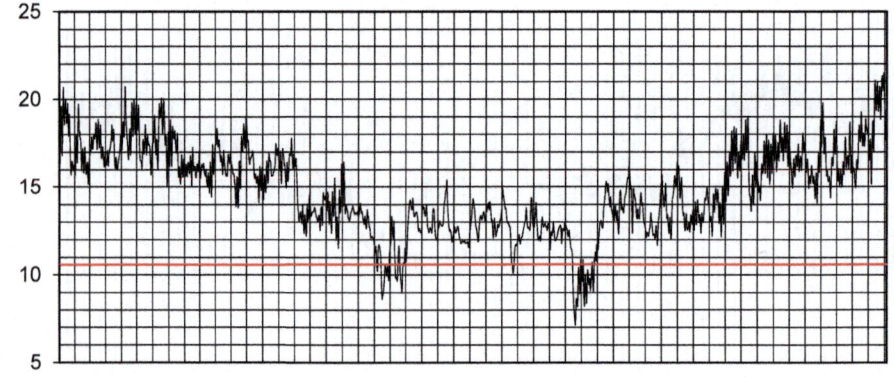

Temperatur in der Kante - Jahresverlauf vom 01.07. bis 30.06. (Achsenteilung in Wochen) und Vergleichswert (rot) aus der stationären Berechnung

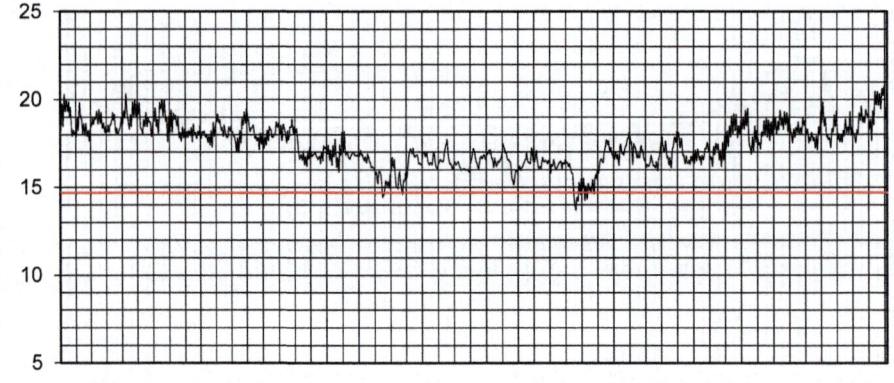

3.9	Raumecke, innen gedämmt		Winterklimaregion III TRY11
	Dämmung: d = 0,08 m, λ = 0,035 W/(mK), ρ = 30 kg/m³ Stahlbeton: d = 0,15 m, λ = 2,3 W/(mK), ρ = 2300 kg/m³		-

	Temperaturen aus stationärer Berechnung	Temperaturen aus instationärer Berechnung
θ_f	17,6	$\theta_{min,4d,f}$ 18,1
$\Delta\theta_f$	0,5	
θ_k	14,7	$\theta_{min,4d,k}$ 14,0
$\Delta\theta_k$	-0,7	
θ_e	10,6	$\theta_{min,4d,e}$ 7,7
$\Delta\theta_e$	-2,9	

Temperatur in der Ecke - Jahresverlauf vom 01.07. bis 30.06. (Achsenteilung in Wochen) und Vergleichswert (rot) aus der stationären Berechnung

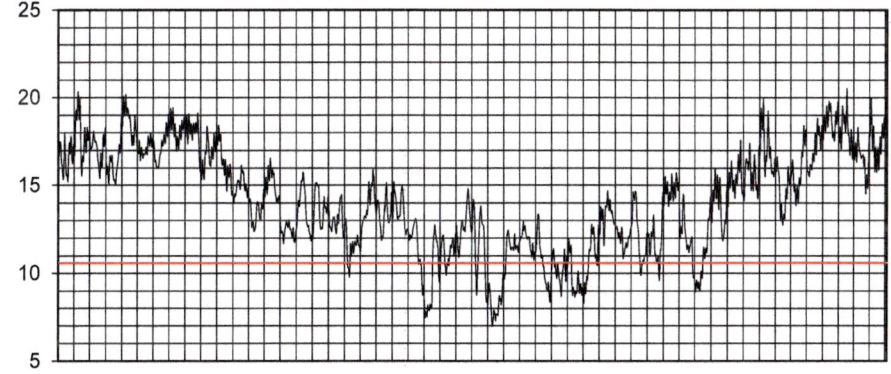

Temperatur in der Kante - Jahresverlauf vom 01.07. bis 30.06. (Achsenteilung in Wochen) und Vergleichswert (rot) aus der stationären Berechnung

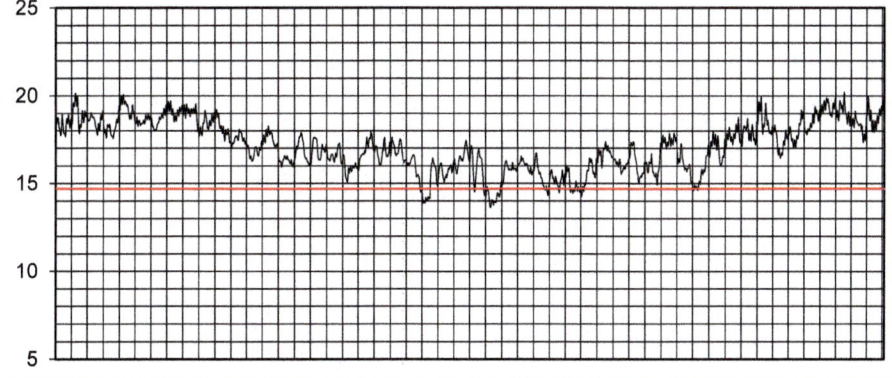

3.10	Raumecke, innen gedämmt	Winterklimaregion I Extremwinter 1996/1997
	Dämmung: d = 0,08 m, λ = 0,035 W/(mK), ρ = 30 kg/m³ Stahlbeton: d = 0,15 m, λ = 2,3 W/(mK), ρ = 2300 kg/m³	-

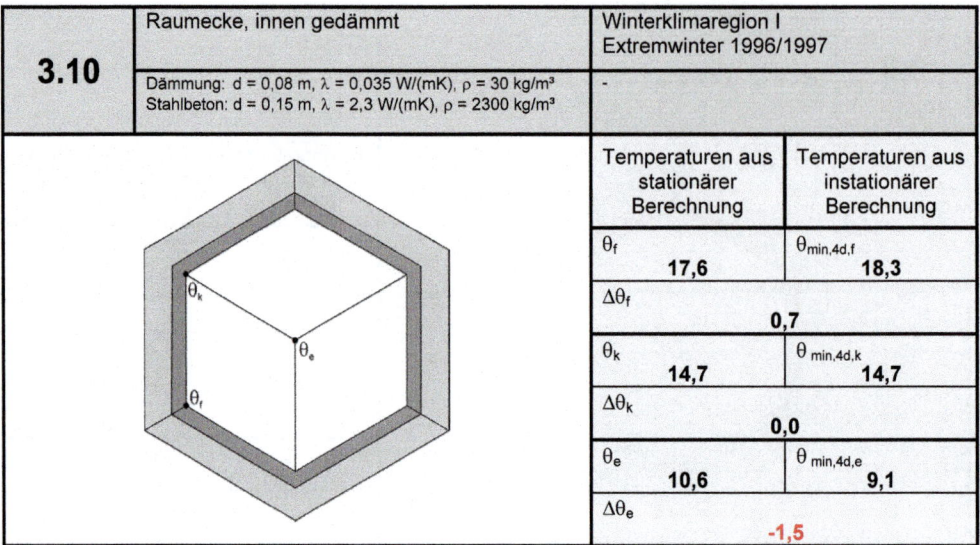

	Temperaturen aus stationärer Berechnung	Temperaturen aus instationärer Berechnung
θ_f	17,6	$\theta_{min,4d,f}$ 18,3
$\Delta\theta_f$	0,7	
θ_k	14,7	$\theta_{min,4d,k}$ 14,7
$\Delta\theta_k$	0,0	
θ_e	10,6	$\theta_{min,4d,e}$ 9,1
$\Delta\theta_e$	-1,5	

Temperatur in der Ecke - Jahresverlauf vom 01.07. bis 30.06. (Achsenteilung in Wochen) und Vergleichswert (rot) aus der stationären Berechnung

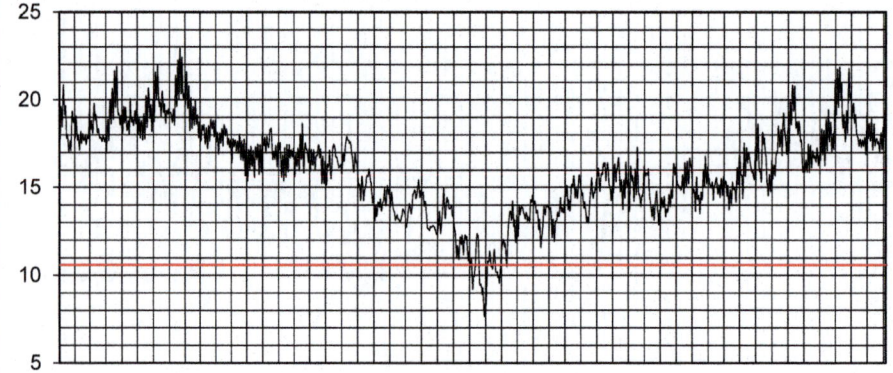

Temperatur in der Kante - Jahresverlauf vom 01.07. bis 30.06. (Achsenteilung in Wochen) und Vergleichswert (rot) aus der stationären Berechnung

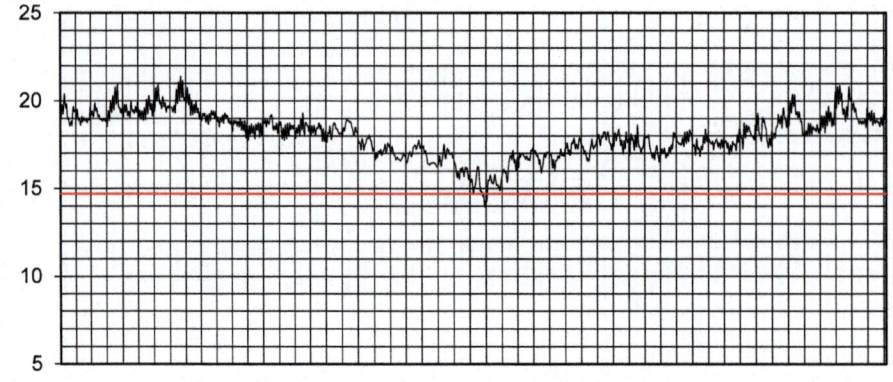

3.11	Raumecke, innen gedämmt	Winterklimaregion II Extremwinter 1978/1979
	Dämmung: d = 0,08 m, λ = 0,035 W/(mK), ρ = 30 kg/m³ Stahlbeton: d = 0,15 m, λ = 2,3 W/(mK), ρ = 2300 kg/m³	-

	Temperaturen aus stationärer Berechnung	Temperaturen aus instationärer Berechnung
θ_f	17,6	$\theta_{min,4d,f}$ 18,0
$\Delta\theta_f$	0,4	
θ_k	14,7	$\theta_{min,4d,k}$ 13,7
$\Delta\theta_k$	-1,0	
θ_e	10,6	$\theta_{min,4d,e}$ 7,2
$\Delta\theta_e$	-3,4	

Temperatur in der Ecke - Jahresverlauf vom 01.07. bis 30.06. (Achsenteilung in Wochen) und Vergleichswert (rot) aus der stationären Berechnung

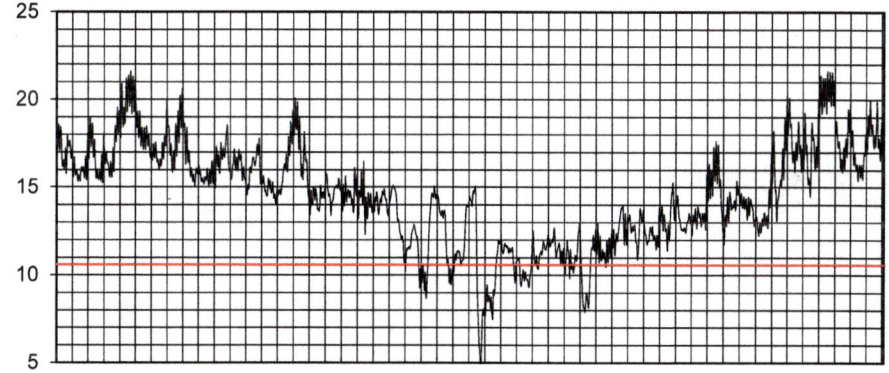

Temperatur in der Kante - Jahresverlauf vom 01.07. bis 30.06. (Achsenteilung in Wochen) und Vergleichswert (rot) aus der stationären Berechnung

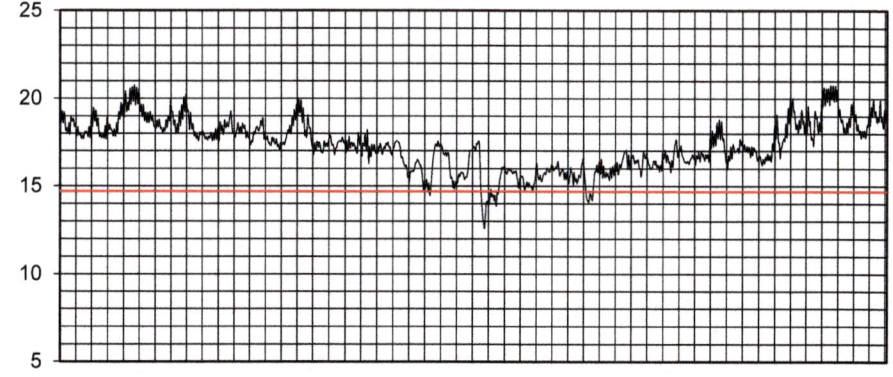

3.12	Raumecke, innen gedämmt	Winterklimaregion III Extremwinter 2011/2012
	Dämmung: d = 0,08 m, λ = 0,035 W/(mK), ρ = 30 kg/m³ Stahlbeton: d = 0,15 m, λ = 2,3 W/(mK), ρ = 2300 kg/m³	-

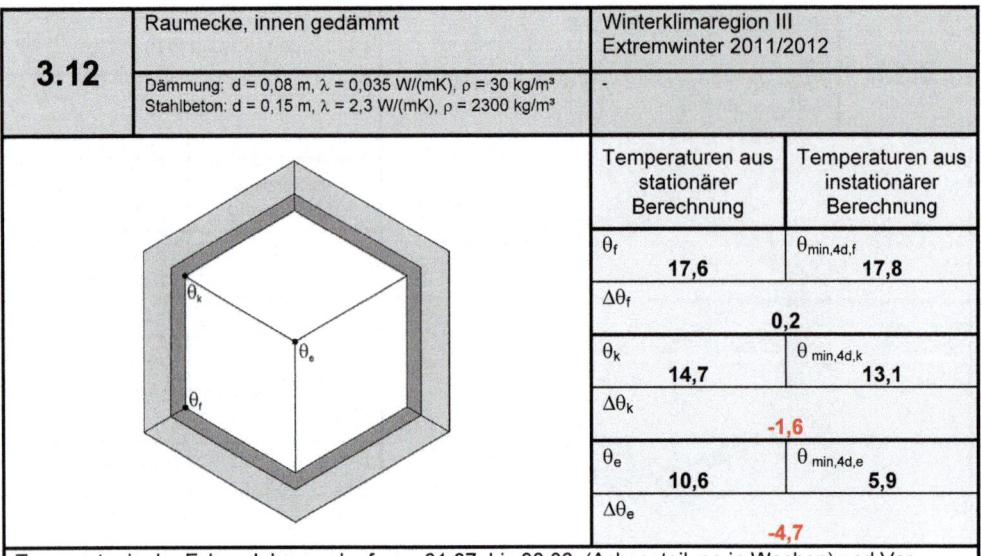

	Temperaturen aus stationärer Berechnung	Temperaturen aus instationärer Berechnung
θ_f 17,6		$\theta_{min,4d,f}$ 17,8
$\Delta\theta_f$	0,2	
θ_k 14,7		$\theta_{min,4d,k}$ 13,1
$\Delta\theta_k$	-1,6	
θ_e 10,6		$\theta_{min,4d,e}$ 5,9
$\Delta\theta_e$	-4,7	

Temperatur in der Ecke - Jahresverlauf vom 01.07. bis 30.06. (Achsenteilung in Wochen) und Vergleichswert (rot) aus der stationären Berechnung

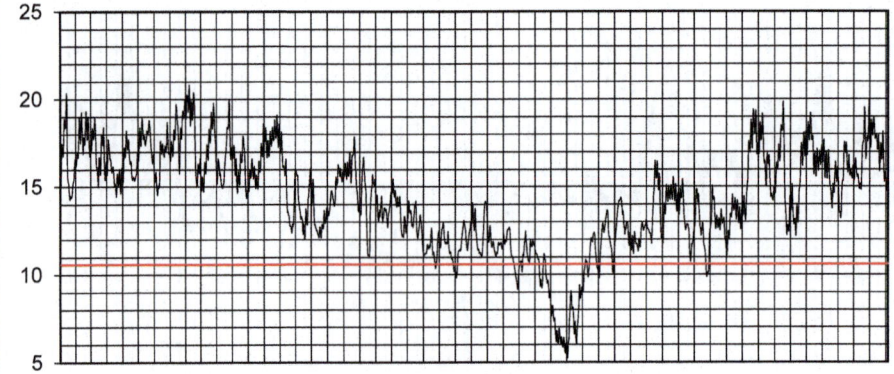

Temperatur in der Kante - Jahresverlauf vom 01.07. bis 30.06. (Achsenteilung in Wochen) und Vergleichswert (rot) aus der stationären Berechnung

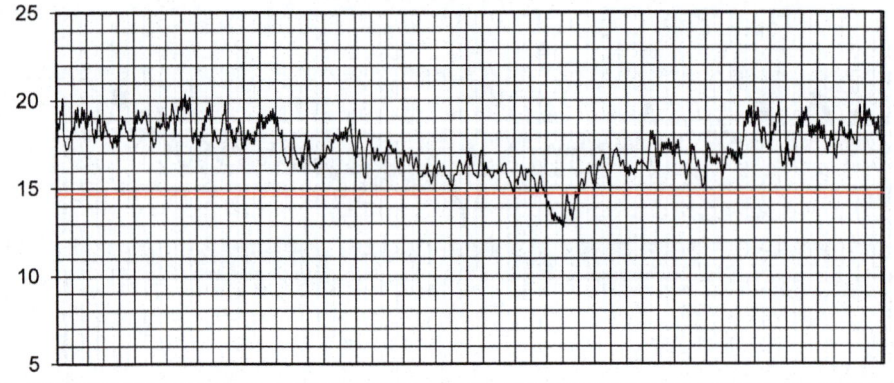

3.13	Raumecke, innen gedämmt	Winterklimaregion I TRY1
	Dämmung: d = 0,04 m, λ = 0,035 W/(mK), ρ = 30 kg/m³ Stahlbeton: d = 0,15 m, λ = 2,3 W/(mK), ρ = 2300 kg/m³	-

	Temperaturen aus stationärer Berechnung	Temperaturen aus instationärer Berechnung
θ_f	15,8	$\theta_{min,4d,f}$ 17,3
$\Delta\theta_f$	1,5	
θ_k	13,0	$\theta_{min,4d,k}$ 13,5
$\Delta\theta_k$	0,5	
θ_e	8,7	$\theta_{min,4d,e}$ 8,3
$\Delta\theta_e$	-0,4	

Temperatur in der Ecke - Jahresverlauf vom 01.07. bis 30.06. (Achsenteilung in Wochen) und Vergleichswert (rot) aus der stationären Berechnung

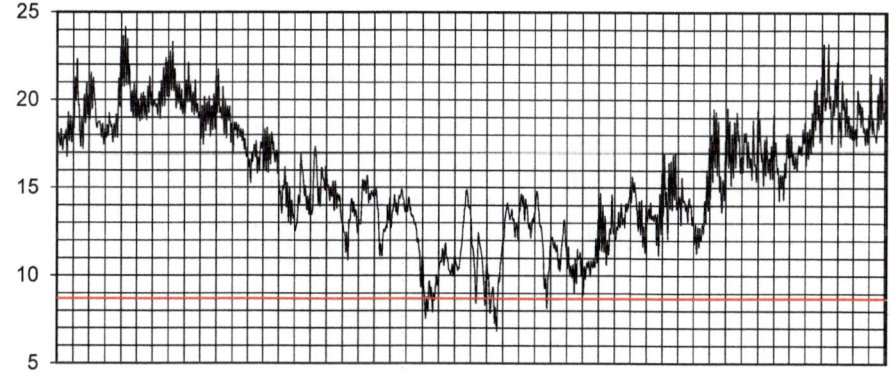

Temperatur in der Kante - Jahresverlauf vom 01.07. bis 30.06. (Achsenteilung in Wochen) und Vergleichswert (rot) aus der stationären Berechnung

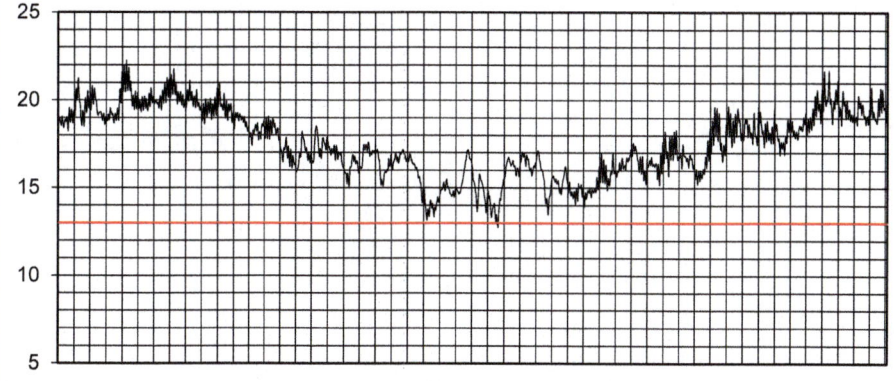

3.14	Raumecke, innen gedämmt	Winterklimaregion II TRY8
	Dämmung: d = 0,04 m, λ = 0,035 W/(mK), ρ = 30 kg/m³ Stahlbeton: d = 0,15 m, λ = 2,3 W/(mK), ρ = 2300 kg/m³	-

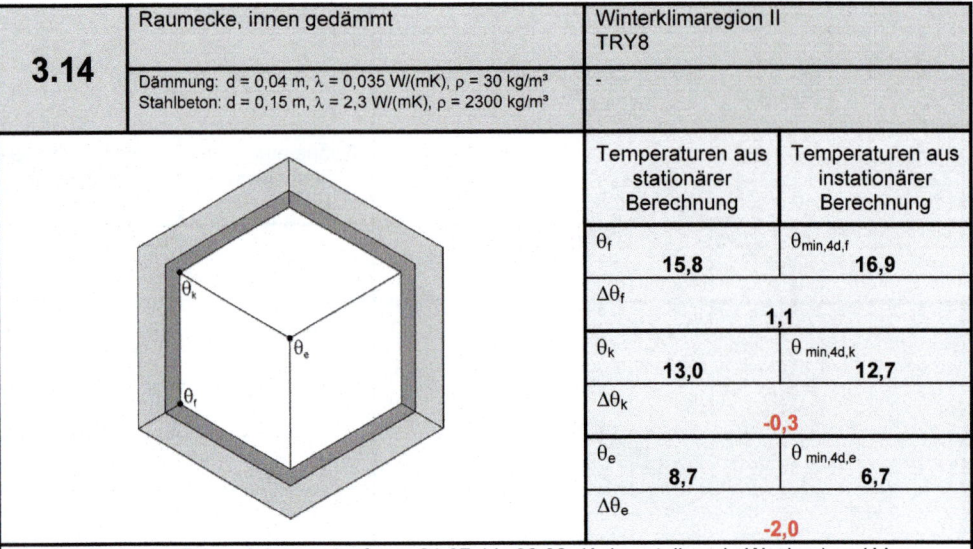

	Temperaturen aus stationärer Berechnung	Temperaturen aus instationärer Berechnung
θ_f	15,8	$\theta_{min,4d,f}$ 16,9
$\Delta\theta_f$	1,1	
θ_k	13,0	$\theta_{min,4d,k}$ 12,7
$\Delta\theta_k$	-0,3	
θ_e	8,7	$\theta_{min,4d,e}$ 6,7
$\Delta\theta_e$	-2,0	

Temperatur in der Ecke - Jahresverlauf vom 01.07. bis 30.06. (Achsenteilung in Wochen) und Vergleichswert (rot) aus der stationären Berechnung

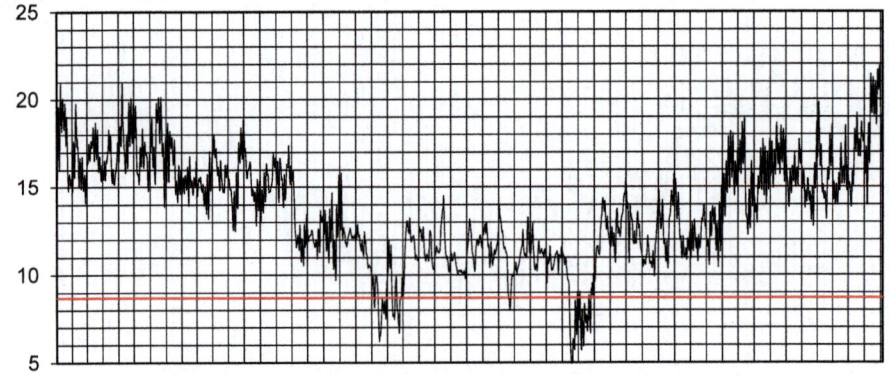

Temperatur in der Kante - Jahresverlauf vom 01.07. bis 30.06. (Achsenteilung in Wochen) und Vergleichswert (rot) aus der stationären Berechnung

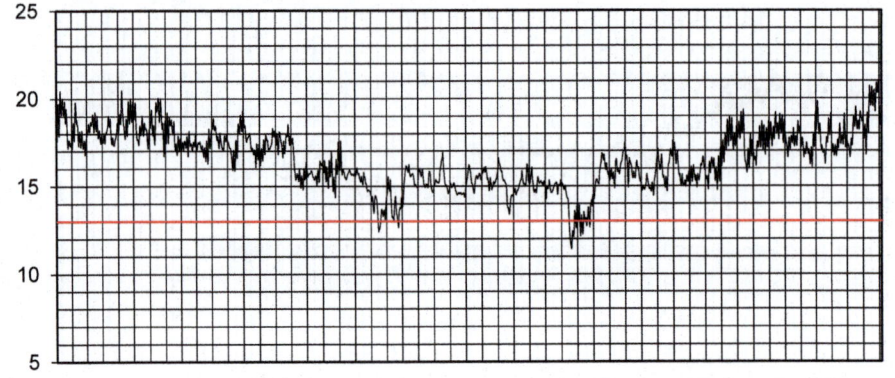

	Raumecke, innen gedämmt		Winterklimaregion III TRY11	
3.15	Dämmung: d = 0,04 m, λ = 0,035 W/(mK), ρ = 30 kg/m³ Stahlbeton: d = 0,15 m, λ = 2,3 W/(mK), ρ = 2300 kg/m³		-	

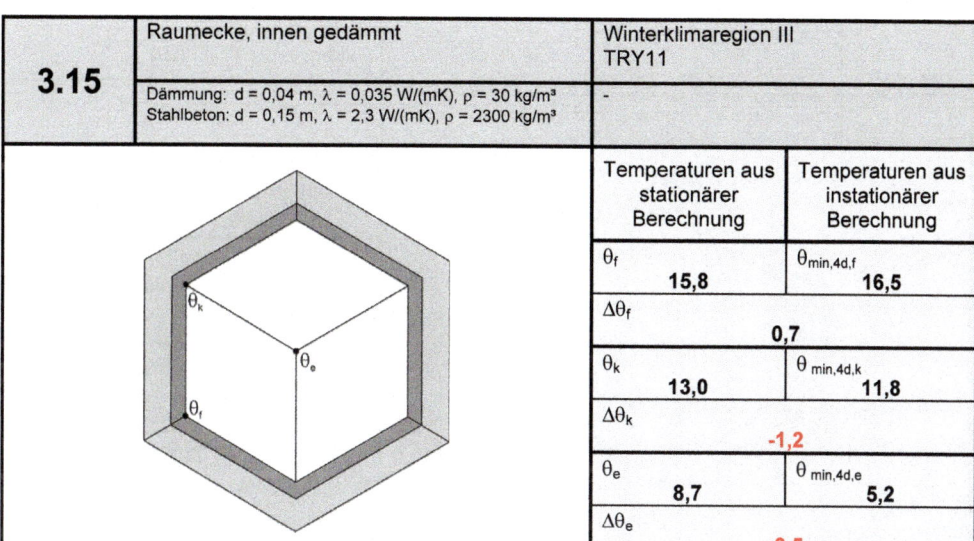

	Temperaturen aus stationärer Berechnung	Temperaturen aus instationärer Berechnung
θ_f	15,8	$\theta_{min,4d,f}$ 16,5
$\Delta\theta_f$	0,7	
θ_k	13,0	$\theta_{min,4d,k}$ 11,8
$\Delta\theta_k$	-1,2	
θ_e	8,7	$\theta_{min,4d,e}$ 5,2
$\Delta\theta_e$	-3,5	

Temperatur in der Ecke - Jahresverlauf vom 01.07. bis 30.06. (Achsenteilung in Wochen) und Vergleichswert (rot) aus der stationären Berechnung

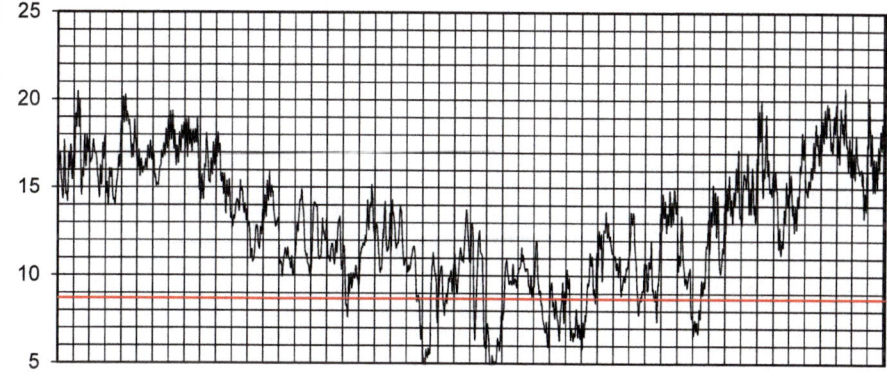

Temperatur in der Kante - Jahresverlauf vom 01.07. bis 30.06. (Achsenteilung in Wochen) und Vergleichswert (rot) aus der stationären Berechnung

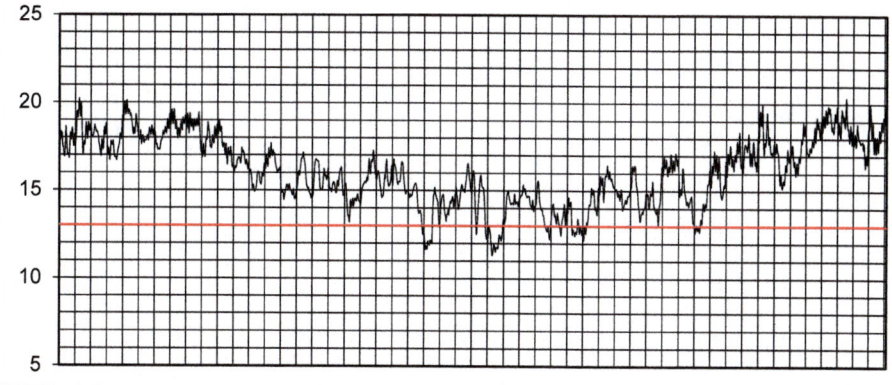

3.16	Raumecke, innen gedämmt	Winterklimaregion I Extremwinter 1996/1997
	Dämmung: d = 0,04 m, λ = 0,035 W/(mK), ρ = 30 kg/m³ Stahlbeton: d = 0,15 m, λ = 2,3 W/(mK), ρ = 2300 kg/m³	-

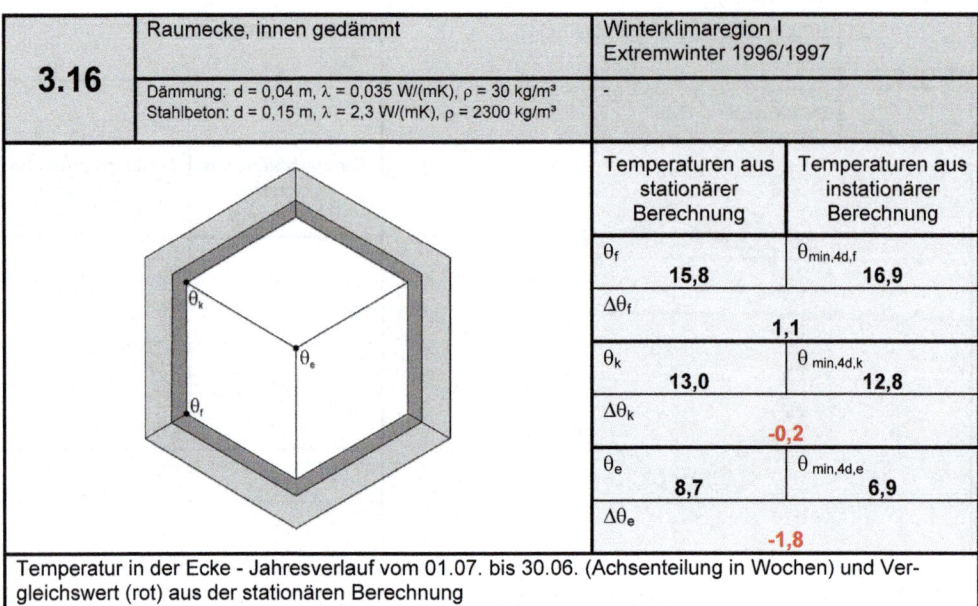

	Temperaturen aus stationärer Berechnung	Temperaturen aus instationärer Berechnung
θ_f	15,8	$\theta_{min,4d,f}$ 16,9
$\Delta\theta_f$	1,1	
θ_k	13,0	$\theta_{min,4d,k}$ 12,8
$\Delta\theta_k$	-0,2	
θ_e	8,7	$\theta_{min,4d,e}$ 6,9
$\Delta\theta_e$	-1,8	

Temperatur in der Ecke - Jahresverlauf vom 01.07. bis 30.06. (Achsenteilung in Wochen) und Vergleichswert (rot) aus der stationären Berechnung

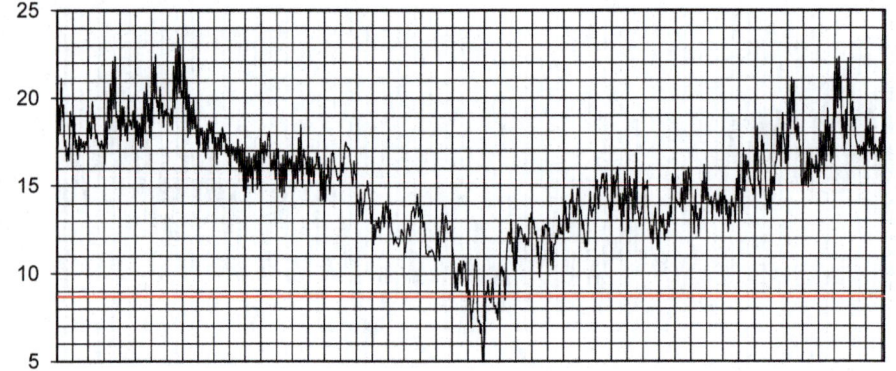

Temperatur in der Kante - Jahresverlauf vom 01.07. bis 30.06. (Achsenteilung in Wochen) und Vergleichswert (rot) aus der stationären Berechnung

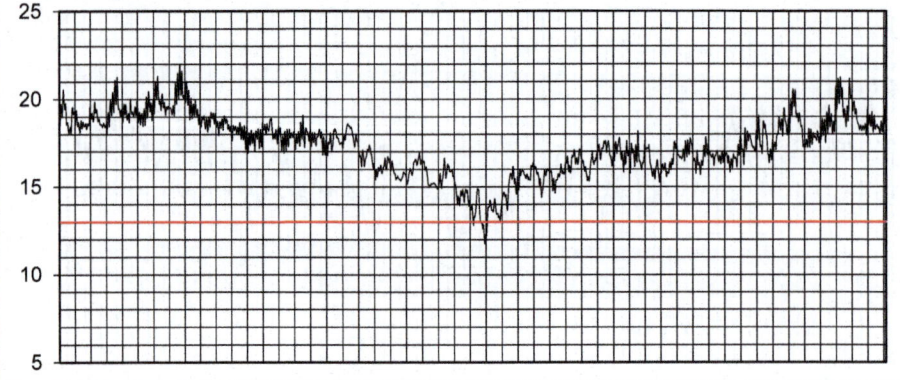

3.17	Raumecke, innen gedämmt		Winterklimaregion II Extremwinter 1978/1979	
	Dämmung: d = 0,04 m, λ = 0,035 W/(mK), ρ = 30 kg/m³ Stahlbeton: d = 0,15 m, λ = 2,3 W/(mK), ρ = 2300 kg/m³		-	

	Temperaturen aus stationärer Berechnung	Temperaturen aus instationärer Berechnung
θ_f	15,8	$\theta_{min,4d,f}$ 16,4
$\Delta\theta_f$	0,6	
θ_k	13,0	$\theta_{min,4d,k}$ 11,5
$\Delta\theta_k$	-1,5	
θ_e	8,7	$\theta_{min,4d,e}$ 4,5
$\Delta\theta_e$	-4,2	

Temperatur in der Ecke - Jahresverlauf vom 01.07. bis 30.06. (Achsenteilung in Wochen) und Vergleichswert (rot) aus der stationären Berechnung

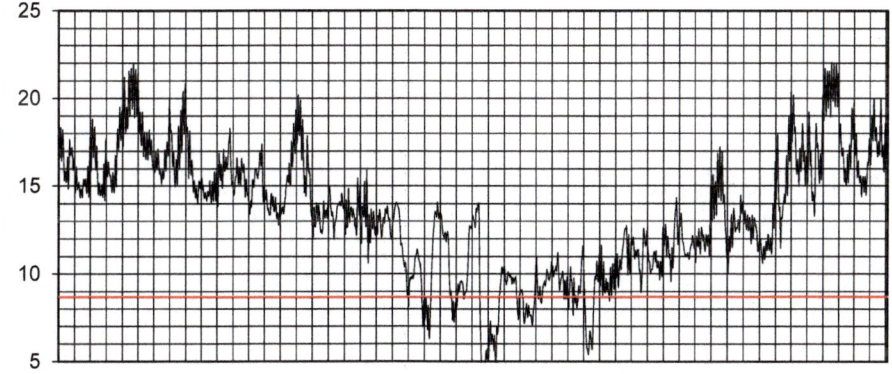

Temperatur in der Kante - Jahresverlauf vom 01.07. bis 30.06. (Achsenteilung in Wochen) und Vergleichswert (rot) aus der stationären Berechnung

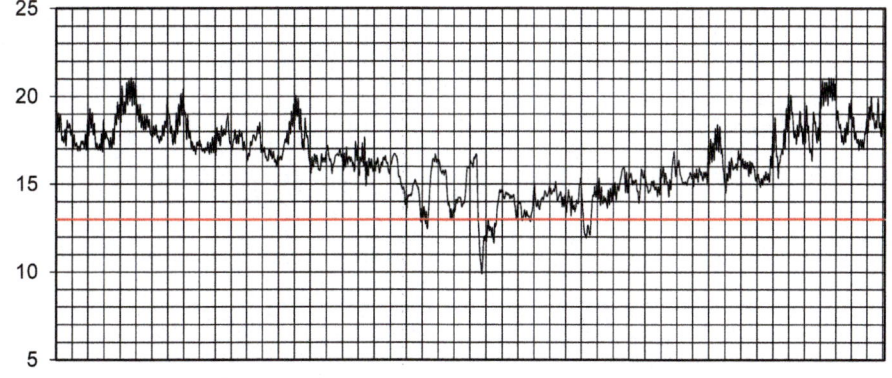

3.18	Raumecke, innen gedämmt	Winterklimaregion III Extremwinter 2011/2012
	Dämmung: d = 0,04 m, λ = 0,035 W/(mK), ρ = 30 kg/m³ Stahlbeton: d = 0,15 m, λ = 2,3 W/(mK), ρ = 2300 kg/m³	-

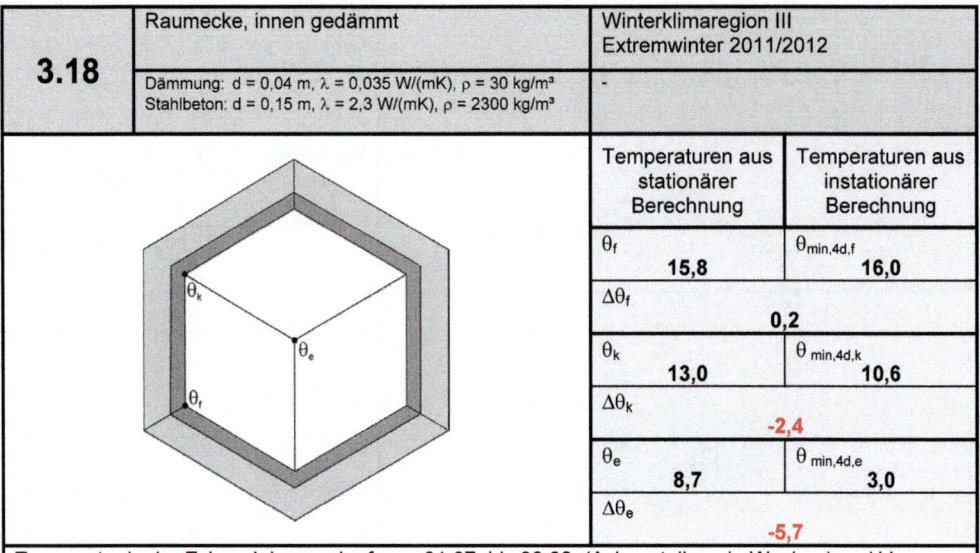

	Temperaturen aus stationärer Berechnung	Temperaturen aus instationärer Berechnung
θ_f	15,8	$\theta_{min,4d,f}$ 16,0
$\Delta\theta_f$	0,2	
θ_k	13,0	$\theta_{min,4d,k}$ 10,6
$\Delta\theta_k$	-2,4	
θ_e	8,7	$\theta_{min,4d,e}$ 3,0
$\Delta\theta_e$	-5,7	

Temperatur in der Ecke - Jahresverlauf vom 01.07. bis 30.06. (Achsenteilung in Wochen) und Vergleichswert (rot) aus der stationären Berechnung

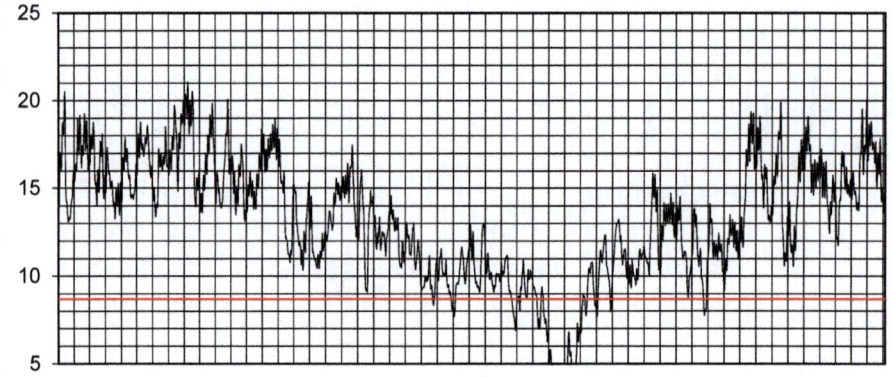

Temperatur in der Kante - Jahresverlauf vom 01.07. bis 30.06. (Achsenteilung in Wochen) und Vergleichswert (rot) aus der stationären Berechnung

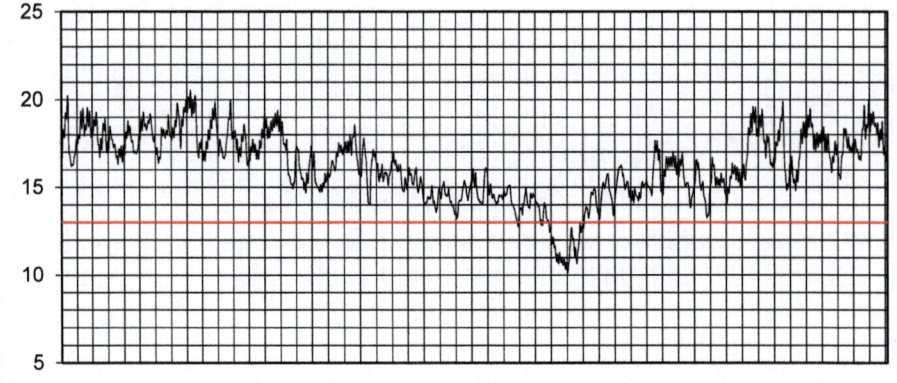

4.1	Raumecke, Holzleichtbau	Winterklimaregion I TRY1
	Dämmung: d = 0,18 m, λ = 0,035 W/(mK), ρ = 30 kg/m³ 2 x OSB: d = 0,016 m, λ = 0,13 W/(mK), ρ = 600 kg/m³	-

	Temperaturen aus stationärer Berechnung	Temperaturen aus instationärer Berechnung
θ_f	18,9	$\theta_{min,4d,f}$ 19,3
$\Delta\theta_f$	0,4	
θ_k	17,3	$\theta_{min,4d,k}$ 17,7
$\Delta\theta_k$	0,4	
θ_e	14,9	$\theta_{min,4d,e}$ 14,8
$\Delta\theta_e$	-0,1	

Temperatur in der Ecke - Jahresverlauf vom 01.07. bis 30.06. (Achsenteilung in Wochen) und Vergleichswert (rot) aus der stationären Berechnung

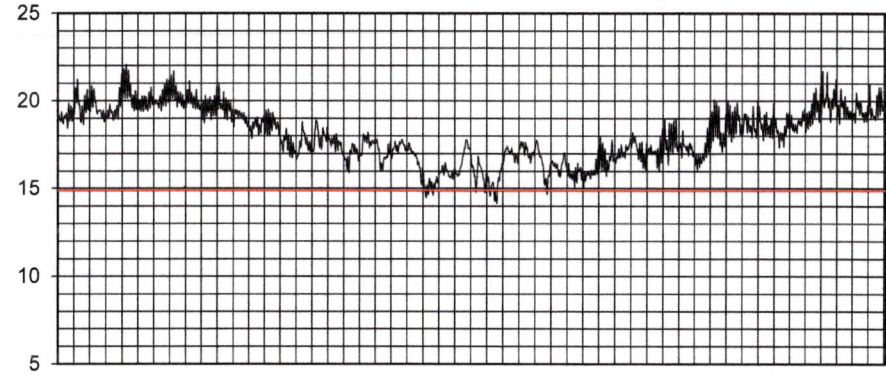

Temperatur in der Kante - Jahresverlauf vom 01.07. bis 30.06. (Achsenteilung in Wochen) und Vergleichswert (rot) aus der stationären Berechnung

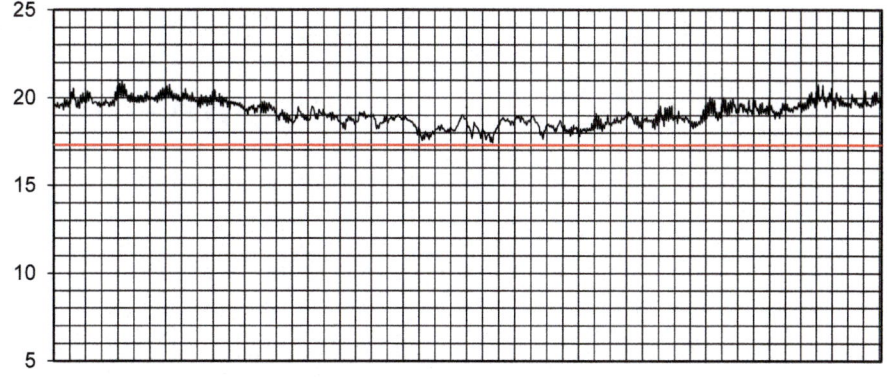

4.2	Raumecke, Holzleichtbau	Winterklimaregion II TRY8
	Dämmung: d = 0,18 m, λ = 0,035 W/(mK), ρ = 30 kg/m³ 2 x OSB: d = 0,016 m, λ = 0,13 W/(mK), ρ = 600 kg/m³	-

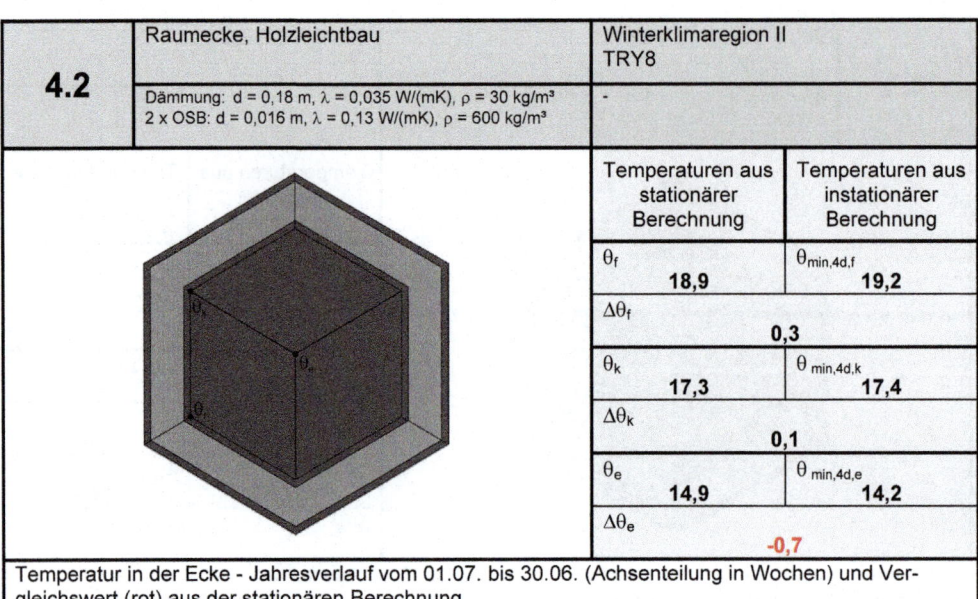

	Temperaturen aus stationärer Berechnung	Temperaturen aus instationärer Berechnung
θ_f	18,9	$\theta_{min,4d,f}$ 19,2
$\Delta\theta_f$		0,3
θ_k	17,3	$\theta_{min,4d,k}$ 17,4
$\Delta\theta_k$		0,1
θ_e	14,9	$\theta_{min,4d,e}$ 14,2
$\Delta\theta_e$		**-0,7**

Temperatur in der Ecke - Jahresverlauf vom 01.07. bis 30.06. (Achsenteilung in Wochen) und Vergleichswert (rot) aus der stationären Berechnung

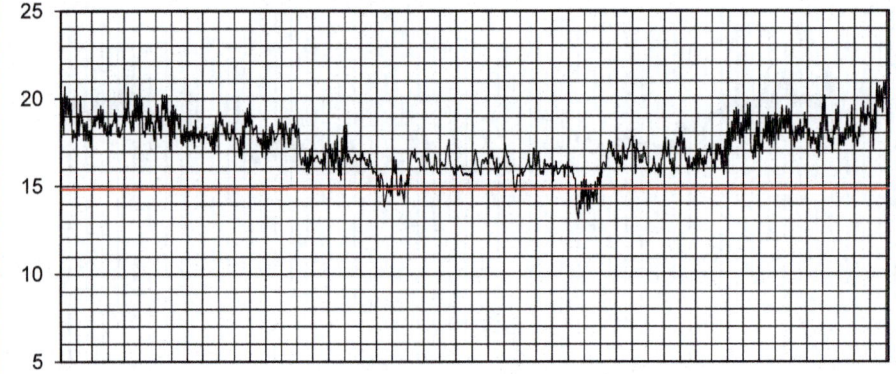

Temperatur in der Kante - Jahresverlauf vom 01.07. bis 30.06. (Achsenteilung in Wochen) und Vergleichswert (rot) aus der stationären Berechnung

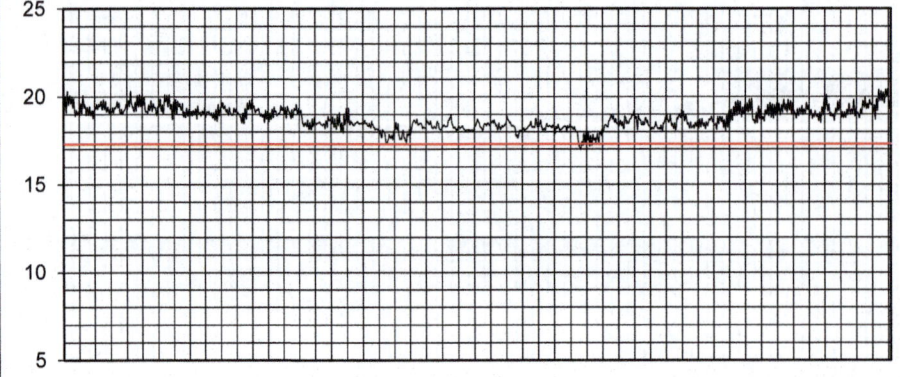

4.3	Raumecke, Holzleichtbau	Winterklimaregion III TRY11
	Dämmung: d = 0,18 m, λ = 0,035 W/(mK), ρ = 30 kg/m³ 2 x OSB: d = 0,016 m, λ = 0,13 W/(mK), ρ = 600 kg/m³	-

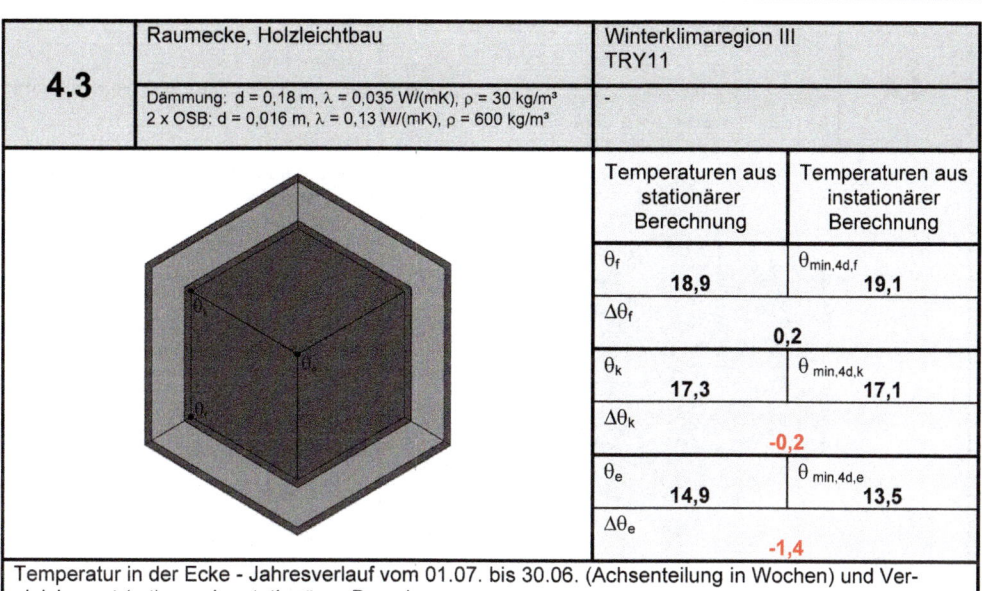

	Temperaturen aus stationärer Berechnung	Temperaturen aus instationärer Berechnung
θ_f	18,9	$\theta_{min,4d,f}$ 19,1
$\Delta\theta_f$	0,2	
θ_k	17,3	$\theta_{min,4d,k}$ 17,1
$\Delta\theta_k$	-0,2	
θ_e	14,9	$\theta_{min,4d,e}$ 13,5
$\Delta\theta_e$	-1,4	

Temperatur in der Ecke - Jahresverlauf vom 01.07. bis 30.06. (Achsenteilung in Wochen) und Vergleichswert (rot) aus der stationären Berechnung

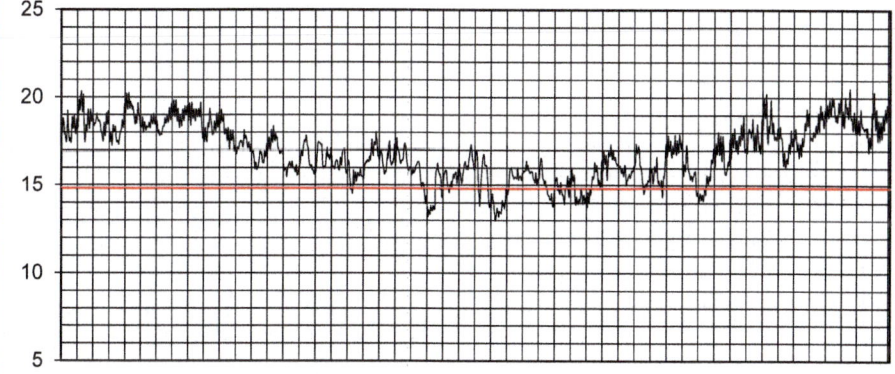

Temperatur in der Kante - Jahresverlauf vom 01.07. bis 30.06. (Achsenteilung in Wochen) und Vergleichswert (rot) aus der stationären Berechnung

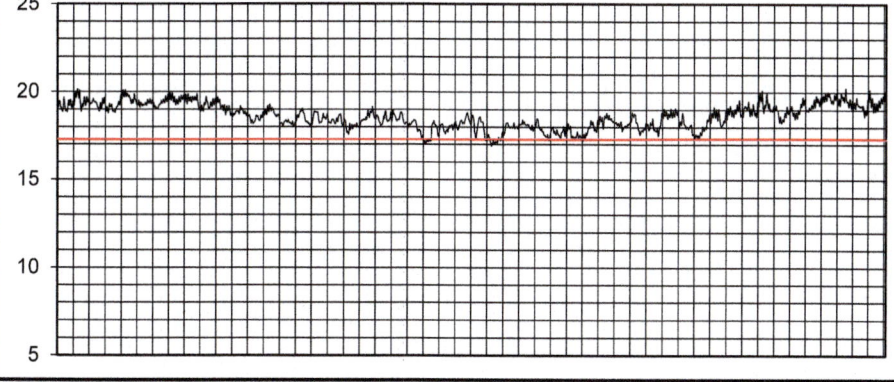

4.4	Raumecke, Holzleichtbau	Winterklimaregion I Extremwinter 1996/1997
	Dämmung: d = 0,18 m, λ = 0,035 W/(mK), ρ = 30 kg/m³ 2 x OSB: d = 0,016 m, λ = 0,13 W/(mK), ρ = 600 kg/m³	-

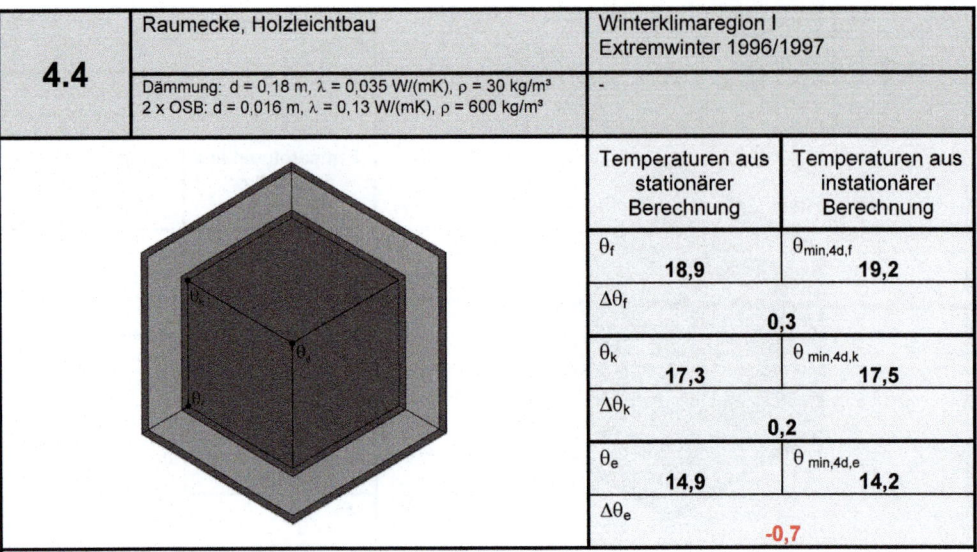

	Temperaturen aus stationärer Berechnung	Temperaturen aus instationärer Berechnung
θ_f	18,9	$\theta_{min,4d,f}$ 19,2
$\Delta\theta_f$		0,3
θ_k	17,3	$\theta_{min,4d,k}$ 17,5
$\Delta\theta_k$		0,2
θ_e	14,9	$\theta_{min,4d,e}$ 14,2
$\Delta\theta_e$		-0,7

Temperatur in der Ecke - Jahresverlauf vom 01.07. bis 30.06. (Achsenteilung in Wochen) und Vergleichswert (rot) aus der stationären Berechnung

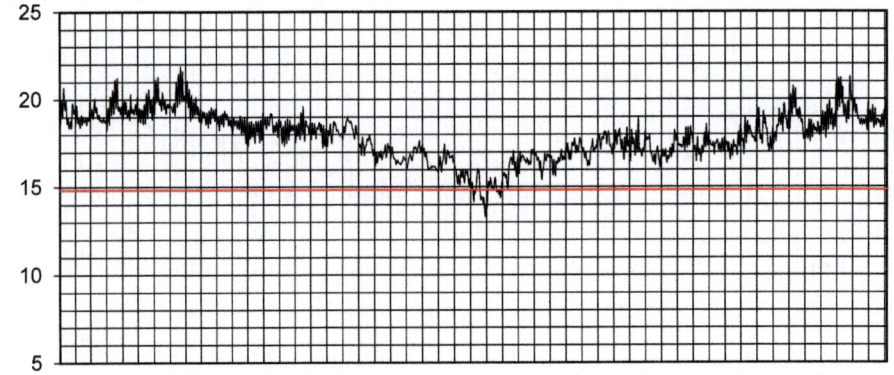

Temperatur in der Kante - Jahresverlauf vom 01.07. bis 30.06. (Achsenteilung in Wochen) und Vergleichswert (rot) aus der stationären Berechnung

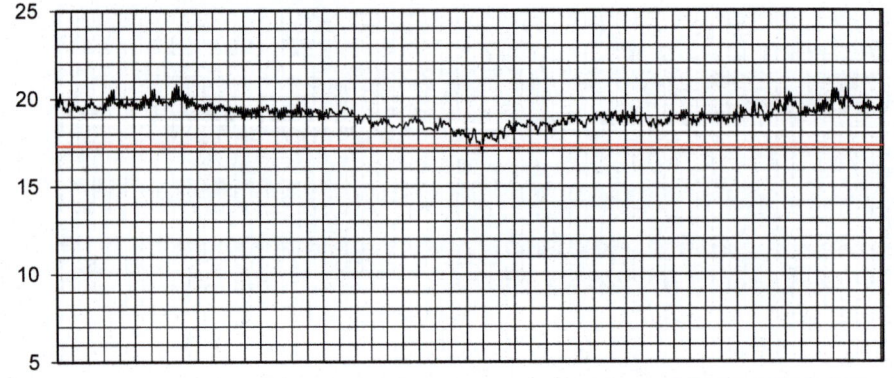

4.5	Raumecke, Holzleichtbau	Winterklimaregion II Extremwinter 1978/1979
	Dämmung: d = 0,18 m, λ = 0,035 W/(mK), ρ = 30 kg/m³ 2 x OSB: d = 0,016 m, λ = 0,13 W/(mK), ρ = 600 kg/m³	-

	Temperaturen aus stationärer Berechnung	Temperaturen aus instationärer Berechnung
θ_f	18,9	$\theta_{min,4d,f}$ 19,1
$\Delta\theta_f$		0,2
θ_k	17,3	$\theta_{min,4d,k}$ 17,0
$\Delta\theta_k$		-0,3
θ_e	14,9	$\theta_{min,4d,e}$ 13,2
$\Delta\theta_e$		-1,7

Temperatur in der Ecke - Jahresverlauf vom 01.07. bis 30.06. (Achsenteilung in Wochen) und Vergleichswert (rot) aus der stationären Berechnung

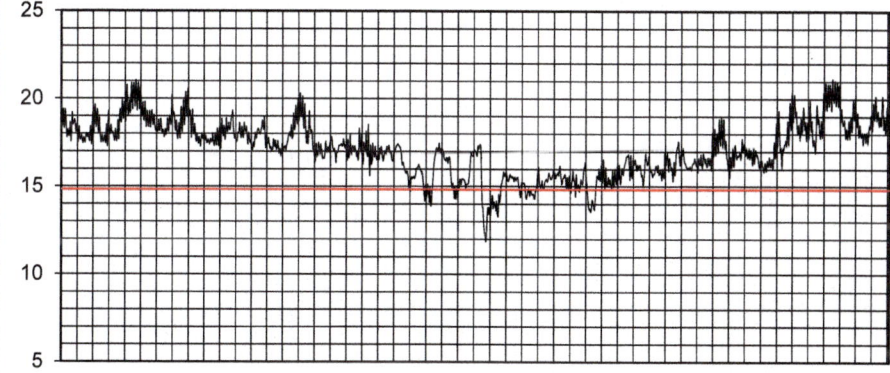

Temperatur in der Kante - Jahresverlauf vom 01.07. bis 30.06. (Achsenteilung in Wochen) und Vergleichswert (rot) aus der stationären Berechnung

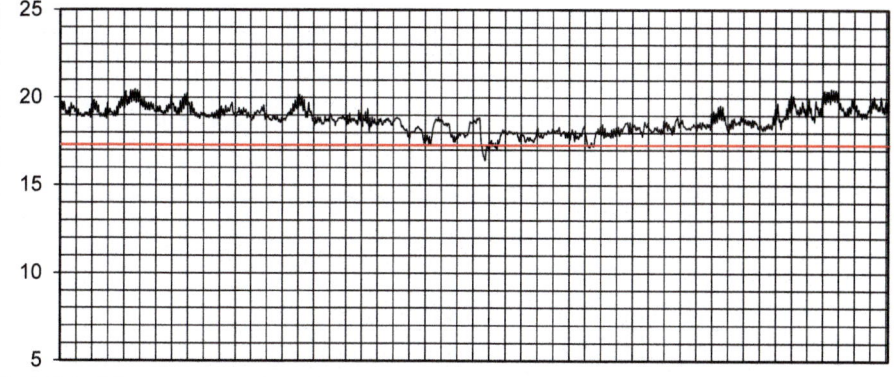

4.6	Raumecke, Holzleichtbau		Winterklimaregion III Extremwinter 2011/2012	
	Dämmung: d = 0,18 m, λ = 0,035 W/(mK), ρ = 30 kg/m³ 2 x OSB: d = 0,016 m, λ = 0,13 W/(mK), ρ = 600 kg/m³		-	

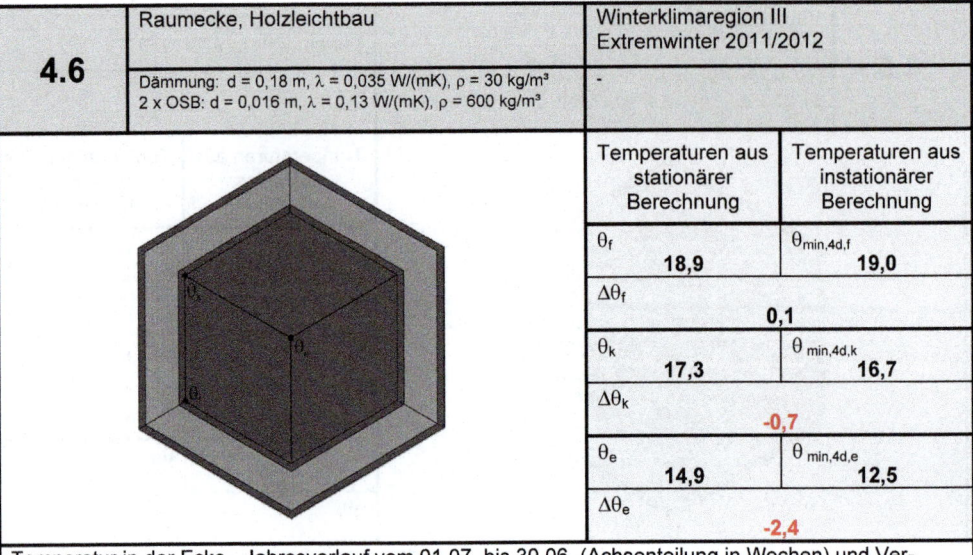

	Temperaturen aus stationärer Berechnung	Temperaturen aus instationärer Berechnung
θ_f	18,9	$\theta_{min,4d,f}$ 19,0
$\Delta\theta_f$	0,1	
θ_k	17,3	$\theta_{min,4d,k}$ 16,7
$\Delta\theta_k$	-0,7	
θ_e	14,9	$\theta_{min,4d,e}$ 12,5
$\Delta\theta_e$	-2,4	

Temperatur in der Ecke - Jahresverlauf vom 01.07. bis 30.06. (Achsenteilung in Wochen) und Vergleichswert (rot) aus der stationären Berechnung

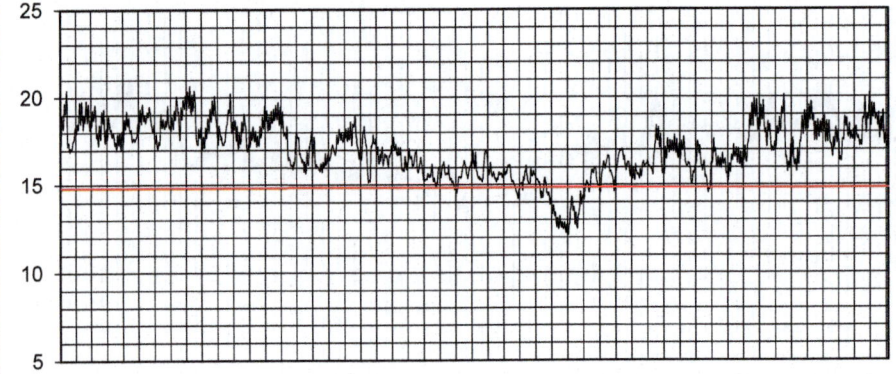

Temperatur in der Kante - Jahresverlauf vom 01.07. bis 30.06. (Achsenteilung in Wochen) und Vergleichswert (rot) aus der stationären Berechnung

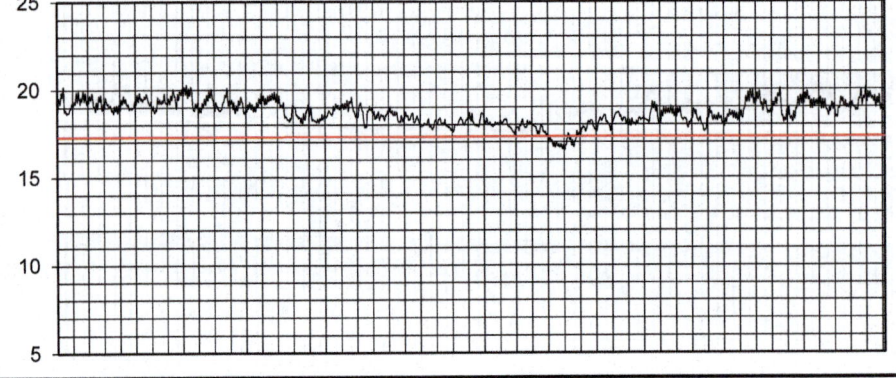

4.7	Raumecke, Holzleichtbau	Winterklimaregion I TRY1
	Dämmung: d = 0,12 m, λ = 0,035 W/(mK), ρ = 30 kg/m³ 2 x OSB: d = 0,016 m, λ = 0,13 W/(mK), ρ = 600 kg/m³	-

	Temperaturen aus stationärer Berechnung	Temperaturen aus instationärer Berechnung
θ_f	18,4	$\theta_{min,4d,f}$ 19,0
$\Delta\theta_f$		0,6
θ_k	16,6	$\theta_{min,4d,k}$ 17,2
$\Delta\theta_k$		0,6
θ_e	13,9	$\theta_{min,4d,e}$ 14,0
$\Delta\theta_e$		0,1

Temperatur in der Ecke - Jahresverlauf vom 01.07. bis 30.06. (Achsenteilung in Wochen) und Vergleichswert (rot) aus der stationären Berechnung

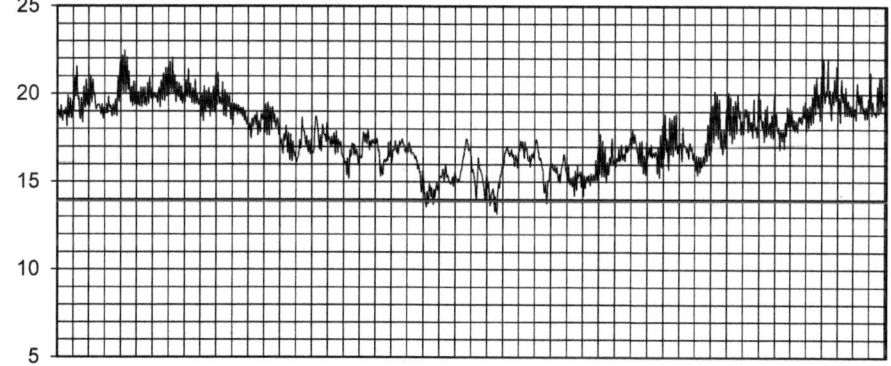

Temperatur in der Kante - Jahresverlauf vom 01.07. bis 30.06. (Achsenteilung in Wochen) und Vergleichswert (rot) aus der stationären Berechnung

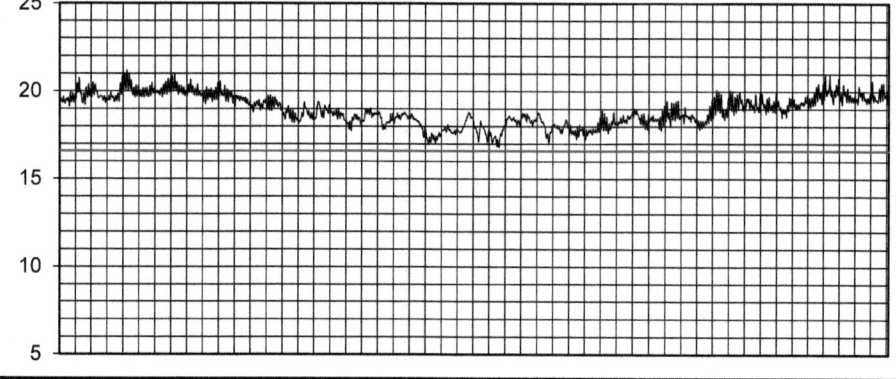

4.8	Raumecke, Holzleichtbau	Winterklimaregion II TRY8
	Dämmung: d = 0,12 m, λ = 0,035 W/(mK), ρ = 30 kg/m³ 2 x OSB: d = 0,016 m, λ = 0,13 W/(mK), ρ = 600 kg/m³	-

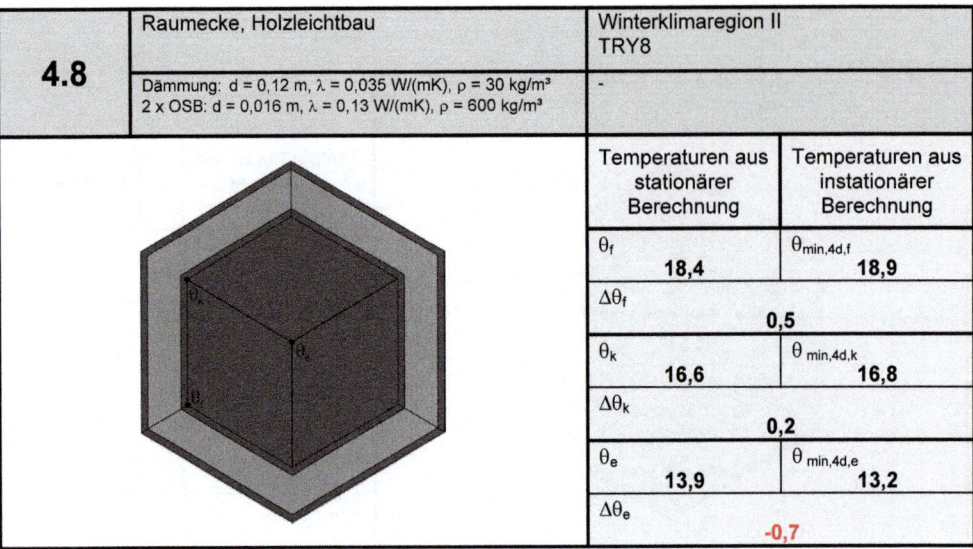

	Temperaturen aus stationärer Berechnung	Temperaturen aus instationärer Berechnung
θ_f	18,4	$\theta_{min,4d,f}$ 18,9
$\Delta\theta_f$		0,5
θ_k	16,6	$\theta_{min,4d,k}$ 16,8
$\Delta\theta_k$		0,2
θ_e	13,9	$\theta_{min,4d,e}$ 13,2
$\Delta\theta_e$		-0,7

Temperatur in der Ecke - Jahresverlauf vom 01.07. bis 30.06. (Achsenteilung in Wochen) und Vergleichswert (rot) aus der stationären Berechnung

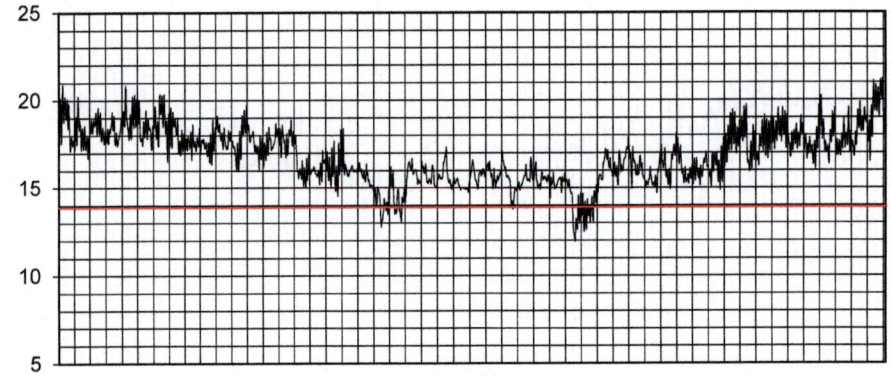

Temperatur in der Kante - Jahresverlauf vom 01.07. bis 30.06. (Achsenteilung in Wochen) und Vergleichswert (rot) aus der stationären Berechnung

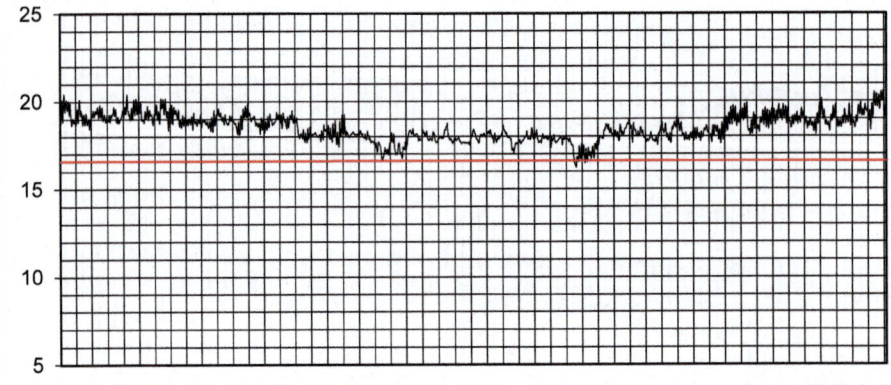

4.9	Raumecke, Holzleichtbau		Winterklimaregion III TRY11	
	Dämmung: d = 0,12 m, λ = 0,035 W/(mK), ρ = 30 kg/m³ 2 x OSB: d = 0,016 m, λ = 0,13 W/(mK), ρ = 600 kg/m³		-	

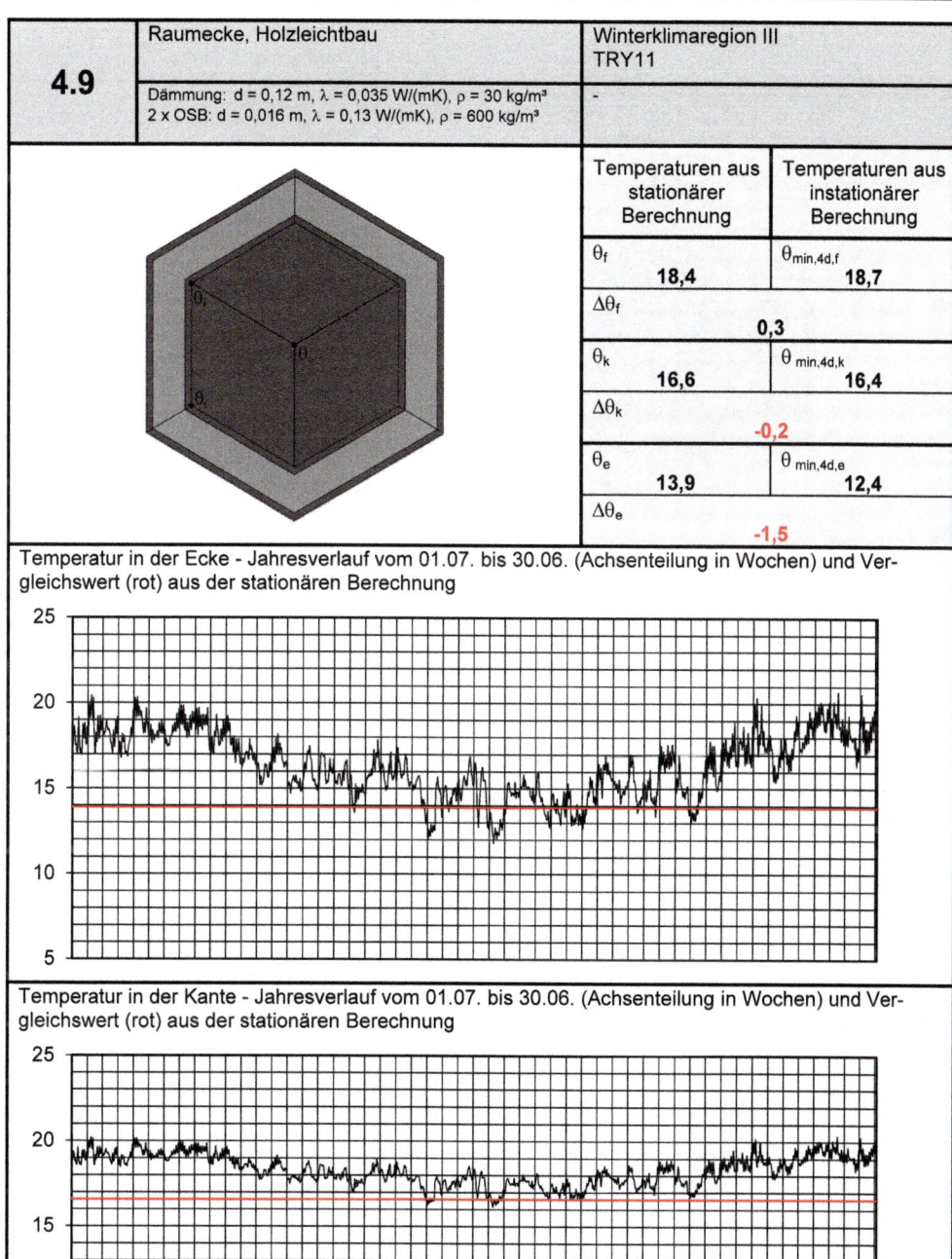

		Temperaturen aus stationärer Berechnung	Temperaturen aus instationärer Berechnung
θ_f		18,4	$\theta_{min,4d,f}$ 18,7
$\Delta\theta_f$			0,3
θ_k		16,6	$\theta_{min,4d,k}$ 16,4
$\Delta\theta_k$			-0,2
θ_e		13,9	$\theta_{min,4d,e}$ 12,4
$\Delta\theta_e$			-1,5

Temperatur in der Ecke - Jahresverlauf vom 01.07. bis 30.06. (Achsenteilung in Wochen) und Vergleichswert (rot) aus der stationären Berechnung

Temperatur in der Kante - Jahresverlauf vom 01.07. bis 30.06. (Achsenteilung in Wochen) und Vergleichswert (rot) aus der stationären Berechnung

4.10	Raumecke, Holzleichtbau	Winterklimaregion I Extremwinter 1996/1997
	Dämmung: d = 0,12 m, λ = 0,035 W/(mK), ρ = 30 kg/m³ 2 x OSB: d = 0,016 m, λ = 0,13 W/(mK), ρ = 600 kg/m³	-

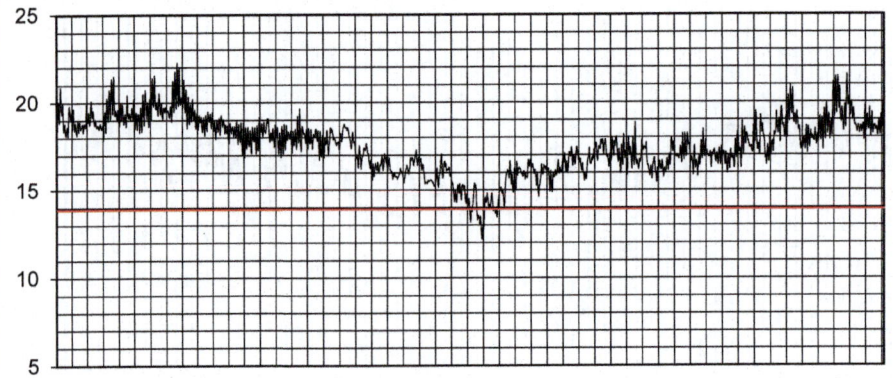

	Temperaturen aus stationärer Berechnung	Temperaturen aus instationärer Berechnung
θ_f	**18,4**	$\theta_{min,4d,f}$ **18,9**
$\Delta\theta_f$	**0,5**	
θ_k	**16,6**	$\theta_{min,4d,k}$ **16,8**
$\Delta\theta_k$	**0,2**	
θ_e	**13,9**	$\theta_{min,4d,e}$ **13,3**
$\Delta\theta_e$	**-0,6**	

Temperatur in der Ecke - Jahresverlauf vom 01.07. bis 30.06. (Achsenteilung in Wochen) und Vergleichswert (rot) aus der stationären Berechnung

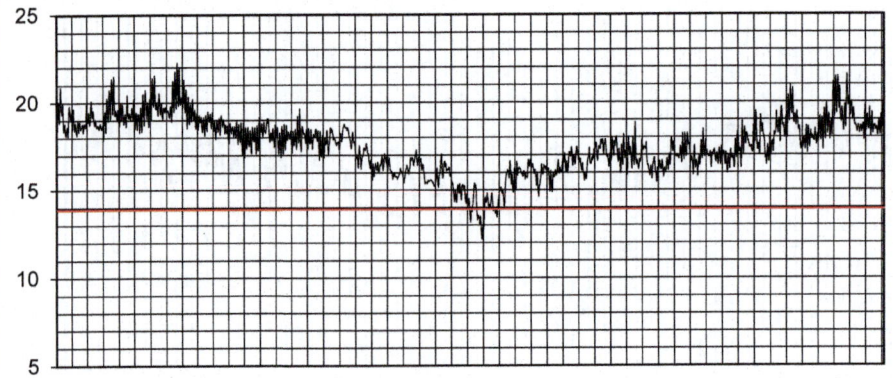

Temperatur in der Kante - Jahresverlauf vom 01.07. bis 30.06. (Achsenteilung in Wochen) und Vergleichswert (rot) aus der stationären Berechnung

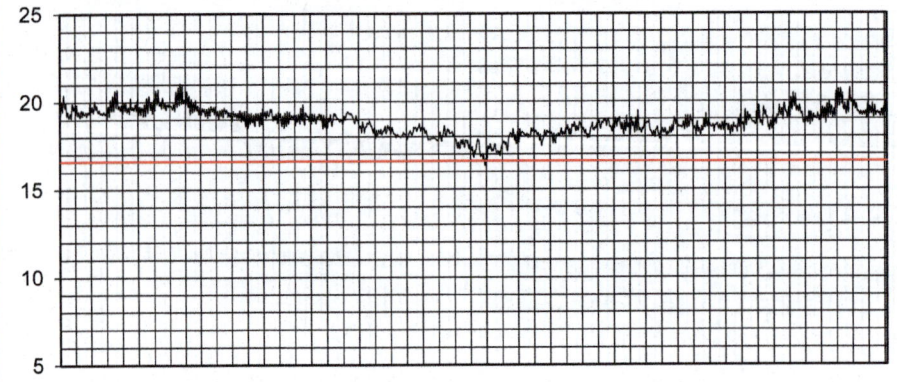

4.11	Raumecke, Holzleichtbau	Winterklimaregion II Extremwinter 1978/1979
	Dämmung: d = 0,12 m, λ = 0,035 W/(mK), ρ = 30 kg/m³ 2 x OSB: d = 0,016 m, λ = 0,13 W/(mK), ρ = 600 kg/m³	-

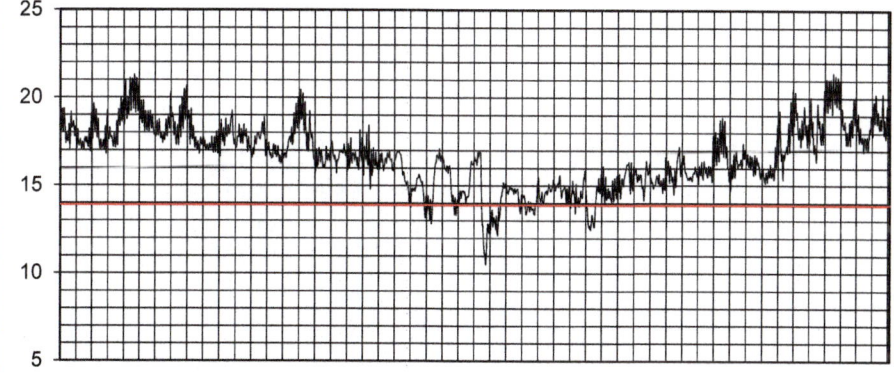

	Temperaturen aus stationärer Berechnung	Temperaturen aus instationärer Berechnung
θ_f	18,4	$\theta_{min,4d,f}$ 18,7
$\Delta\theta_f$	0,3	
θ_k	16,6	$\theta_{min,4d,k}$ 16,3
$\Delta\theta_k$	-0,3	
θ_e	13,9	$\theta_{min,4d,e}$ 12,1
$\Delta\theta_e$	-1,8	

Temperatur in der Ecke - Jahresverlauf vom 01.07. bis 30.06. (Achsenteilung in Wochen) und Vergleichswert (rot) aus der stationären Berechnung

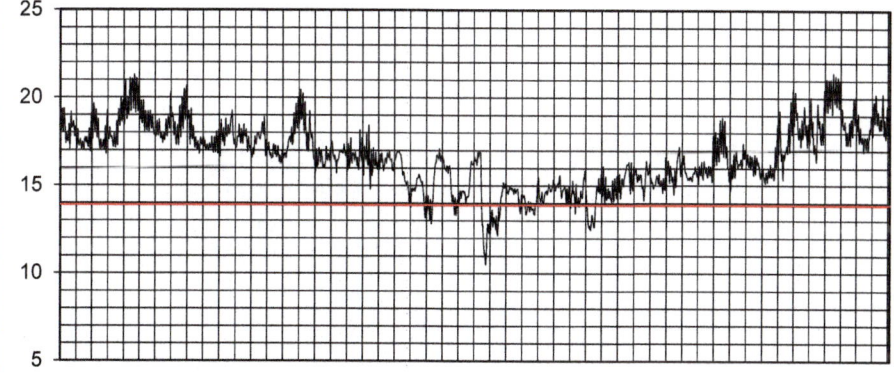

Temperatur in der Kante - Jahresverlauf vom 01.07. bis 30.06. (Achsenteilung in Wochen) und Vergleichswert (rot) aus der stationären Berechnung

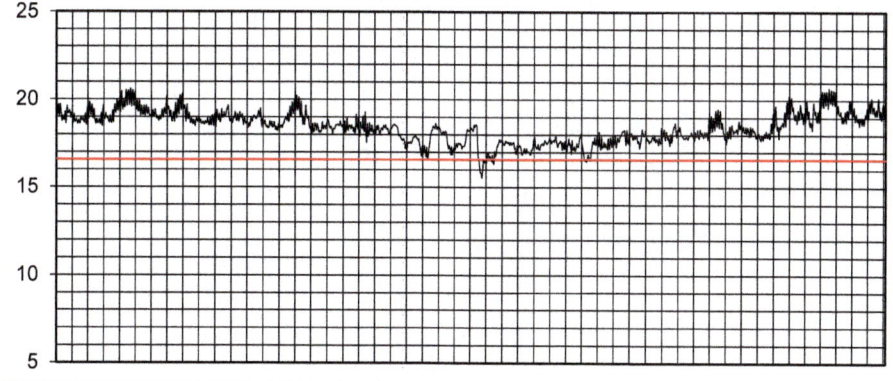

4.12	Raumecke, Holzleichtbau	Winterklimaregion III Extremwinter 2011/2012
	Dämmung: d = 0,12 m, λ = 0,035 W/(mK), ρ = 30 kg/m³ 2 x OSB: d = 0,016 m, λ = 0,13 W/(mK), ρ = 600 kg/m³	-

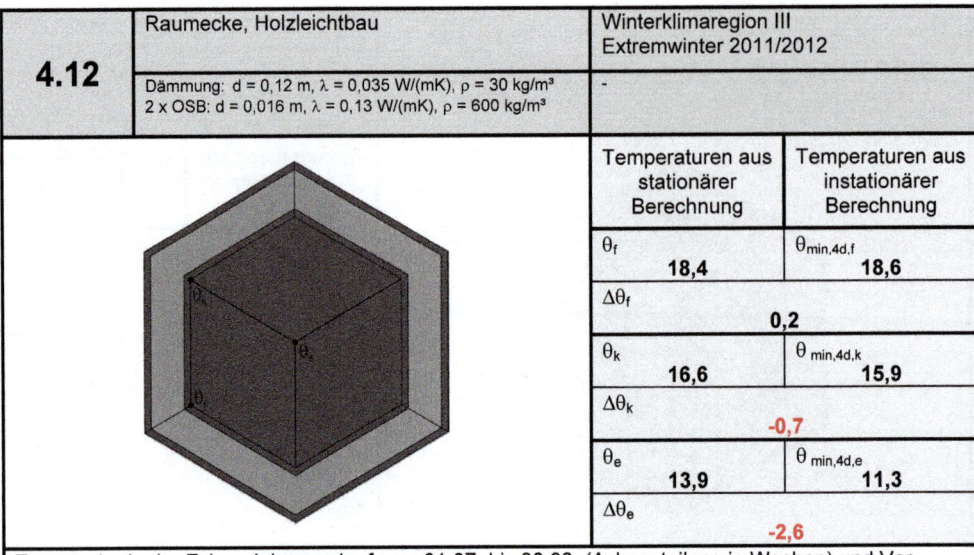

	Temperaturen aus stationärer Berechnung	Temperaturen aus instationärer Berechnung
θ_f	**18,4**	$\theta_{min,4d,f}$ **18,6**
$\Delta\theta_f$	**0,2**	
θ_k	**16,6**	$\theta_{min,4d,k}$ **15,9**
$\Delta\theta_k$	**-0,7**	
θ_e	**13,9**	$\theta_{min,4d,e}$ **11,3**
$\Delta\theta_e$	**-2,6**	

Temperatur in der Ecke - Jahresverlauf vom 01.07. bis 30.06. (Achsenteilung in Wochen) und Vergleichswert (rot) aus der stationären Berechnung

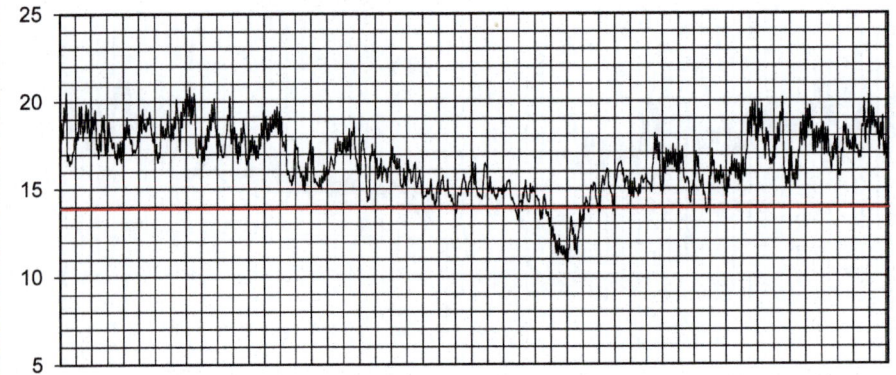

Temperatur in der Kante - Jahresverlauf vom 01.07. bis 30.06. (Achsenteilung in Wochen) und Vergleichswert (rot) aus der stationären Berechnung

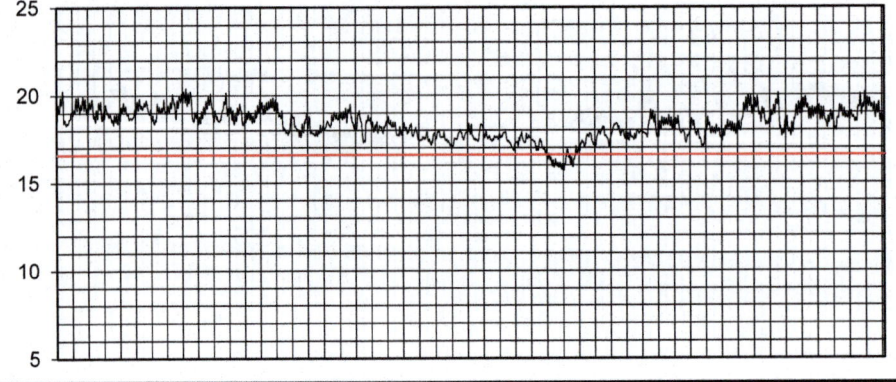

4.13	Raumecke, Holzleichtbau	Winterklimaregion I TRY1
	Dämmung: d = 0,06 m, λ = 0,035 W/(mK), ρ = 30 kg/m³ 2 x OSB: d = 0,016 m, λ = 0,13 W/(mK), ρ = 600 kg/m³	-

	Temperaturen aus stationärer Berechnung	Temperaturen aus instationärer Berechnung
θ_f	17,2	$\theta_{min,4d,f}$ 18,2
$\Delta\theta_f$	1,0	
θ_k	14,9	$\theta_{min,4d,k}$ 15,9
$\Delta\theta_k$	1,0	
θ_e	11,9	$\theta_{min,4d,e}$ 12,2
$\Delta\theta_e$	0,3	

Temperatur in der Ecke - Jahresverlauf vom 01.07. bis 30.06. (Achsenteilung in Wochen) und Vergleichswert (rot) aus der stationären Berechnung

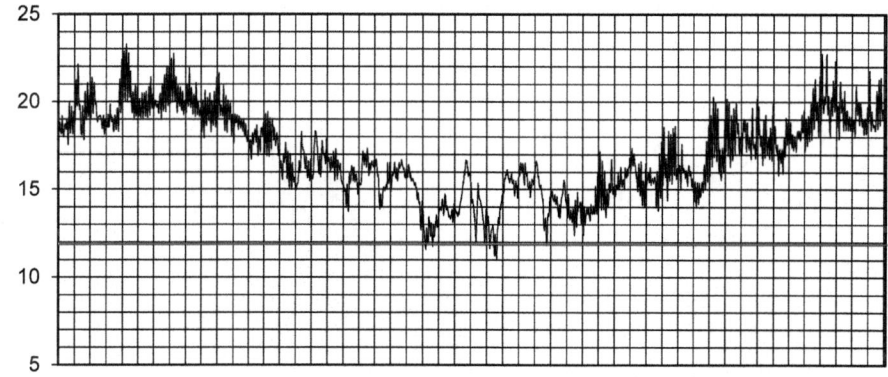

Temperatur in der Kante - Jahresverlauf vom 01.07. bis 30.06. (Achsenteilung in Wochen) und Vergleichswert (rot) aus der stationären Berechnung

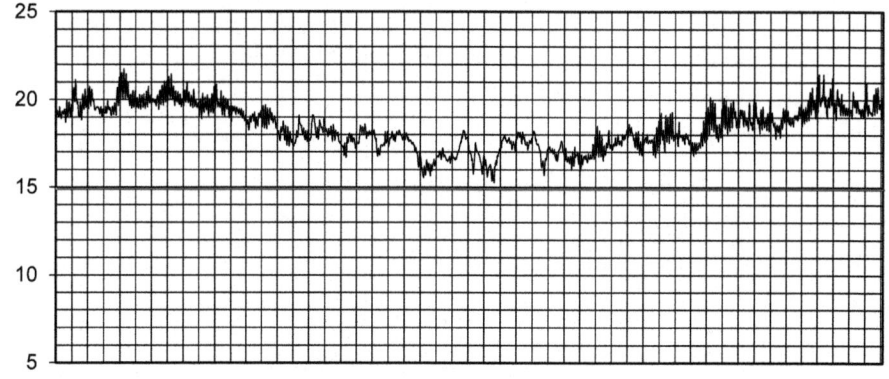

4.14	Raumecke, Holzleichtbau		Winterklimaregion II TRY8	
	Dämmung: d = 0,06 m, λ = 0,035 W/(mK), ρ = 30 kg/m³ 2 x OSB: d = 0,016 m, λ = 0,13 W/(mK), ρ = 600 kg/m³		-	

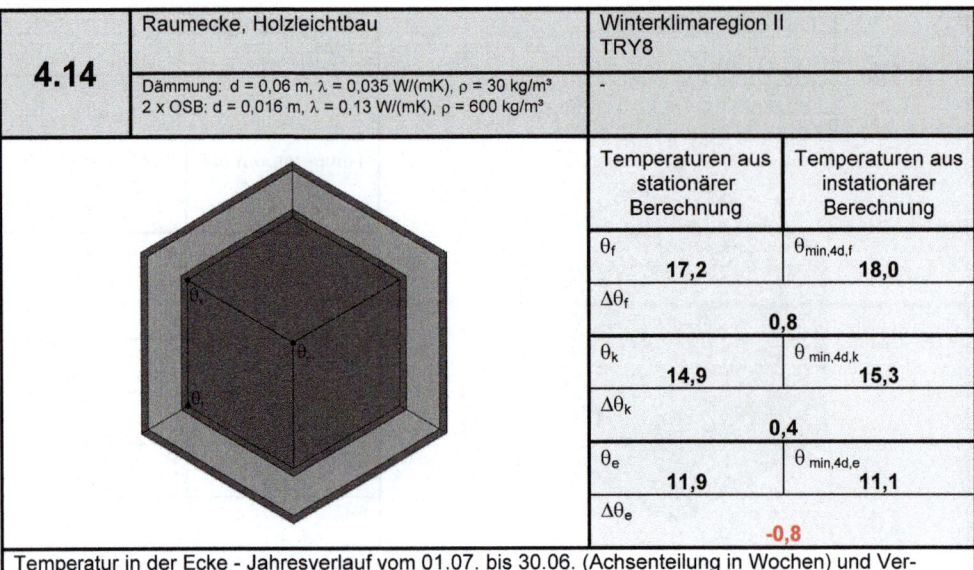

	Temperaturen aus stationärer Berechnung	Temperaturen aus instationärer Berechnung
θ_f	17,2	$\theta_{min,4d,f}$ 18,0
$\Delta\theta_f$	0,8	
θ_k	14,9	$\theta_{min,4d,k}$ 15,3
$\Delta\theta_k$	0,4	
θ_e	11,9	$\theta_{min,4d,e}$ 11,1
$\Delta\theta_e$	-0,8	

Temperatur in der Ecke - Jahresverlauf vom 01.07. bis 30.06. (Achsenteilung in Wochen) und Vergleichswert (rot) aus der stationären Berechnung

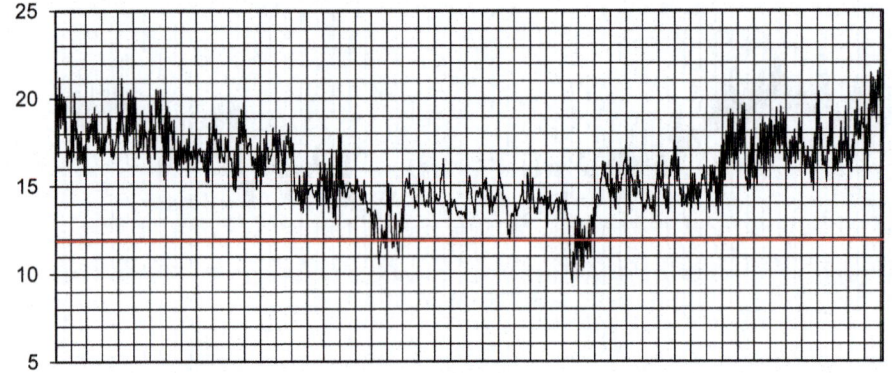

Temperatur in der Kante - Jahresverlauf vom 01.07. bis 30.06. (Achsenteilung in Wochen) und Vergleichswert (rot) aus der stationären Berechnung

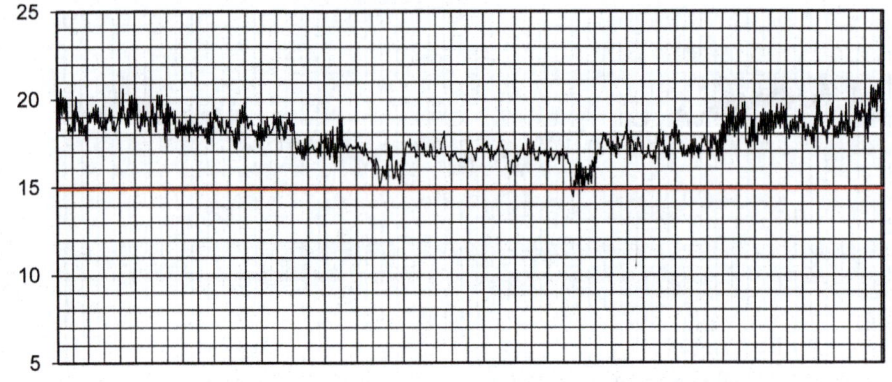

4.15	Raumecke, Holzleichtbau		Winterklimaregion III TRY11	
	Dämmung: d = 0,06 m, λ = 0,035 W/(mK), ρ = 30 kg/m³ 2 x OSB: d = 0,016 m, λ = 0,13 W/(mK), ρ = 600 kg/m³		-	

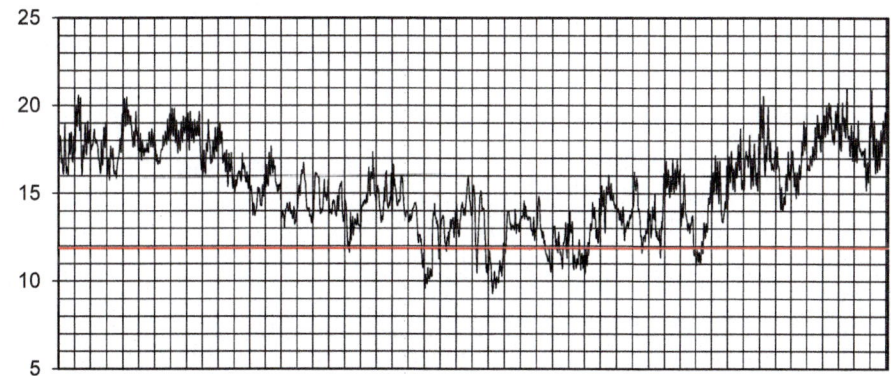

	Temperaturen aus stationärer Berechnung	Temperaturen aus instationärer Berechnung
θ_f	17,2	$\theta_{min,4d,f}$ 17,7
$\Delta\theta_f$		0,5
θ_k	14,9	$\theta_{min,4d,k}$ 14,8
$\Delta\theta_k$		-0,1
θ_e	11,9	$\theta_{min,4d,e}$ 10,1
$\Delta\theta_e$		-1,8

Temperatur in der Ecke - Jahresverlauf vom 01.07. bis 30.06. (Achsenteilung in Wochen) und Vergleichswert (rot) aus der stationären Berechnung

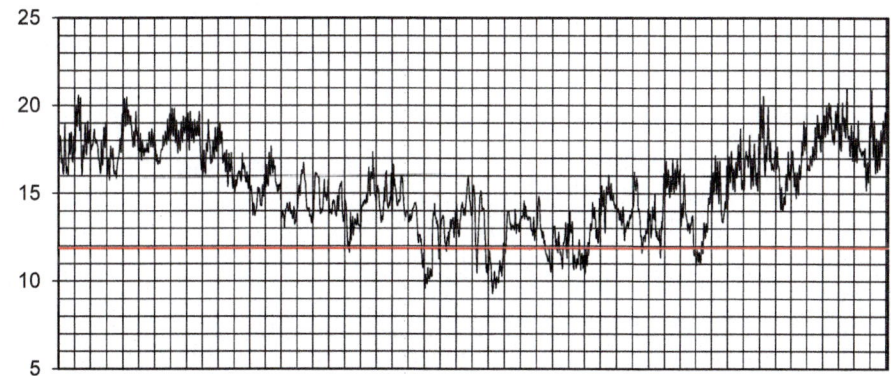

Temperatur in der Kante - Jahresverlauf vom 01.07. bis 30.06. (Achsenteilung in Wochen) und Vergleichswert (rot) aus der stationären Berechnung

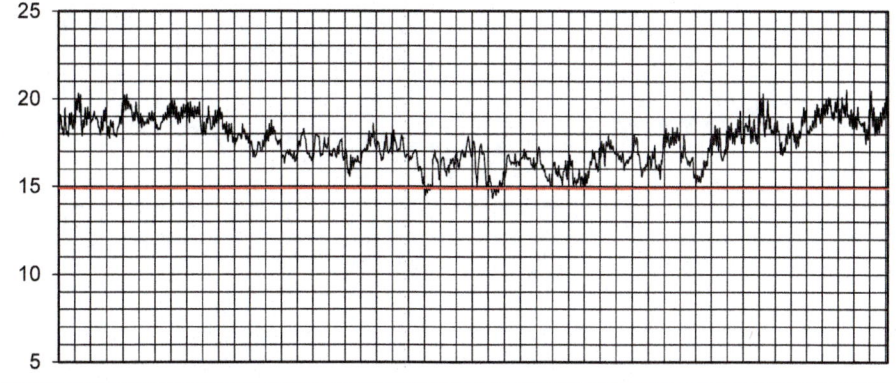

4.16	Raumecke, Holzleichtbau	Winterklimaregion I Extremwinter 1996/1997
	Dämmung: d = 0,06 m, λ = 0,035 W/(mK), ρ = 30 kg/m³ 2 x OSB: d = 0,016 m, λ = 0,13 W/(mK), ρ = 600 kg/m³	-

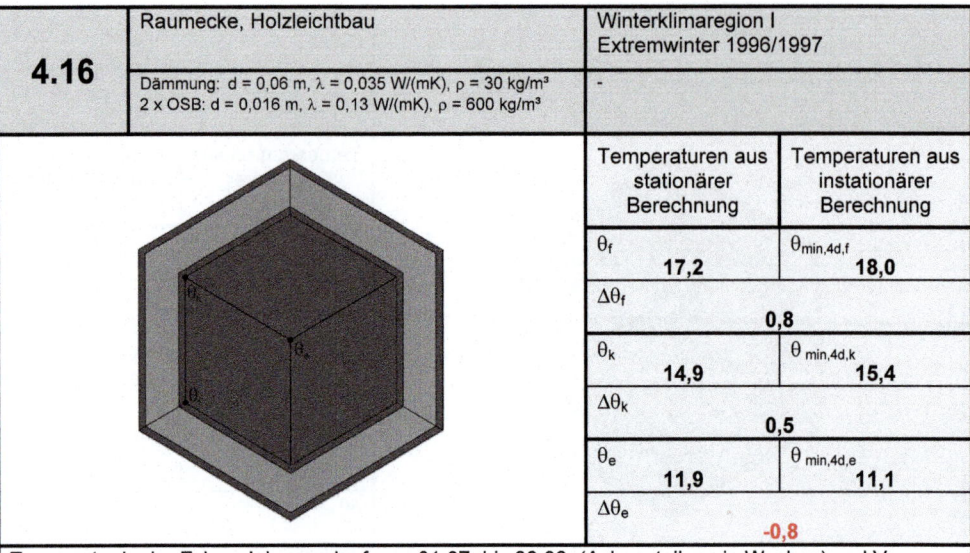

	Temperaturen aus stationärer Berechnung	Temperaturen aus instationärer Berechnung
θ_f	17,2	$\theta_{min,4d,f}$ 18,0
$\Delta\theta_f$		0,8
θ_k	14,9	$\theta_{min,4d,k}$ 15,4
$\Delta\theta_k$		0,5
θ_e	11,9	$\theta_{min,4d,e}$ 11,1
$\Delta\theta_e$		-0,8

Temperatur in der Ecke - Jahresverlauf vom 01.07. bis 30.06. (Achsenteilung in Wochen) und Vergleichswert (rot) aus der stationären Berechnung

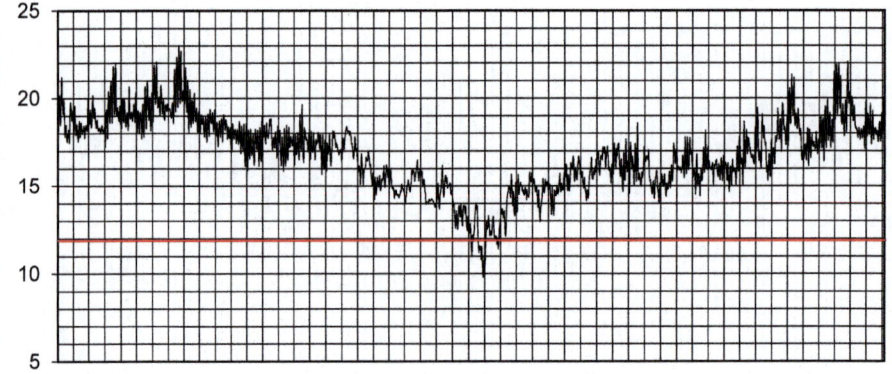

Temperatur in der Kante - Jahresverlauf vom 01.07. bis 30.06. (Achsenteilung in Wochen) und Vergleichswert (rot) aus der stationären Berechnung

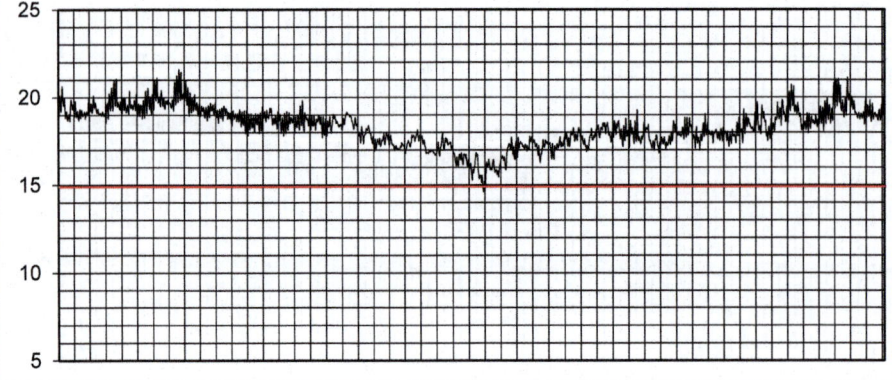

4.17	Raumecke, Holzleichtbau	Winterklimaregion II Extremwinter 1978/1979
	Dämmung: d = 0,06 m, λ = 0,035 W/(mK), ρ = 30 kg/m³ 2 x OSB: d = 0,016 m, λ = 0,13 W/(mK), ρ = 600 kg/m³	-

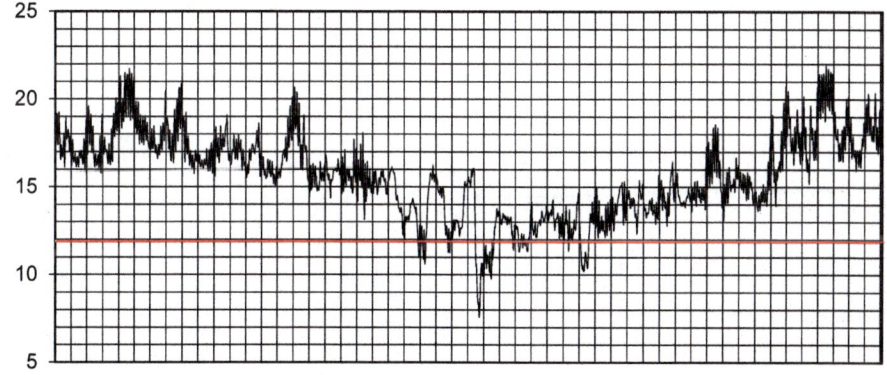

	Temperaturen aus stationärer Berechnung	Temperaturen aus instationärer Berechnung
θ_f	17,2	$\theta_{min,4d,f}$ 17,7
$\Delta\theta_f$		0,5
θ_k	14,9	$\theta_{min,4d,k}$ 14,6
$\Delta\theta_k$		-0,3
θ_e	11,9	$\theta_{min,4d,e}$ 9,7
$\Delta\theta_e$		-2,1

Temperatur in der Ecke - Jahresverlauf vom 01.07. bis 30.06. (Achsenteilung in Wochen) und Vergleichswert (rot) aus der stationären Berechnung

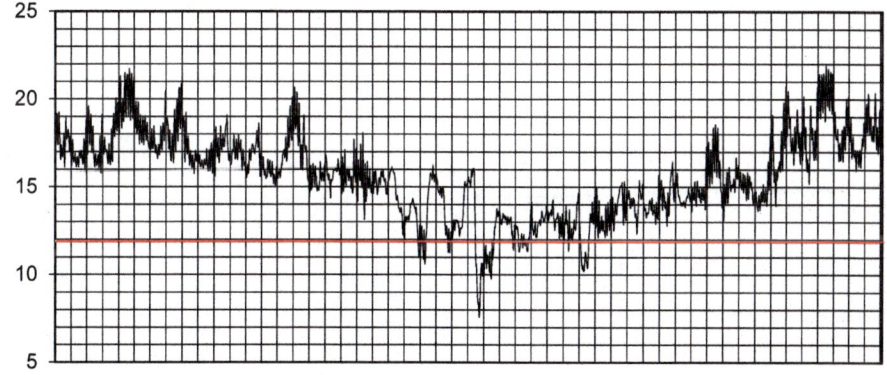

Temperatur in der Kante - Jahresverlauf vom 01.07. bis 30.06. (Achsenteilung in Wochen) und Vergleichswert (rot) aus der stationären Berechnung

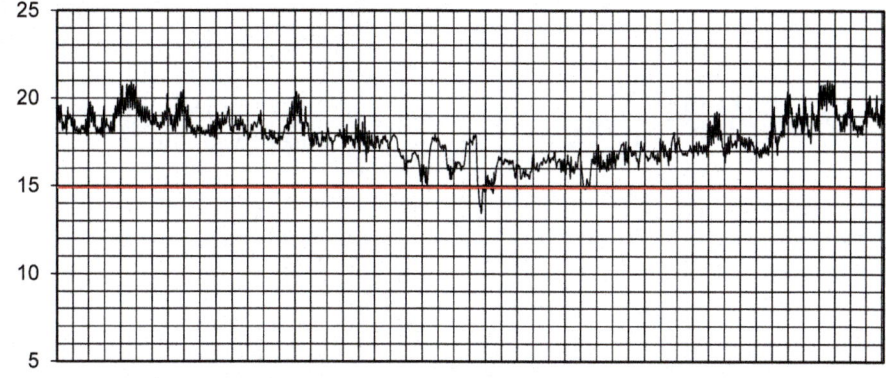

4.18	Raumecke, Holzleichtbau	Winterklimaregion III Extremwinter 2011/2012
	Dämmung: d = 0,06 m, λ = 0,035 W/(mK), ρ = 30 kg/m³ 2 x OSB: d = 0,016 m, λ = 0,13 W/(mK), ρ = 600 kg/m³	-

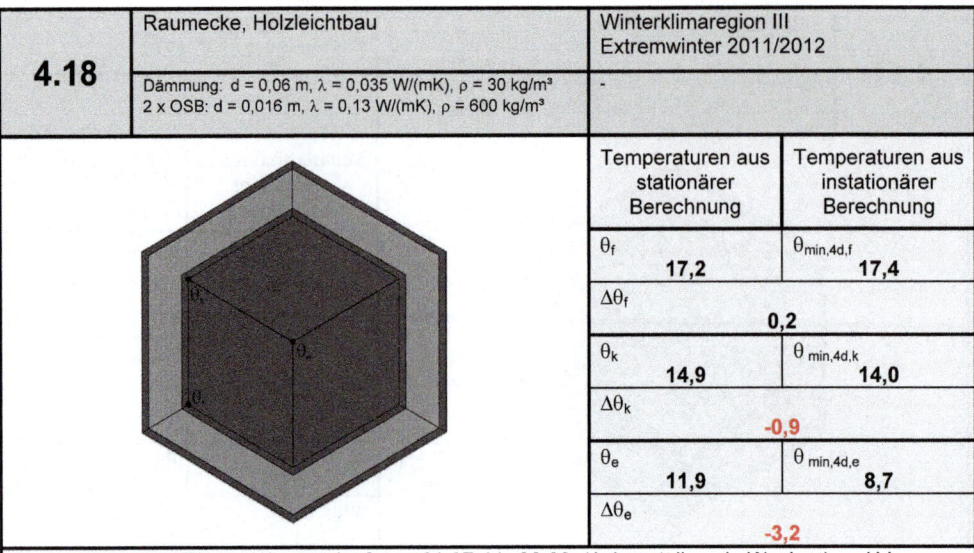

	Temperaturen aus stationärer Berechnung	Temperaturen aus instationärer Berechnung
θ_f	17,2	$\theta_{min,4d,f}$ 17,4
$\Delta\theta_f$		0,2
θ_k	14,9	$\theta_{min,4d,k}$ 14,0
$\Delta\theta_k$		-0,9
θ_e	11,9	$\theta_{min,4d,e}$ 8,7
$\Delta\theta_e$		-3,2

Temperatur in der Ecke - Jahresverlauf vom 01.07. bis 30.06. (Achsenteilung in Wochen) und Vergleichswert (rot) aus der stationären Berechnung

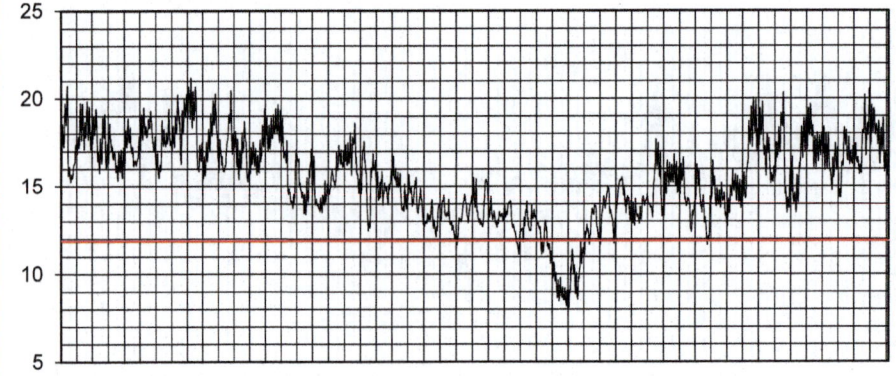

Temperatur in der Kante - Jahresverlauf vom 01.07. bis 30.06. (Achsenteilung in Wochen) und Vergleichswert (rot) aus der stationären Berechnung

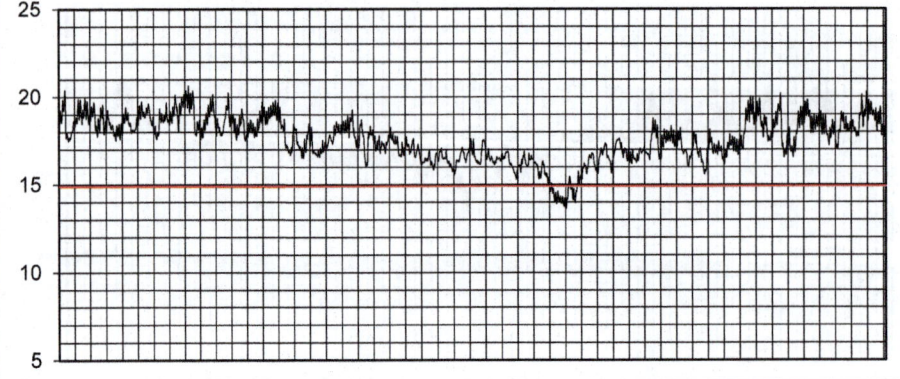

5.1	Raumecke, zweischalig	Winterklimaregion I TRY1
	Dämmung: d = 0,12 m, λ = 0,035 W/(mK), ρ = 30 kg/m³ 2 x Stahlbeton: d = 0,15 m, λ = 2,3 W/(mK), ρ = 2300 kg/m³	-

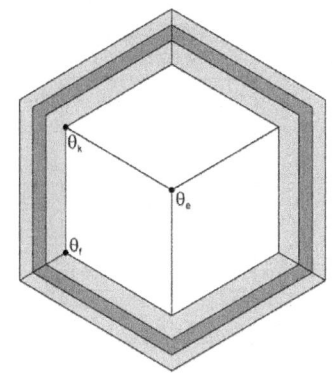

	Temperaturen aus stationärer Berechnung	Temperaturen aus instationärer Berechnung
θ_f	18,4	$\theta_{min,4d,f}$ 19,0
$\Delta\theta_f$		0,6
θ_k	17,4	$\theta_{min,4d,k}$ 18,0
$\Delta\theta_k$		0,6
θ_e	16,3	$\theta_{min,4d,e}$ 16,8
$\Delta\theta_e$		0,5

Temperatur in der Ecke - Jahresverlauf vom 01.07. bis 30.06. (Achsenteilung in Wochen) und Vergleichswert (rot) aus der stationären Berechnung

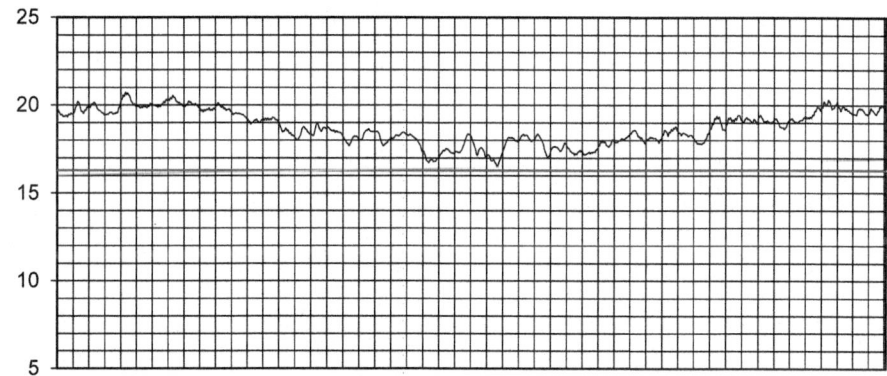

Temperatur in der Kante - Jahresverlauf vom 01.07. bis 30.06. (Achsenteilung in Wochen) und Vergleichswert (rot) aus der stationären Berechnung

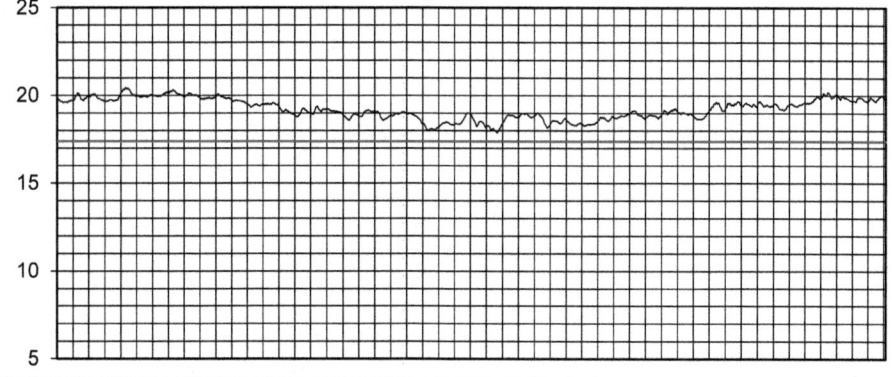

5.2	Raumecke, zweischalig	Winterklimaregion II TRY8
	Dämmung: d = 0,12 m, λ = 0,035 W/(mK), ρ = 30 kg/m³ 2 x Stahlbeton: d = 0,15 m, λ = 2,3 W/(mK), ρ = 2300 kg/m³	-

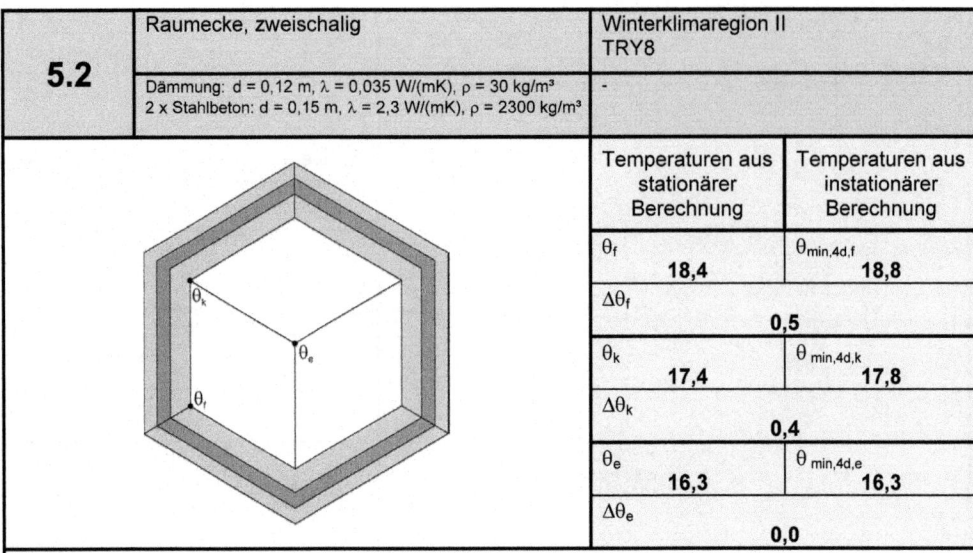

	Temperaturen aus stationärer Berechnung	Temperaturen aus instationärer Berechnung
θ_f	18,4	$\theta_{min,4d,f}$ 18,8
$\Delta\theta_f$	0,5	
θ_k	17,4	$\theta_{min,4d,k}$ 17,8
$\Delta\theta_k$	0,4	
θ_e	16,3	$\theta_{min,4d,e}$ 16,3
$\Delta\theta_e$	0,0	

Temperatur in der Ecke - Jahresverlauf vom 01.07. bis 30.06. (Achsenteilung in Wochen) und Vergleichswert (rot) aus der stationären Berechnung

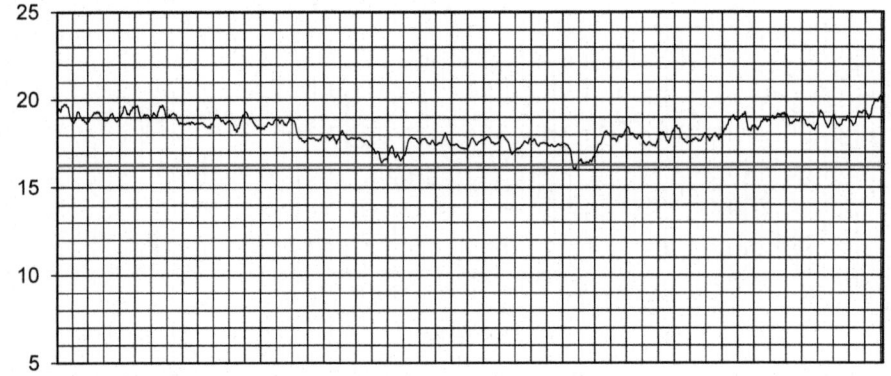

Temperatur in der Kante - Jahresverlauf vom 01.07. bis 30.06. (Achsenteilung in Wochen) und Vergleichswert (rot) aus der stationären Berechnung

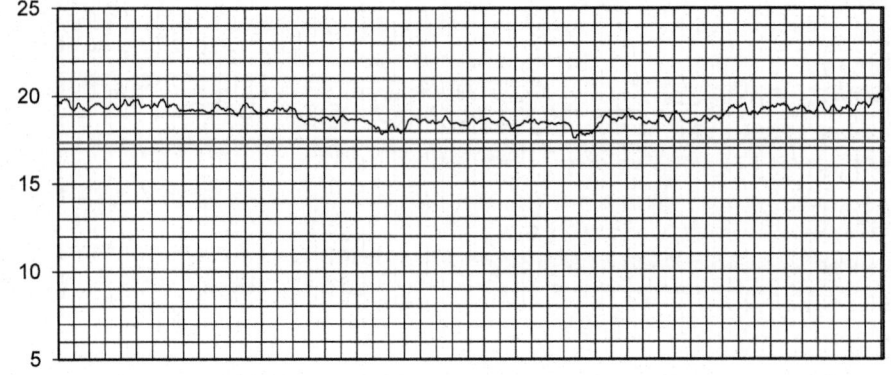

5.3	Raumecke, zweischalig		Winterklimaregion III TRY11
	Dämmung: d = 0,12 m, λ = 0,035 W/(mK), ρ = 30 kg/m³ 2 x Stahlbeton: d = 0,15 m, λ = 2,3 W/(mK), ρ = 2300 kg/m³		-

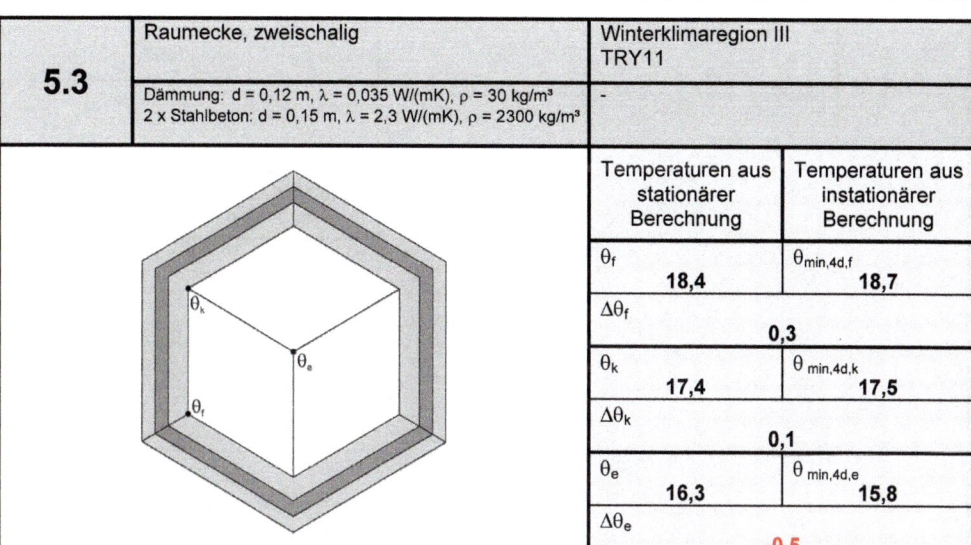

	Temperaturen aus stationärer Berechnung	Temperaturen aus instationärer Berechnung
θ_f	18,4	$\theta_{min,4d,f}$ 18,7
$\Delta\theta_f$	0,3	
θ_k	17,4	$\theta_{min,4d,k}$ 17,5
$\Delta\theta_k$	0,1	
θ_e	16,3	$\theta_{min,4d,e}$ 15,8
$\Delta\theta_e$	-0,5	

Temperatur in der Ecke - Jahresverlauf vom 01.07. bis 30.06. (Achsenteilung in Wochen) und Vergleichswert (rot) aus der stationären Berechnung

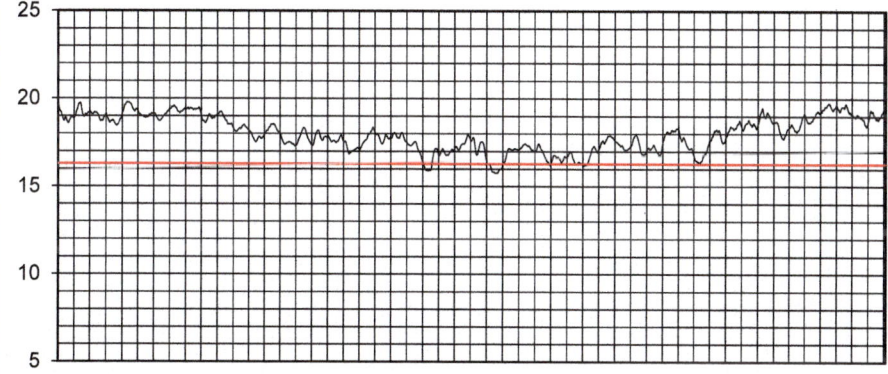

Temperatur in der Kante - Jahresverlauf vom 01.07. bis 30.06. (Achsenteilung in Wochen) und Vergleichswert (rot) aus der stationären Berechnung

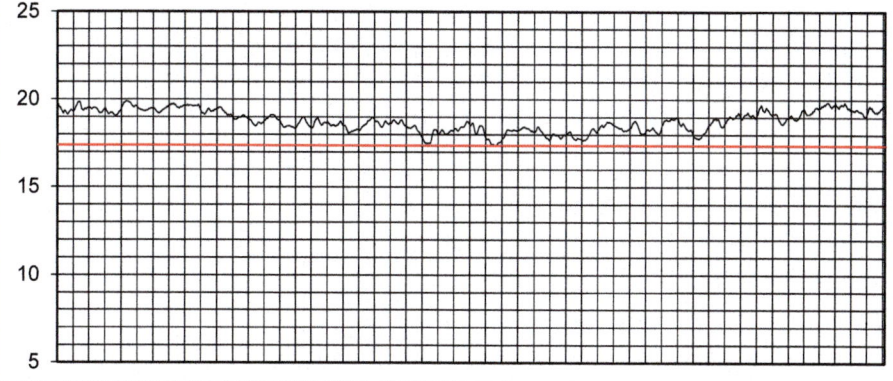

	Raumecke, zweischalig	Winterklimaregion I Extremwinter 1996/1997
5.4	Dämmung: d = 0,12 m, λ = 0,035 W/(mK), ρ = 30 kg/m³ 2 x Stahlbeton: d = 0,15 m, λ = 2,3 W/(mK), ρ = 2300 kg/m³	-

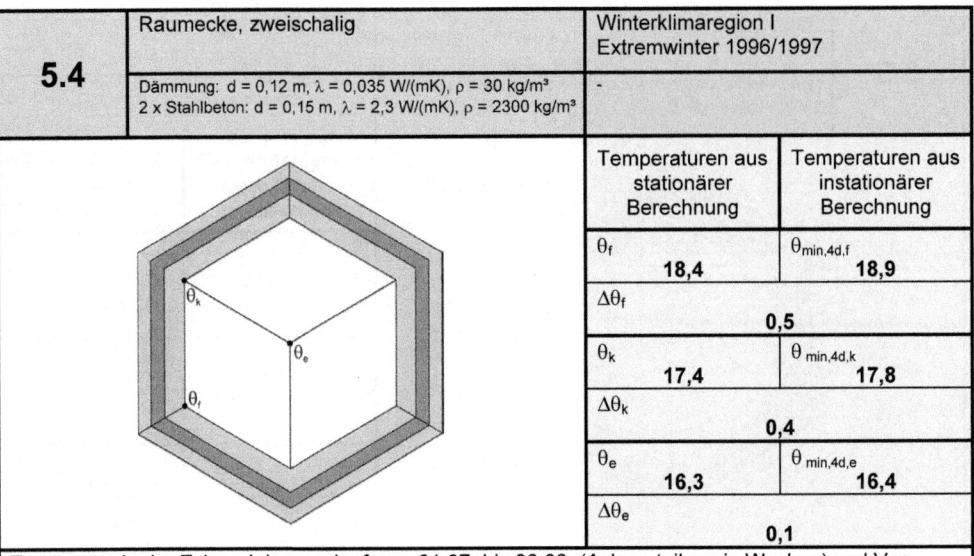

	Temperaturen aus stationärer Berechnung	Temperaturen aus instationärer Berechnung
θ_f	18,4	$\theta_{min,4d,f}$ 18,9
$\Delta\theta_f$		0,5
θ_k	17,4	$\theta_{min,4d,k}$ 17,8
$\Delta\theta_k$		0,4
θ_e	16,3	$\theta_{min,4d,e}$ 16,4
$\Delta\theta_e$		0,1

Temperatur in der Ecke - Jahresverlauf vom 01.07. bis 30.06. (Achsenteilung in Wochen) und Vergleichswert (rot) aus der stationären Berechnung

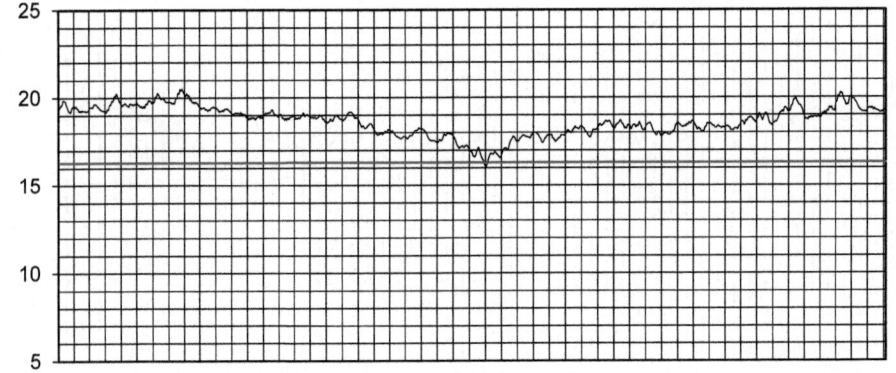

Temperatur in der Kante - Jahresverlauf vom 01.07. bis 30.06. (Achsenteilung in Wochen) und Vergleichswert (rot) aus der stationären Berechnung

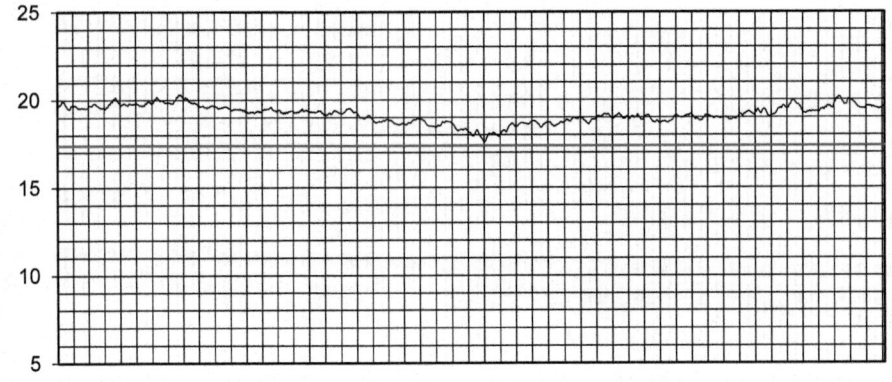

5.5	Raumecke, zweischalig		Winterklimaregion II Extremwinter 1978/1979	
	Dämmung: d = 0,12 m, λ = 0,035 W/(mK), ρ = 30 kg/m³ 2 x Stahlbeton: d = 0,15 m, λ = 2,3 W/(mK), ρ = 2300 kg/m³		-	

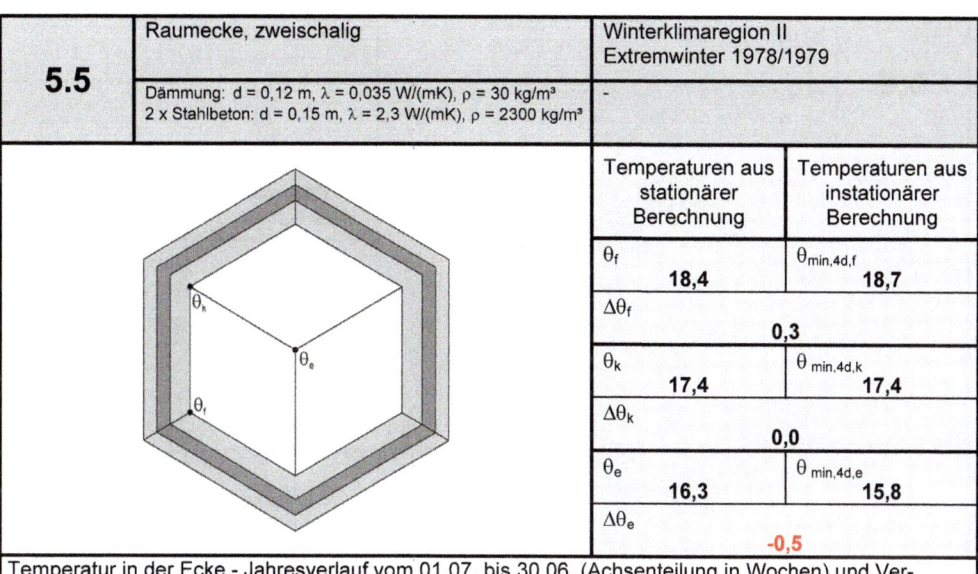

	Temperaturen aus stationärer Berechnung	Temperaturen aus instationärer Berechnung
θ_f	18,4	$\theta_{min,4d,f}$ 18,7
$\Delta\theta_f$		0,3
θ_k	17,4	$\theta_{min,4d,k}$ 17,4
$\Delta\theta_k$		0,0
θ_e	16,3	$\theta_{min,4d,e}$ 15,8
$\Delta\theta_e$		**-0,5**

Temperatur in der Ecke - Jahresverlauf vom 01.07. bis 30.06. (Achsenteilung in Wochen) und Vergleichswert (rot) aus der stationären Berechnung

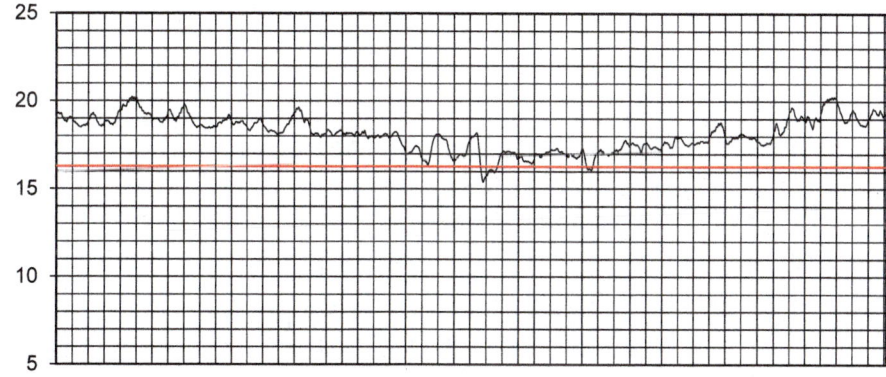

Temperatur in der Kante - Jahresverlauf vom 01.07. bis 30.06. (Achsenteilung in Wochen) und Vergleichswert (rot) aus der stationären Berechnung

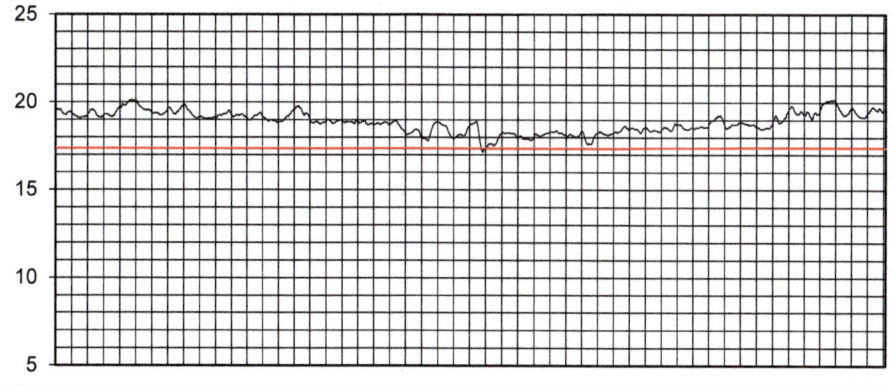

5.6	Raumecke, zweischalig	Winterklimaregion III Extremwinter 2011/2012
	Dämmung: d = 0,12 m, λ = 0,035 W/(mK), ρ = 30 kg/m³ 2 x Stahlbeton: d = 0,15 m, λ = 2,3 W/(mK), ρ = 2300 kg/m³	-

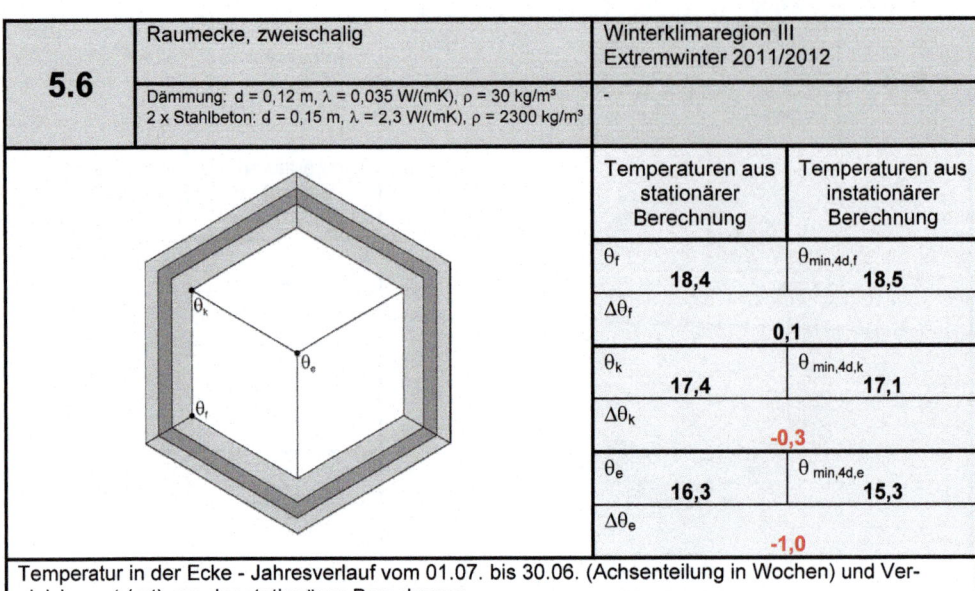

	Temperaturen aus stationärer Berechnung	Temperaturen aus instationärer Berechnung
θ_f	18,4	$\theta_{min,4d,f}$ 18,5
$\Delta\theta_f$		0,1
θ_k	17,4	$\theta_{min,4d,k}$ 17,1
$\Delta\theta_k$		-0,3
θ_e	16,3	$\theta_{min,4d,e}$ 15,3
$\Delta\theta_e$		-1,0

Temperatur in der Ecke - Jahresverlauf vom 01.07. bis 30.06. (Achsenteilung in Wochen) und Vergleichswert (rot) aus der stationären Berechnung

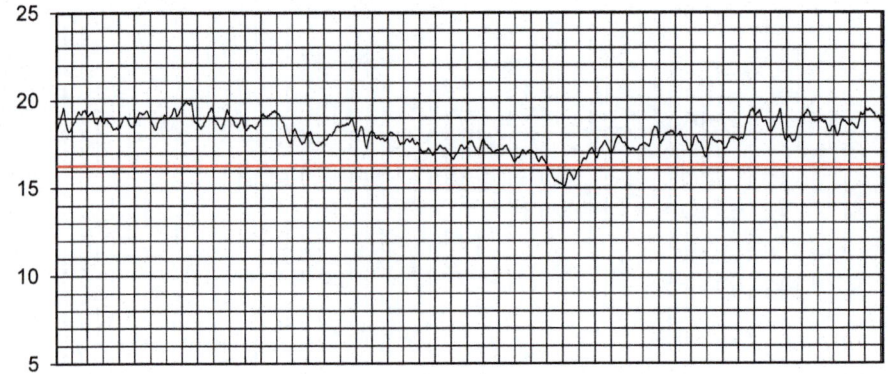

Temperatur in der Kante - Jahresverlauf vom 01.07. bis 30.06. (Achsenteilung in Wochen) und Vergleichswert (rot) aus der stationären Berechnung

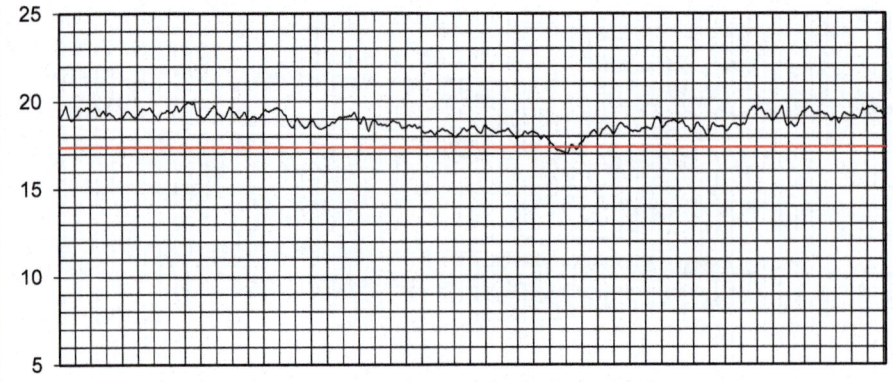

5.7	Raumecke, zweischalig		Winterklimaregion I TRY1	
	Dämmung: d = 0,08 m, λ = 0,035 W/(mK), ρ = 30 kg/m³ 2 x Stahlbeton: d = 0,15 m, λ = 2,3 W/(mK), ρ = 2300 kg/m³		-	

		Temperaturen aus stationärer Berechnung	Temperaturen aus instationärer Berechnung
	θ_f	**17,7**	$\theta_{min,4d,f}$ **18,5**
	$\Delta\theta_f$	**0,8**	
	θ_k	**16,5**	$\theta_{min,4d,k}$ **17,3**
	$\Delta\theta_k$	**0,8**	
	θ_e	**15,0**	$\theta_{min,4d,e}$ **15,7**
	$\Delta\theta_e$	**0,7**	

Temperatur in der Ecke - Jahresverlauf vom 01.07. bis 30.06. (Achsenteilung in Wochen) und Vergleichswert (rot) aus der stationären Berechnung

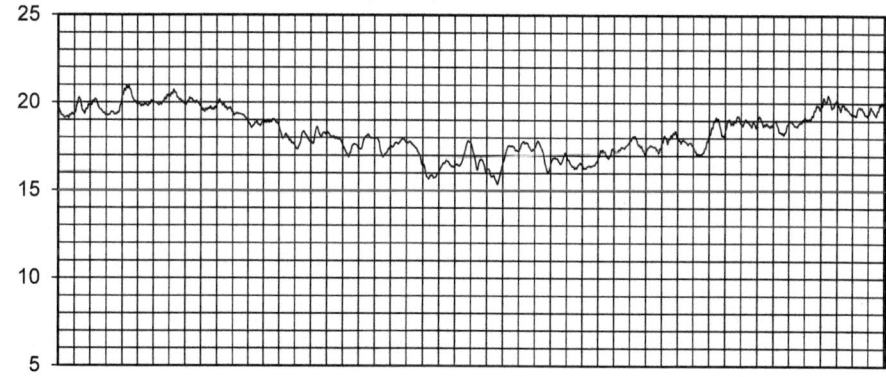

Temperatur in der Kante - Jahresverlauf vom 01.07. bis 30.06. (Achsenteilung in Wochen) und Vergleichswert (rot) aus der stationären Berechnung

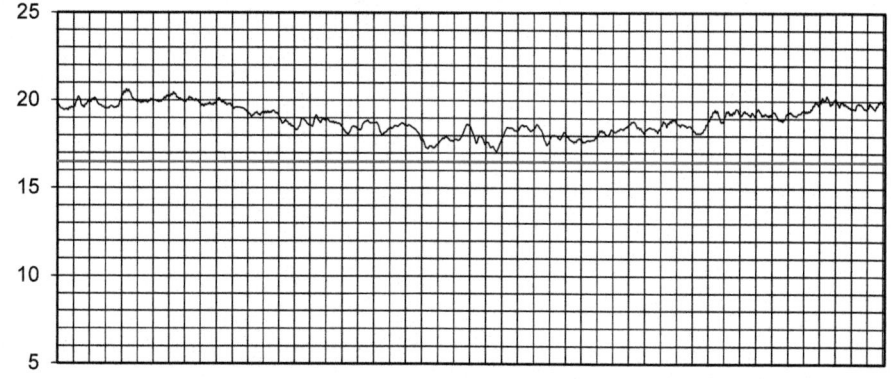

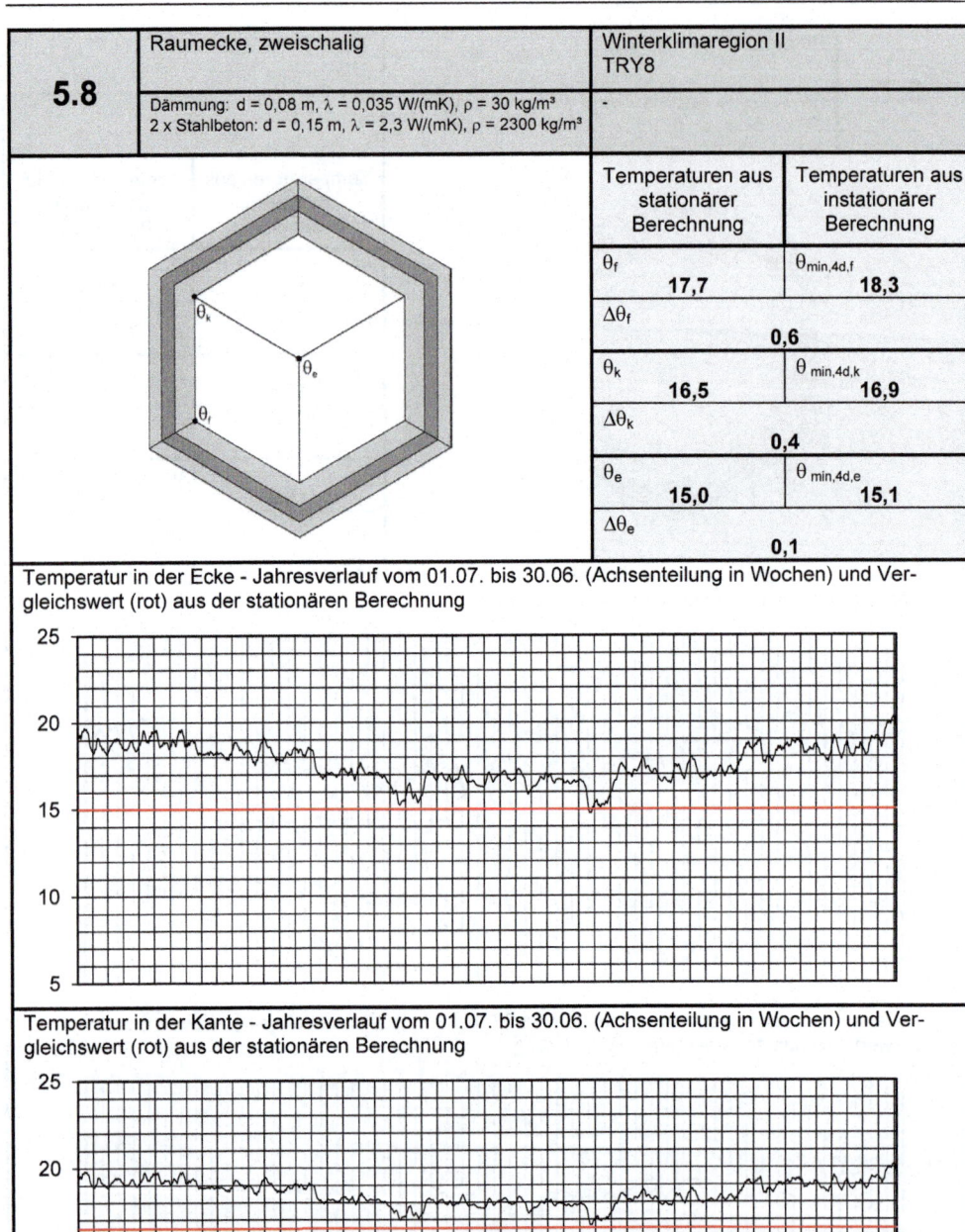

5.8	Raumecke, zweischalig		Winterklimaregion II TRY8	
	Dämmung: d = 0,08 m, λ = 0,035 W/(mK), ρ = 30 kg/m³ 2 x Stahlbeton: d = 0,15 m, λ = 2,3 W/(mK), ρ = 2300 kg/m³		-	

	Temperaturen aus stationärer Berechnung	Temperaturen aus instationärer Berechnung
θ_f	17,7	$\theta_{min,4d,f}$ 18,3
$\Delta\theta_f$		0,6
θ_k	16,5	$\theta_{min,4d,k}$ 16,9
$\Delta\theta_k$		0,4
θ_e	15,0	$\theta_{min,4d,e}$ 15,1
$\Delta\theta_e$		0,1

Temperatur in der Ecke - Jahresverlauf vom 01.07. bis 30.06. (Achsenteilung in Wochen) und Vergleichswert (rot) aus der stationären Berechnung

Temperatur in der Kante - Jahresverlauf vom 01.07. bis 30.06. (Achsenteilung in Wochen) und Vergleichswert (rot) aus der stationären Berechnung

5.9	Raumecke, zweischalig	Winterklimaregion III TRY11
	Dämmung: d = 0,08 m, λ = 0,035 W/(mK), ρ = 30 kg/m³ 2 x Stahlbeton: d = 0,15 m, λ = 2,3 W/(mK), ρ = 2300 kg/m³	-

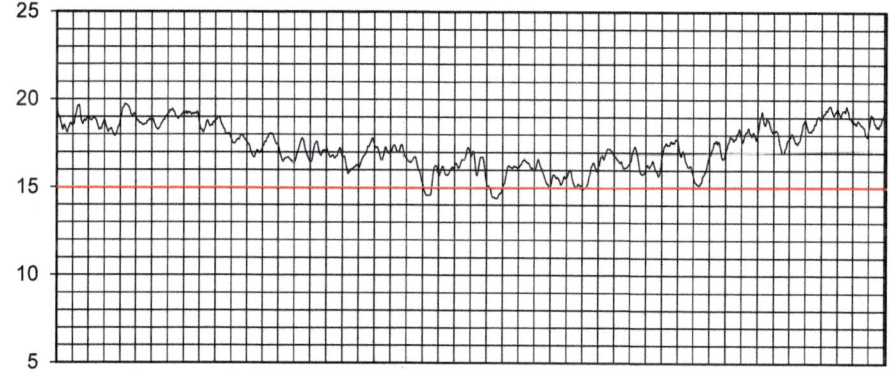

	Temperaturen aus stationärer Berechnung	Temperaturen aus instationärer Berechnung
θ_f	17,7	$\theta_{min,4d,f}$ 18,1
$\Delta\theta_f$	0,4	
θ_k	16,5	$\theta_{min,4d,k}$ 16,5
$\Delta\theta_k$	0,0	
θ_e	15,0	$\theta_{min,4d,e}$ 14,5
$\Delta\theta_e$	-0,5	

Temperatur in der Ecke - Jahresverlauf vom 01.07. bis 30.06. (Achsenteilung in Wochen) und Vergleichswert (rot) aus der stationären Berechnung

Temperatur in der Kante - Jahresverlauf vom 01.07. bis 30.06. (Achsenteilung in Wochen) und Vergleichswert (rot) aus der stationären Berechnung

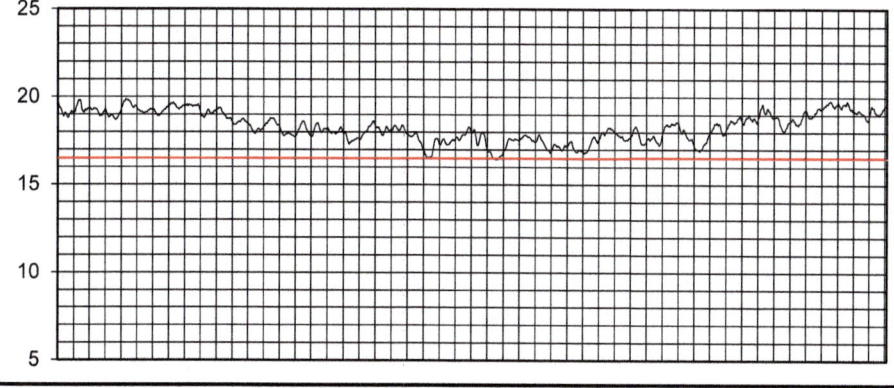

5.10	Raumecke, zweischalig	Winterklimaregion I Extremwinter 1996/1997
	Dämmung: d = 0,08 m, λ = 0,035 W/(mK), ρ = 30 kg/m³ 2 x Stahlbeton: d = 0,15 m, λ = 2,3 W/(mK), ρ = 2300 kg/m³	-

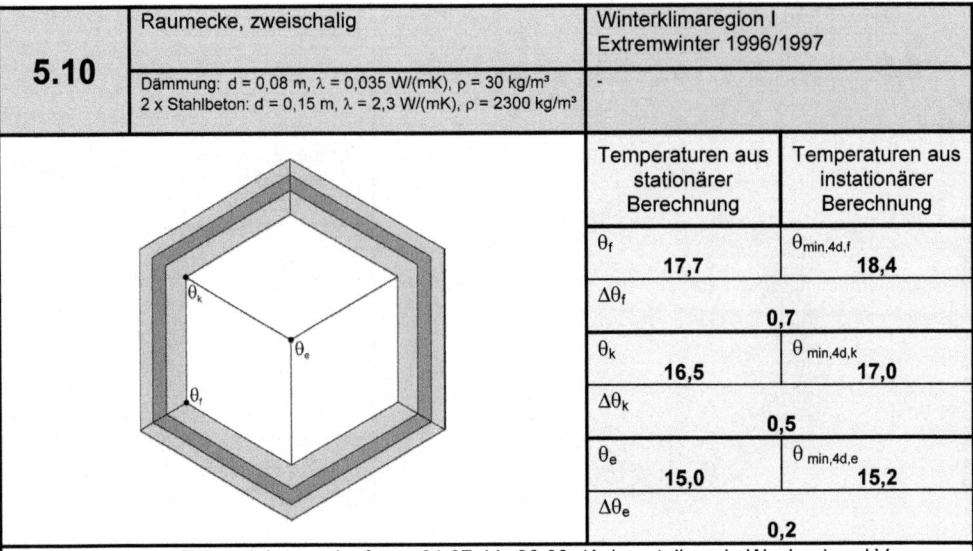

	Temperaturen aus stationärer Berechnung	Temperaturen aus instationärer Berechnung
θ_f	17,7	$\theta_{min,4d,f}$ 18,4
$\Delta\theta_f$	0,7	
θ_k	16,5	$\theta_{min,4d,k}$ 17,0
$\Delta\theta_k$	0,5	
θ_e	15,0	$\theta_{min,4d,e}$ 15,2
$\Delta\theta_e$	0,2	

Temperatur in der Ecke - Jahresverlauf vom 01.07. bis 30.06. (Achsenteilung in Wochen) und Vergleichswert (rot) aus der stationären Berechnung

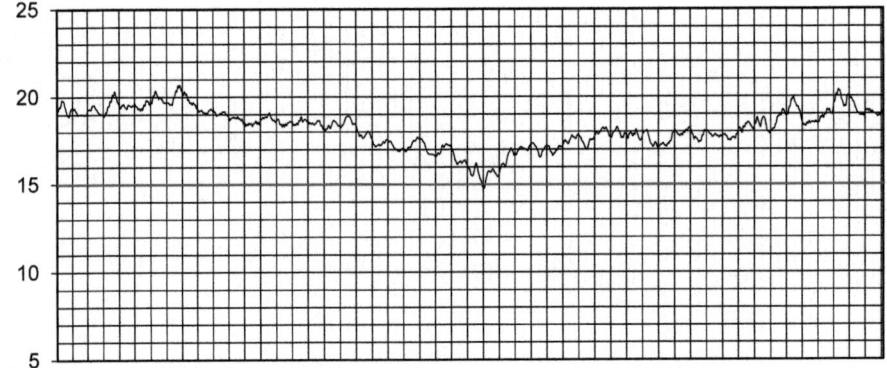

Temperatur in der Kante - Jahresverlauf vom 01.07. bis 30.06. (Achsenteilung in Wochen) und Vergleichswert (rot) aus der stationären Berechnung

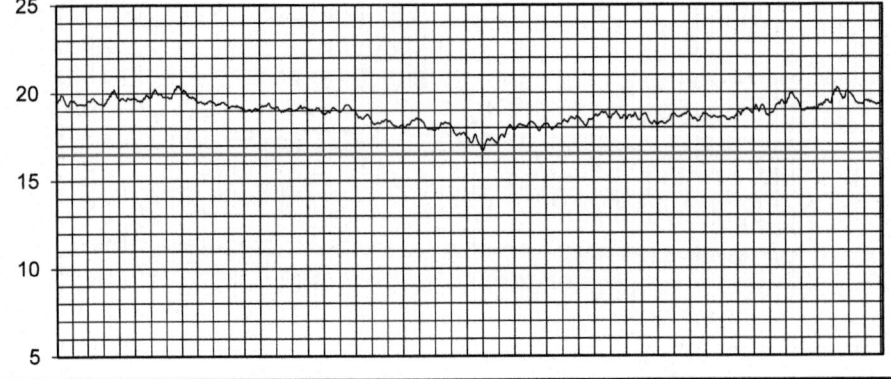

5.11	Raumecke, zweischalig		Winterklimaregion II Extremwinter 1978/1979	
	Dämmung: d = 0,08 m, λ = 0,035 W/(mK), ρ = 30 kg/m³ 2 x Stahlbeton: d = 0,15 m, λ = 2,3 W/(mK), ρ = 2300 kg/m³		-	

		Temperaturen aus stationärer Berechnung	Temperaturen aus instationärer Berechnung
θ_f		17,7	$\theta_{min,4d,f}$ 18,1
$\Delta\theta_f$		0,4	
θ_k		16,5	$\theta_{min,4d,k}$ 16,4
$\Delta\theta_k$		-0,1	
θ_e		15,0	$\theta_{min,4d,e}$ 14,4
$\Delta\theta_e$		-0,6	

Temperatur in der Ecke - Jahresverlauf vom 01.07. bis 30.06. (Achsenteilung in Wochen) und Vergleichswert (rot) aus der stationären Berechnung

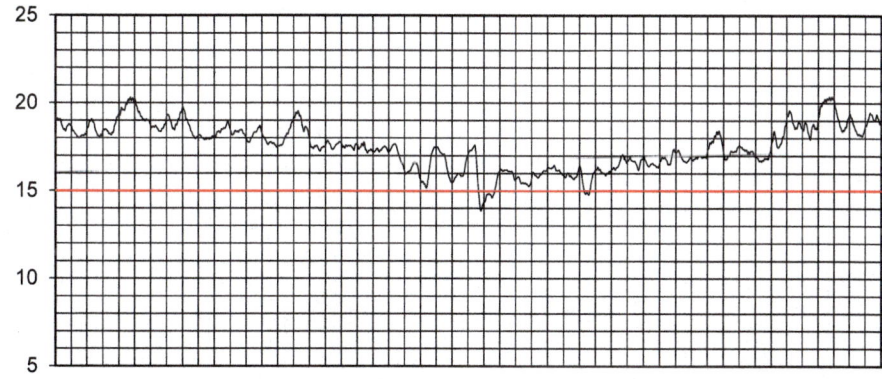

Temperatur in der Kante - Jahresverlauf vom 01.07. bis 30.06. (Achsenteilung in Wochen) und Vergleichswert (rot) aus der stationären Berechnung

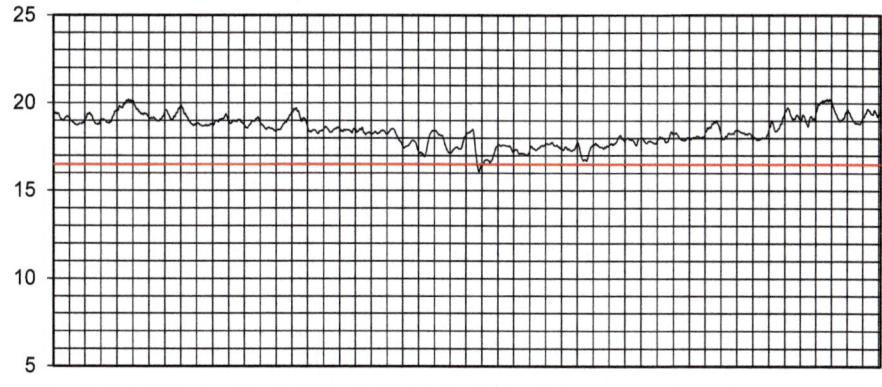

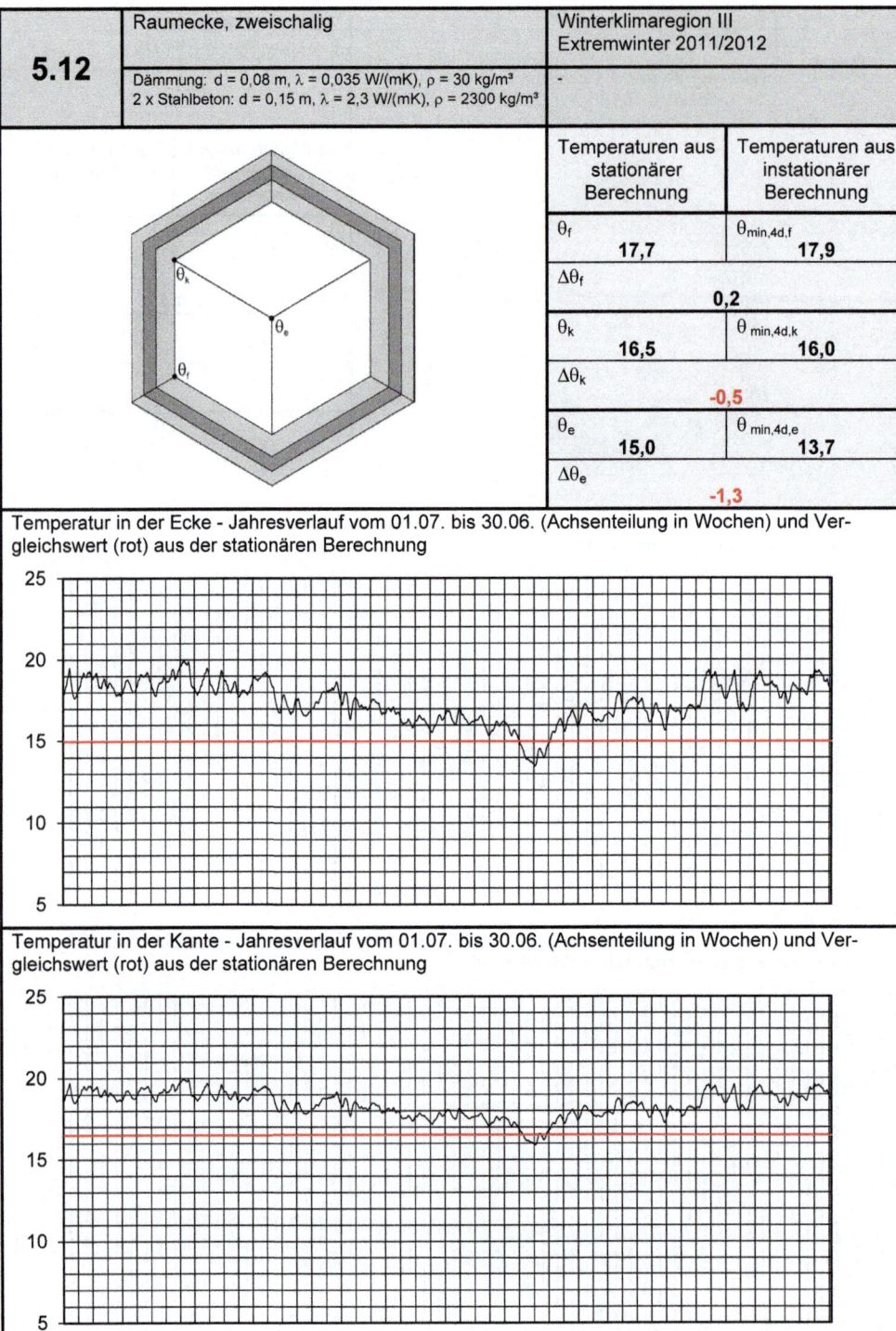

5.12	Raumecke, zweischalig	Winterklimaregion III Extremwinter 2011/2012
	Dämmung: d = 0,08 m, λ = 0,035 W/(mK), ρ = 30 kg/m³ 2 x Stahlbeton: d = 0,15 m, λ = 2,3 W/(mK), ρ = 2300 kg/m³	-

	Temperaturen aus stationärer Berechnung	Temperaturen aus instationärer Berechnung
θ_f	17,7	$\theta_{min,4d,f}$ 17,9
$\Delta\theta_f$	0,2	
θ_k	16,5	$\theta_{min,4d,k}$ 16,0
$\Delta\theta_k$	-0,5	
θ_e	15,0	$\theta_{min,4d,e}$ 13,7
$\Delta\theta_e$	-1,3	

Temperatur in der Ecke - Jahresverlauf vom 01.07. bis 30.06. (Achsenteilung in Wochen) und Vergleichswert (rot) aus der stationären Berechnung

Temperatur in der Kante - Jahresverlauf vom 01.07. bis 30.06. (Achsenteilung in Wochen) und Vergleichswert (rot) aus der stationären Berechnung

5.13	Raumecke, zweischalig	Winterklimaregion I TRY1
	Dämmung: d = 0,04 m, λ = 0,035 W/(mK), ρ = 30 kg/m³ 2 x Stahlbeton: d = 0,15 m, λ = 2,3 W/(mK), ρ = 2300 kg/m³	-

	Temperaturen aus stationärer Berechnung	Temperaturen aus instationärer Berechnung
θ_f	**16,0**	$\theta_{min,4d,f}$ **17,4**
$\Delta\theta_f$	**1,4**	
θ_k	**14,2**	$\theta_{min,4d,k}$ **15,4**
$\Delta\theta_k$	**1,2**	
θ_e	**12,1**	$\theta_{min,4d,e}$ **13,1**
$\Delta\theta_e$	**1,0**	

Temperatur in der Ecke - Jahresverlauf vom 01.07. bis 30.06. (Achsenteilung in Wochen) und Vergleichswert (rot) aus der stationären Berechnung

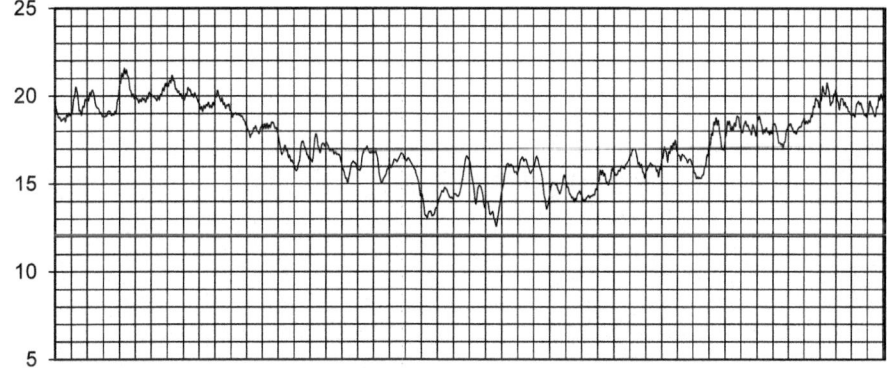

Temperatur in der Kante - Jahresverlauf vom 01.07. bis 30.06. (Achsenteilung in Wochen) und Vergleichswert (rot) aus der stationären Berechnung

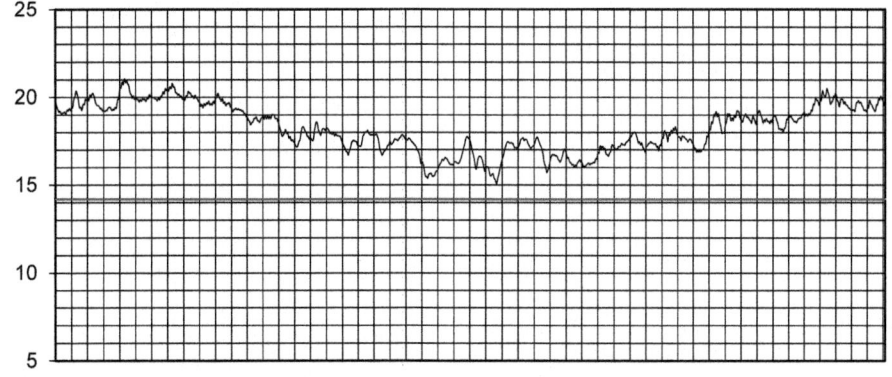

5.14	Raumecke, zweischalig	Winterklimaregion II TRY8
	Dämmung: d = 0,04 m, λ = 0,035 W/(mK), ρ = 30 kg/m³ 2 x Stahlbeton: d = 0,15 m, λ = 2,3 W/(mK), ρ = 2300 kg/m³	-

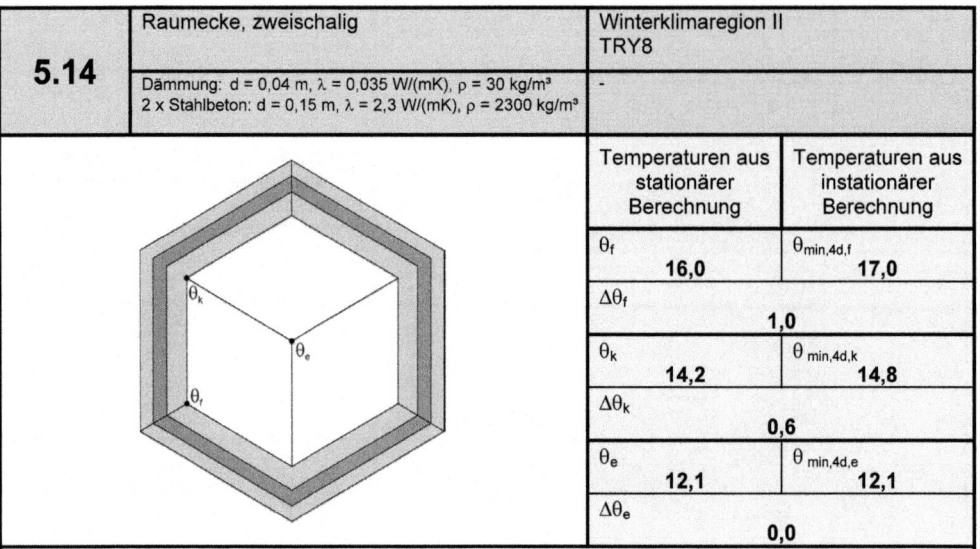

	Temperaturen aus stationärer Berechnung	Temperaturen aus instationärer Berechnung
θ_f	16,0	$\theta_{min,4d,f}$ 17,0
$\Delta\theta_f$	1,0	
θ_k	14,2	$\theta_{min,4d,k}$ 14,8
$\Delta\theta_k$	0,6	
θ_e	12,1	$\theta_{min,4d,e}$ 12,1
$\Delta\theta_e$	0,0	

Temperatur in der Ecke - Jahresverlauf vom 01.07. bis 30.06. (Achsenteilung in Wochen) und Vergleichswert (rot) aus der stationären Berechnung

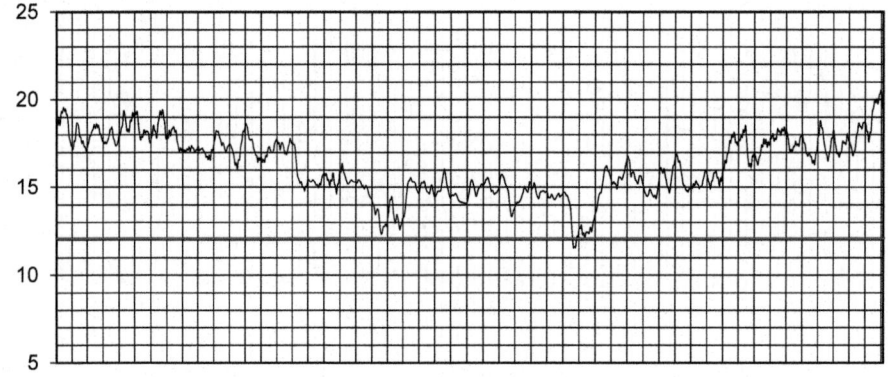

Temperatur in der Kante - Jahresverlauf vom 01.07. bis 30.06. (Achsenteilung in Wochen) und Vergleichswert (rot) aus der stationären Berechnung

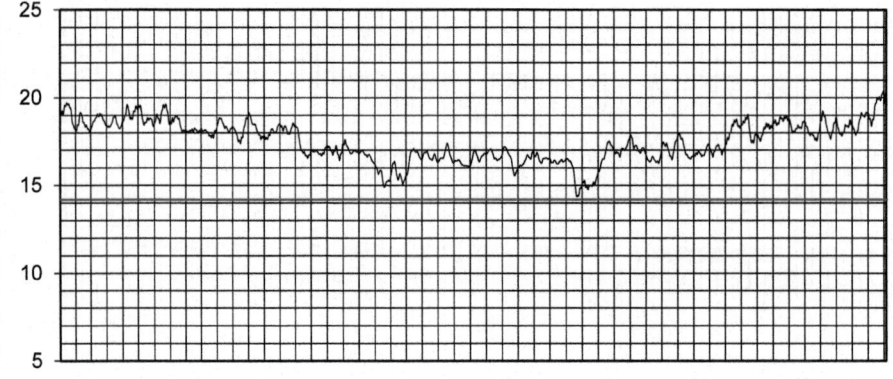

5.15	Raumecke, zweischalig		Winterklimaregion III TRY11
	Dämmung: d = 0,04 m, λ = 0,035 W/(mK), ρ = 30 kg/m³ 2 x Stahlbeton: d = 0,15 m, λ = 2,3 W/(mK), ρ = 2300 kg/m³		-

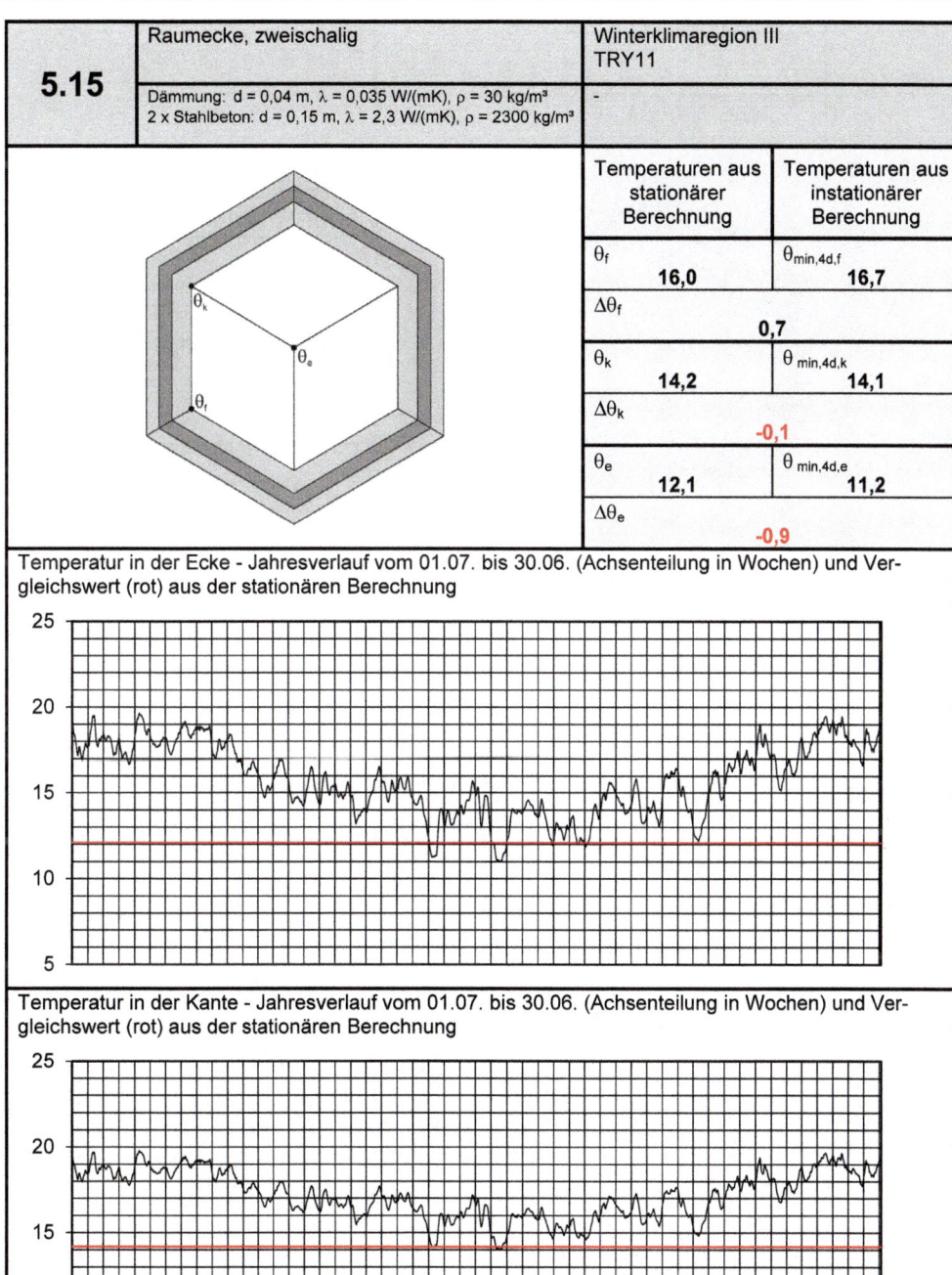

		Temperaturen aus stationärer Berechnung	Temperaturen aus instationärer Berechnung
θ_f		16,0	$\theta_{min,4d,f}$ 16,7
$\Delta\theta_f$		0,7	
θ_k		14,2	$\theta_{min,4d,k}$ 14,1
$\Delta\theta_k$		-0,1	
θ_e		12,1	$\theta_{min,4d,e}$ 11,2
$\Delta\theta_e$		-0,9	

Temperatur in der Ecke - Jahresverlauf vom 01.07. bis 30.06. (Achsenteilung in Wochen) und Vergleichswert (rot) aus der stationären Berechnung

Temperatur in der Kante - Jahresverlauf vom 01.07. bis 30.06. (Achsenteilung in Wochen) und Vergleichswert (rot) aus der stationären Berechnung

5.16	Raumecke, zweischalig		Winterklimaregion I Extremwinter 1996/1997	
	Dämmung: d = 0,04 m, λ = 0,035 W/(mK), ρ = 30 kg/m³ 2 x Stahlbeton: d = 0,15 m, λ = 2,3 W/(mK), ρ = 2300 kg/m³		-	

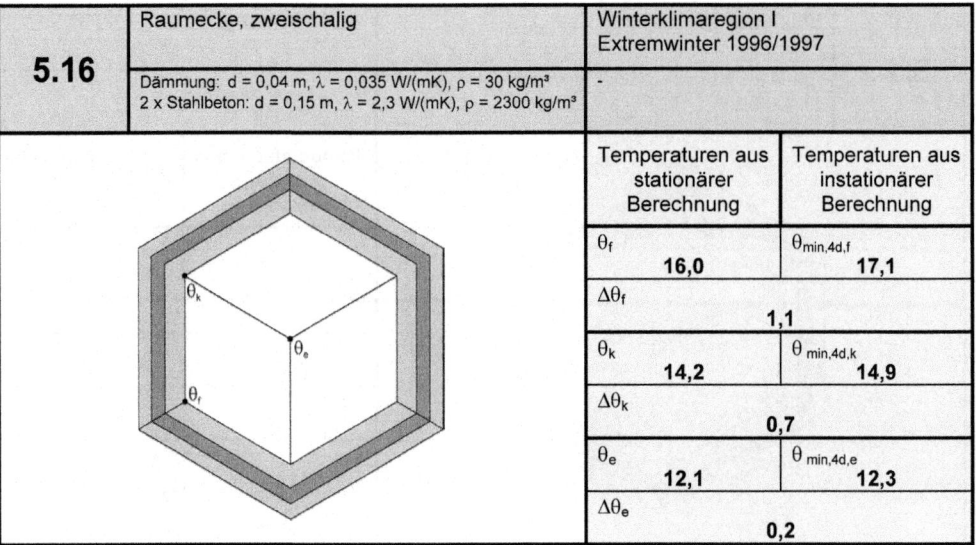

	Temperaturen aus stationärer Berechnung	Temperaturen aus instationärer Berechnung
θ_f	16,0	$\theta_{min,4d,f}$ 17,1
$\Delta\theta_f$	1,1	
θ_k	14,2	$\theta_{min,4d,k}$ 14,9
$\Delta\theta_k$	0,7	
θ_e	12,1	$\theta_{min,4d,e}$ 12,3
$\Delta\theta_e$	0,2	

Temperatur in der Ecke - Jahresverlauf vom 01.07. bis 30.06. (Achsenteilung in Wochen) und Vergleichswert (rot) aus der stationären Berechnung

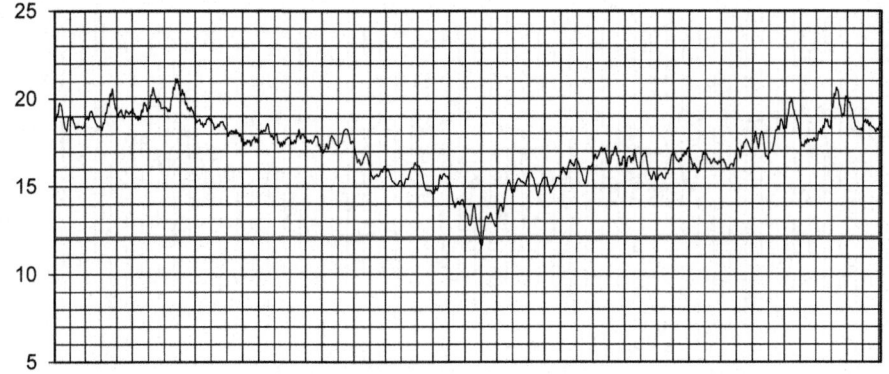

Temperatur in der Kante - Jahresverlauf vom 01.07. bis 30.06. (Achsenteilung in Wochen) und Vergleichswert (rot) aus der stationären Berechnung

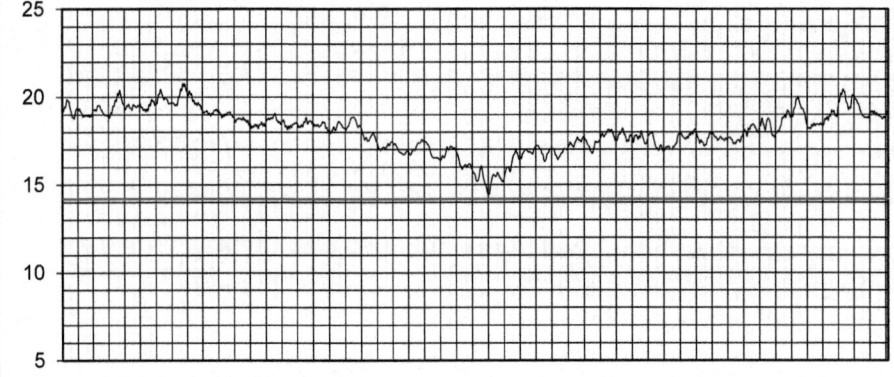

	Raumecke, zweischalig		Winterklimaregion II Extremwinter 1978/1979	
5.17	Dämmung: d = 0,04 m, λ = 0,035 W/(mK), ρ = 30 kg/m³ 2 x Stahlbeton: d = 0,15 m, λ = 2,3 W/(mK), ρ = 2300 kg/m³		-	

	Temperaturen aus stationärer Berechnung	Temperaturen aus instationärer Berechnung
θ_f	**16,0**	$\theta_{min,4d,f}$ **16,6**
$\Delta\theta_f$		**0,6**
θ_k	**14,2**	$\theta_{min,4d,k}$ **14,0**
$\Delta\theta_k$		**-0,2**
θ_e	**12,1**	$\theta_{min,4d,e}$ **11,0**
$\Delta\theta_e$		**-1,1**

Temperatur in der Ecke - Jahresverlauf vom 01.07. bis 30.06. (Achsenteilung in Wochen) und Vergleichswert (rot) aus der stationären Berechnung

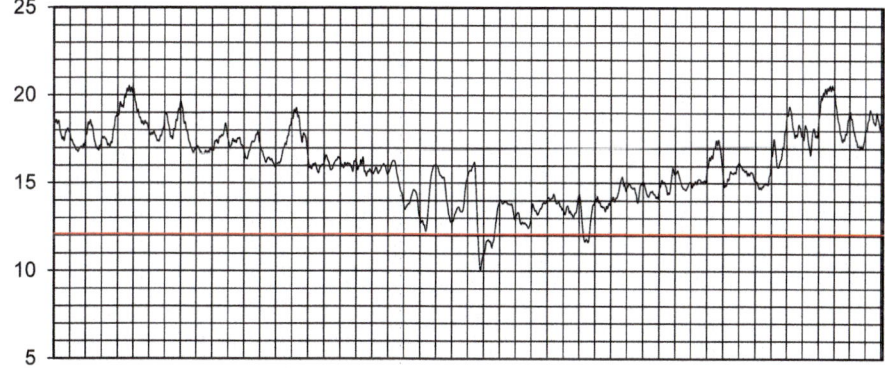

Temperatur in der Kante - Jahresverlauf vom 01.07. bis 30.06. (Achsenteilung in Wochen) und Vergleichswert (rot) aus der stationären Berechnung

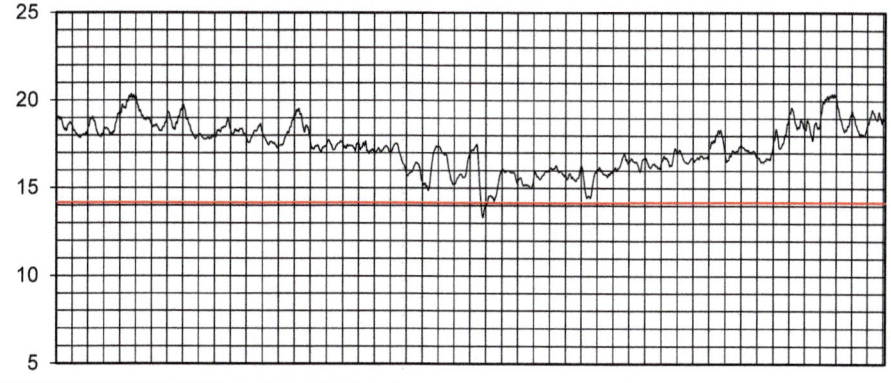

5.18	Raumecke, zweischalig	Winterklimaregion III Extremwinter 2011/2012
	Dämmung: d = 0,04 m, λ = 0,035 W/(mK), ρ = 30 kg/m³ 2 x Stahlbeton: d = 0,15 m, λ = 2,3 W/(mK), ρ = 2300 kg/m³	-

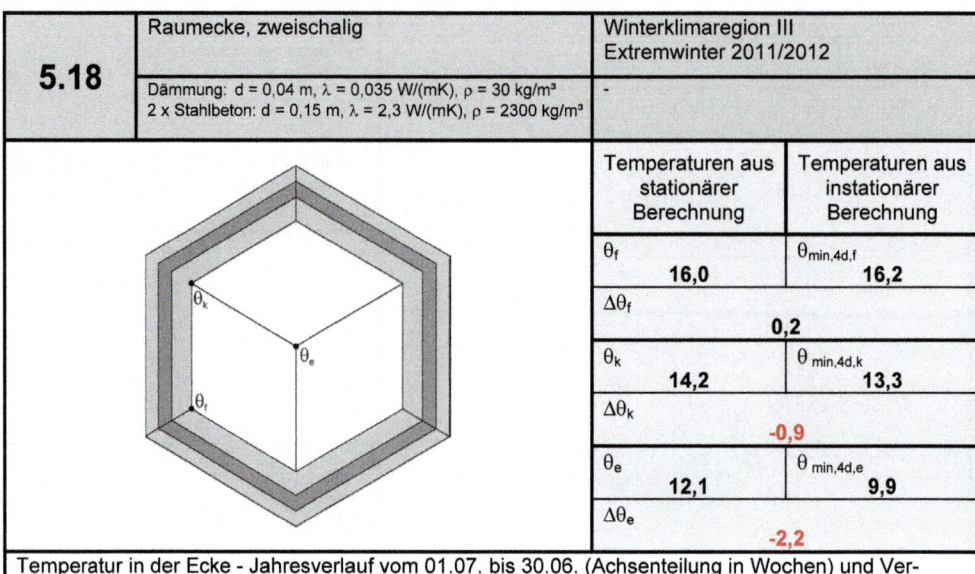

	Temperaturen aus stationärer Berechnung	Temperaturen aus instationärer Berechnung
θ_f	16,0	$\theta_{min,4d,f}$ 16,2
$\Delta\theta_f$		0,2
θ_k	14,2	$\theta_{min,4d,k}$ 13,3
$\Delta\theta_k$		-0,9
θ_e	12,1	$\theta_{min,4d,e}$ 9,9
$\Delta\theta_e$		-2,2

Temperatur in der Ecke - Jahresverlauf vom 01.07. bis 30.06. (Achsenteilung in Wochen) und Vergleichswert (rot) aus der stationären Berechnung

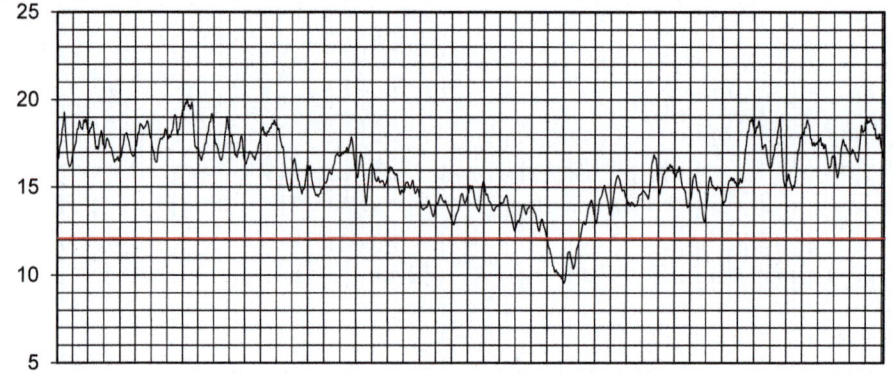

Temperatur in der Kante - Jahresverlauf vom 01.07. bis 30.06. (Achsenteilung in Wochen) und Vergleichswert (rot) aus der stationären Berechnung

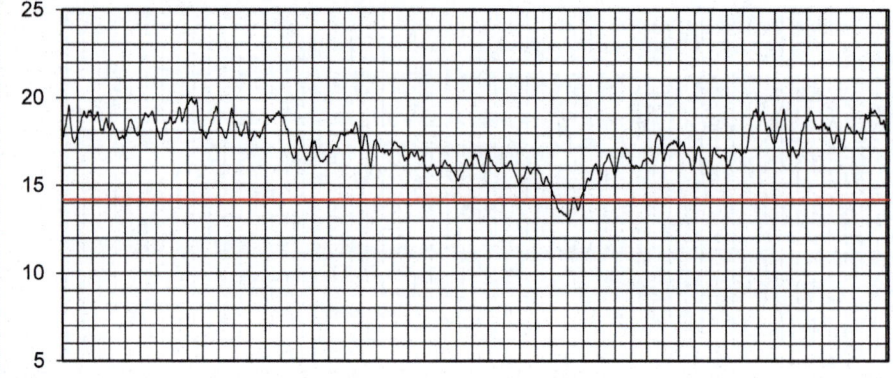

6.1	Flachdachattika, außen gedämmt	Winterklimaregion I
	Stahlbeton: d = 0,15 m, λ = 2,3 W/(mK), ρ = 2300 kg/m³ Dämmung: d = 0,12 m, λ = 0,035 W/(mK), ρ = 30 kg/m³	TRY1 -

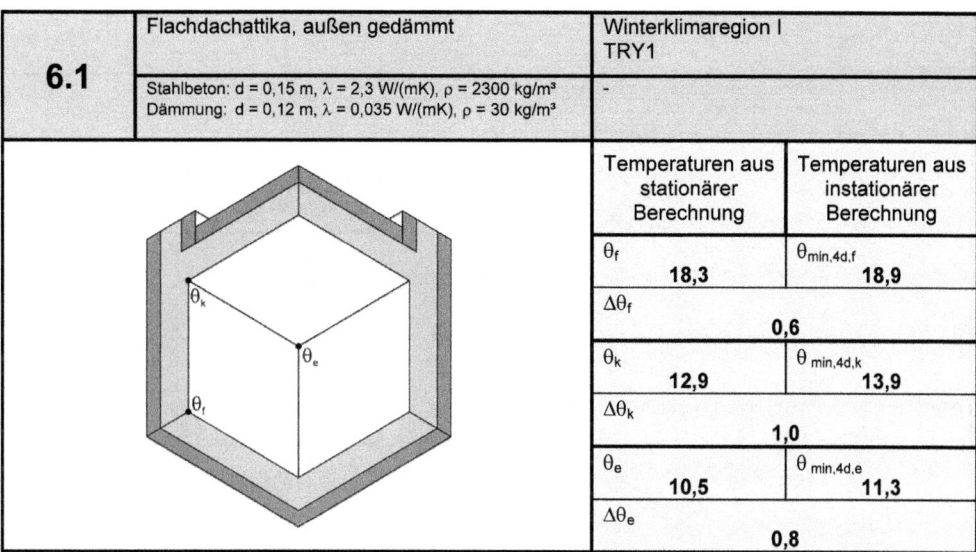

	Temperaturen aus stationärer Berechnung	Temperaturen aus instationärer Berechnung
θ_f	18,3	$\theta_{min,4d,f}$ 18,9
$\Delta\theta_f$	0,6	
θ_k	12,9	$\theta_{min,4d,k}$ 13,9
$\Delta\theta_k$	1,0	
θ_e	10,5	$\theta_{min,4d,e}$ 11,3
$\Delta\theta_e$	0,8	

Temperatur in der Ecke - Jahresverlauf vom 01.07. bis 30.06. (Achsenteilung in Wochen) und Vergleichswert (rot) aus der stationären Berechnung

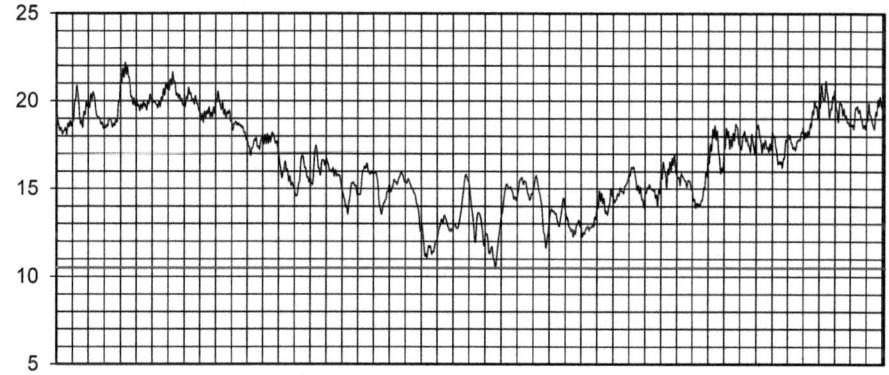

Temperatur in der Dachkante - Jahresverlauf vom 01.07. bis 30.06. (Achsenteilung in Wochen) und Vergleichswert (rot) aus der stationären Berechnung

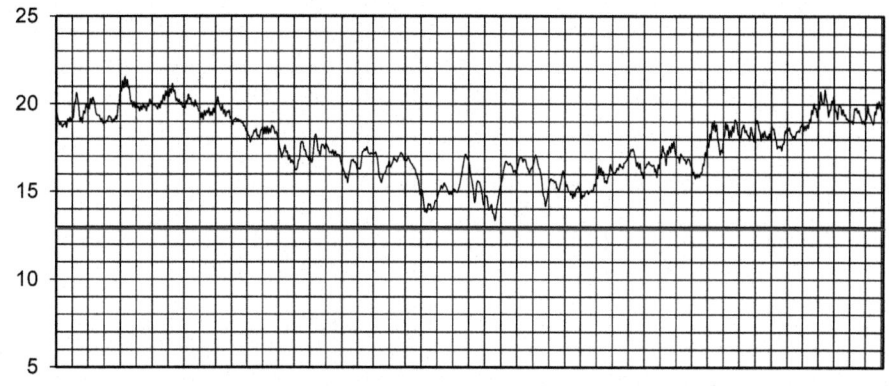

6.2	Flachdachattika, außen gedämmt	Winterklimaregion II TRY8
	Stahlbeton: d = 0,15 m, λ = 2,3 W/(mK), ρ = 2300 kg/m³ Dämmung: d = 0,12 m, λ = 0,035 W/(mK), ρ = 30 kg/m³	-

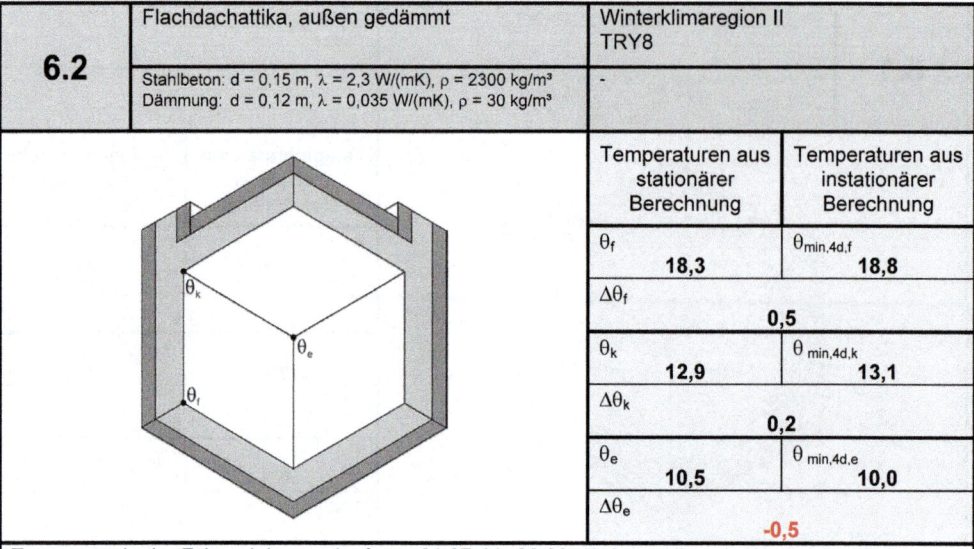

	Temperaturen aus stationärer Berechnung	Temperaturen aus instationärer Berechnung
θ_f	18,3	$\theta_{min,4d,f}$ 18,8
$\Delta\theta_f$		0,5
θ_k	12,9	$\theta_{min,4d,k}$ 13,1
$\Delta\theta_k$		0,2
θ_e	10,5	$\theta_{min,4d,e}$ 10,0
$\Delta\theta_e$		-0,5

Temperatur in der Ecke - Jahresverlauf vom 01.07. bis 30.06. (Achsenteilung in Wochen) und Vergleichswert (rot) aus der stationären Berechnung

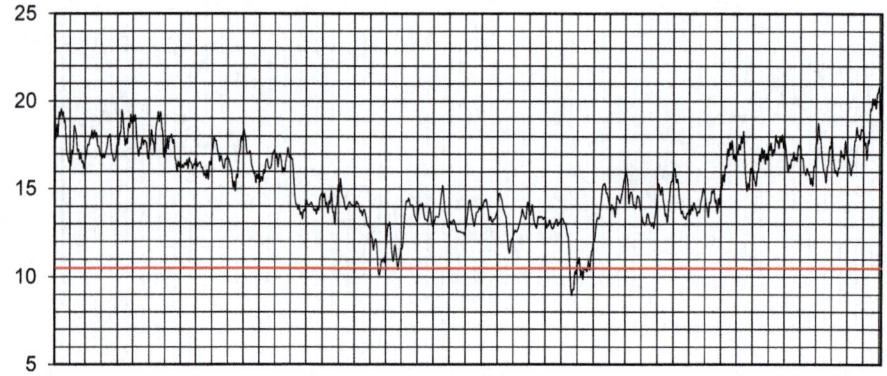

Temperatur in der Dachkante - Jahresverlauf vom 01.07. bis 30.06. (Achsenteilung in Wochen) und Vergleichswert (rot) aus der stationären Berechnung

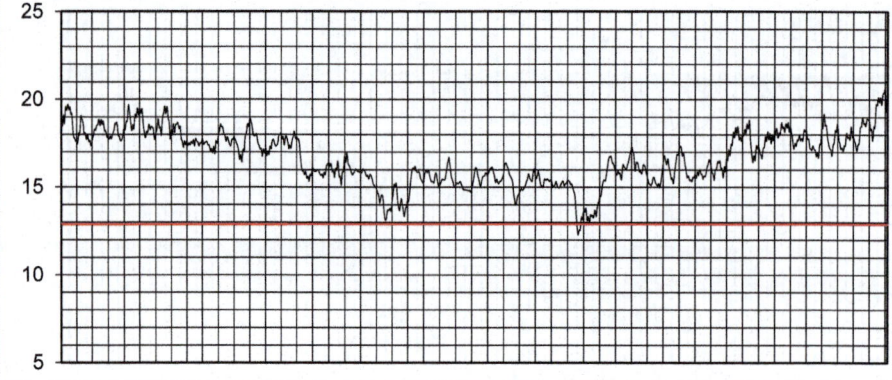

	Flachdachattika, außen gedämmt		Winterklimaregion III TRY11	
6.3	Stahlbeton: d = 0,15 m, λ = 2,3 W/(mK), ρ = 2300 kg/m³ Dämmung: d = 0,12 m, λ = 0,035 W/(mK), ρ = 30 kg/m³		-	

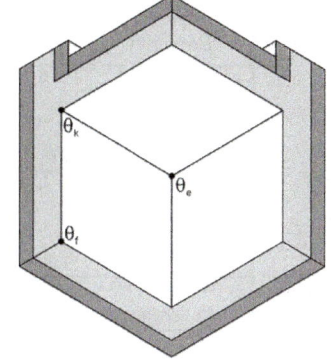

	Temperaturen aus stationärer Berechnung	Temperaturen aus instationärer Berechnung
θ_f	**18,3**	$\theta_{min,4d,f}$ **18,7**
$\Delta\theta_f$	**0,4**	
θ_k	**12,9**	$\theta_{min,4d,k}$ **12,2**
$\Delta\theta_k$	**-0,7**	
θ_e	**10,5**	$\theta_{min,4d,e}$ **8,8**
$\Delta\theta_e$	**-1,7**	

Temperatur in der Ecke - Jahresverlauf vom 01.07. bis 30.06. (Achsenteilung in Wochen) und Vergleichswert (rot) aus der stationären Berechnung

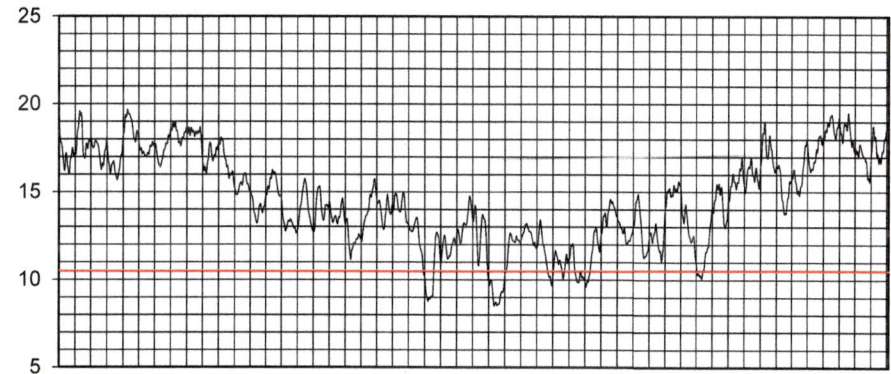

Temperatur in der Dachkante - Jahresverlauf vom 01.07. bis 30.06. (Achsenteilung in Wochen) und Vergleichswert (rot) aus der stationären Berechnung

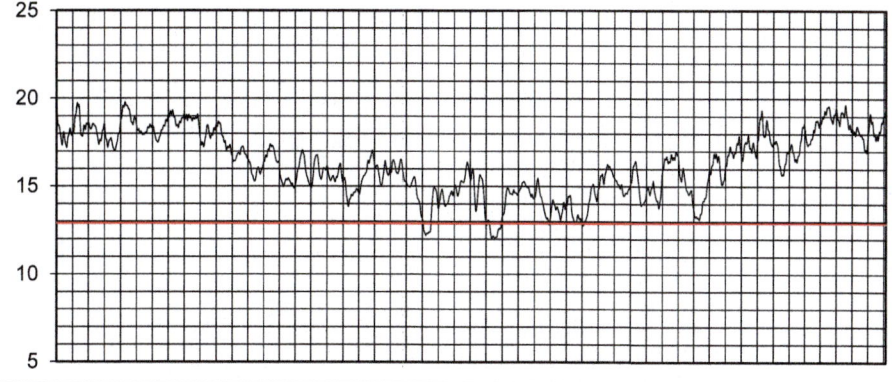

6.4	Flachdachattika, außen gedämmt	Winterklimaregion I Extremwinter 1996/1997
	Stahlbeton: d = 0,15 m, λ = 2,3 W/(mK), ρ = 2300 kg/m³ Dämmung: d = 0,12 m, λ = 0,035 W/(mK), ρ = 30 kg/m³	-

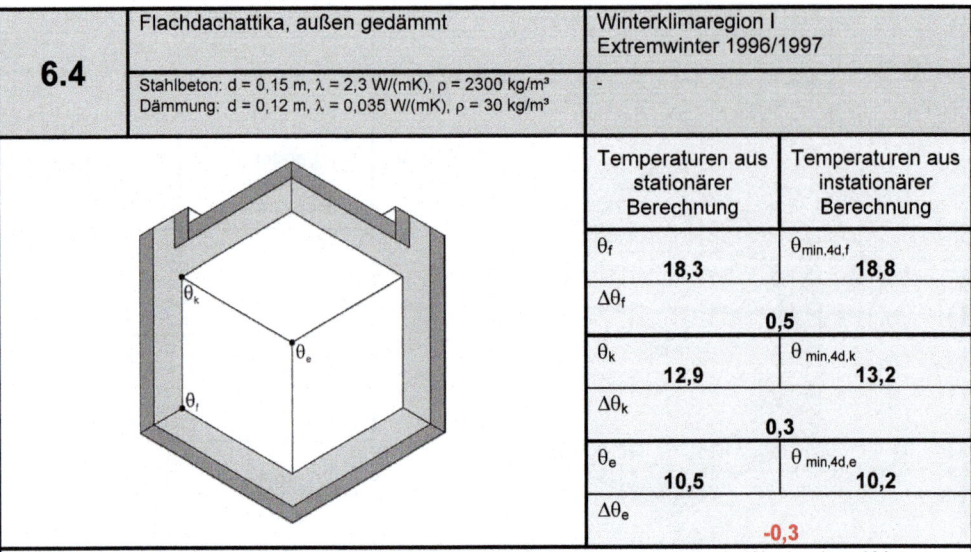

	Temperaturen aus stationärer Berechnung	Temperaturen aus instationärer Berechnung
θ_f	18,3	$\theta_{min,4d,f}$ 18,8
$\Delta\theta_f$		0,5
θ_k	12,9	$\theta_{min,4d,k}$ 13,2
$\Delta\theta_k$		0,3
θ_e	10,5	$\theta_{min,4d,e}$ 10,2
$\Delta\theta_e$		-0,3

Temperatur in der Ecke - Jahresverlauf vom 01.07. bis 30.06. (Achsenteilung in Wochen) und Vergleichswert (rot) aus der stationären Berechnung

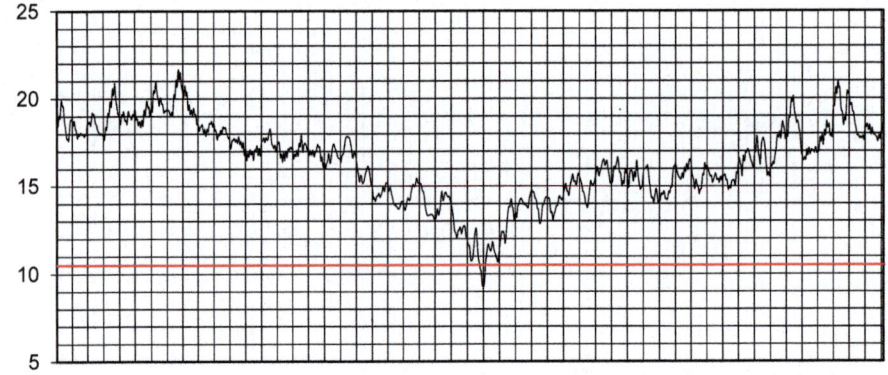

Temperatur in der Dachkante - Jahresverlauf vom 01.07. bis 30.06. (Achsenteilung in Wochen) und Vergleichswert (rot) aus der stationären Berechnung

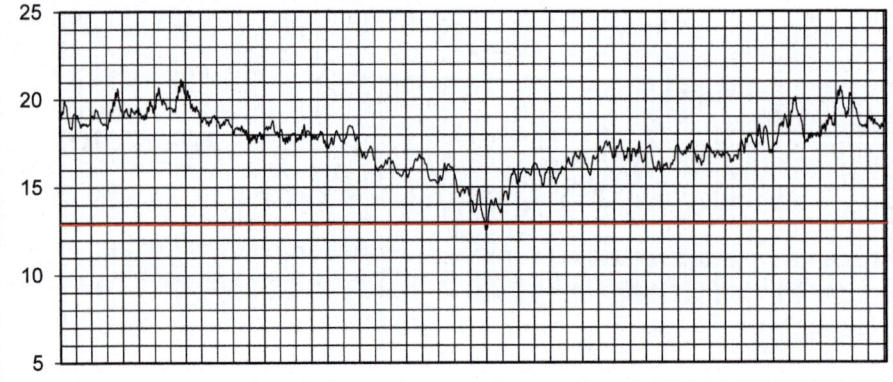

6.5	Flachdachattika, außen gedämmt	Winterklimaregion II Extremwinter 1978/1979
	Stahlbeton: d = 0,15 m, λ = 2,3 W/(mK), ρ = 2300 kg/m³ Dämmung: d = 0,12 m, λ = 0,035 W/(mK), ρ = 30 kg/m³	-

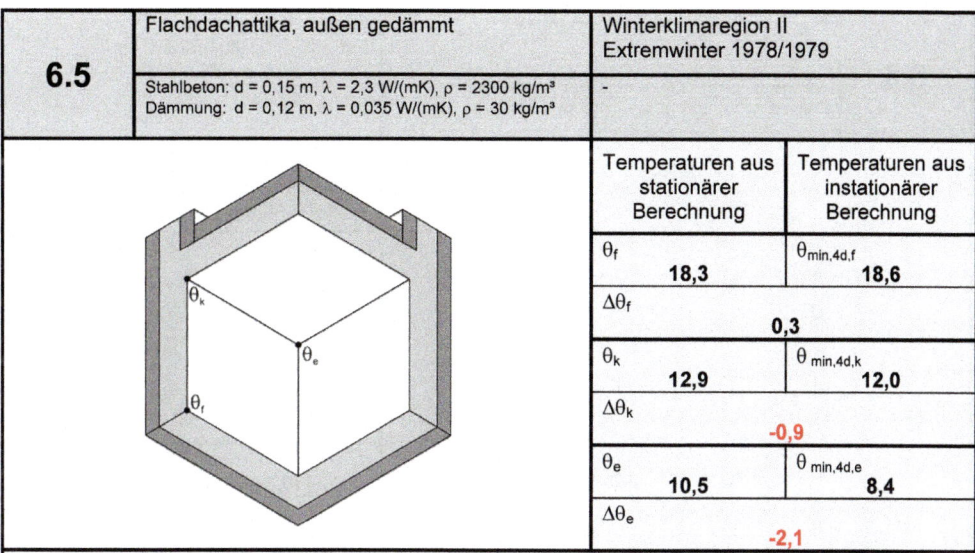

	Temperaturen aus stationärer Berechnung	Temperaturen aus instationärer Berechnung
θ_f	18,3	$\theta_{min,4d,f}$ 18,6
$\Delta\theta_f$	0,3	
θ_k	12,9	$\theta_{min,4d,k}$ 12,0
$\Delta\theta_k$	-0,9	
θ_e	10,5	$\theta_{min,4d,e}$ 8,4
$\Delta\theta_e$	-2,1	

Temperatur in der Ecke - Jahresverlauf vom 01.07. bis 30.06. (Achsenteilung in Wochen) und Vergleichswert (rot) aus der stationären Berechnung

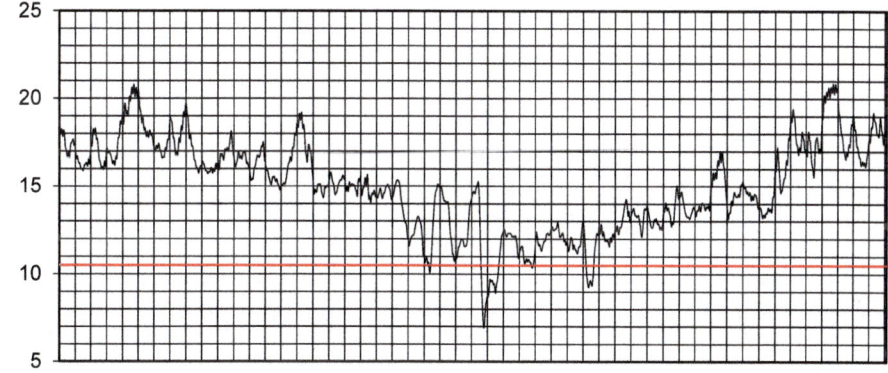

Temperatur in der Dachkante - Jahresverlauf vom 01.07. bis 30.06. (Achsenteilung in Wochen) und Vergleichswert (rot) aus der stationären Berechnung

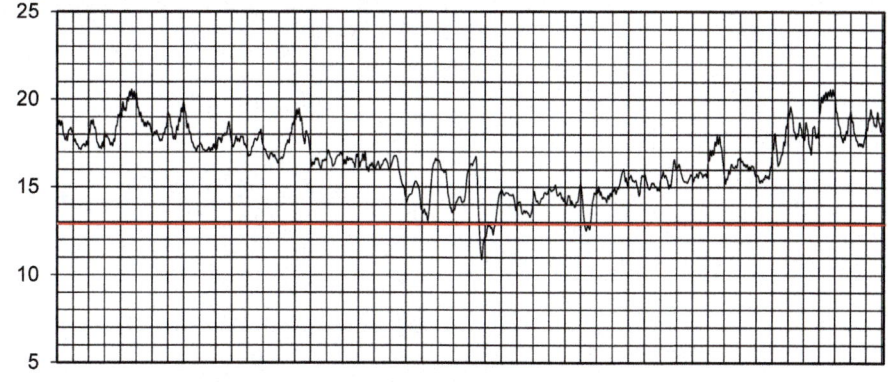

| **6.6** | **Flachdachattika, außen gedämmt**

Stahlbeton: d = 0,15 m, λ = 2,3 W/(mK), ρ = 2300 kg/m³
Dämmung: d = 0,12 m, λ = 0,035 W/(mK), ρ = 30 kg/m³ | **Winterklimaregion III**
Extremwinter 2011/2012

- |

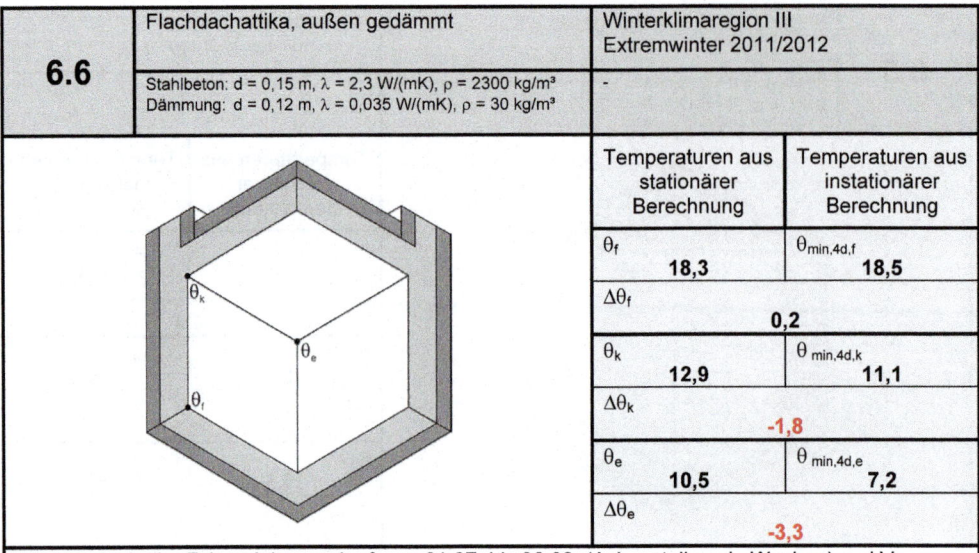

	Temperaturen aus stationärer Berechnung	Temperaturen aus instationärer Berechnung
θ_f	**18,3**	$\theta_{min,4d,f}$ **18,5**
$\Delta\theta_f$	**0,2**	
θ_k	**12,9**	$\theta_{min,4d,k}$ **11,1**
$\Delta\theta_k$	**-1,8**	
θ_e	**10,5**	$\theta_{min,4d,e}$ **7,2**
$\Delta\theta_e$	**-3,3**	

Temperatur in der Ecke - Jahresverlauf vom 01.07. bis 30.06. (Achsenteilung in Wochen) und Vergleichswert (rot) aus der stationären Berechnung

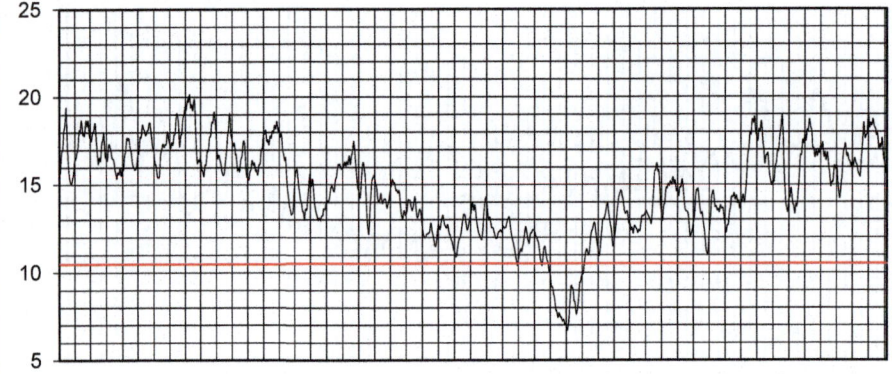

Temperatur in der Dachkante - Jahresverlauf vom 01.07. bis 30.06. (Achsenteilung in Wochen) und Vergleichswert (rot) aus der stationären Berechnung

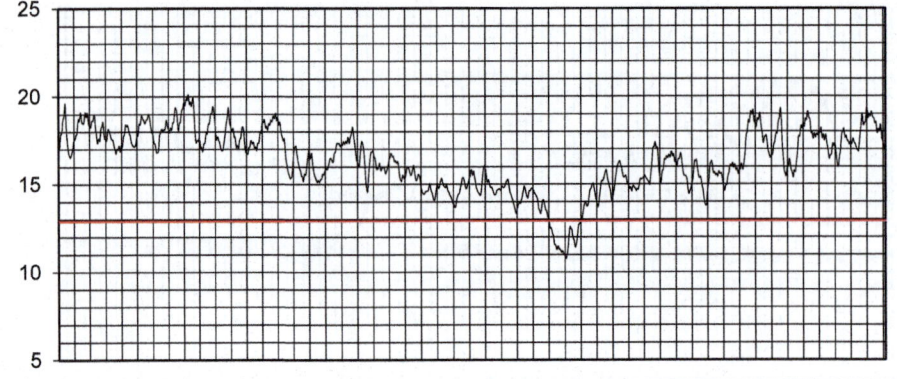

6.7	Flachdachattika, außen gedämmt		Winterklimaregion I TRY1
	Stahlbeton: d = 0,15 m, λ = 2,3 W/(mK), ρ = 2300 kg/m³ Dämmung: d = 0,08 m, λ = 0,035 W/(mK), ρ = 30 kg/m³		-

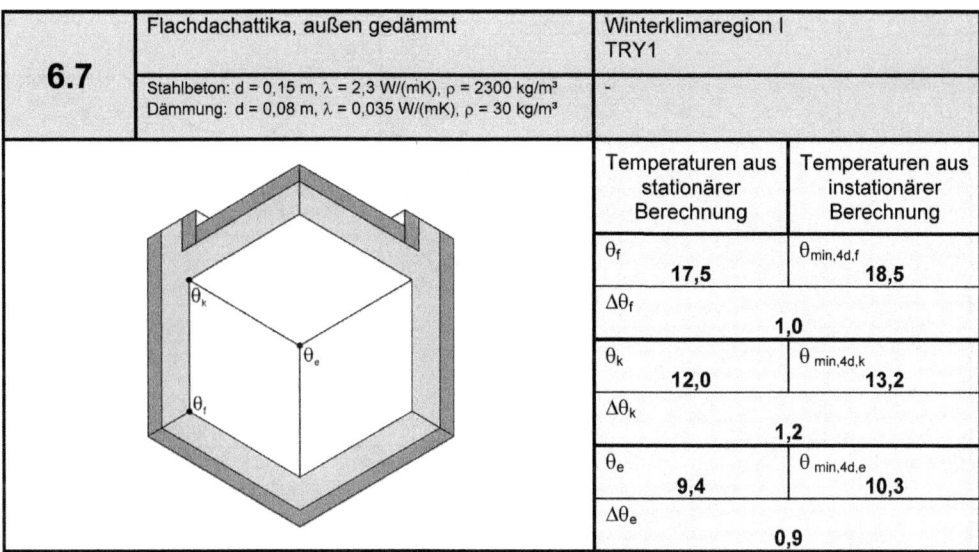

	Temperaturen aus stationärer Berechnung	Temperaturen aus instationärer Berechnung
θ_f	17,5	$\theta_{min,4d,f}$ 18,5
$\Delta\theta_f$		1,0
θ_k	12,0	$\theta_{min,4d,k}$ 13,2
$\Delta\theta_k$		1,2
θ_e	9,4	$\theta_{min,4d,e}$ 10,3
$\Delta\theta_e$		0,9

Temperatur in der Ecke - Jahresverlauf vom 01.07. bis 30.06. (Achsenteilung in Wochen) und Vergleichswert (rot) aus der stationären Berechnung

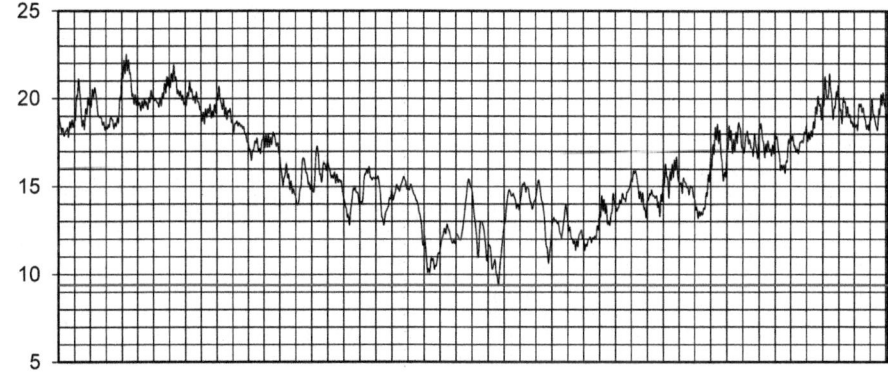

Temperatur in der Dachkante - Jahresverlauf vom 01.07. bis 30.06. (Achsenteilung in Wochen) und Vergleichswert (rot) aus der stationären Berechnung

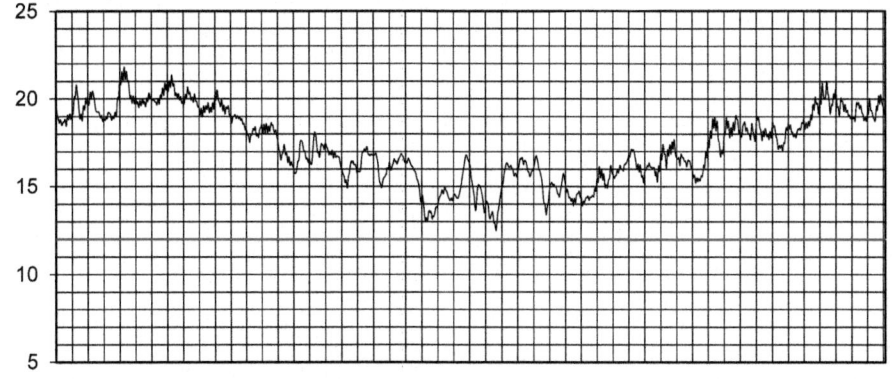

6.8	Flachdachattika, außen gedämmt	Winterklimaregion II TRY8
	Stahlbeton: d = 0,15 m, λ = 2,3 W/(mK), ρ = 2300 kg/m³ Dämmung: d = 0,08 m, λ = 0,035 W/(mK), ρ = 30 kg/m³	-

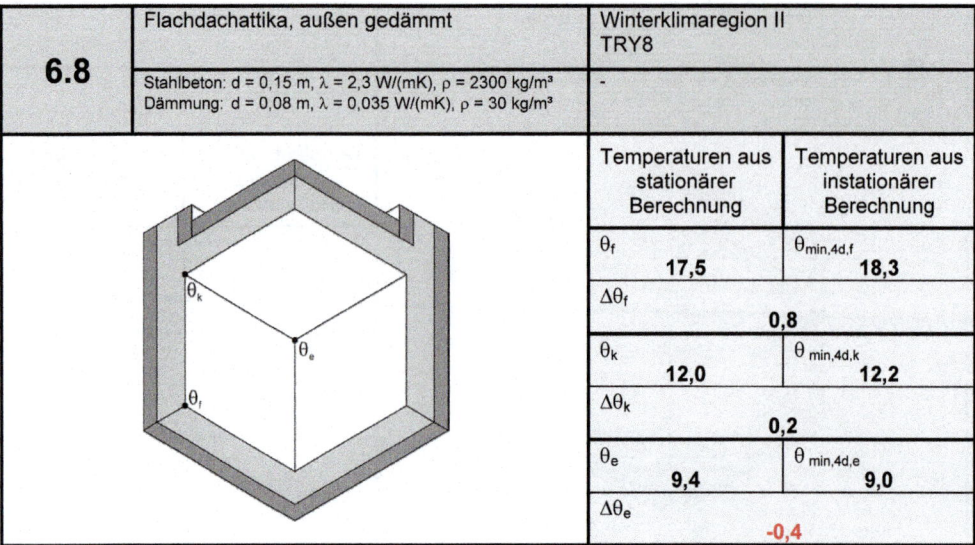

	Temperaturen aus stationärer Berechnung	Temperaturen aus instationärer Berechnung
θ_f **17,5**		$\theta_{min,4d,f}$ **18,3**
$\Delta\theta_f$	**0,8**	
θ_k **12,0**		$\theta_{min,4d,k}$ **12,2**
$\Delta\theta_k$	**0,2**	
θ_e **9,4**		$\theta_{min,4d,e}$ **9,0**
$\Delta\theta_e$	**-0,4**	

Temperatur in der Ecke - Jahresverlauf vom 01.07. bis 30.06. (Achsenteilung in Wochen) und Vergleichswert (rot) aus der stationären Berechnung

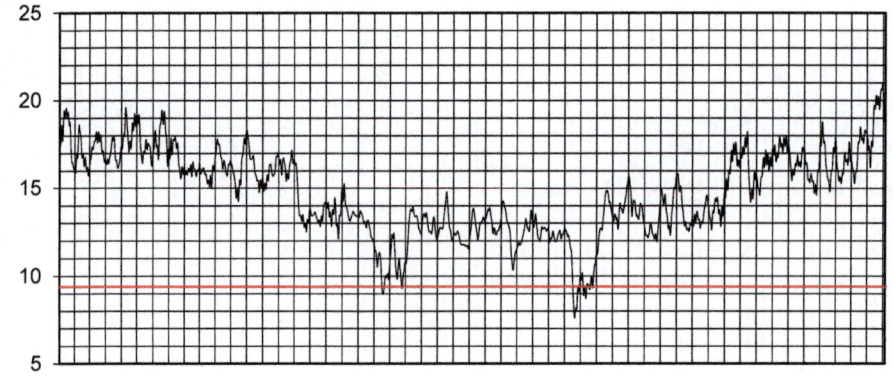

Temperatur in der Dachkante - Jahresverlauf vom 01.07. bis 30.06. (Achsenteilung in Wochen) und Vergleichswert (rot) aus der stationären Berechnung

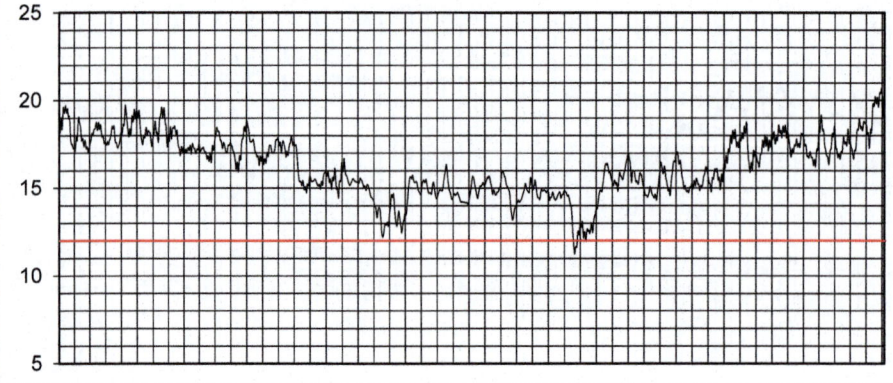

6.9	Flachdachattika, außen gedämmt	Winterklimaregion III TRY11
	Stahlbeton: d = 0,15 m, λ = 2,3 W/(mK), ρ = 2300 kg/m³ Dämmung: d = 0,08 m, λ = 0,035 W/(mK), ρ = 30 kg/m³	-

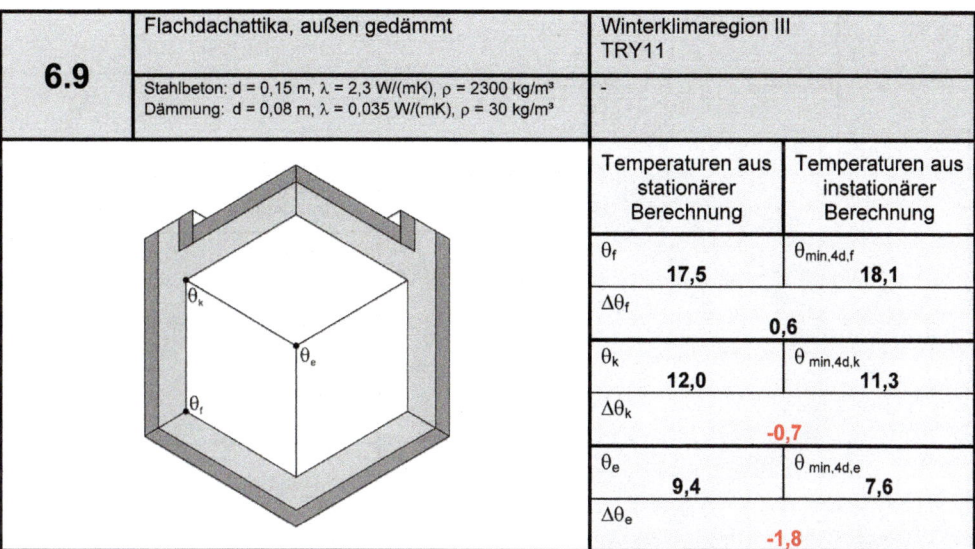

	Temperaturen aus stationärer Berechnung	Temperaturen aus instationärer Berechnung
θ_f	17,5	$\theta_{min,4d,f}$ 18,1
$\Delta\theta_f$	0,6	
θ_k	12,0	$\theta_{min,4d,k}$ 11,3
$\Delta\theta_k$	-0,7	
θ_e	9,4	$\theta_{min,4d,e}$ 7,6
$\Delta\theta_e$	-1,8	

Temperatur in der Ecke - Jahresverlauf vom 01.07. bis 30.06. (Achsenteilung in Wochen) und Vergleichswert (rot) aus der stationären Berechnung

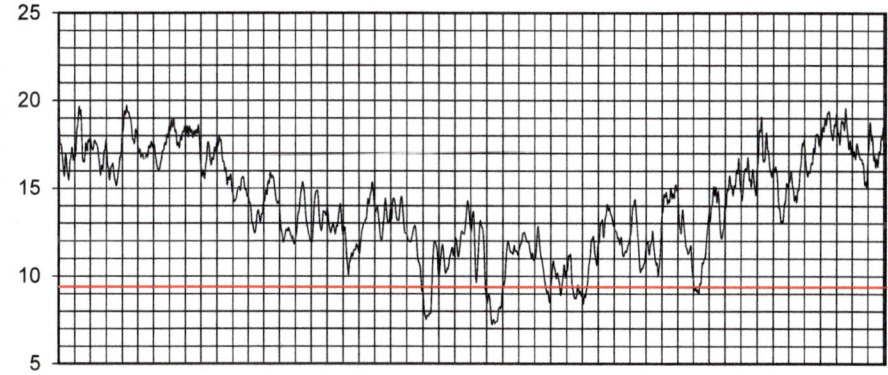

Temperatur in der Dachkante - Jahresverlauf vom 01.07. bis 30.06. (Achsenteilung in Wochen) und Vergleichswert (rot) aus der stationären Berechnung

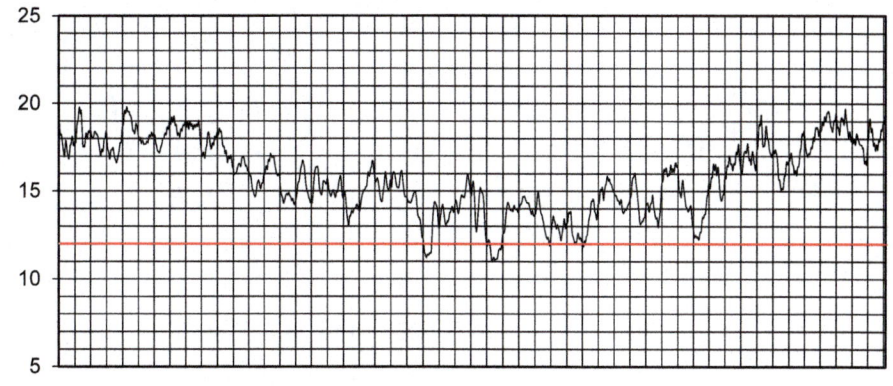

6.10	Flachdachattika, außen gedämmt	Winterklimaregion I Extremwinter 1996/1997
	Stahlbeton: d = 0,15 m, λ = 2,3 W/(mK), ρ = 2300 kg/m³ Dämmung: d = 0,08 m, λ = 0,035 W/(mK), ρ = 30 kg/m³	-

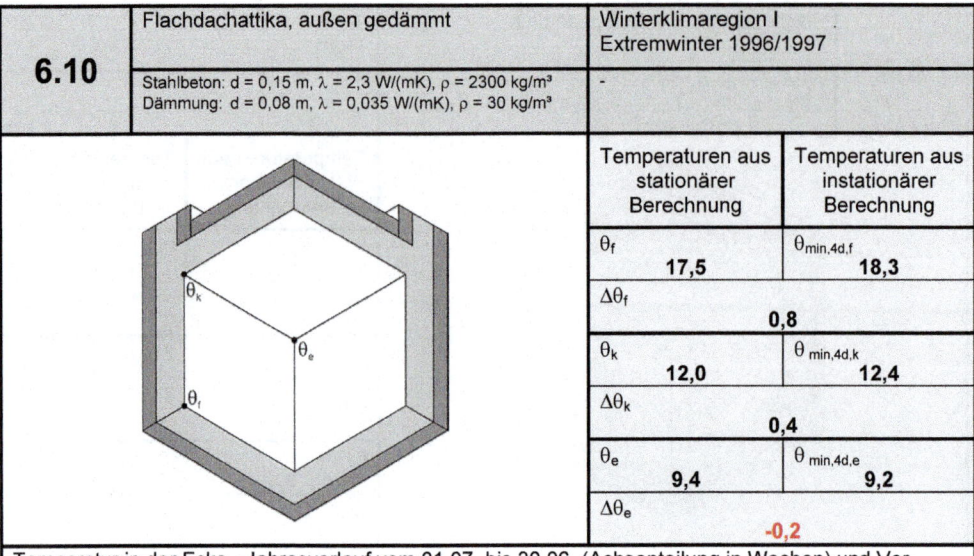

	Temperaturen aus stationärer Berechnung	Temperaturen aus instationärer Berechnung
θ_f	17,5	$\theta_{min,4d,f}$ 18,3
$\Delta\theta_f$	0,8	
θ_k	12,0	$\theta_{min,4d,k}$ 12,4
$\Delta\theta_k$	0,4	
θ_e	9,4	$\theta_{min,4d,e}$ 9,2
$\Delta\theta_e$	-0,2	

Temperatur in der Ecke - Jahresverlauf vom 01.07. bis 30.06. (Achsenteilung in Wochen) und Vergleichswert (rot) aus der stationären Berechnung

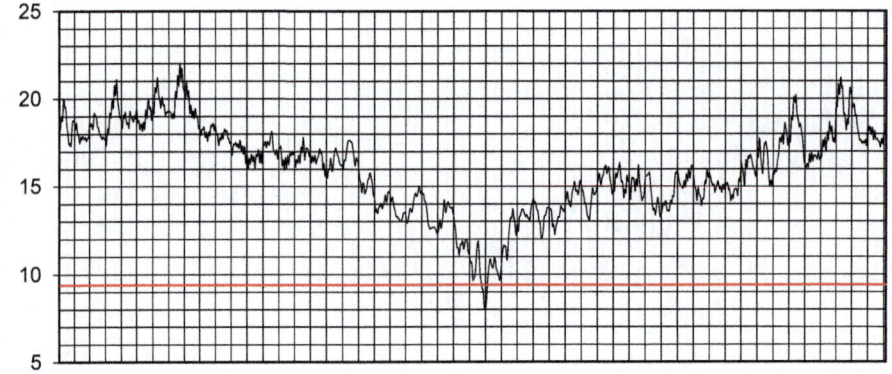

Temperatur in der Dachkante - Jahresverlauf vom 01.07. bis 30.06. (Achsenteilung in Wochen) und Vergleichswert (rot) aus der stationären Berechnung

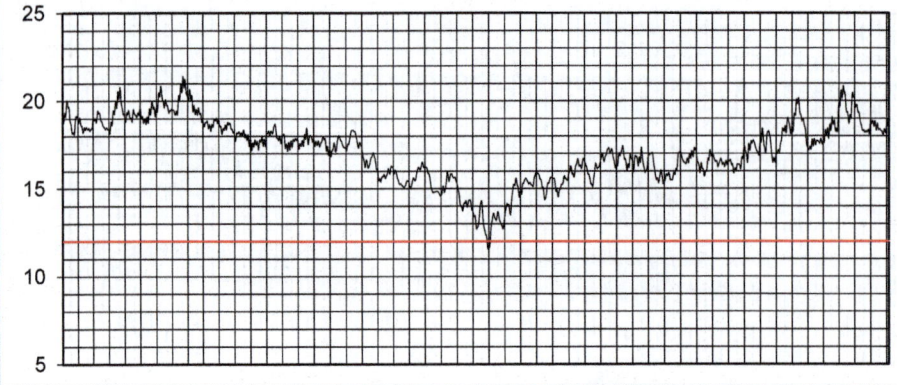

6.11	Flachdachattika, außen gedämmt	Winterklimaregion II Extremwinter 1978/1979
	Stahlbeton: d = 0,15 m, λ = 2,3 W/(mK), ρ = 2300 kg/m³ Dämmung: d = 0,08 m, λ = 0,035 W/(mK), ρ = 30 kg/m³	-

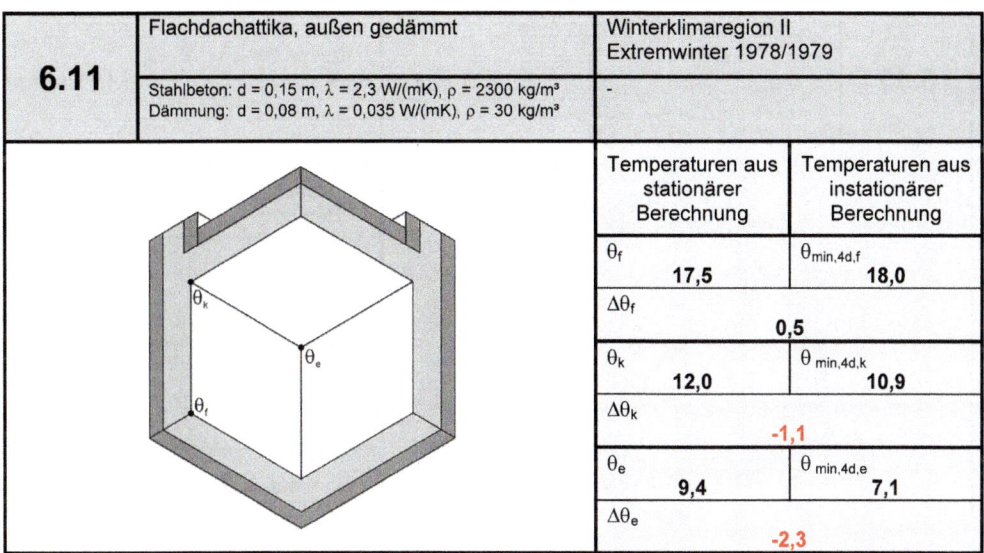

	Temperaturen aus stationärer Berechnung	Temperaturen aus instationärer Berechnung
θ_f	17,5	$\theta_{min,4d,f}$ 18,0
$\Delta\theta_f$	0,5	
θ_k	12,0	$\theta_{min,4d,k}$ 10,9
$\Delta\theta_k$	-1,1	
θ_e	9,4	$\theta_{min,4d,e}$ 7,1
$\Delta\theta_e$	-2,3	

Temperatur in der Ecke - Jahresverlauf vom 01.07. bis 30.06. (Achsenteilung in Wochen) und Vergleichswert (rot) aus der stationären Berechnung

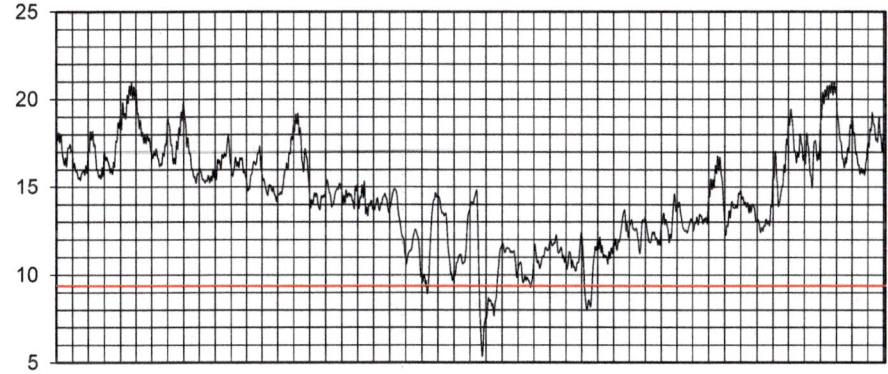

Temperatur in der Dachkante - Jahresverlauf vom 01.07. bis 30.06. (Achsenteilung in Wochen) und Vergleichswert (rot) aus der stationären Berechnung

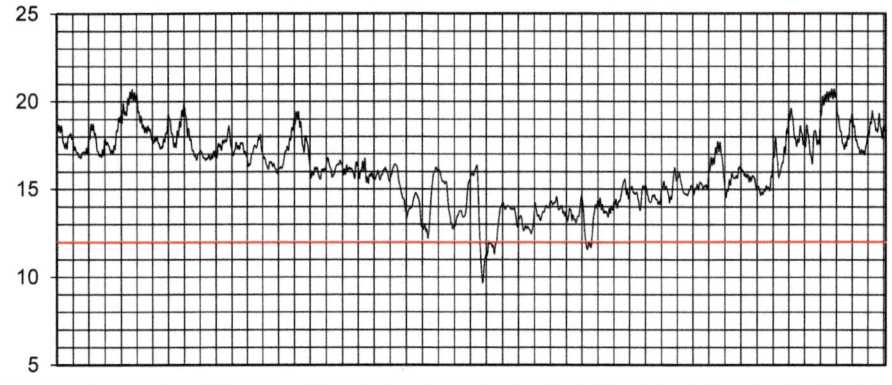

6.12	Flachdachattika, außen gedämmt		Winterklimaregion III Extremwinter 2011/2012
	Stahlbeton: d = 0,15 m, λ = 2,3 W/(mK), ρ = 2300 kg/m³ Dämmung: d = 0,08 m, λ = 0,035 W/(mK), ρ = 30 kg/m³		-

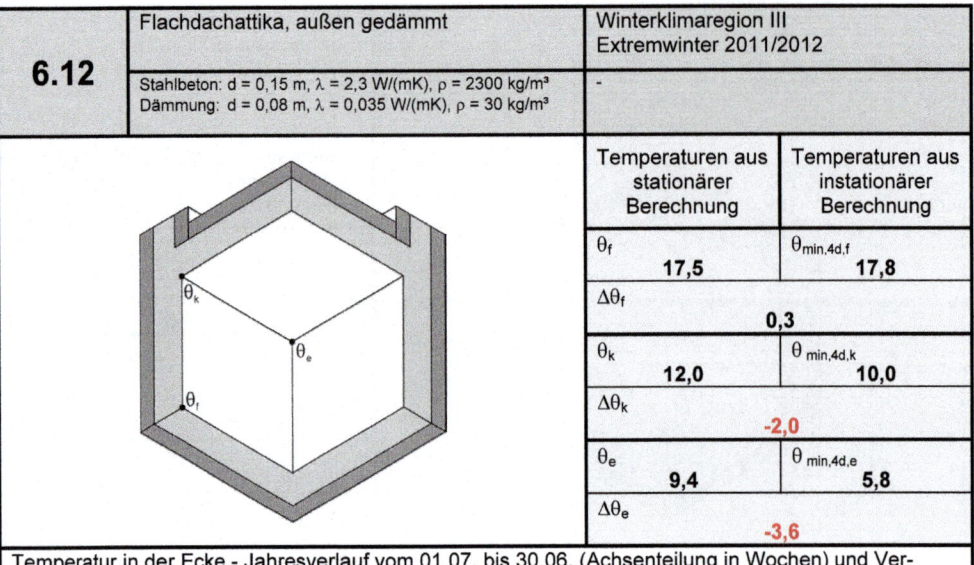

	Temperaturen aus stationärer Berechnung	Temperaturen aus instationärer Berechnung
θ_f 17,5		$\theta_{min,4d,f}$ 17,8
$\Delta\theta_f$	0,3	
θ_k 12,0		$\theta_{min,4d,k}$ 10,0
$\Delta\theta_k$	-2,0	
θ_e 9,4		$\theta_{min,4d,e}$ 5,8
$\Delta\theta_e$	-3,6	

Temperatur in der Ecke - Jahresverlauf vom 01.07. bis 30.06. (Achsenteilung in Wochen) und Vergleichswert (rot) aus der stationären Berechnung

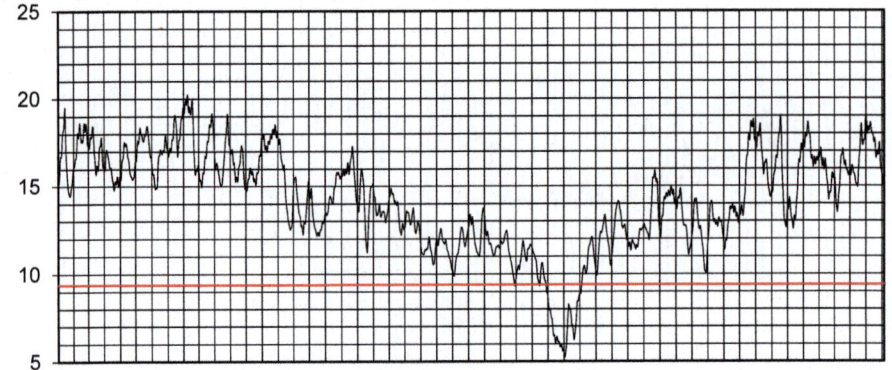

Temperatur in der Dachkante - Jahresverlauf vom 01.07. bis 30.06. (Achsenteilung in Wochen) und Vergleichswert (rot) aus der stationären Berechnung

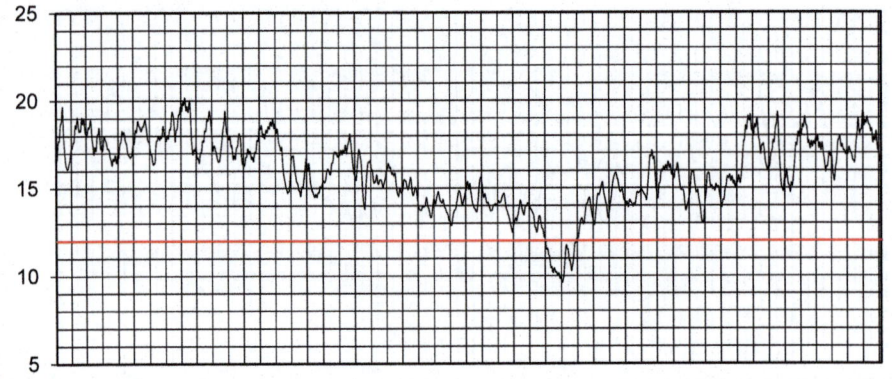

6.13	Flachdachattika, außen gedämmt	Winterklimaregion I TRY1
	Stahlbeton: d = 0,15 m, λ = 2,3 W/(mK), ρ = 2300 kg/m³ Dämmung: d = 0,04 m, λ = 0,035 W/(mK), ρ = 30 kg/m³	-

	Temperaturen aus stationärer Berechnung	Temperaturen aus instationärer Berechnung
θ_f	15,7	$\theta_{min,4d,f}$ 17,2
$\Delta\theta_f$	1,5	
θ_k	10,3	$\theta_{min,4d,k}$ 11,7
$\Delta\theta_k$	1,4	
θ_e	7,5	$\theta_{min,4d,e}$ 8,5
$\Delta\theta_e$	1,0	

Temperatur in der Ecke - Jahresverlauf vom 01.07. bis 30.06. (Achsenteilung in Wochen) und Vergleichswert (rot) aus der stationären Berechnung

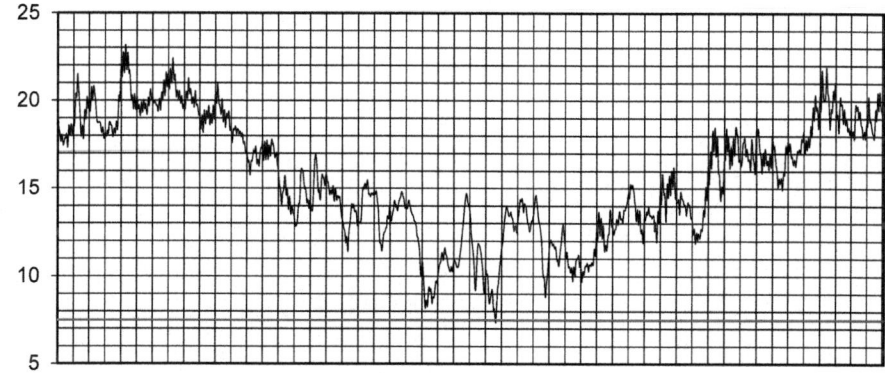

Temperatur in der Dachkante - Jahresverlauf vom 01.07. bis 30.06. (Achsenteilung in Wochen) und Vergleichswert (rot) aus der stationären Berechnung

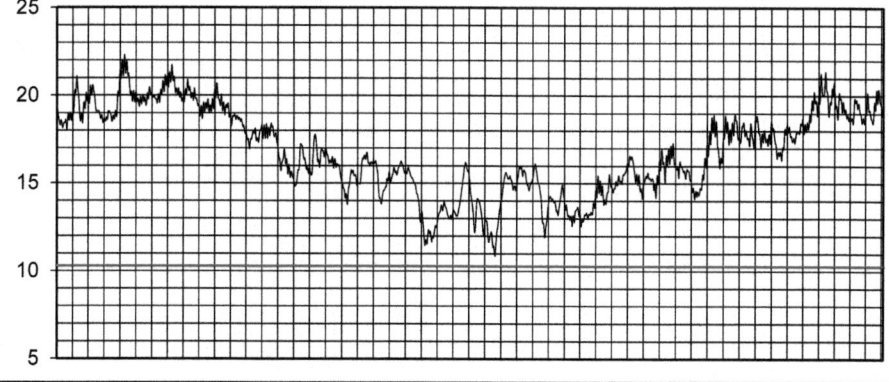

6.14	Flachdachattika, außen gedämmt	Winterklimaregion II TRY8
	Stahlbeton: d = 0,15 m, λ = 2,3 W/(mK), ρ = 2300 kg/m³ Dämmung: d = 0,04 m, λ = 0,035 W/(mK), ρ = 30 kg/m³	-

	Temperaturen aus stationärer Berechnung	Temperaturen aus instationärer Berechnung
θ_f	15,7	$\theta_{min,4d,f}$ 16,9
$\Delta\theta_f$		1,2
θ_k	10,3	$\theta_{min,4d,k}$ 10,6
$\Delta\theta_k$		0,3
θ_e	7,5	$\theta_{min,4d,e}$ 7,0
$\Delta\theta_e$		-0,5

Temperatur in der Ecke - Jahresverlauf vom 01.07. bis 30.06. (Achsenteilung in Wochen) und Vergleichswert (rot) aus der stationären Berechnung

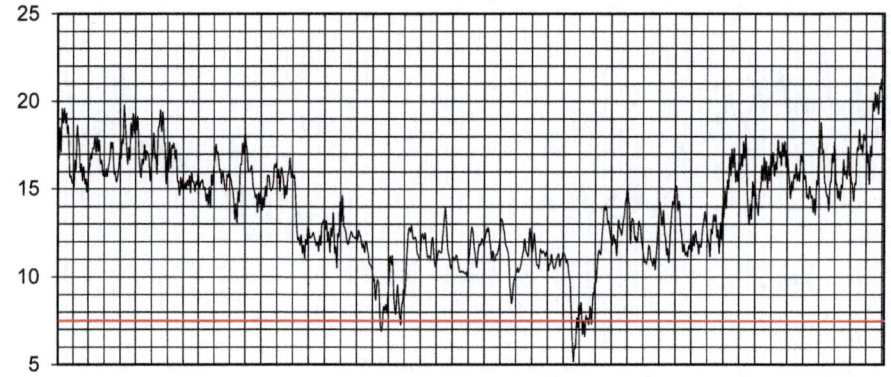

Temperatur in der Dachkante - Jahresverlauf vom 01.07. bis 30.06. (Achsenteilung in Wochen) und Vergleichswert (rot) aus der stationären Berechnung

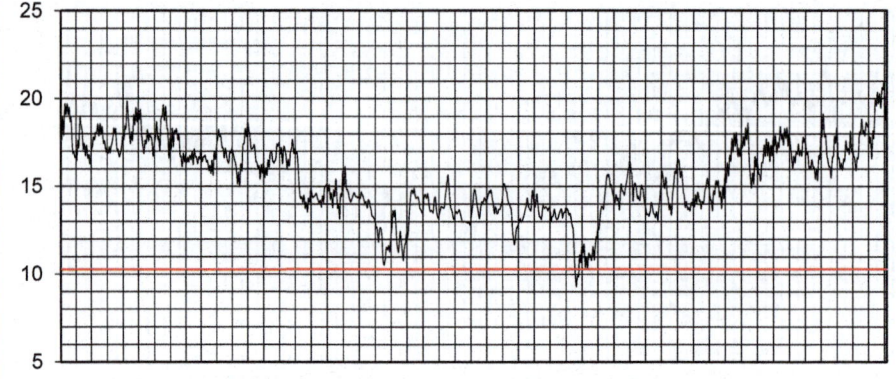

6.15	Flachdachattika, außen gedämmt		Winterklimaregion III TRY11	
	Stahlbeton: d = 0,15 m, λ = 2,3 W/(mK), ρ = 2300 kg/m³ Dämmung: d = 0,04 m, λ = 0,035 W/(mK), ρ = 30 kg/m³		-	

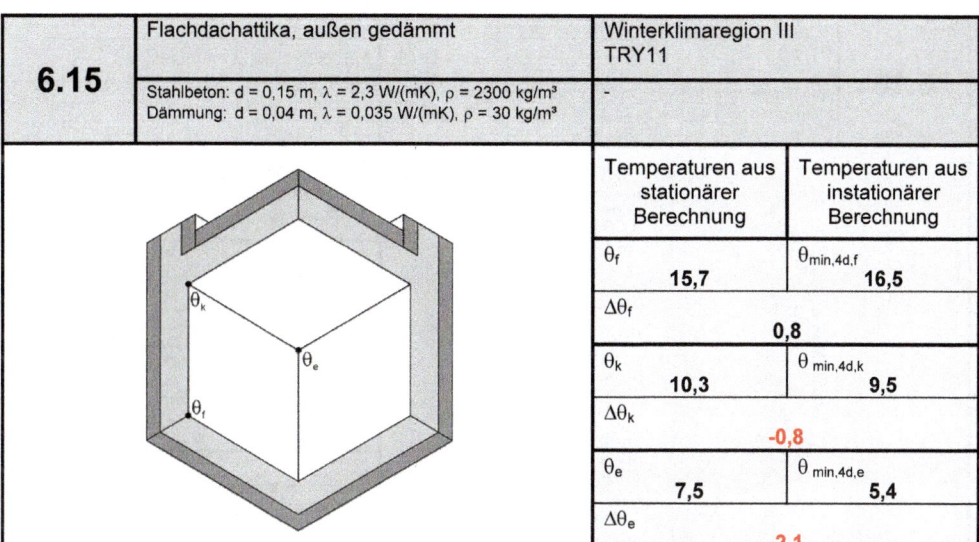

	Temperaturen aus stationärer Berechnung	Temperaturen aus instationärer Berechnung
θ_f	15,7	$\theta_{min,4d,f}$ 16,5
$\Delta\theta_f$	0,8	
θ_k	10,3	$\theta_{min,4d,k}$ 9,5
$\Delta\theta_k$	-0,8	
θ_e	7,5	$\theta_{min,4d,e}$ 5,4
$\Delta\theta_e$	-2,1	

Temperatur in der Ecke - Jahresverlauf vom 01.07. bis 30.06. (Achsenteilung in Wochen) und Vergleichswert (rot) aus der stationären Berechnung

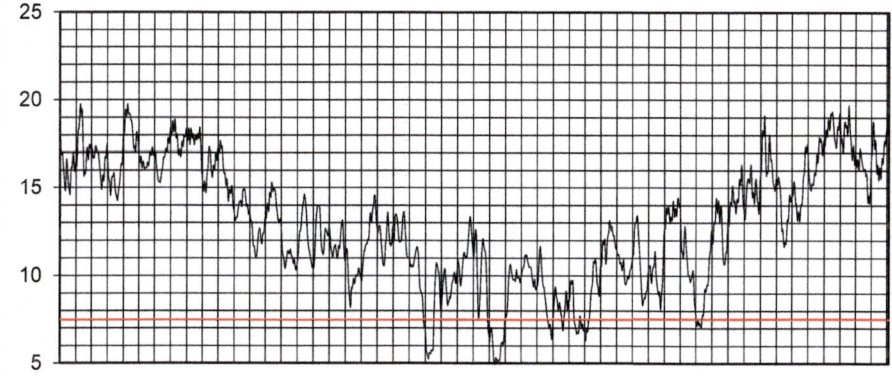

Temperatur in der Dachkante - Jahresverlauf vom 01.07. bis 30.06. (Achsenteilung in Wochen) und Vergleichswert (rot) aus der stationären Berechnung

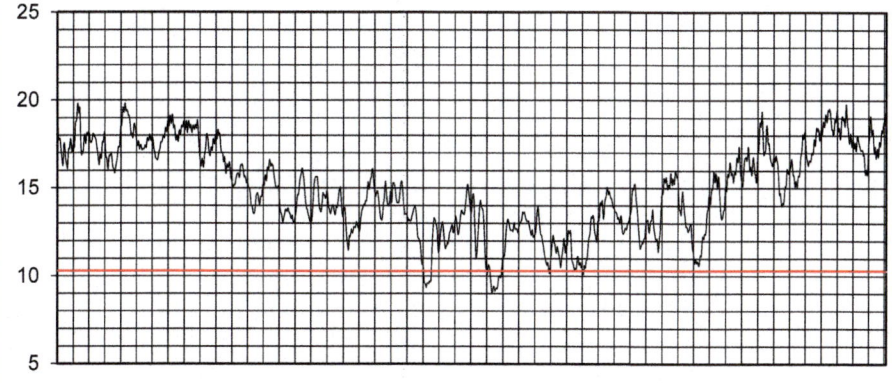

6.16	Flachdachattika, außen gedämmt	Winterklimaregion I Extremwinter 1996/1997
	Stahlbeton: d = 0,15 m, λ = 2,3 W/(mK), ρ = 2300 kg/m³ Dämmung: d = 0,04 m, λ = 0,035 W/(mK), ρ = 30 kg/m³	-

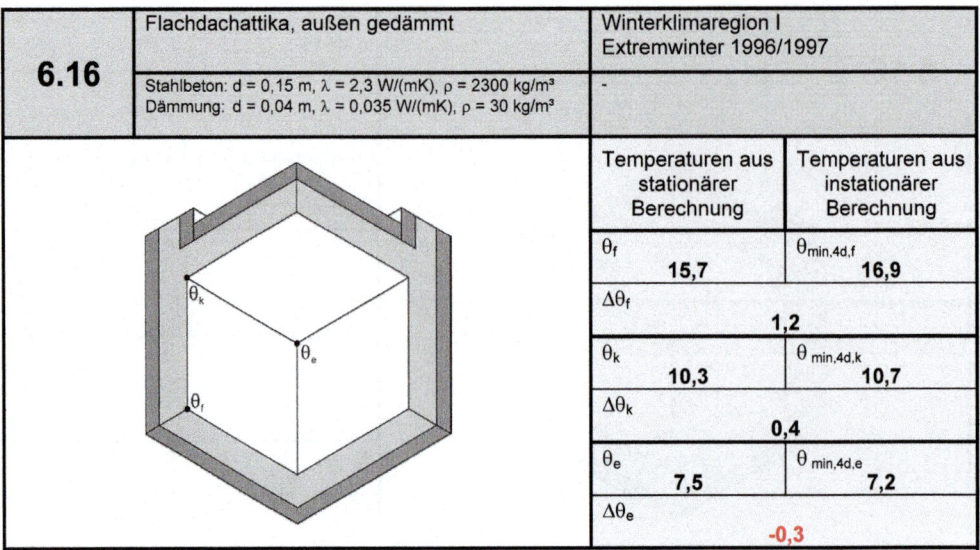

	Temperaturen aus stationärer Berechnung	Temperaturen aus instationärer Berechnung
θ_f	15,7	$\theta_{min,4d,f}$ 16,9
$\Delta\theta_f$	1,2	
θ_k	10,3	$\theta_{min,4d,k}$ 10,7
$\Delta\theta_k$	0,4	
θ_e	7,5	$\theta_{min,4d,e}$ 7,2
$\Delta\theta_e$	-0,3	

Temperatur in der Ecke - Jahresverlauf vom 01.07. bis 30.06. (Achsenteilung in Wochen) und Vergleichswert (rot) aus der stationären Berechnung

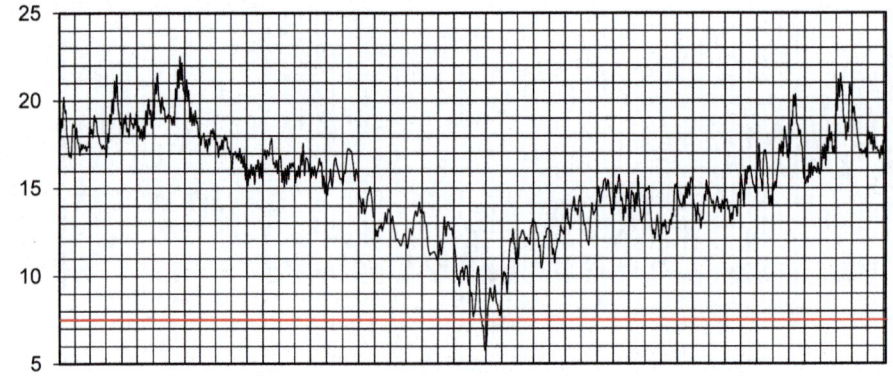

Temperatur in der Dachkante - Jahresverlauf vom 01.07. bis 30.06. (Achsenteilung in Wochen) und Vergleichswert (rot) aus der stationären Berechnung

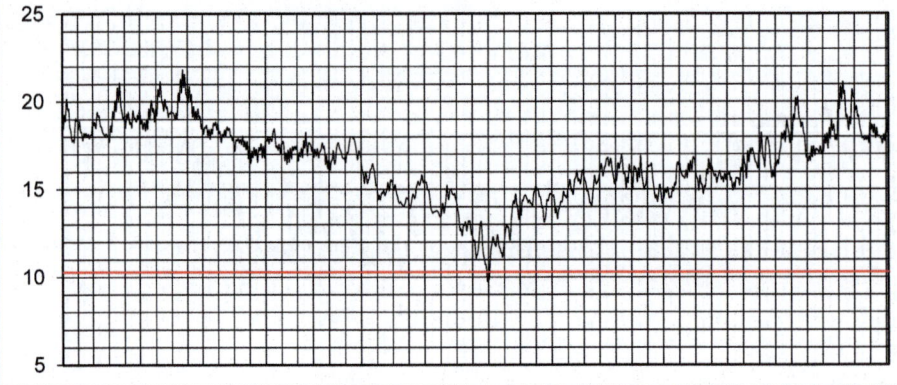

6.17	Flachdachattika, außen gedämmt	Winterklimaregion II Extremwinter 1978/1979
	Stahlbeton: d = 0,15 m, λ = 2,3 W/(mK), ρ = 2300 kg/m³ Dämmung: d = 0,04 m, λ = 0,035 W/(mK), ρ = 30 kg/m³	-

	Temperaturen aus stationärer Berechnung	Temperaturen aus instationärer Berechnung
θ_f	15,7	$\theta_{min,4d,f}$ 16,3
$\Delta\theta_f$	0,6	
θ_k	10,3	$\theta_{min,4d,k}$ 9,0
$\Delta\theta_k$	-1,3	
θ_e	7,5	$\theta_{min,4d,e}$ 4,7
$\Delta\theta_e$	-2,8	

Temperatur in der Ecke - Jahresverlauf vom 01.07. bis 30.06. (Achsenteilung in Wochen) und Vergleichswert (rot) aus der stationären Berechnung

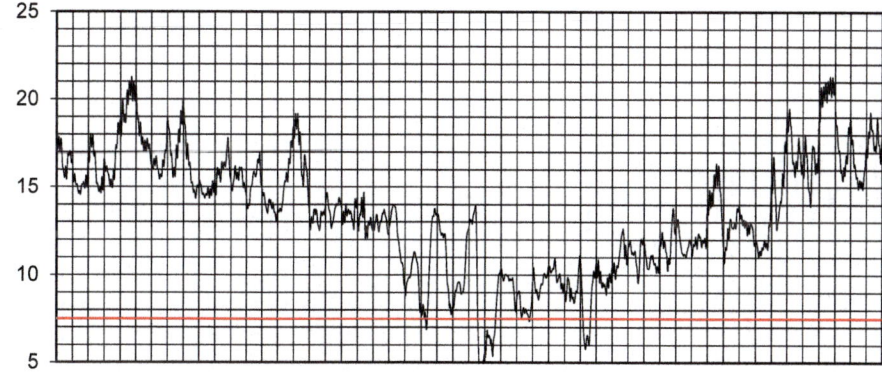

Temperatur in der Dachkante - Jahresverlauf vom 01.07. bis 30.06. (Achsenteilung in Wochen) und Vergleichswert (rot) aus der stationären Berechnung

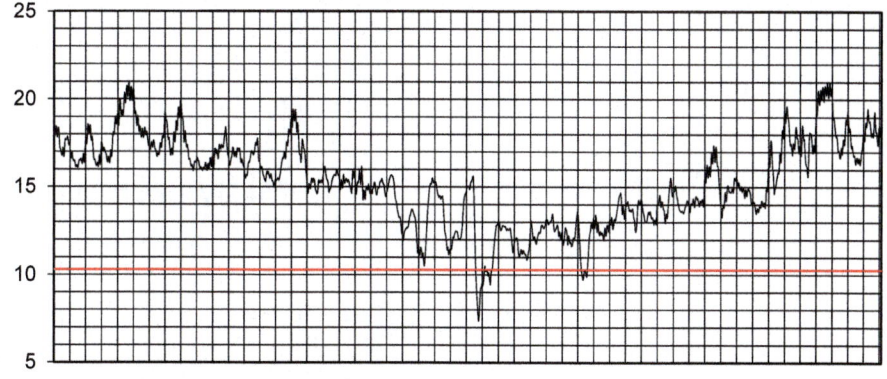

6.18	Flachdachattika, außen gedämmt	Winterklimaregion III Extremwinter 2011/2012
	Stahlbeton: d = 0,15 m, λ = 2,3 W/(mK), ρ = 2300 kg/m³ Dämmung: d = 0,04 m, λ = 0,035 W/(mK), ρ = 30 kg/m³	-

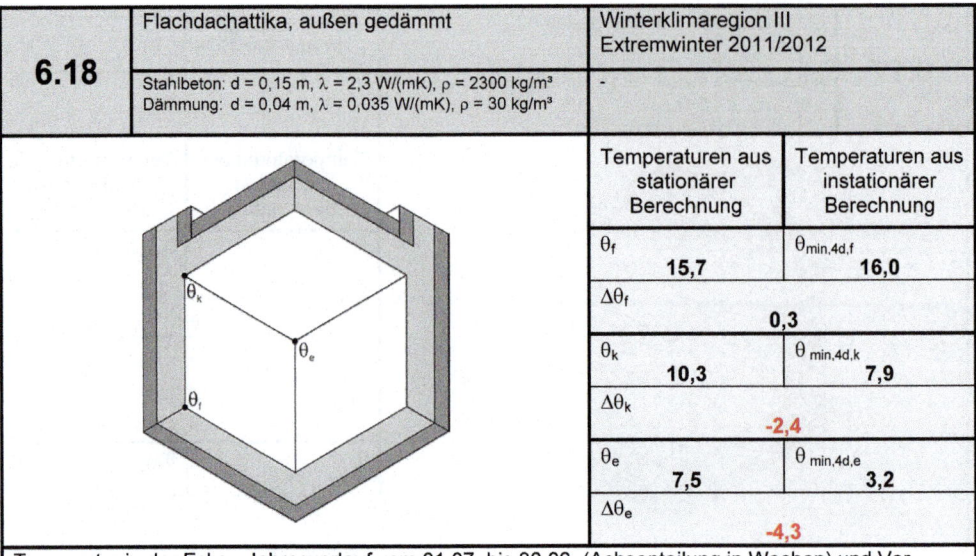

Temperaturen aus stationärer Berechnung		Temperaturen aus instationärer Berechnung	
θ_f	15,7	$\theta_{min,4d,f}$	16,0
$\Delta\theta_f$		0,3	
θ_k	10,3	$\theta_{min,4d,k}$	7,9
$\Delta\theta_k$		-2,4	
θ_e	7,5	$\theta_{min,4d,e}$	3,2
$\Delta\theta_e$		-4,3	

Temperatur in der Ecke - Jahresverlauf vom 01.07. bis 30.06. (Achsenteilung in Wochen) und Vergleichswert (rot) aus der stationären Berechnung

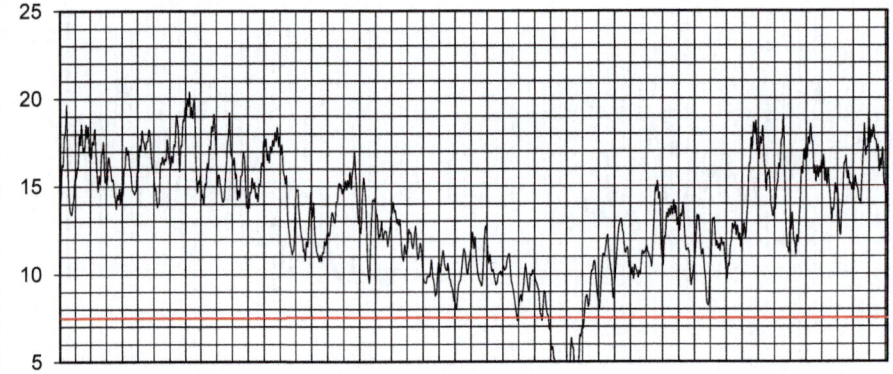

Temperatur in der Dachkante - Jahresverlauf vom 01.07. bis 30.06. (Achsenteilung in Wochen) und Vergleichswert (rot) aus der stationären Berechnung

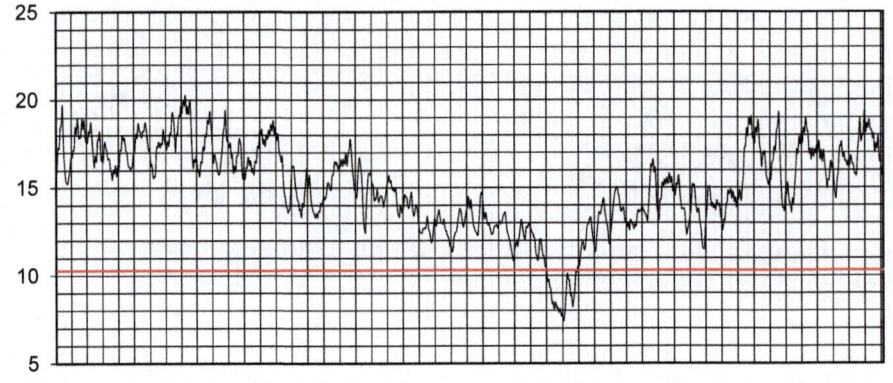

267

	Sockel, monolithische Wand, Dämmung der Bodenplatte oberseitig	Winterklimaregion I TRY1
7.1	MW: d = 0,30 m, λ = 0,10 W/(mK), ρ = 300 kg/m³ Dämmung: d = 0,12 m, λ = 0,035 W/(mK), ρ = 30 kg/m³	-

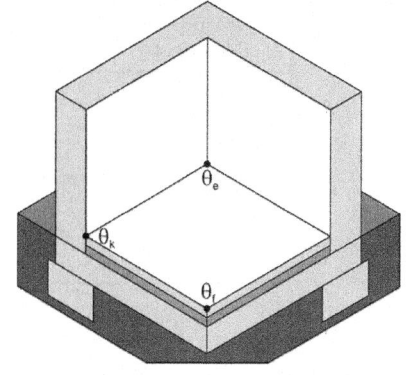

	Temperaturen aus stationärer Berechnung	Temperaturen aus instationärer Berechnung
θ_f	18,8	$\theta_{min,4d,f}$ 19,6
$\Delta\theta_f$	0,8	
θ_k	14,9	$\theta_{min,4d,k}$ 16,3
$\Delta\theta_k$	1,4	
θ_e	11,9	$\theta_{min,4d,e}$ 13,0
$\Delta\theta_e$	1,1	

Temperatur in der Ecke - Jahresverlauf vom 01.07. bis 30.06. (Achsenteilung in Wochen) und Vergleichswert (rot) aus der stationären Berechnung

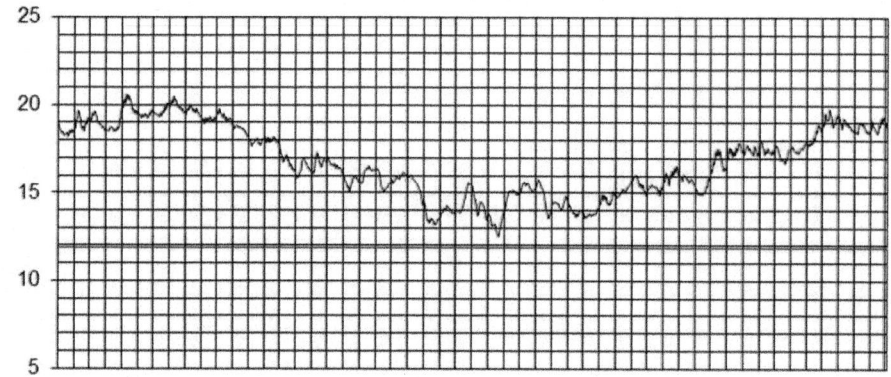

Temperatur in der Sockelkante - Jahresverlauf vom 01.07. bis 30.06. (Achsenteilung in Wochen) und Vergleichswert (rot) aus der stationären Berechnung

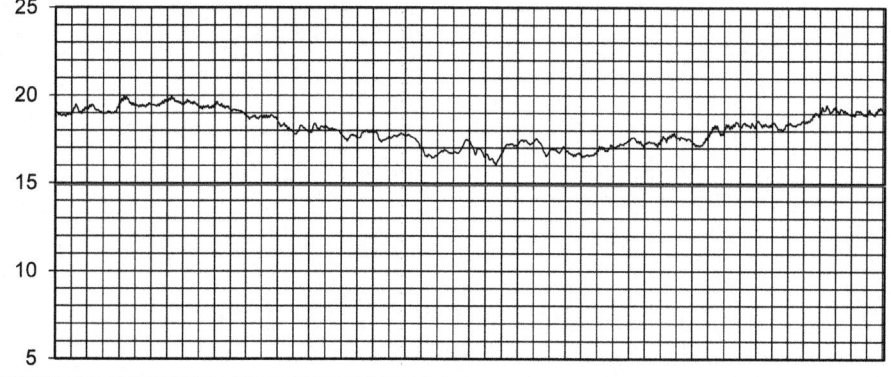

7.2	Sockel, monolithische Wand, Dämmung der Bodenplatte oberseitig	Winterklimaregion II TRY8
	MW: d = 0,30 m, λ = 0,10 W/(mK), ρ = 300 kg/m³ Dämmung: d = 0,12 m, λ = 0,035 W/(mK), ρ = 30 kg/m³	-

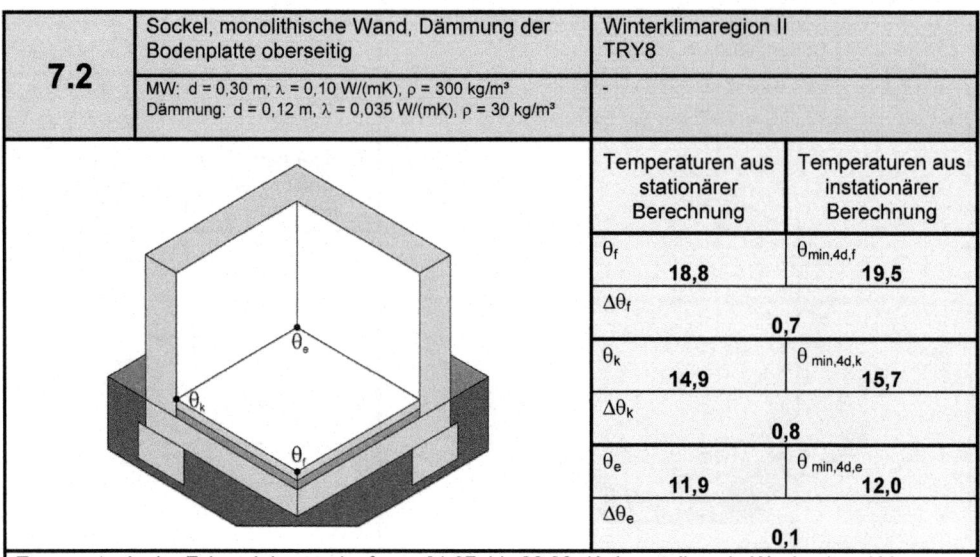

	Temperaturen aus stationärer Berechnung	Temperaturen aus instationärer Berechnung
θ_f	18,8	$\theta_{min,4d,f}$ 19,5
$\Delta\theta_f$		0,7
θ_k	14,9	$\theta_{min,4d,k}$ 15,7
$\Delta\theta_k$		0,8
θ_e	11,9	$\theta_{min,4d,e}$ 12,0
$\Delta\theta_e$		0,1

Temperatur in der Ecke - Jahresverlauf vom 01.07. bis 30.06. (Achsenteilung in Wochen) und Vergleichswert (rot) aus der stationären Berechnung

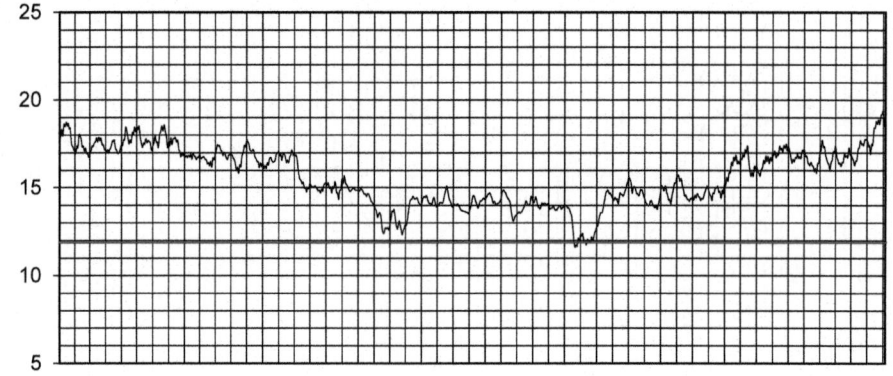

Temperatur in der Sockelkante - Jahresverlauf vom 01.07. bis 30.06. (Achsenteilung in Wochen) und Vergleichswert (rot) aus der stationären Berechnung

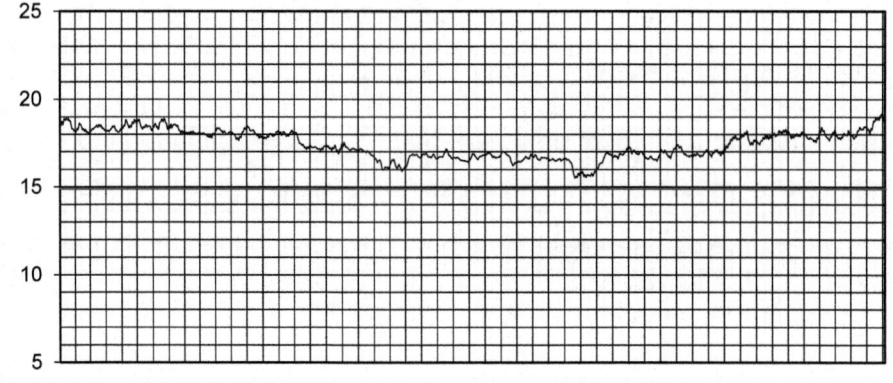

7.3	Sockel, monolithische Wand, Dämmung der Bodenplatte oberseitig	Winterklimaregion III TRY11
	MW: d = 0,30 m, λ = 0,10 W/(mK), ρ = 300 kg/m³ Dämmung: d = 0,12 m, λ = 0,035 W/(mK), ρ = 30 kg/m³	-

	Temperaturen aus stationärer Berechnung	Temperaturen aus instationärer Berechnung
θ_f	18,8	$\theta_{min,4d,f}$ 19,4
$\Delta\theta_f$	0,6	
θ_k	14,9	$\theta_{min,4d,k}$ 15,2
$\Delta\theta_k$	0,3	
θ_e	11,9	$\theta_{min,4d,e}$ 11,1
$\Delta\theta_e$	-0,8	

Temperatur in der Ecke - Jahresverlauf vom 01.07. bis 30.06. (Achsenteilung in Wochen) und Vergleichswert (rot) aus der stationären Berechnung

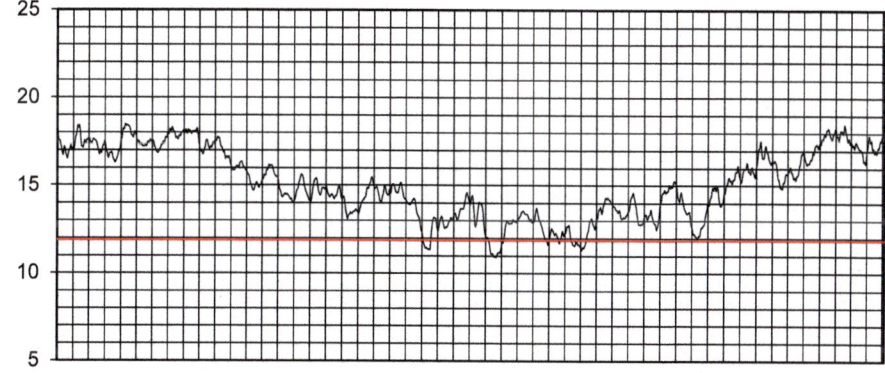

Temperatur in der Sockelkante - Jahresverlauf vom 01.07. bis 30.06. (Achsenteilung in Wochen) und Vergleichswert (rot) aus der stationären Berechnung

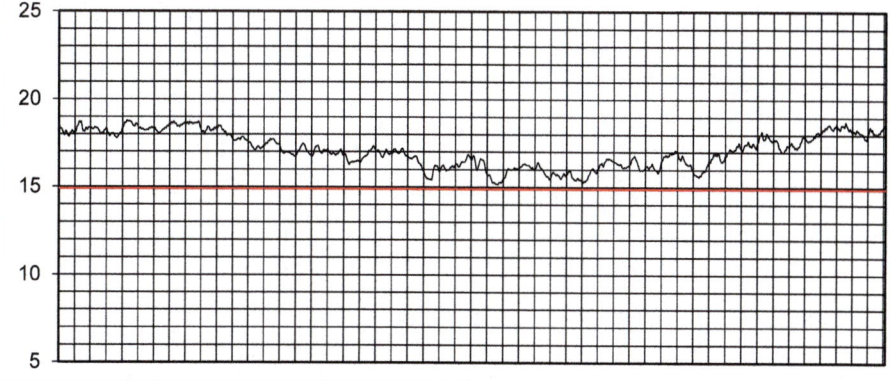

7.4	Sockel, monolithische Wand, Dämmung der Bodenplatte oberseitig	Winterklimaregion I Extremwinter 1996/1997
	MW: d = 0,30 m, λ = 0,10 W/(mK), ρ = 300 kg/m³ Dämmung: d = 0,12 m, λ = 0,035 W/(mK), ρ = 30 kg/m³	-

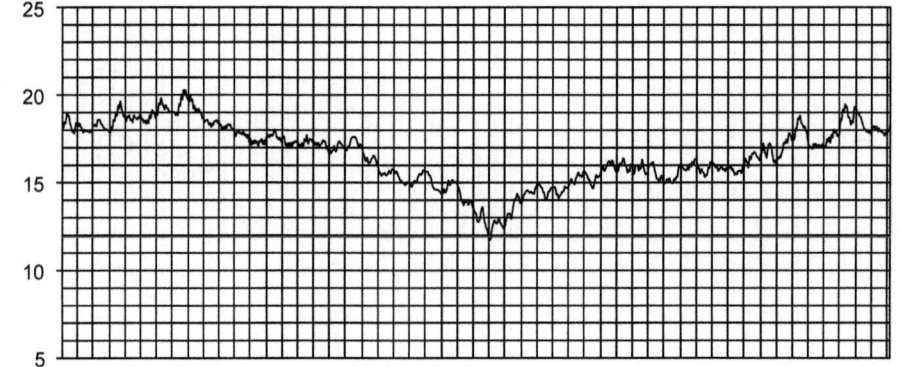

	Temperaturen aus stationärer Berechnung	Temperaturen aus instationärer Berechnung
θ_f	**18,8**	$\theta_{min,4d,f}$ **19,6**
$\Delta\theta_f$	**0,8**	
θ_k	**14,9**	$\theta_{min,4d,k}$ **15,9**
$\Delta\theta_k$	**1,0**	
θ_e	**11,9**	$\theta_{min,4d,e}$ **12,2**
$\Delta\theta_e$	**0,3**	

Temperatur in der Ecke - Jahresverlauf vom 01.07. bis 30.06. (Achsenteilung in Wochen) und Vergleichswert (rot) aus der stationären Berechnung

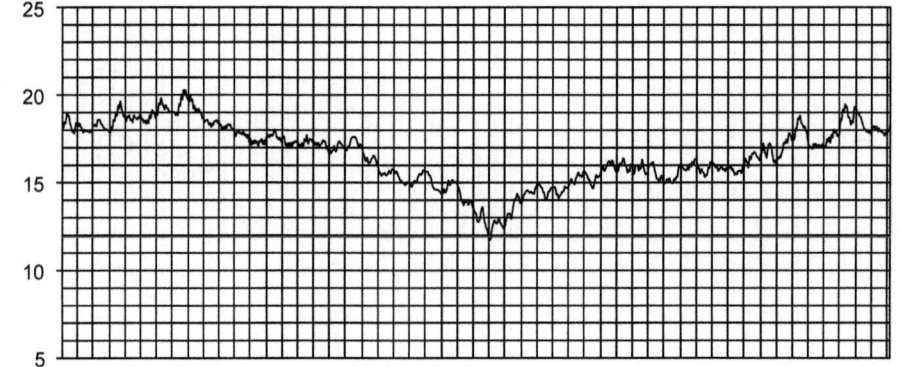

Temperatur in der Sockelkante - Jahresverlauf vom 01.07. bis 30.06. (Achsenteilung in Wochen) und Vergleichswert (rot) aus der stationären Berechnung

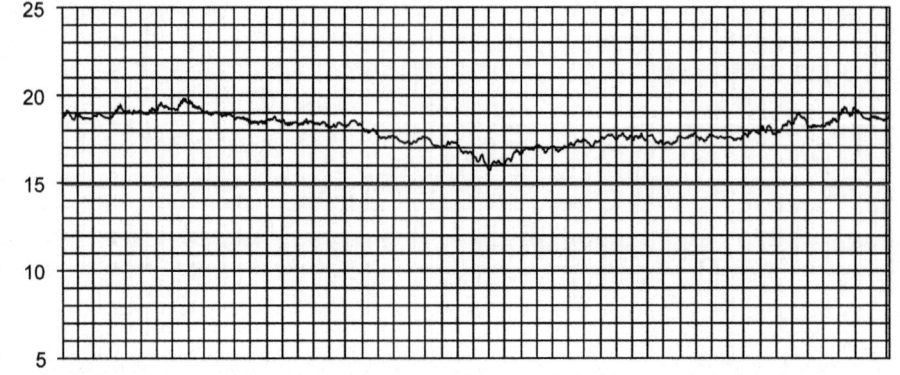

7.5	Sockel, monolithische Wand, Dämmung der Bodenplatte oberseitig	Winterklimaregion II Extremwinter 1978/1979
	MW: d = 0,30 m, λ = 0,10 W/(mK), ρ = 300 kg/m³ Dämmung: d = 0,12 m, λ = 0,035 W/(mK), ρ = 30 kg/m³	-

	Temperaturen aus stationärer Berechnung	Temperaturen aus instationärer Berechnung
θ_f	18,8	$\theta_{min,4d,f}$ 19,5
$\Delta\theta_f$	0,7	
θ_k	14,9	$\theta_{min,4d,k}$ 15,4
$\Delta\theta_k$	0,5	
θ_e	11,9	$\theta_{min,4d,e}$ 11,2
$\Delta\theta_e$	-0,7	

Temperatur in der Ecke - Jahresverlauf vom 01.07. bis 30.06. (Achsenteilung in Wochen) und Vergleichswert (rot) aus der stationären Berechnung

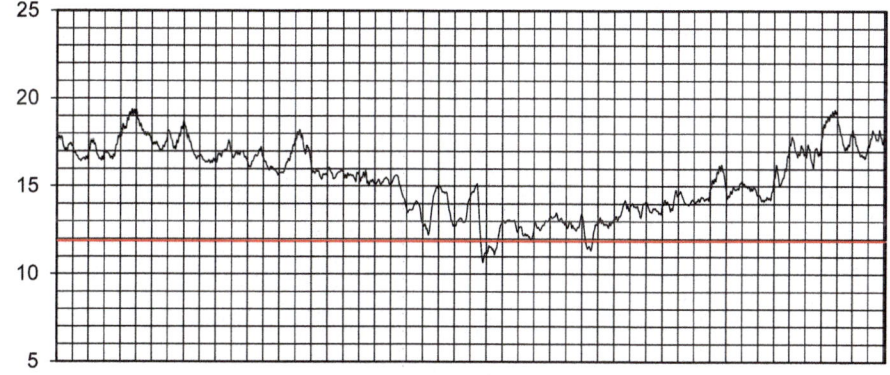

Temperatur in der Sockelkante - Jahresverlauf vom 01.07. bis 30.06. (Achsenteilung in Wochen) und Vergleichswert (rot) aus der stationären Berechnung

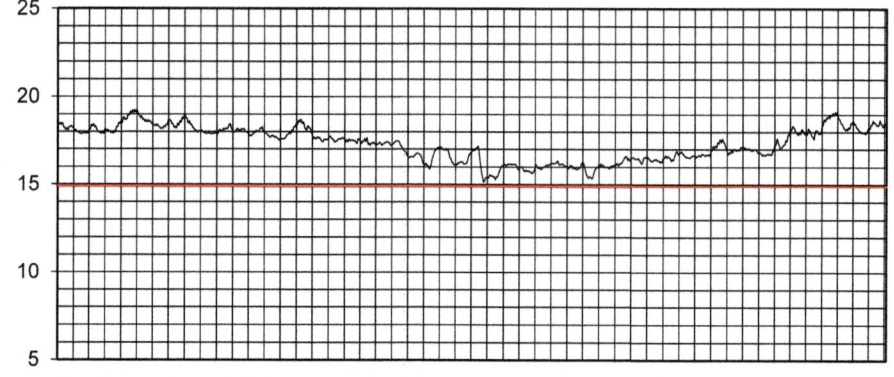

7.6	Sockel, monolithische Wand, Dämmung der Bodenplatte oberseitig	Winterklimaregion III Extremwinter 2011/2012
	MW: d = 0,30 m, λ = 0,10 W/(mK), ρ = 300 kg/m³ Dämmung: d = 0,12 m, λ = 0,035 W/(mK), ρ = 30 kg/m³	-

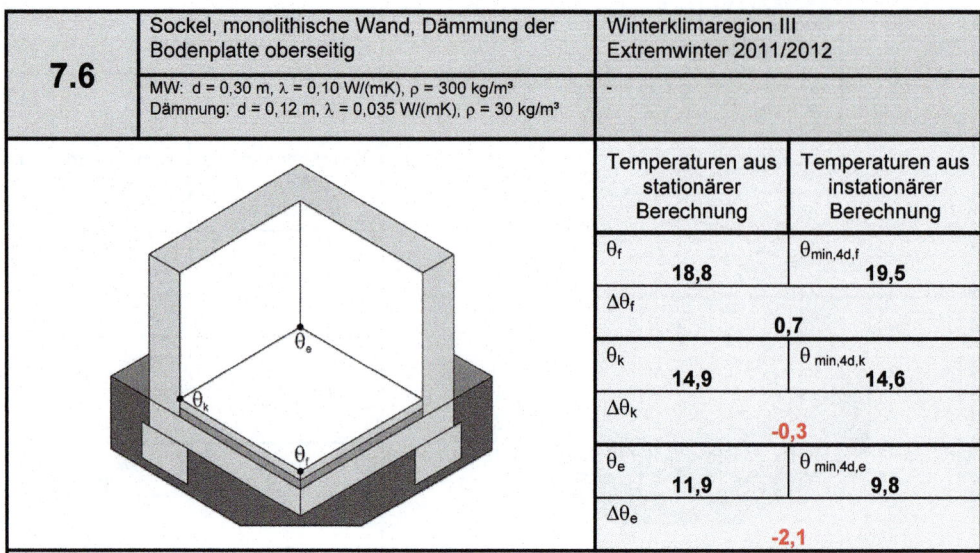

	Temperaturen aus stationärer Berechnung	Temperaturen aus instationärer Berechnung
θ_f	18,8	$\theta_{min,4d,f}$ 19,5
$\Delta\theta_f$	0,7	
θ_k	14,9	$\theta_{min,4d,k}$ 14,6
$\Delta\theta_k$	-0,3	
θ_e	11,9	$\theta_{min,4d,e}$ 9,8
$\Delta\theta_e$	-2,1	

Temperatur in der Ecke - Jahresverlauf vom 01.07. bis 30.06. (Achsenteilung in Wochen) und Vergleichswert (rot) aus der stationären Berechnung

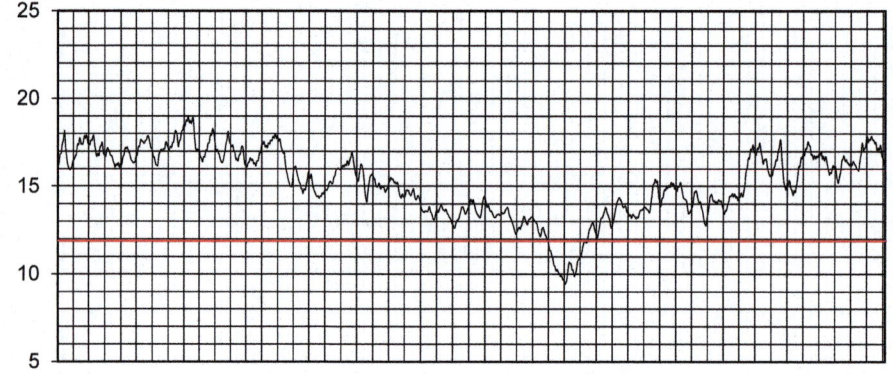

Temperatur in der Sockelkante - Jahresverlauf vom 01.07. bis 30.06. (Achsenteilung in Wochen) und Vergleichswert (rot) aus der stationären Berechnung

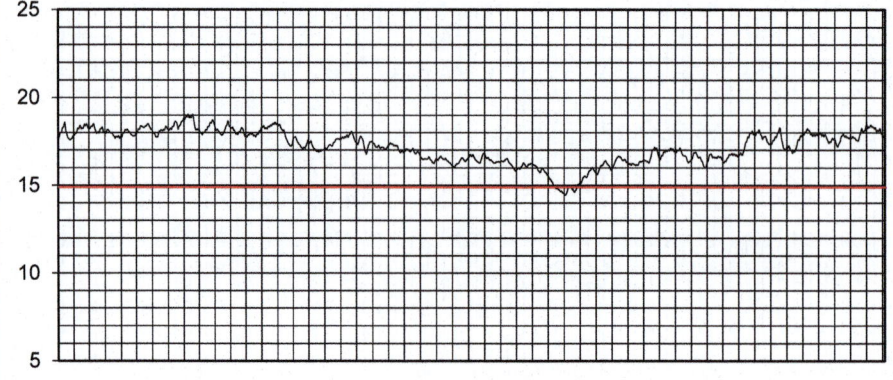

7.7	Sockel, monolithische Wand, Dämmung der Bodenplatte oberseitig	Winterklimaregion I TRY1
	MW: d = 0,30 m, λ = 0,25 W/(mK), ρ = 800 kg/m³ Dämmung: d = 0,04 m, λ = 0,035 W/(mK), ρ = 30 kg/m³	-

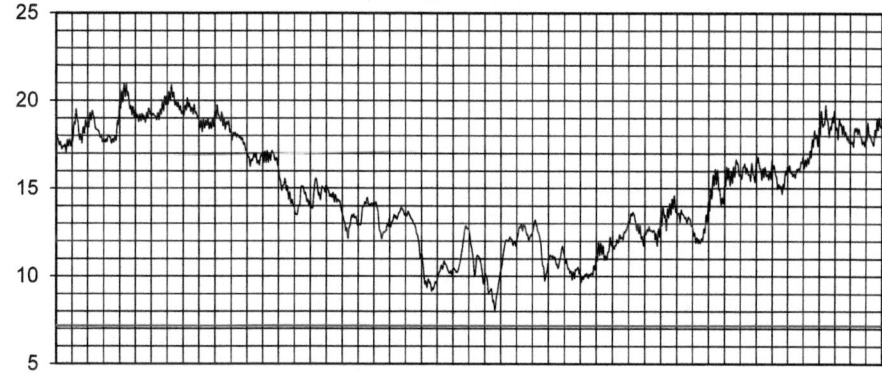

	Temperaturen aus stationärer Berechnung	Temperaturen aus instationärer Berechnung
θ_f	18,0	$\theta_{min,4d,f}$ 19,3
$\Delta\theta_f$		1,3
θ_k	11,2	$\theta_{min,4d,k}$ 13,4
$\Delta\theta_k$		2,2
θ_e	7,2	$\theta_{min,4d,e}$ 8,4
$\Delta\theta_e$		1,2

Temperatur in der Ecke - Jahresverlauf vom 01.07. bis 30.06. (Achsenteilung in Wochen) und Vergleichswert (rot) aus der stationären Berechnung

Temperatur in der Sockelkante - Jahresverlauf vom 01.07. bis 30.06. (Achsenteilung in Wochen) und Vergleichswert (rot) aus der stationären Berechnung

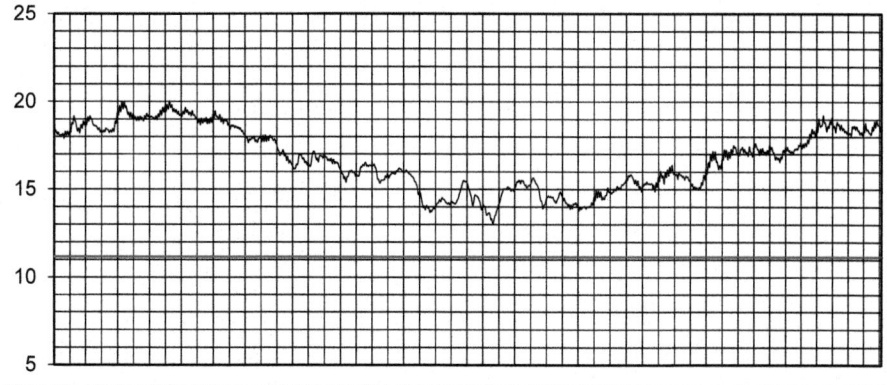

7.8	Sockel, monolithische Wand, Dämmung der Bodenplatte oberseitig	Winterklimaregion II TRY8
	MW: d = 0,30 m, λ = 0,25 W/(mK), ρ = 800 kg/m³ Dämmung: d = 0,04 m, λ = 0,035 W/(mK), ρ = 30 kg/m³	-

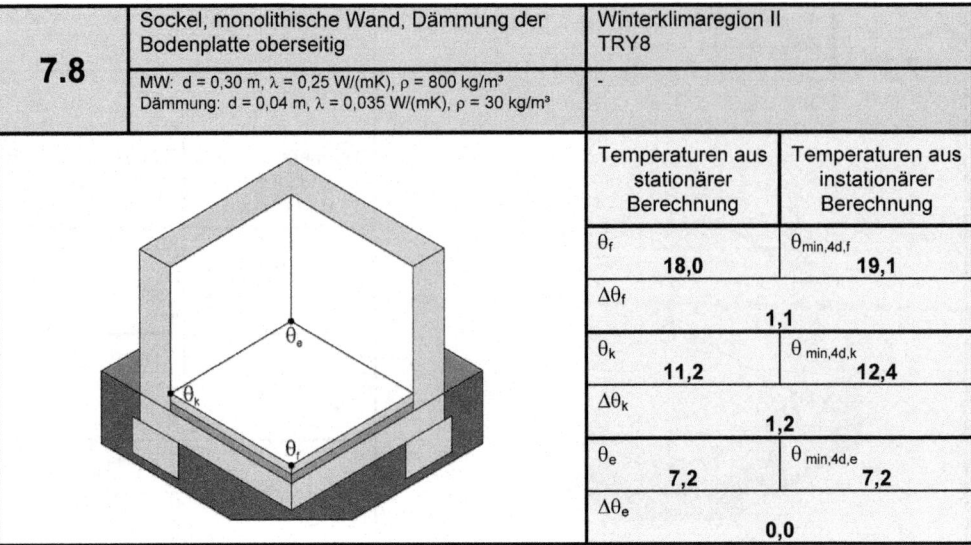

	Temperaturen aus stationärer Berechnung	Temperaturen aus instationärer Berechnung
θ_f	18,0	$\theta_{min,4d,f}$ 19,1
$\Delta\theta_f$	1,1	
θ_k	11,2	$\theta_{min,4d,k}$ 12,4
$\Delta\theta_k$	1,2	
θ_e	7,2	$\theta_{min,4d,e}$ 7,2
$\Delta\theta_e$	0,0	

Temperatur in der Ecke - Jahresverlauf vom 01.07. bis 30.06. (Achsenteilung in Wochen) und Vergleichswert (rot) aus der stationären Berechnung

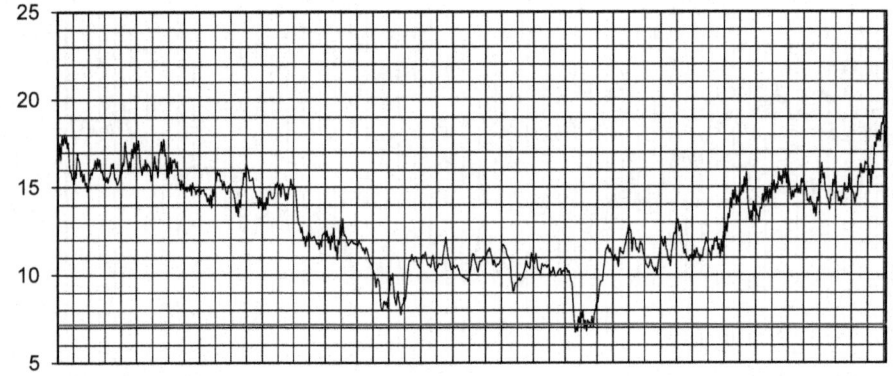

Temperatur in der Sockelkante - Jahresverlauf vom 01.07. bis 30.06. (Achsenteilung in Wochen) und Vergleichswert (rot) aus der stationären Berechnung

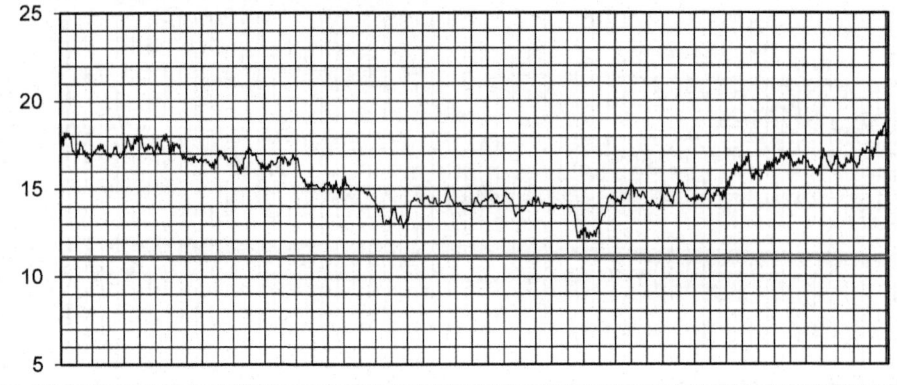

7.9	Sockel, monolithische Wand, Dämmung der Bodenplatte oberseitig	Winterklimaregion III TRY11
	MW: d = 0,30 m, λ = 0,25 W/(mK), ρ = 800 kg/m³ Dämmung: d = 0,04 m, λ = 0,035 W/(mK), ρ = 30 kg/m³	-

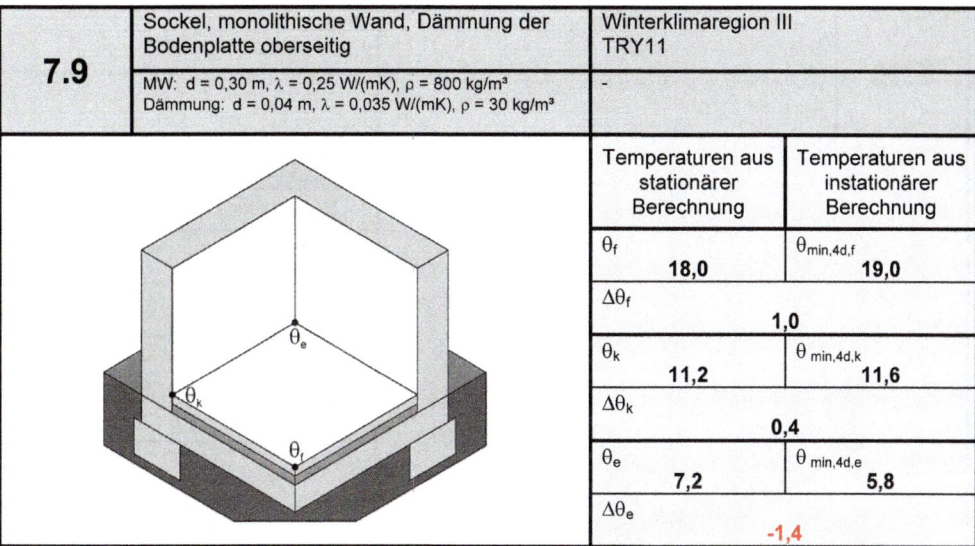

	Temperaturen aus stationärer Berechnung	Temperaturen aus instationärer Berechnung
θ_f	18,0	$\theta_{min,4d,f}$ 19,0
$\Delta\theta_f$	1,0	
θ_k	11,2	$\theta_{min,4d,k}$ 11,6
$\Delta\theta_k$	0,4	
θ_e	7,2	$\theta_{min,4d,e}$ 5,8
$\Delta\theta_e$	-1,4	

Temperatur in der Ecke - Jahresverlauf vom 01.07. bis 30.06. (Achsenteilung in Wochen) und Vergleichswert (rot) aus der stationären Berechnung

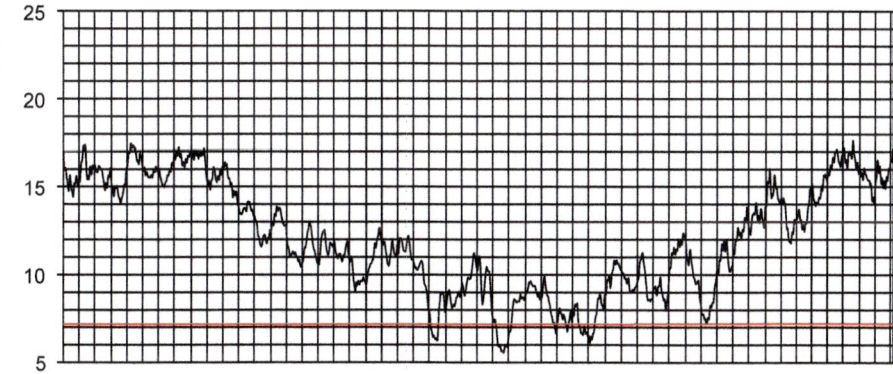

Temperatur in der Sockelkante - Jahresverlauf vom 01.07. bis 30.06. (Achsenteilung in Wochen) und Vergleichswert (rot) aus der stationären Berechnung

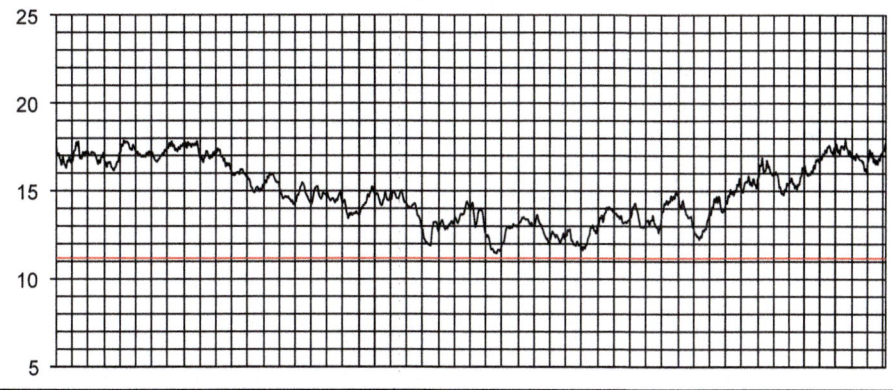

7.10	Sockel, monolithische Wand, Dämmung der Bodenplatte oberseitig	Winterklimaregion I Extremwinter 1996/1997
	MW: d = 0,30 m, λ = 0,25 W/(mK), ρ = 800 kg/m³ Dämmung: d = 0,04 m, λ = 0,035 W/(mK), ρ = 30 kg/m³	-

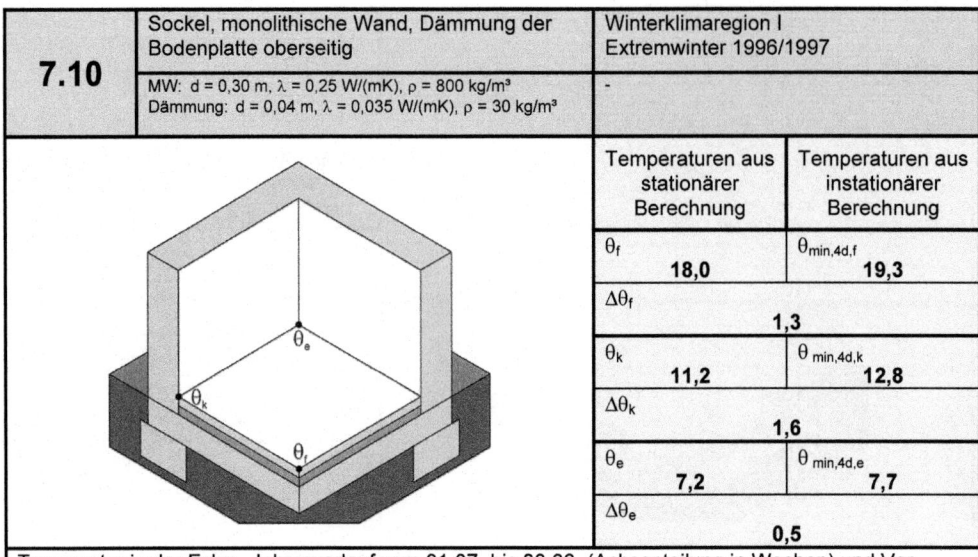

	Temperaturen aus stationärer Berechnung	Temperaturen aus instationärer Berechnung
θ_f	**18,0**	$\theta_{min,4d,f}$ **19,3**
$\Delta\theta_f$	**1,3**	
θ_k	**11,2**	$\theta_{min,4d,k}$ **12,8**
$\Delta\theta_k$	**1,6**	
θ_e	**7,2**	$\theta_{min,4d,e}$ **7,7**
$\Delta\theta_e$	**0,5**	

Temperatur in der Ecke - Jahresverlauf vom 01.07. bis 30.06. (Achsenteilung in Wochen) und Vergleichswert (rot) aus der stationären Berechnung

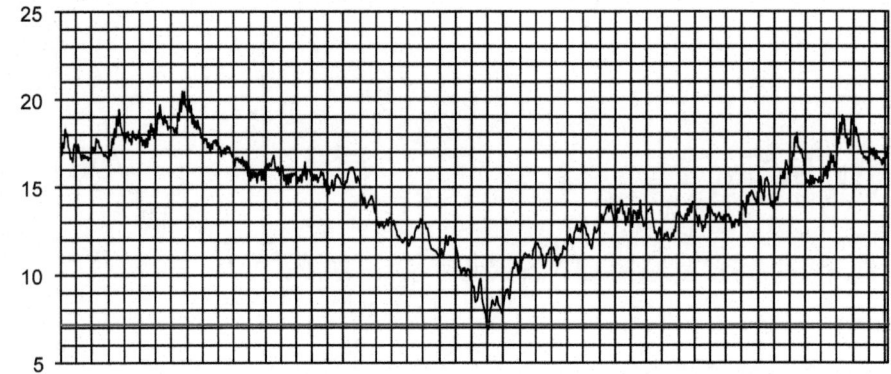

Temperatur in der Sockelkante - Jahresverlauf vom 01.07. bis 30.06. (Achsenteilung in Wochen) und Vergleichswert (rot) aus der stationären Berechnung

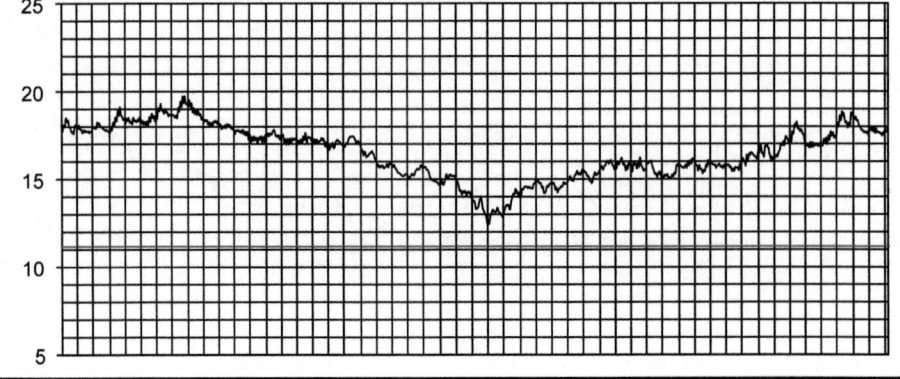

7.11	Sockel, monolithische Wand, Dämmung der Bodenplatte oberseitig	Winterklimaregion II Extremwinter 1978/1979
	MW: d = 0,30 m, λ = 0,25 W/(mK), ρ = 800 kg/m³ Dämmung: d = 0,04 m, λ = 0,035 W/(mK), ρ = 30 kg/m³	-

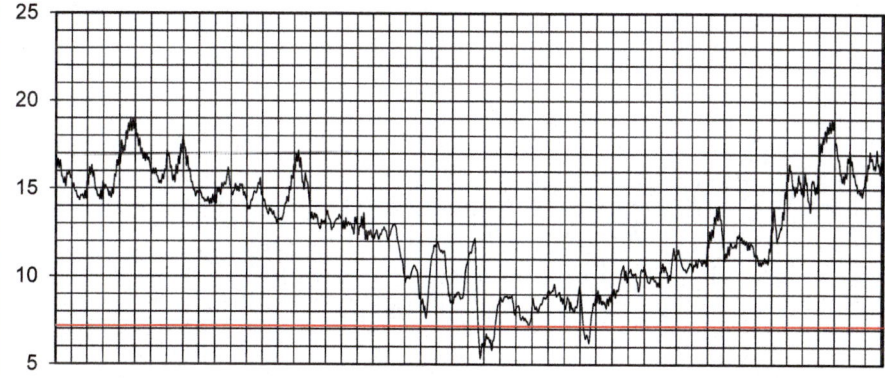

	Temperaturen aus stationärer Berechnung	Temperaturen aus instationärer Berechnung
θ_f	18,0	$\theta_{min,4d,f}$ 19,1
$\Delta\theta_f$	1,1	
θ_k	11,2	$\theta_{min,4d,k}$ 11,9
$\Delta\theta_k$	0,7	
θ_e	7,2	$\theta_{min,4d,e}$ 6,1
$\Delta\theta_e$	-1,1	

Temperatur in der Ecke - Jahresverlauf vom 01.07. bis 30.06. (Achsenteilung in Wochen) und Vergleichswert (rot) aus der stationären Berechnung

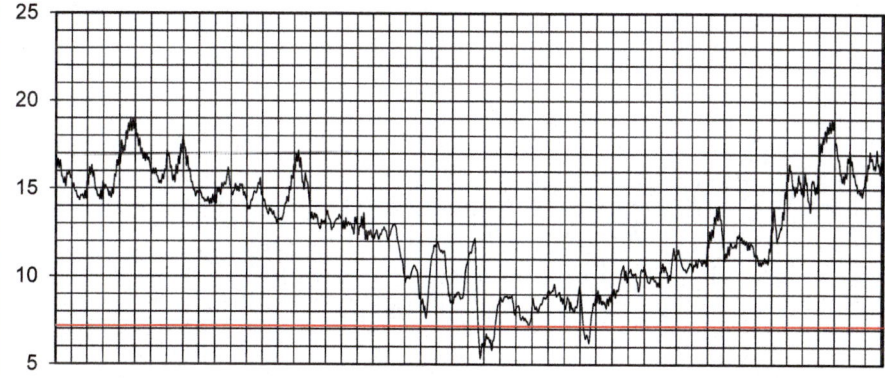

Temperatur in der Sockelkante - Jahresverlauf vom 01.07. bis 30.06. (Achsenteilung in Wochen) und Vergleichswert (rot) aus der stationären Berechnung

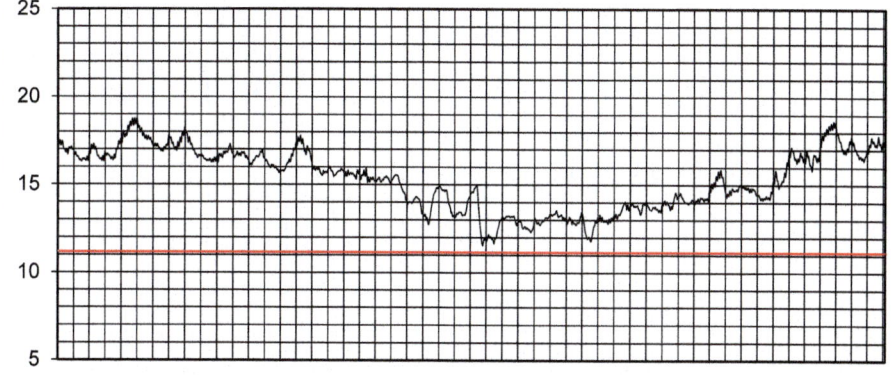

7.12	Sockel, monolithische Wand, Dämmung der Bodenplatte oberseitig	Winterklimaregion I Extremwinter 1996/1997
	MW: d = 0,30 m, λ = 0,25 W/(mK), ρ = 800 kg/m³ Dämmung: d = 0,04 m, λ = 0,035 W/(mK), ρ = 30 kg/m³	-

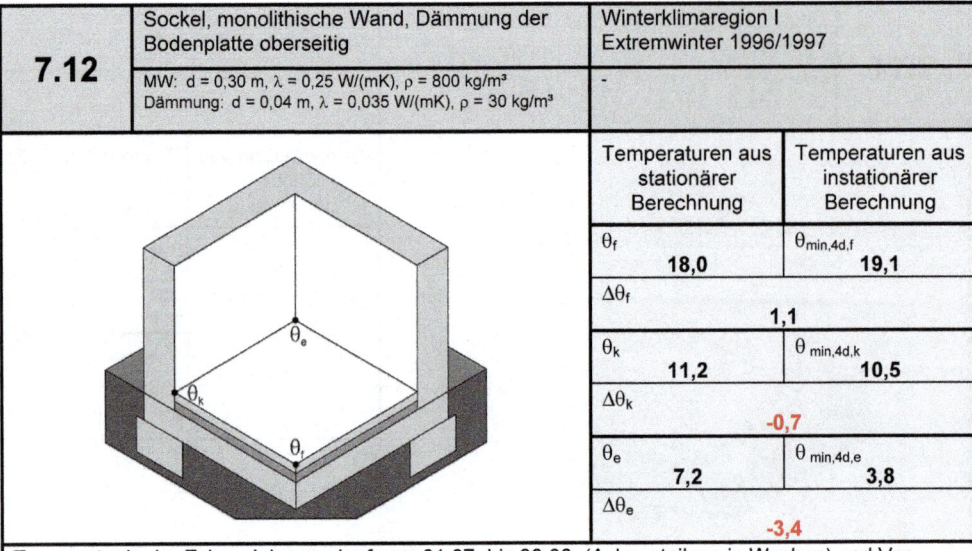

	Temperaturen aus stationärer Berechnung	Temperaturen aus instationärer Berechnung
θ_f	18,0	$\theta_{min,4d,f}$ 19,1
$\Delta\theta_f$		1,1
θ_k	11,2	$\theta_{min,4d,k}$ 10,5
$\Delta\theta_k$		-0,7
θ_e	7,2	$\theta_{min,4d,e}$ 3,8
$\Delta\theta_e$		-3,4

Temperatur in der Ecke - Jahresverlauf vom 01.07. bis 30.06. (Achsenteilung in Wochen) und Vergleichswert (rot) aus der stationären Berechnung

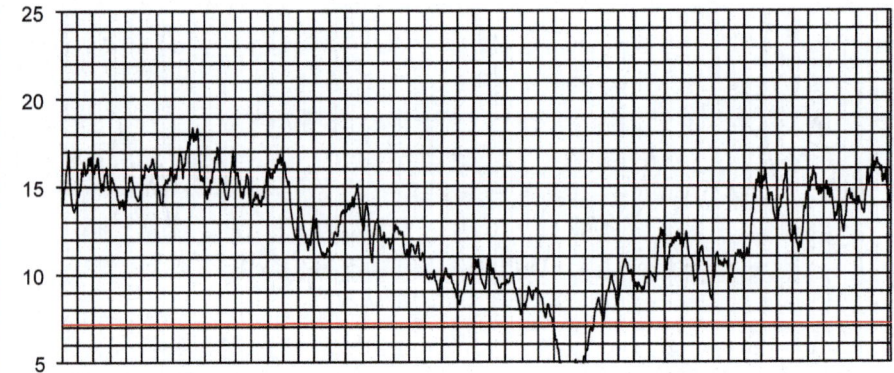

Temperatur in der Sockelkante - Jahresverlauf vom 01.07. bis 30.06. (Achsenteilung in Wochen) und Vergleichswert (rot) aus der stationären Berechnung

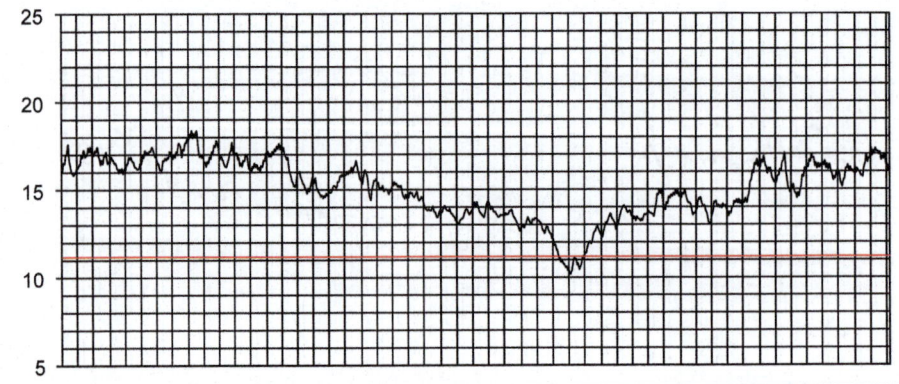

8.1	Raumecke, monolithische Wand + außen gedämmtes Dach	Winterklimaregion I TRY1
	MW: d = 0,30 m, λ = 0,10 W/(mK), ρ = 300 kg/m³ Stahlbeton: d = 0,15 m, λ = 2,3 W/(mK), ρ = 2300 kg/m³ Dämmung: d = 0,12 m, λ = 0,035 W/(mK), ρ = 30 kg/m³	-

	Temperaturen aus stationärer Berechnung	Temperaturen aus instationärer Berechnung
θ_f	18,1	$\theta_{min,4d,f}$ 18,8
$\Delta\theta_f$		0,7
θ_k	15,9	$\theta_{min,4d,k}$ 16,6
$\Delta\theta_k$		0,7
θ_e	13,0	$\theta_{min,4d,e}$ 13,6
$\Delta\theta_e$		0,6

Temperatur in der Ecke - Jahresverlauf vom 01.07. bis 30.06. (Achsenteilung in Wochen) und Vergleichswert (rot) aus der stationären Berechnung

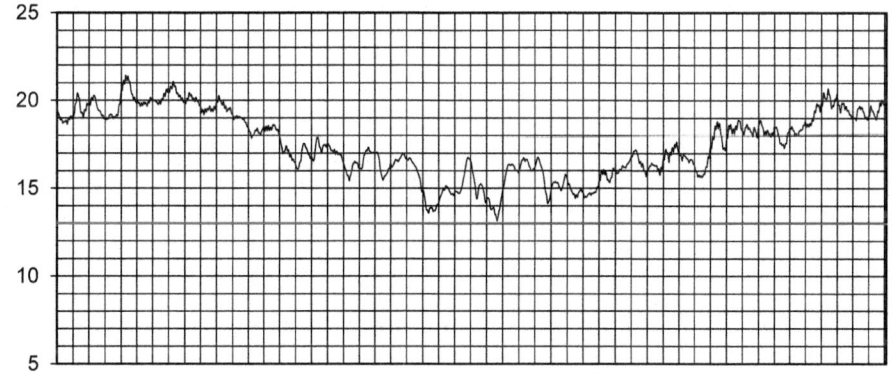

Temperatur in der Dachkante - Jahresverlauf vom 01.07. bis 30.06. (Achsenteilung in Wochen) und Vergleichswert (rot) aus der stationären Berechnung

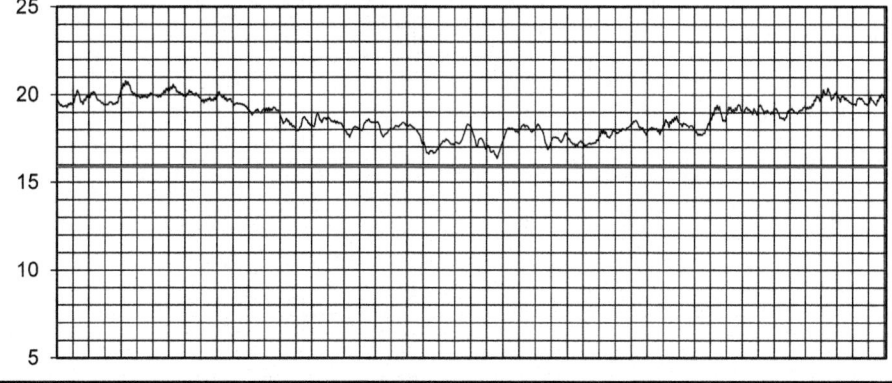

8.2	Raumecke, monolithische Wand + außen gedämmtes Dach		Winterklimaregion II TRY8	
	MW: d = 0,30 m, λ = 0,10 W/(mK), ρ = 300 kg/m³ Stahlbeton: d = 0,15 m, λ = 2,3 W/(mK), ρ = 2300 kg/m³ Dämmung: d = 0,12 m, λ = 0,035 W/(mK), ρ = 30 kg/m³		-	

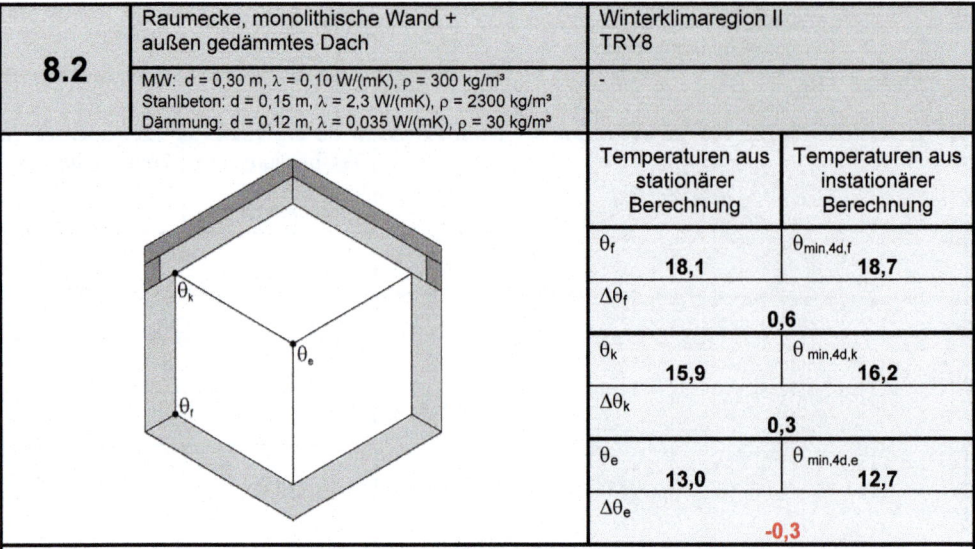

	Temperaturen aus stationärer Berechnung	Temperaturen aus instationärer Berechnung
θ_f	**18,1**	$\theta_{min,4d,f}$ **18,7**
$\Delta\theta_f$		**0,6**
θ_k	**15,9**	$\theta_{min,4d,k}$ **16,2**
$\Delta\theta_k$		**0,3**
θ_e	**13,0**	$\theta_{min,4d,e}$ **12,7**
$\Delta\theta_e$		**-0,3**

Temperatur in der Ecke - Jahresverlauf vom 01.07. bis 30.06. (Achsenteilung in Wochen) und Vergleichswert (rot) aus der stationären Berechnung

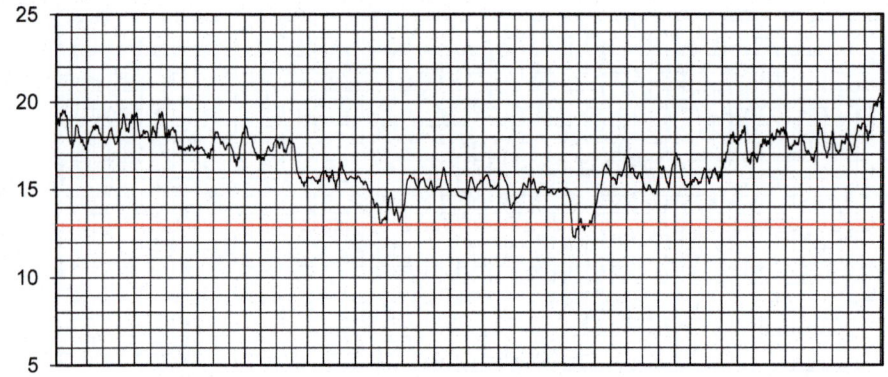

Temperatur in der Dachkante - Jahresverlauf vom 01.07. bis 30.06. (Achsenteilung in Wochen) und Vergleichswert (rot) aus der stationären Berechnung

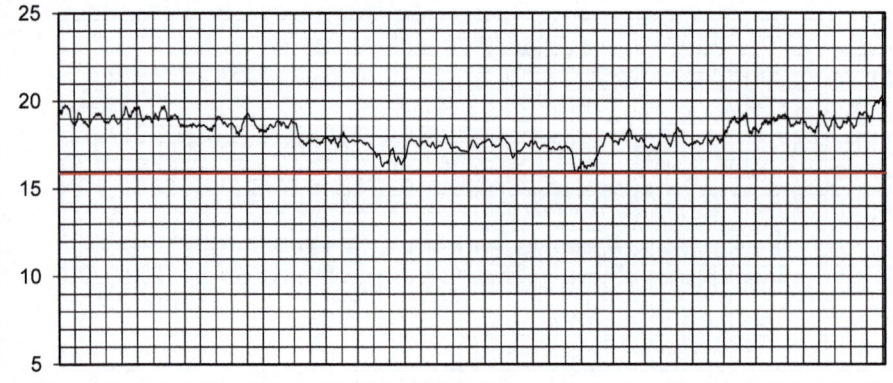

8.3	Raumecke, monolithische Wand + außen gedämmtes Dach	Winterklimaregion III TRY11
	MW: d = 0,30 m, λ = 0,10 W/(mK), ρ = 300 kg/m³ Stahlbeton: d = 0,15 m, λ = 2,3 W/(mK), ρ = 2300 kg/m³ Dämmung: d = 0,12 m, λ = 0,035 W/(mK), ρ = 30 kg/m³	-

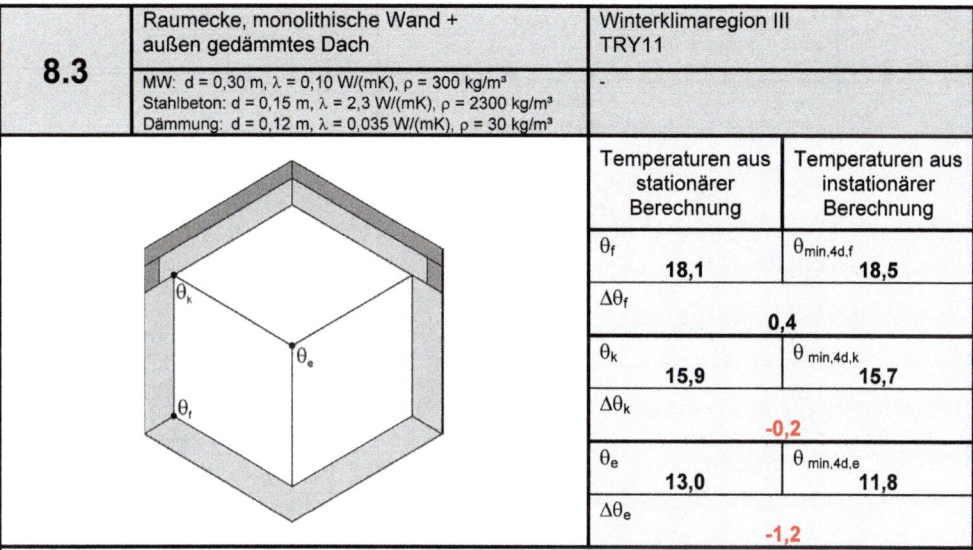

	Temperaturen aus stationärer Berechnung	Temperaturen aus instationärer Berechnung
θ_f	18,1	$\theta_{min,4d,f}$ 18,5
$\Delta\theta_f$		0,4
θ_k	15,9	$\theta_{min,4d,k}$ 15,7
$\Delta\theta_k$		-0,2
θ_e	13,0	$\theta_{min,4d,e}$ 11,8
$\Delta\theta_e$		-1,2

Temperatur in der Ecke - Jahresverlauf vom 01.07. bis 30.06. (Achsenteilung in Wochen) und Vergleichswert (rot) aus der stationären Berechnung

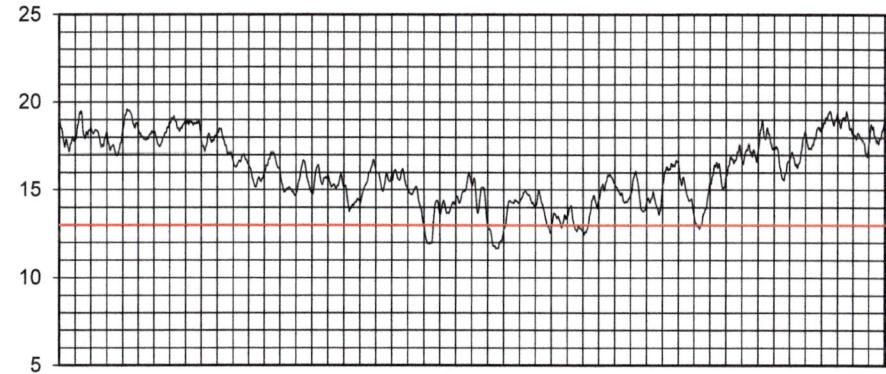

Temperatur in der Dachkante - Jahresverlauf vom 01.07. bis 30.06. (Achsenteilung in Wochen) und Vergleichswert (rot) aus der stationären Berechnung

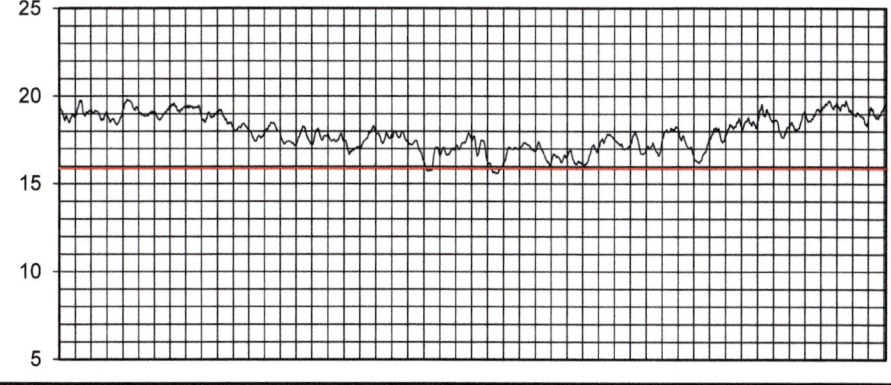

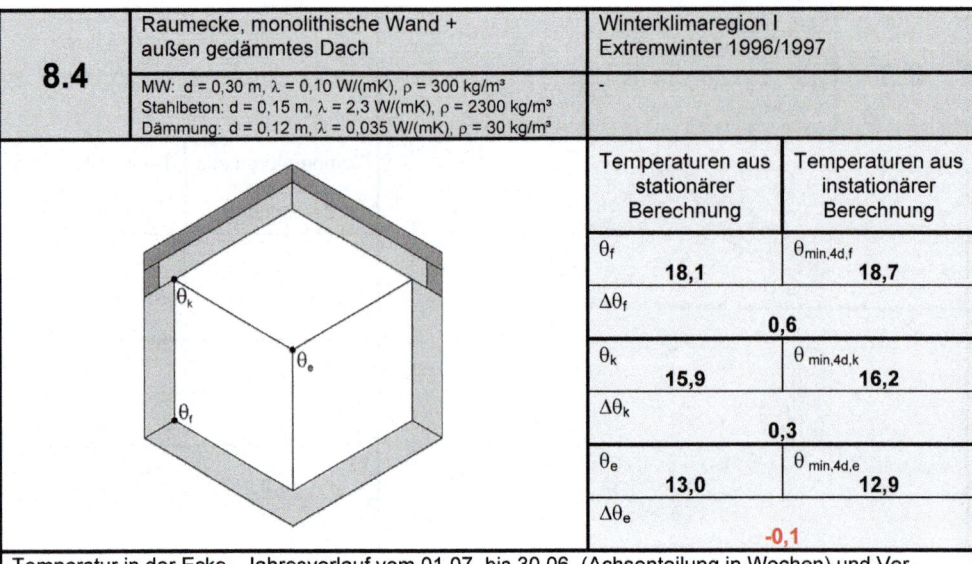

8.4	Raumecke, monolithische Wand + außen gedämmtes Dach		Winterklimaregion I Extremwinter 1996/1997
	MW: d = 0,30 m, λ = 0,10 W/(mK), ρ = 300 kg/m³ Stahlbeton: d = 0,15 m, λ = 2,3 W/(mK), ρ = 2300 kg/m³ Dämmung: d = 0,12 m, λ = 0,035 W/(mK), ρ = 30 kg/m³		-

	Temperaturen aus stationärer Berechnung	Temperaturen aus instationärer Berechnung
θ_f	18,1	$\theta_{min,4d,f}$ 18,7
$\Delta\theta_f$		0,6
θ_k	15,9	$\theta_{min,4d,k}$ 16,2
$\Delta\theta_k$		0,3
θ_e	13,0	$\theta_{min,4d,e}$ 12,9
$\Delta\theta_e$		-0,1

Temperatur in der Ecke - Jahresverlauf vom 01.07. bis 30.06. (Achsenteilung in Wochen) und Vergleichswert (rot) aus der stationären Berechnung

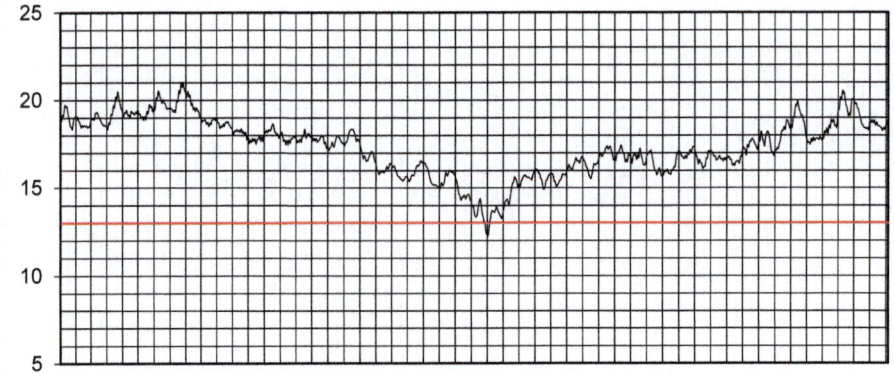

Temperatur in der Dachkante - Jahresverlauf vom 01.07. bis 30.06. (Achsenteilung in Wochen) und Vergleichswert (rot) aus der stationären Berechnung

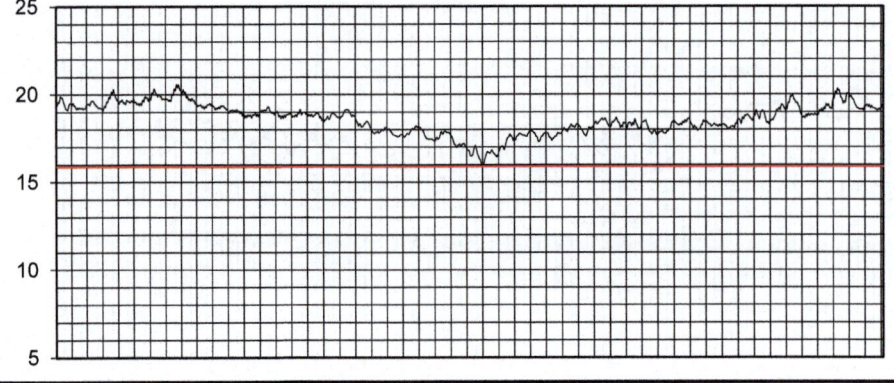

8.5	Raumecke, monolithische Wand + außen gedämmtes Dach	Winterklimaregion II Extremwinter 1978/1979
	MW: d = 0,30 m, λ = 0,10 W/(mK), ρ = 300 kg/m³ Stahlbeton: d = 0,15 m, λ = 2,3 W/(mK), ρ = 2300 kg/m³ Dämmung: d = 0,12 m, λ = 0,035 W/(mK), ρ = 30 kg/m³	-

	Temperaturen aus stationärer Berechnung	Temperaturen aus instationärer Berechnung
θ_f	18,1	$\theta_{min,4d,f}$ 18,4
$\Delta\theta_f$	0,3	
θ_k	15,9	$\theta_{min,4d,k}$ 15,6
$\Delta\theta_k$	-0,3	
θ_e	13,0	$\theta_{min,4d,e}$ 11,7
$\Delta\theta_e$	-1,3	

Temperatur in der Ecke - Jahresverlauf vom 01.07. bis 30.06. (Achsenteilung in Wochen) und Vergleichswert (rot) aus der stationären Berechnung

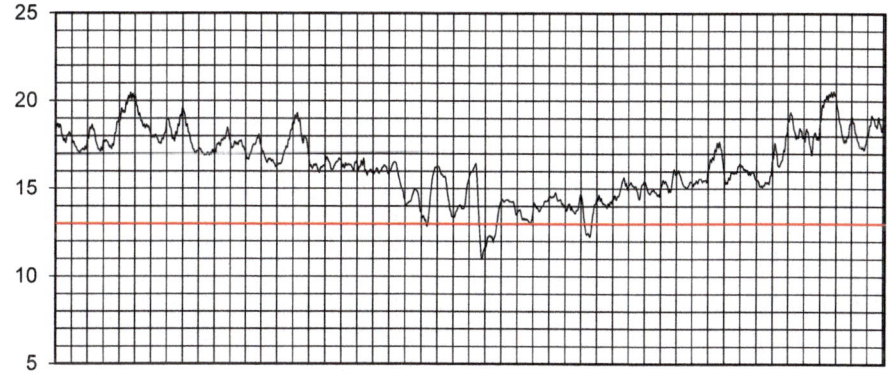

Temperatur in der Dachkante - Jahresverlauf vom 01.07. bis 30.06. (Achsenteilung in Wochen) und Vergleichswert (rot) aus der stationären Berechnung

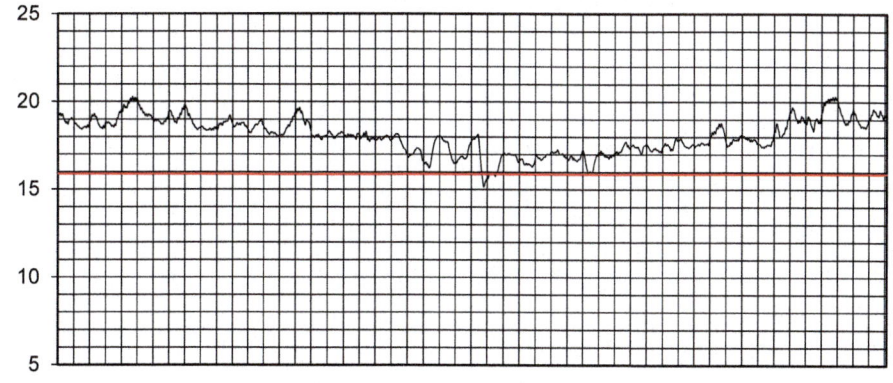

8.6	Raumecke, monolithische Wand + außen gedämmtes Dach		Winterklimaregion III Extremwinter 2011/2012	
	MW: d = 0,30 m, λ = 0,10 W/(mK), ρ = 300 kg/m³ Stahlbeton: d = 0,15 m, λ = 2,3 W/(mK), ρ = 2300 kg/m³ Dämmung: d = 0,12 m, λ = 0,035 W/(mK), ρ = 30 kg/m³		-	

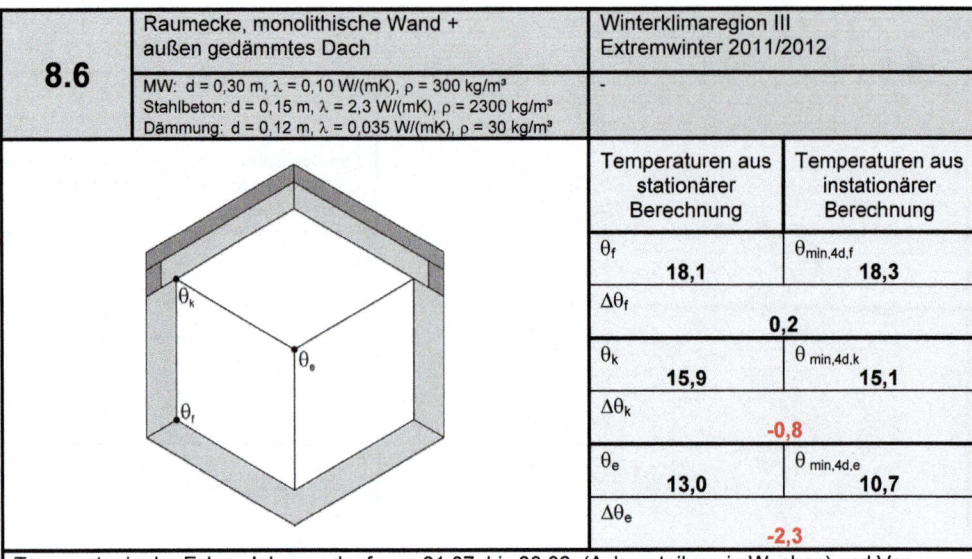

		Temperaturen aus stationärer Berechnung	Temperaturen aus instationärer Berechnung
θ_f		18,1	$\theta_{min,4d,f}$ 18,3
$\Delta\theta_f$			0,2
θ_k		15,9	$\theta_{min,4d,k}$ 15,1
$\Delta\theta_k$			-0,8
θ_e		13,0	$\theta_{min,4d,e}$ 10,7
$\Delta\theta_e$			-2,3

Temperatur in der Ecke - Jahresverlauf vom 01.07. bis 30.06. (Achsenteilung in Wochen) und Vergleichswert (rot) aus der stationären Berechnung

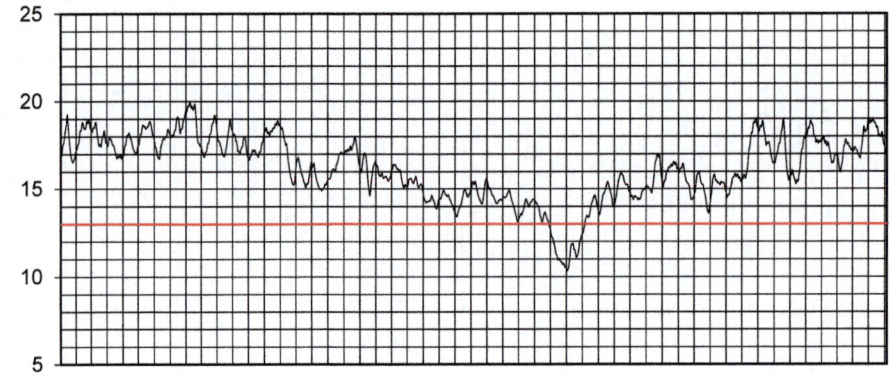

Temperatur in der Dachkante - Jahresverlauf vom 01.07. bis 30.06. (Achsenteilung in Wochen) und Vergleichswert (rot) aus der stationären Berechnung

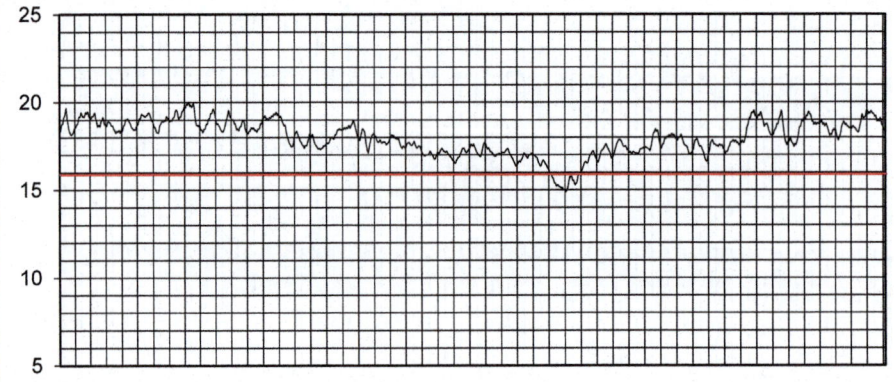

8.7	Raumecke, monolithische Wand + außen gedämmtes Dach	Winterklimaregion I TRY1
	MW: d = 0,30 m, λ = 0,10 W/(mK), ρ = 300 kg/m³ Stahlbeton: d = 0,15 m, λ = 2,3 W/(mK), ρ = 2300 kg/m³ Dämmung: d = 0,04 m, λ = 0,035 W/(mK), ρ = 30 kg/m³	-

	Temperaturen aus stationärer Berechnung	Temperaturen aus instationärer Berechnung
θ_f	18,1	$\theta_{min,4d,f}$ 18,8
$\Delta\theta_f$		0,7
θ_k	11,9	$\theta_{min,4d,k}$ 13,1
$\Delta\theta_k$		1,1
θ_e	7,9	$\theta_{min,4d,e}$ 8,6
$\Delta\theta_e$		0,7

Temperatur in der Ecke - Jahresverlauf vom 01.07. bis 30.06. (Achsenteilung in Wochen) und Vergleichswert (rot) aus der stationären Berechnung

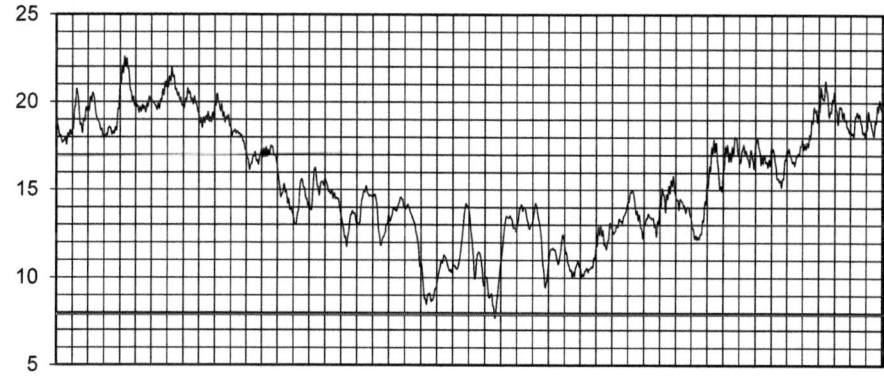

Temperatur in der Dachkante - Jahresverlauf vom 01.07. bis 30.06. (Achsenteilung in Wochen) und Vergleichswert (rot) aus der stationären Berechnung

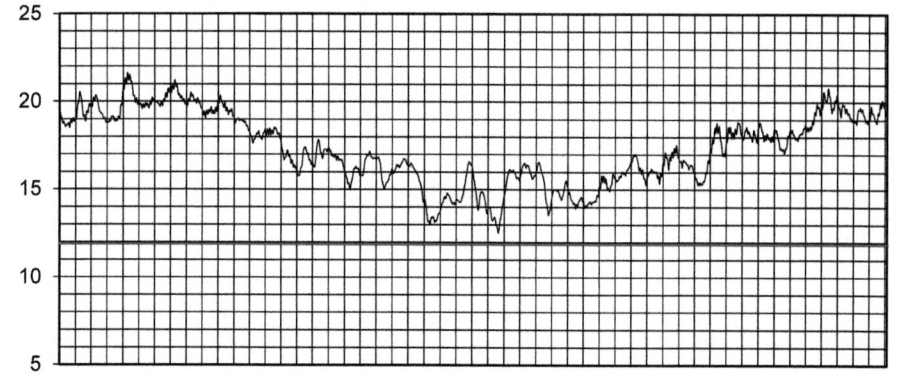

8.8	Raumecke, monolithische Wand + außen gedämmtes Dach	Winterklimaregion II TRY8
	MW: d = 0,30 m, λ = 0,10 W/(mK), ρ = 300 kg/m³ Stahlbeton: d = 0,15 m, λ = 2,3 W/(mK), ρ = 2300 kg/m³ Dämmung: d = 0,04 m, λ = 0,035 W/(mK), ρ = 30 kg/m³	-

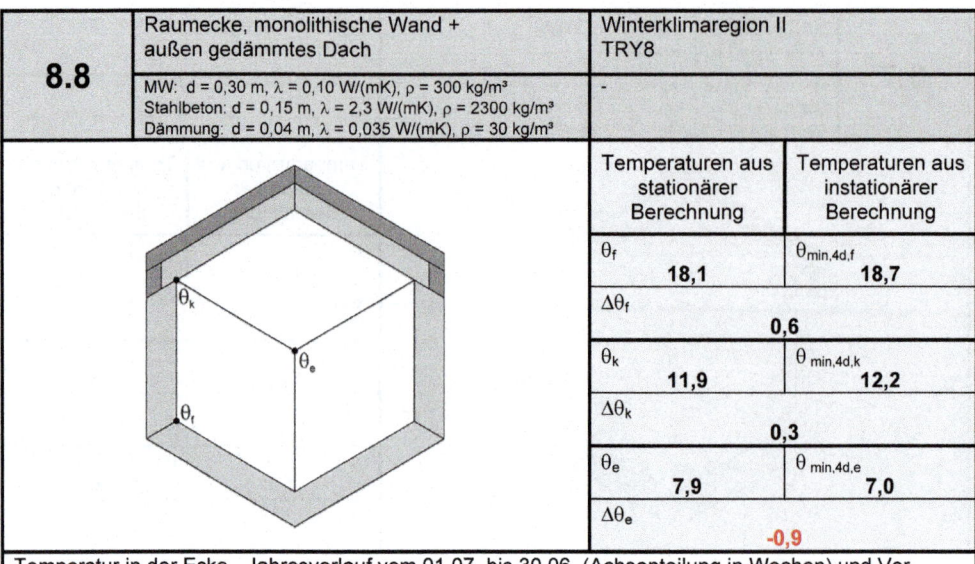

	Temperaturen aus stationärer Berechnung	Temperaturen aus instationärer Berechnung
θ_f	18,1	$\theta_{min,4d,f}$ 18,7
$\Delta\theta_f$		0,6
θ_k	11,9	$\theta_{min,4d,k}$ 12,2
$\Delta\theta_k$		0,3
θ_e	7,9	$\theta_{min,4d,e}$ 7,0
$\Delta\theta_e$		**-0,9**

Temperatur in der Ecke - Jahresverlauf vom 01.07. bis 30.06. (Achsenteilung in Wochen) und Vergleichswert (rot) aus der stationären Berechnung

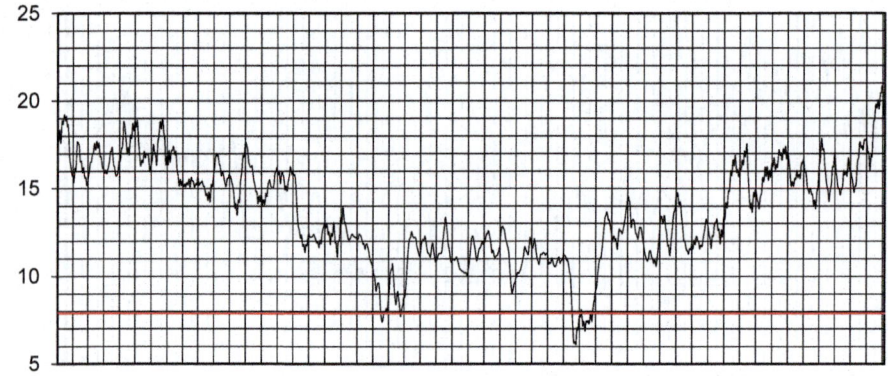

Temperatur in der Dachkante - Jahresverlauf vom 01.07. bis 30.06. (Achsenteilung in Wochen) und Vergleichswert (rot) aus der stationären Berechnung

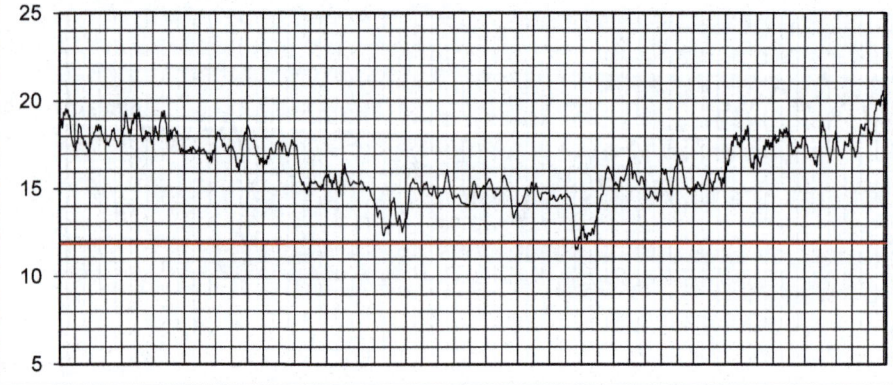

8.9	Raumecke, monolithische Wand + außen gedämmtes Dach	Winterklimaregion III TRY11
	MW: d = 0,30 m, λ = 0,10 W/(mK), ρ = 300 kg/m³ Stahlbeton: d = 0,15 m, λ = 2,3 W/(mK), ρ = 2300 kg/m³ Dämmung: d = 0,04 m, λ = 0,035 W/(mK), ρ = 30 kg/m³	-

Temperaturen aus stationärer Berechnung		Temperaturen aus instationärer Berechnung	
θ_f	**18,1**	$\theta_{min,4d,f}$	**18,5**
$\Delta\theta_f$		**0,4**	
θ_k	**11,9**	$\theta_{min,4d,k}$	**11,2**
$\Delta\theta_k$		**-0,7**	
θ_e	**7,9**	$\theta_{min,4d,e}$	**5,4**
$\Delta\theta_e$		**-2,5**	

Temperatur in der Ecke - Jahresverlauf vom 01.07. bis 30.06. (Achsenteilung in Wochen) und Vergleichswert (rot) aus der stationären Berechnung

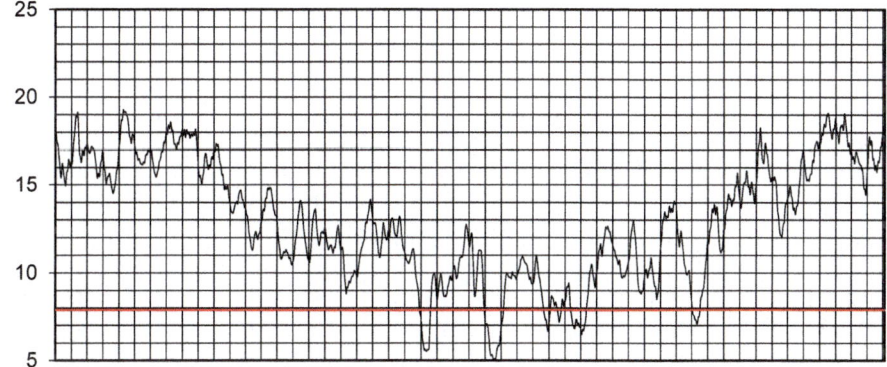

Temperatur in der Dachkante - Jahresverlauf vom 01.07. bis 30.06. (Achsenteilung in Wochen) und Vergleichswert (rot) aus der stationären Berechnung

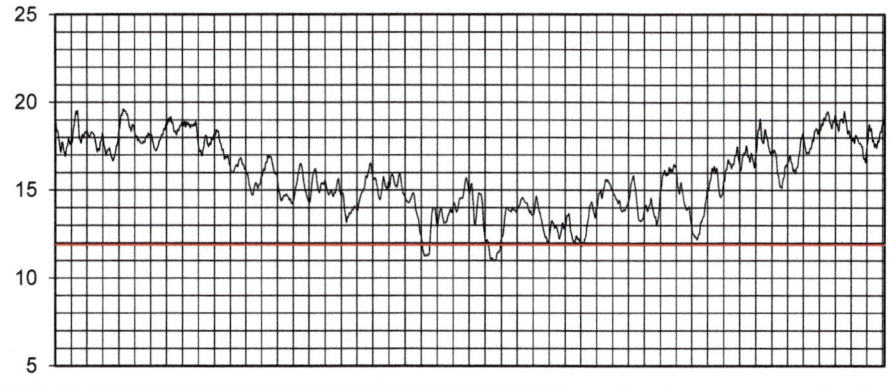

8.10	Raumecke, monolithische Wand + außen gedämmtes Dach	Winterklimaregion I Extremwinter 1996/1997
	MW: d = 0,30 m, λ = 0,10 W/(mK), ρ = 300 kg/m³ Stahlbeton: d = 0,15 m, λ = 2,3 W/(mK), ρ = 2300 kg/m³ Dämmung: d = 0,04 m, λ = 0,035 W/(mK), ρ = 30 kg/m³	-

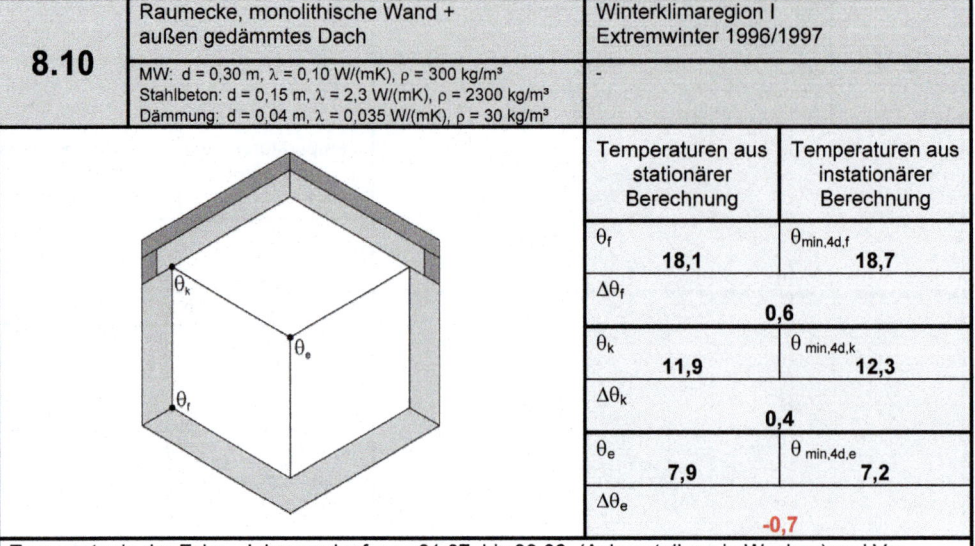

	Temperaturen aus stationärer Berechnung	Temperaturen aus instationärer Berechnung
θ_f	18,1	$\theta_{min,4d,f}$ 18,7
$\Delta\theta_f$	0,6	
θ_k	11,9	$\theta_{min,4d,k}$ 12,3
$\Delta\theta_k$	0,4	
θ_e	7,9	$\theta_{min,4d,e}$ 7,2
$\Delta\theta_e$	-0,7	

Temperatur in der Ecke - Jahresverlauf vom 01.07. bis 30.06. (Achsenteilung in Wochen) und Vergleichswert (rot) aus der stationären Berechnung

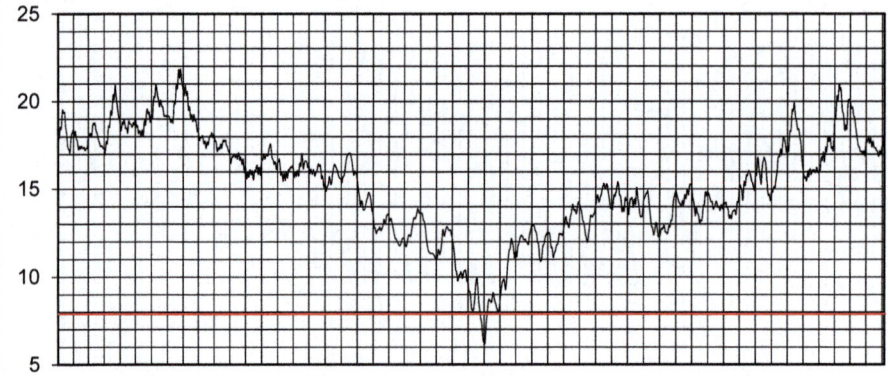

Temperatur in der Dachkante - Jahresverlauf vom 01.07. bis 30.06. (Achsenteilung in Wochen) und Vergleichswert (rot) aus der stationären Berechnung

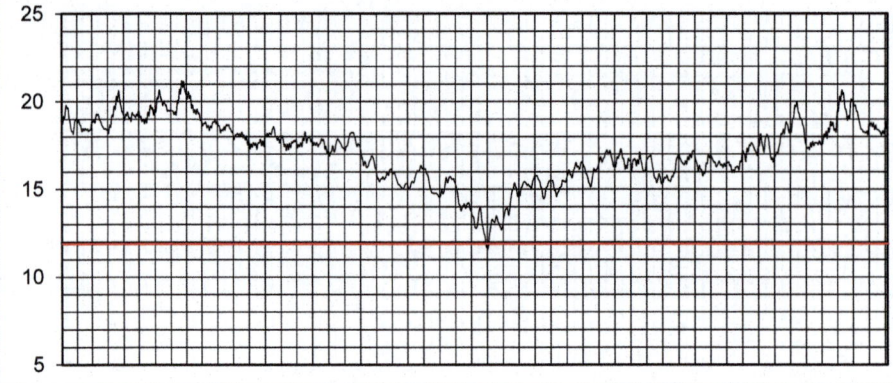

8.11	Raumecke, monolithische Wand + außen gedämmtes Dach	Winterklimaregion II Extremwinter 1978/1979	
	MW: d = 0,30 m, λ = 0,10 W/(mK), ρ = 300 kg/m³ Stahlbeton: d = 0,15 m, λ = 2,3 W/(mK), ρ = 2300 kg/m³ Dämmung: d = 0,04 m, λ = 0,035 W/(mK), ρ = 30 kg/m³	-	

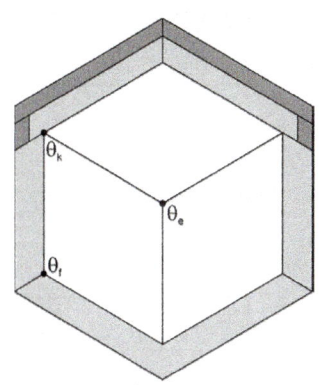

	Temperaturen aus stationärer Berechnung	Temperaturen aus instationärer Berechnung
θ_f	18,1	$\theta_{min,4d,f}$ 18,4
$\Delta\theta_f$	0,3	
θ_k	11,9	$\theta_{min,4d,k}$ 11,0
$\Delta\theta_k$	-0,9	
θ_e	7,9	$\theta_{min,4d,e}$ 5,1
$\Delta\theta_e$	-2,8	

Temperatur in der Ecke - Jahresverlauf vom 01.07. bis 30.06. (Achsenteilung in Wochen) und Vergleichswert (rot) aus der stationären Berechnung

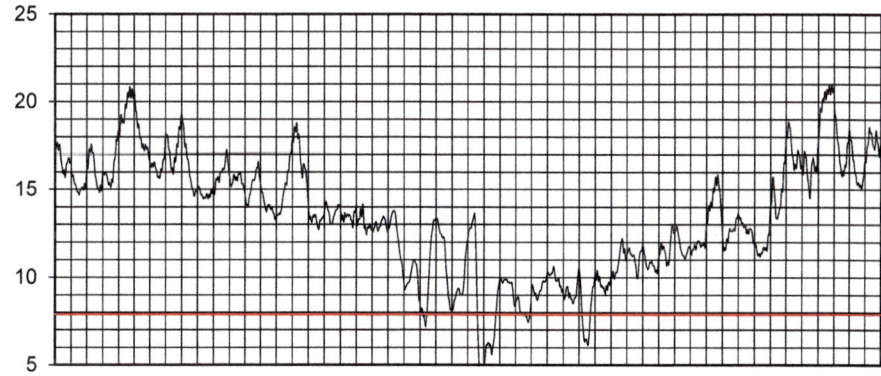

Temperatur in der Dachkante - Jahresverlauf vom 01.07. bis 30.06. (Achsenteilung in Wochen) und Vergleichswert (rot) aus der stationären Berechnung

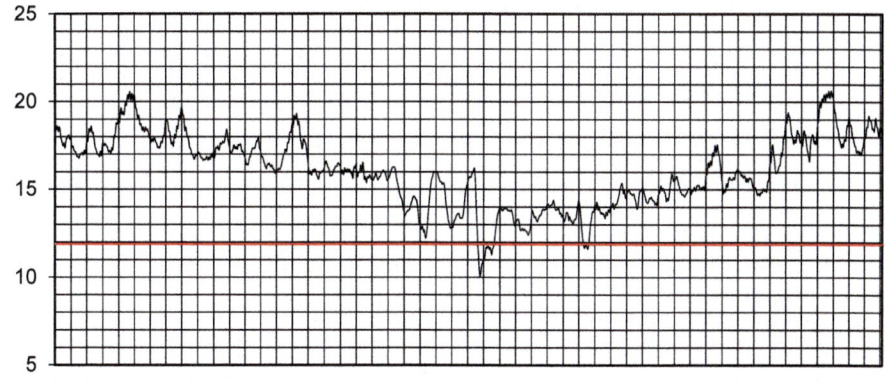

8.12	Raumecke, monolithische Wand + außen gedämmtes Dach	Winterklimaregion III Extremwinter 2011/2012
	MW: d = 0,30 m, λ = 0,10 W/(mK), ρ = 300 kg/m³ Stahlbeton: d = 0,15 m, λ = 2,3 W/(mK), ρ = 2300 kg/m³ Dämmung: d = 0,04 m, λ = 0,035 W/(mK), ρ = 30 kg/m³	-

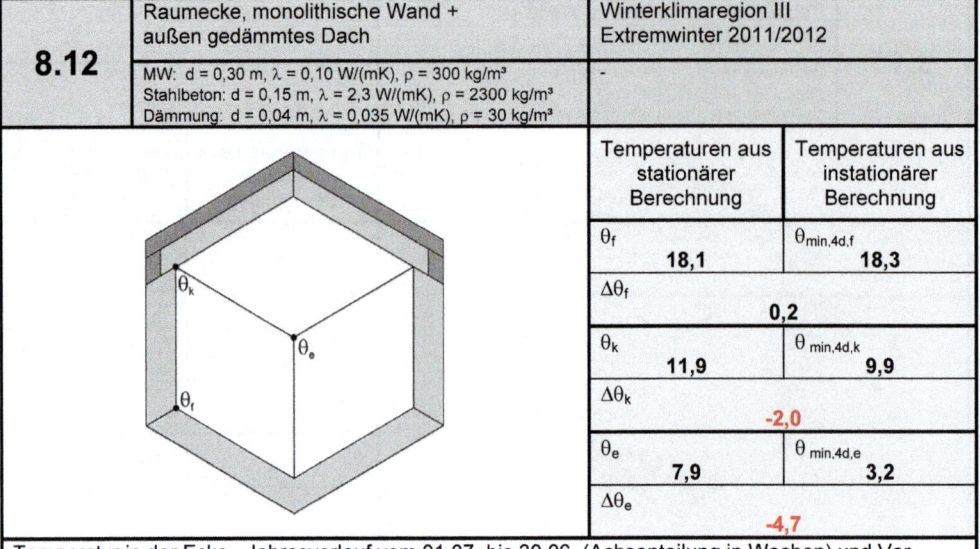

	Temperaturen aus stationärer Berechnung	Temperaturen aus instationärer Berechnung
θ_f	18,1	$\theta_{min,4d,f}$ 18,3
$\Delta\theta_f$	0,2	
θ_k	11,9	$\theta_{min,4d,k}$ 9,9
$\Delta\theta_k$	-2,0	
θ_e	7,9	$\theta_{min,4d,e}$ 3,2
$\Delta\theta_e$	-4,7	

Temperatur in der Ecke - Jahresverlauf vom 01.07. bis 30.06. (Achsenteilung in Wochen) und Vergleichswert (rot) aus der stationären Berechnung

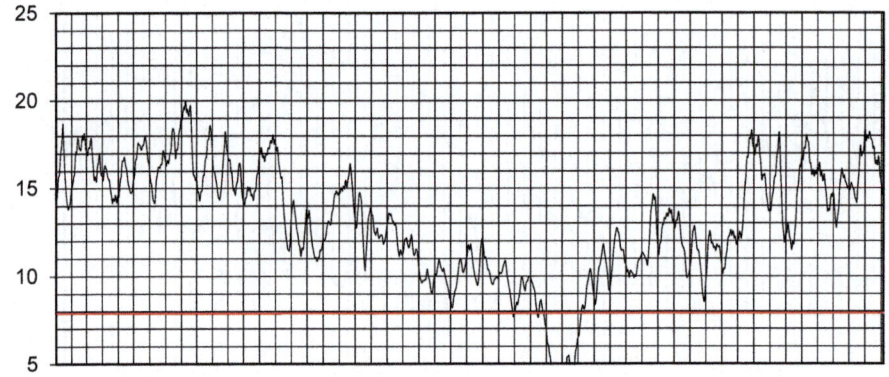

Temperatur in der Dachkante - Jahresverlauf vom 01.07. bis 30.06. (Achsenteilung in Wochen) und Vergleichswert (rot) aus der stationären Berechnung

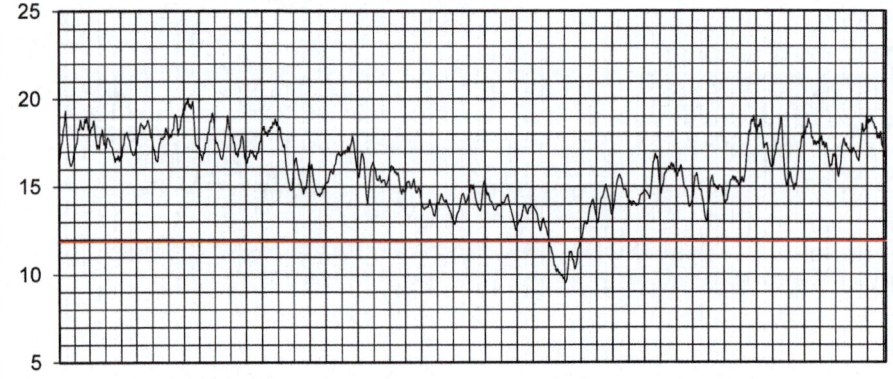

8.13	Raumecke, monolithische Wand + außen gedämmtes Dach	Winterklimaregion I TRY1
	MW: d = 0,30 m, λ = 0,25 W/(mK), ρ = 300 kg/m³ Stahlbeton: d = 0,15 m, λ = 2,3 W/(mK), ρ = 2300 kg/m³ Dämmung: d = 0,04 m, λ = 0,035 W/(mK), ρ = 30 kg/m³	-

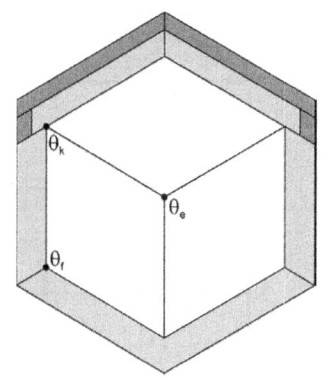

Temperaturen aus stationärer Berechnung	Temperaturen aus instationärer Berechnung
θ_f 15,8	$\theta_{min,4d,f}$ 17,2
$\Delta\theta_f$ 1,4	
θ_k 11,3	$\theta_{min,4d,k}$ 12,6
$\Delta\theta_k$ 1,3	
θ_e 7,1	$\theta_{min,4d,e}$ 7,7
$\Delta\theta_e$ 0,6	

Temperatur in der Ecke - Jahresverlauf vom 01.07. bis 30.06. (Achsenteilung in Wochen) und Vergleichswert (rot) aus der stationären Berechnung

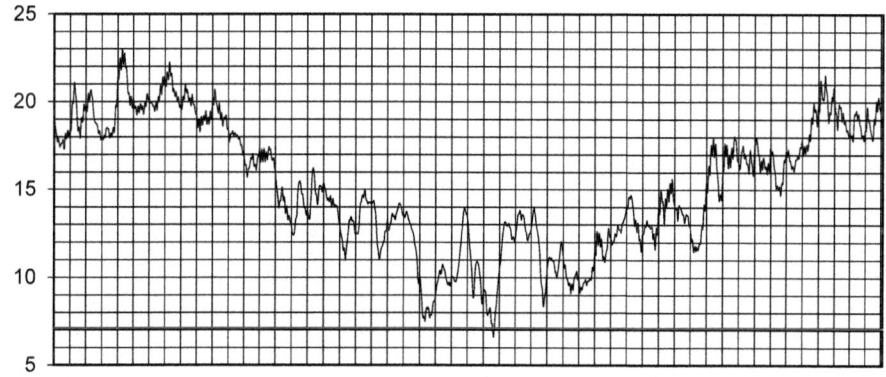

Temperatur in der Dachkante - Jahresverlauf vom 01.07. bis 30.06. (Achsenteilung in Wochen) und Vergleichswert (rot) aus der stationären Berechnung

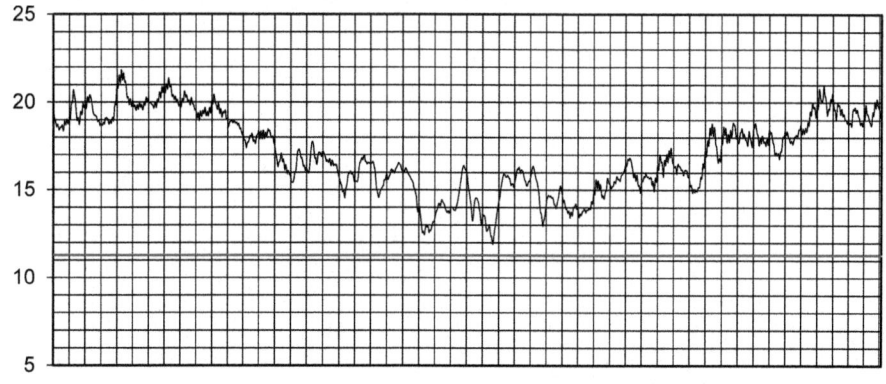

8.14	Raumecke, monolithische Wand + außen gedämmtes Dach		Winterklimaregion II TRY8	
	MW: d = 0,30 m, λ = 0,25 W/(mK), ρ = 300 kg/m³ Stahlbeton: d = 0,15 m, λ = 2,3 W/(mK), ρ = 2300 kg/m³ Dämmung: d = 0,04 m, λ = 0,035 W/(mK), ρ = 30 kg/m³		-	

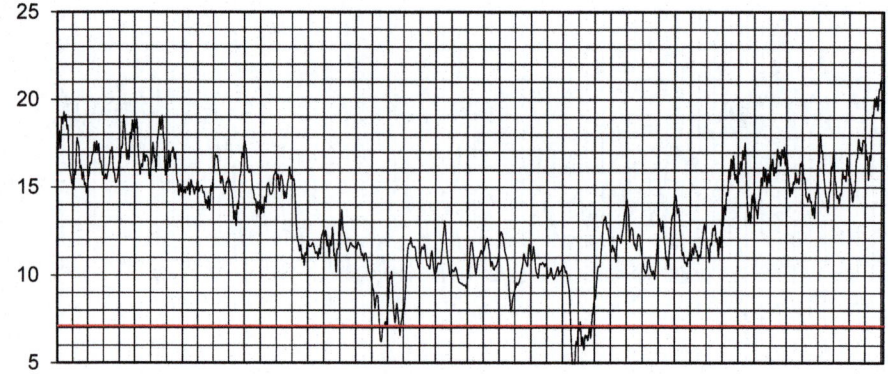

		Temperaturen aus stationärer Berechnung	Temperaturen aus instationärer Berechnung
	θ_f	15,8	$\theta_{min,4d,f}$ 16,9
	$\Delta\theta_f$		1,1
	θ_k	11,3	$\theta_{min,4d,k}$ 11,5
	$\Delta\theta_k$		0,2
	θ_e	7,1	$\theta_{min,4d,e}$ 6,0
	$\Delta\theta_e$		-1,1

Temperatur in der Ecke - Jahresverlauf vom 01.07. bis 30.06. (Achsenteilung in Wochen) und Vergleichswert (rot) aus der stationären Berechnung

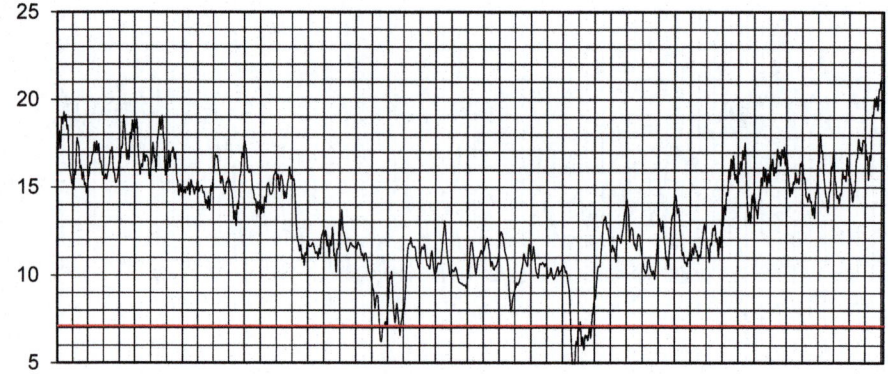

Temperatur in der Dachkante - Jahresverlauf vom 01.07. bis 30.06. (Achsenteilung in Wochen) und Vergleichswert (rot) aus der stationären Berechnung

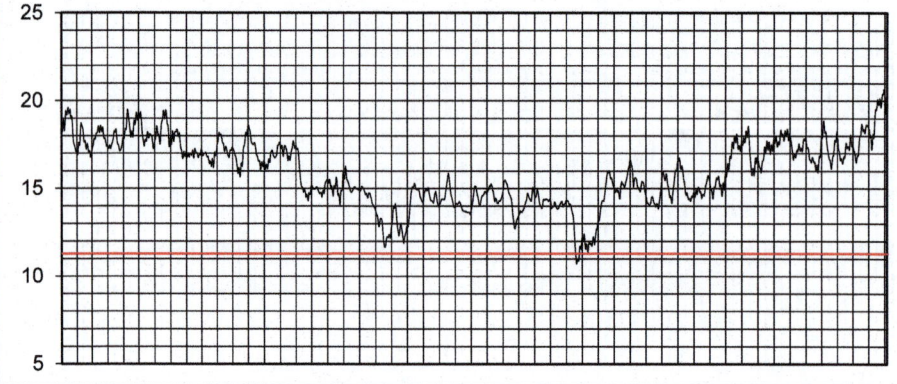

8.15	Raumecke, monolithische Wand + außen gedämmtes Dach	Winterklimaregion III TRY11
	MW: d = 0,30 m, λ = 0,25 W/(mK), ρ = 300 kg/m³ Stahlbeton: d = 0,15 m, λ = 2,3 W/(mK), ρ = 2300 kg/m³ Dämmung: d = 0,04 m, λ = 0,035 W/(mK), ρ = 30 kg/m³	-

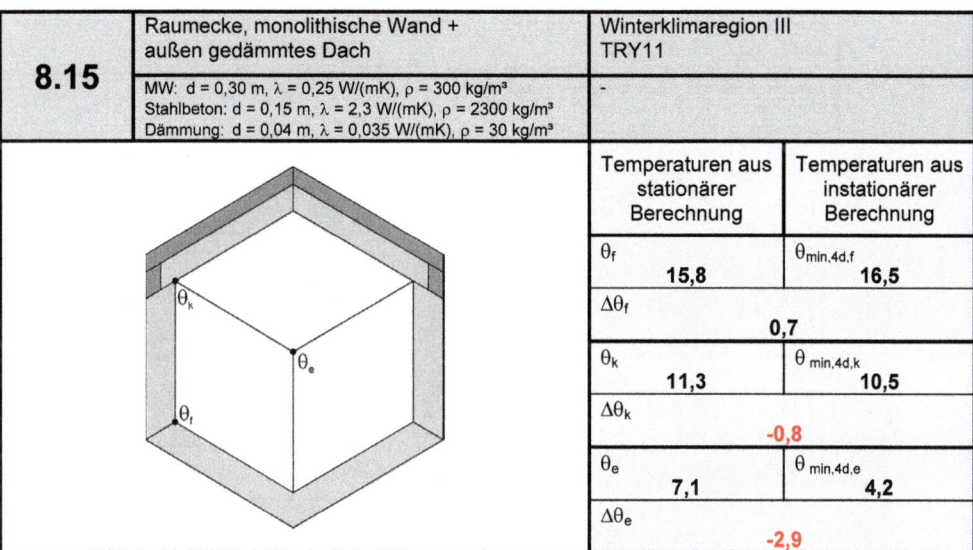

	Temperaturen aus stationärer Berechnung	Temperaturen aus instationärer Berechnung
θ_f	15,8	$\theta_{min,4d,f}$ 16,5
$\Delta\theta_f$		0,7
θ_k	11,3	$\theta_{min,4d,k}$ 10,5
$\Delta\theta_k$		-0,8
θ_e	7,1	$\theta_{min,4d,e}$ 4,2
$\Delta\theta_e$		-2,9

Temperatur in der Ecke - Jahresverlauf vom 01.07. bis 30.06. (Achsenteilung in Wochen) und Vergleichswert (rot) aus der stationären Berechnung

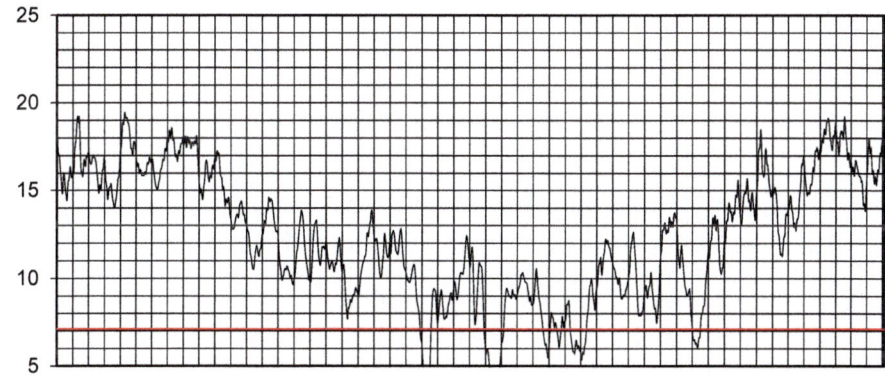

Temperatur in der Dachkante - Jahresverlauf vom 01.07. bis 30.06. (Achsenteilung in Wochen) und Vergleichswert (rot) aus der stationären Berechnung

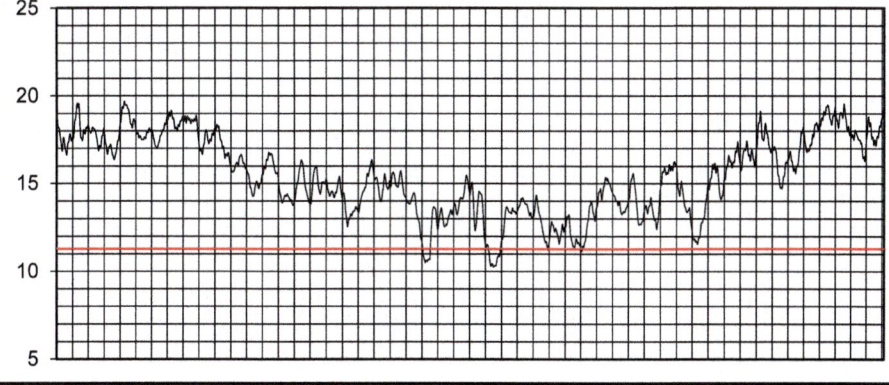

8.16	Raumecke, monolithische Wand + außen gedämmtes Dach	Winterklimaregion I Extremwinter 1996/1997
	MW: d = 0,30 m, λ = 0,25 W/(mK), ρ = 300 kg/m³ Stahlbeton: d = 0,15 m, λ = 2,3 W/(mK), ρ = 2300 kg/m³ Dämmung: d = 0,04 m, λ = 0,035 W/(mK), ρ = 30 kg/m³	-

	Temperaturen aus stationärer Berechnung	Temperaturen aus instationärer Berechnung
θ_f	15,8	$\theta_{min,4d,f}$ 16,9
$\Delta\theta_f$	1,1	
θ_k	11,3	$\theta_{min,4d,k}$ 11,7
$\Delta\theta_k$	0,4	
θ_e	7,1	$\theta_{min,4d,e}$ 6,2
$\Delta\theta_e$	**-0,9**	

Temperatur in der Ecke - Jahresverlauf vom 01.07. bis 30.06. (Achsenteilung in Wochen) und Vergleichswert (rot) aus der stationären Berechnung

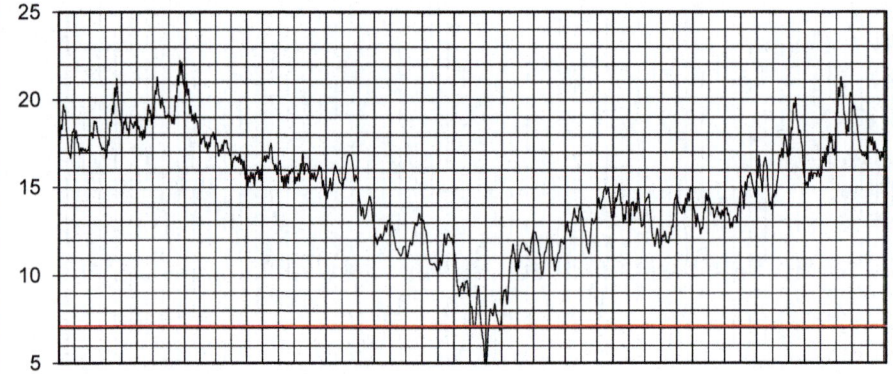

Temperatur in der Dachkante - Jahresverlauf vom 01.07. bis 30.06. (Achsenteilung in Wochen) und Vergleichswert (rot) aus der stationären Berechnung

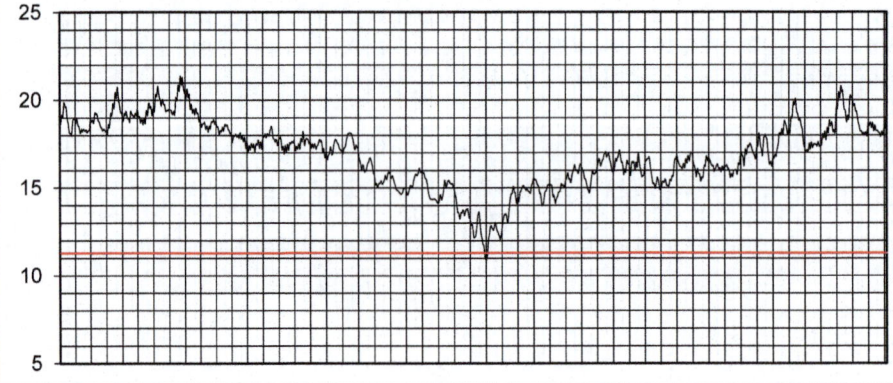

8.17	Raumecke, monolithische Wand + außen gedämmtes Dach	Winterklimaregion II Extremwinter 1978/1979
	MW: d = 0,30 m, λ = 0,25 W/(mK), ρ = 300 kg/m³ Stahlbeton: d = 0,15 m, λ = 2,3 W/(mK), ρ = 2300 kg/m³ Dämmung: d = 0,04 m, λ = 0,035 W/(mK), ρ = 30 kg/m³	-

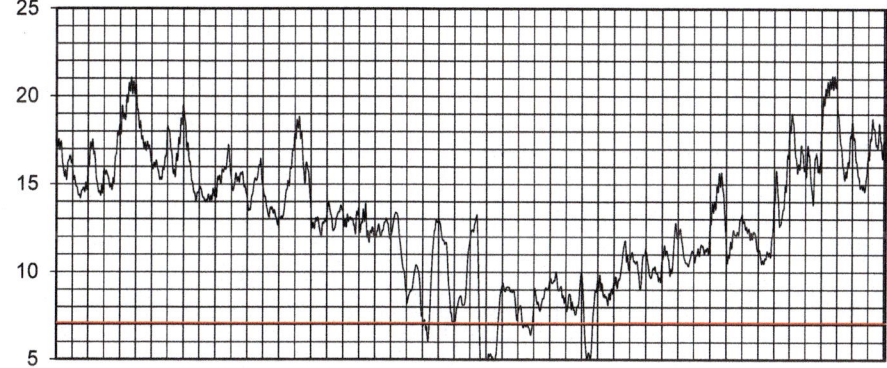

	Temperaturen aus stationärer Berechnung	Temperaturen aus instationärer Berechnung
θ_f	15,8	$\theta_{min,4d,f}$ 16,3
$\Delta\theta_f$	0,5	
θ_k	11,3	$\theta_{min,4d,k}$ 10,2
$\Delta\theta_k$	-1,1	
θ_e	7,1	$\theta_{min,4d,e}$ 3,8
$\Delta\theta_e$	-3,3	

Temperatur in der Ecke - Jahresverlauf vom 01.07. bis 30.06. (Achsenteilung in Wochen) und Vergleichswert (rot) aus der stationären Berechnung

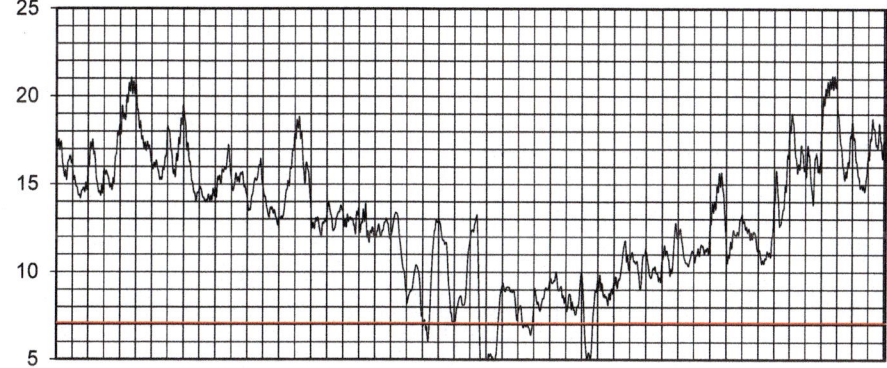

Temperatur in der Dachkante - Jahresverlauf vom 01.07. bis 30.06. (Achsenteilung in Wochen) und Vergleichswert (rot) aus der stationären Berechnung

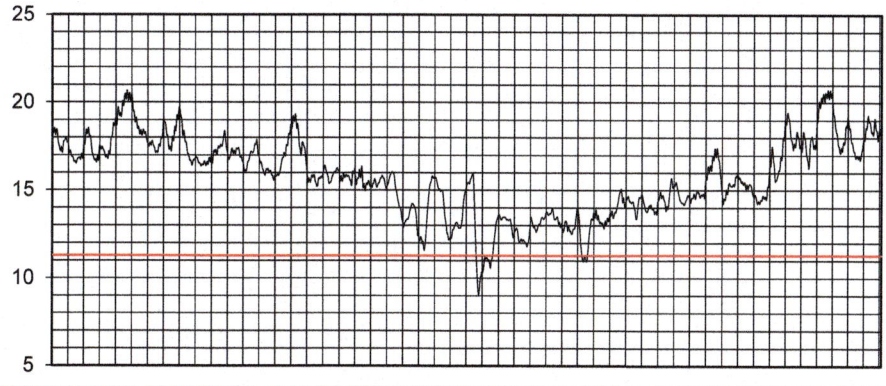

8.18	Raumecke, monolithische Wand + außen gedämmtes Dach	Winterklimaregion III Extremwinter 2011/2012
	MW: d = 0,30 m, λ = 0,25 W/(mK), ρ = 300 kg/m³ Stahlbeton: d = 0,15 m, λ = 2,3 W/(mK), ρ = 2300 kg/m³ Dämmung: d = 0,04 m, λ = 0,035 W/(mK), ρ = 30 kg/m³	-

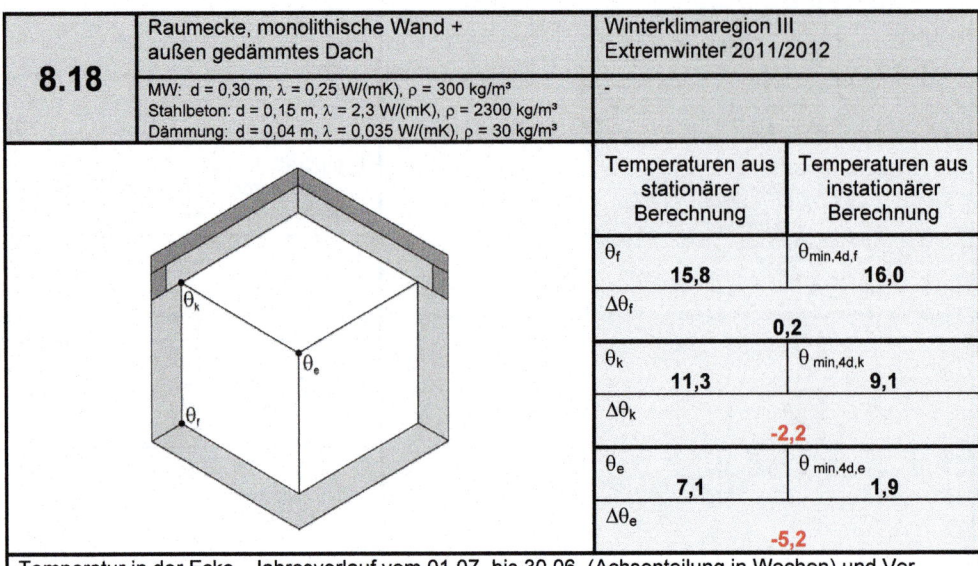

	Temperaturen aus stationärer Berechnung	Temperaturen aus instationärer Berechnung
θ_f	15,8	$\theta_{min,4d,f}$ 16,0
$\Delta\theta_f$		0,2
θ_k	11,3	$\theta_{min,4d,k}$ 9,1
$\Delta\theta_k$		-2,2
θ_e	7,1	$\theta_{min,4d,e}$ 1,9
$\Delta\theta_e$		-5,2

Temperatur in der Ecke - Jahresverlauf vom 01.07. bis 30.06. (Achsenteilung in Wochen) und Vergleichswert (rot) aus der stationären Berechnung

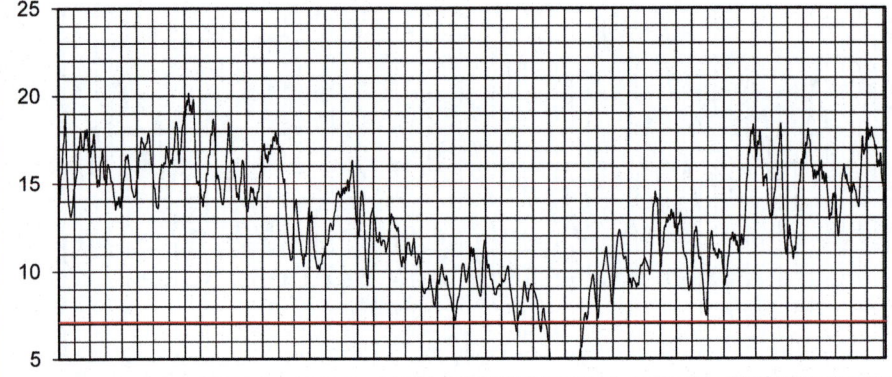

Temperatur in der Dachkante - Jahresverlauf vom 01.07. bis 30.06. (Achsenteilung in Wochen) und Vergleichswert (rot) aus der stationären Berechnung

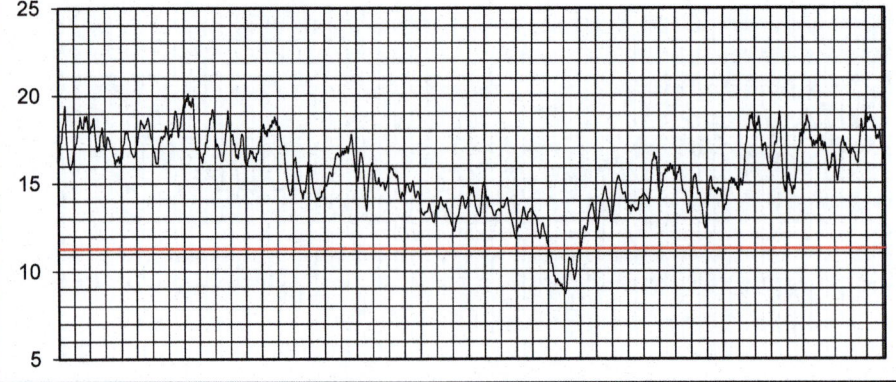

9 Klimazeitreihen der 15 Repräsentanzstandorte

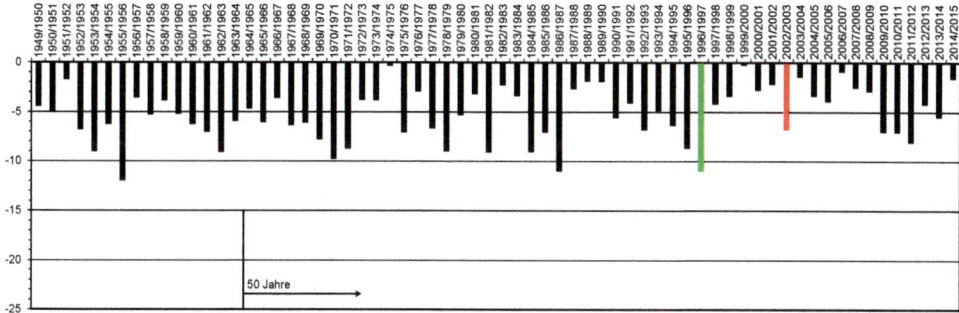

Bild 9.1 Zeitreihe (65 Jahre) der kleinsten 4-Tagesmittel für den Standort Bremerhaven
(**rot** Periode des Winter-TRY des DWD **grün** Extremwinter nach eigener Ableitung)

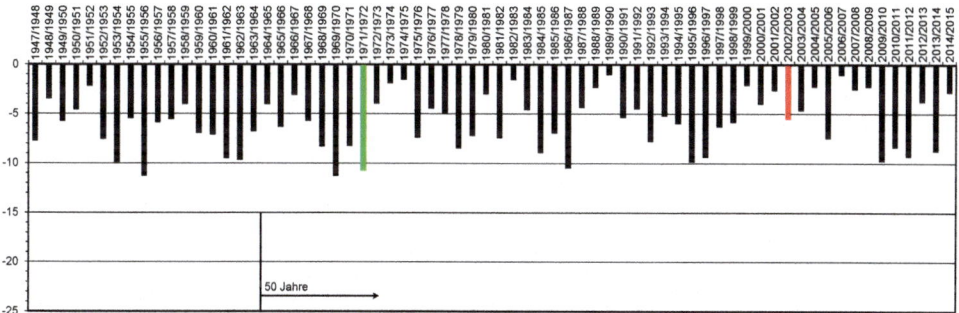

Bild 9.2 Zeitreihe (67 Jahre) der kleinsten 4-Tagesmittel für den Standort Rostock-Warnemünde
(**rot** Periode des Winter-TRY des DWD **grün** Extremwinter nach eigener Ableitung)

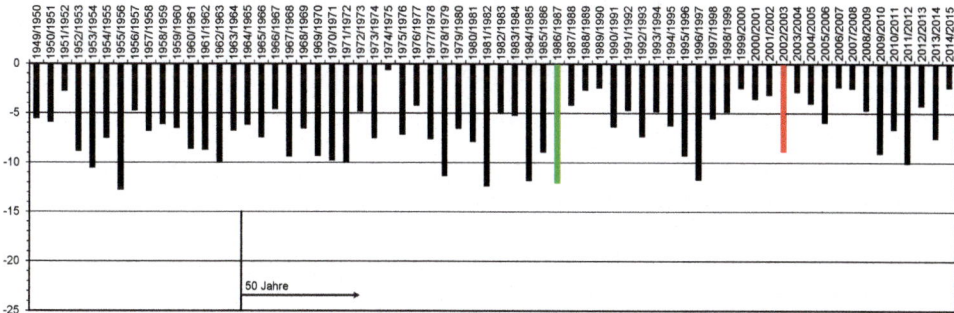

Bild 9.3 Zeitreihe (65 Jahre) der kleinsten 4-Tagesmittel für den Standort Hamburg-Fuhlsbüttel
(**rot** Periode des Winter-TRY des DWD **grün** Extremwinter nach eigener Ableitung)

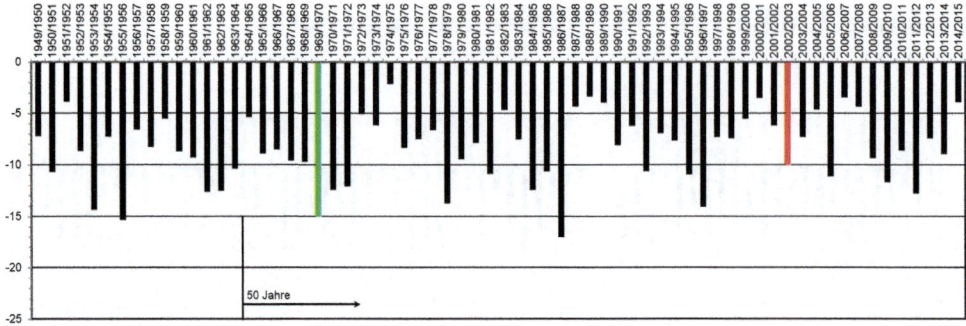

Bild 9.4 Zeitreihe (65 Jahre) der kleinsten 4-Tagesmittel für den Standort Potsdam
(**rot** Periode des Winter-TRY des DWD **grün** Extremwinter nach eigener Ableitung)

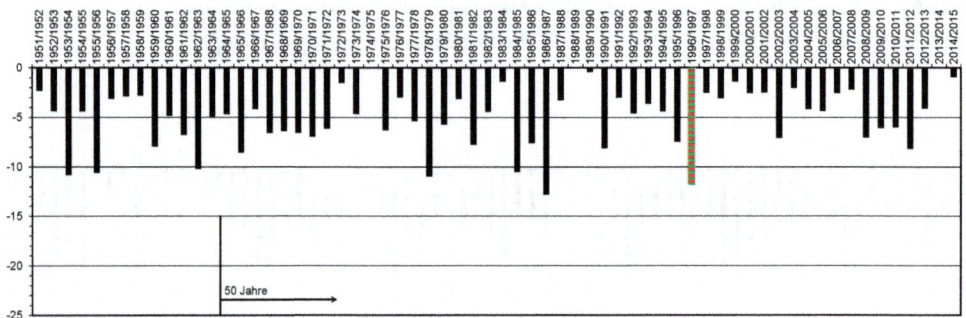

Bild 9.5 Zeitreihe (63 Jahre) der kleinsten 4-Tagesmittel für den Standort Essen
(**rot** Periode des Winter-TRY des DWD **grün** Extremwinter nach eigener Ableitung)

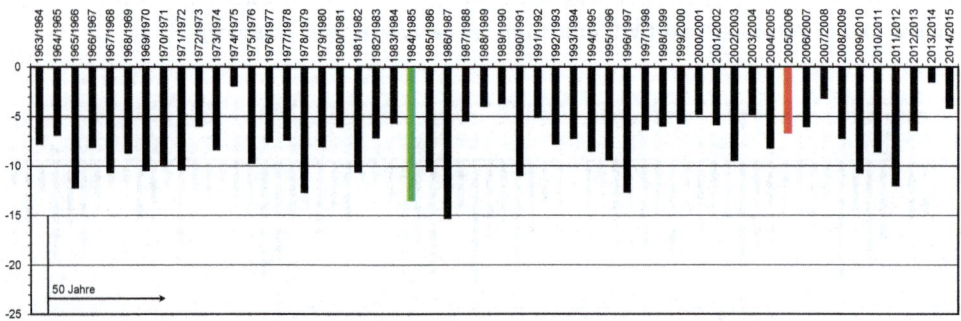

Bild 9.6 Zeitreihe (51 Jahre) der kleinsten 4-Tagesmittel für den Standort Bad Marienberg
(**rot** Periode des Winter-TRY des DWD **grün** Extremwinter nach eigener Ableitung)

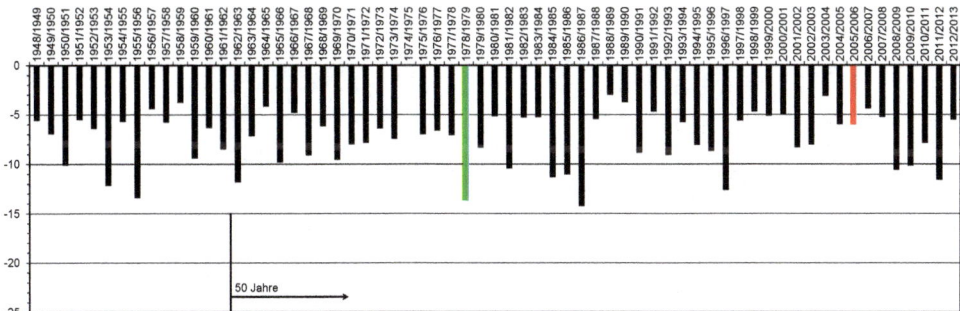

Bild 9.7 Zeitreihe (64 Jahre) der kleinsten 4-Tagesmittel für den Standort Kassel
(**rot** Periode des Winter-TRY des DWD **grün** Extremwinter nach eigener Ableitung)

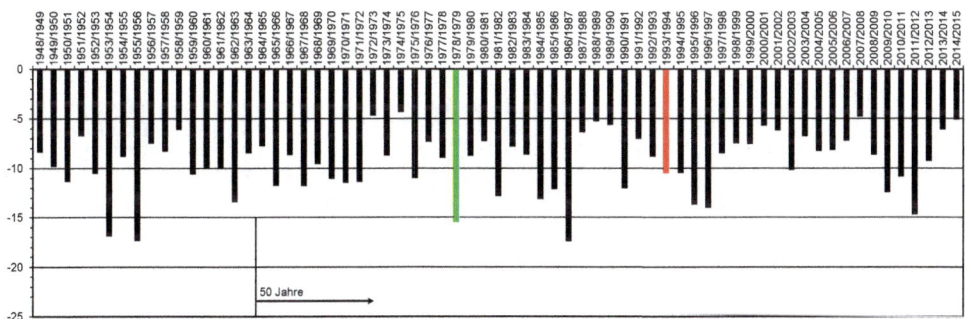

Bild 9.8 Zeitreihe (66 Jahre) der kleinsten 4-Tagesmittel für den Standort Braunlage
(**rot** Periode des Winter-TRY des DWD **grün** Extremwinter nach eigener Ableitung)

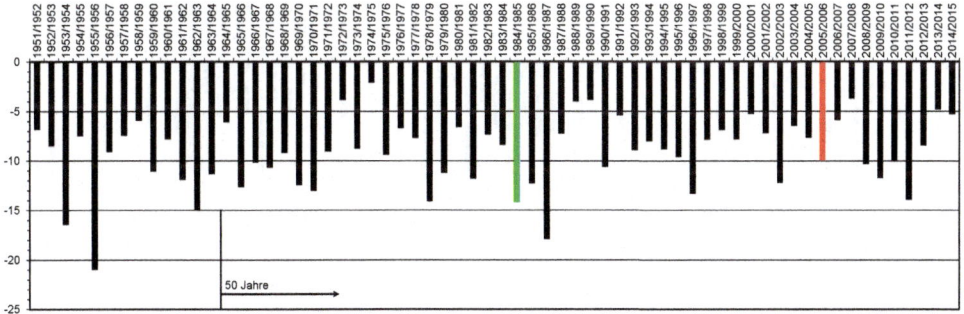

Bild 9.9 Zeitreihe (63 Jahre) der kleinsten 4-Tagesmittel für den Standort Chemnitz
(**rot** Periode des Winter-TRY des DWD **grün** Extremwinter nach eigener Ableitung)

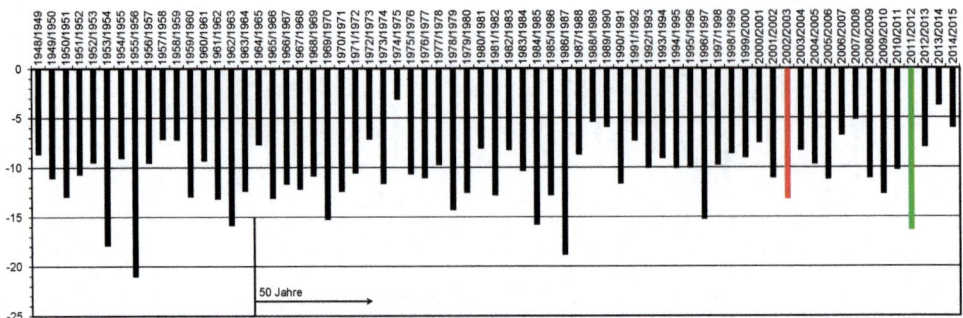

Bild 9.10 Zeitreihe (66 Jahre) der kleinsten 4-Tagesmittel für den Standort Hof
(**rot** Periode des Winter-TRY des DWD **grün** Extremwinter nach eigener Ableitung)

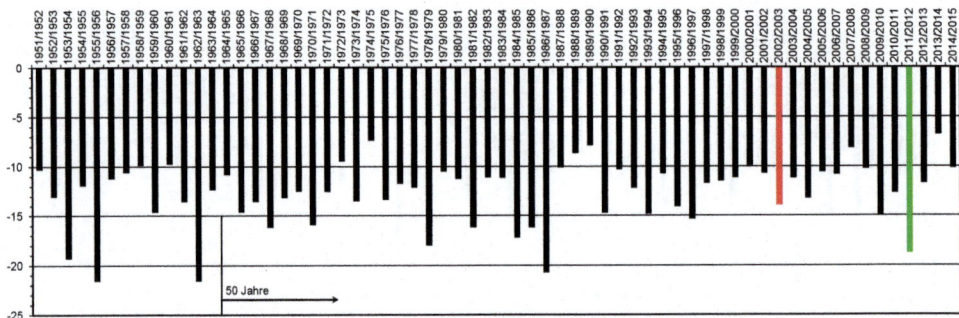

Bild 9.11 Zeitreihe (63 Jahre) der kleinsten 4-Tagesmittel für den Standort Fichtelberg
(**rot** Periode des Winter-TRY des DWD **grün** Extremwinter nach eigener Ableitung)

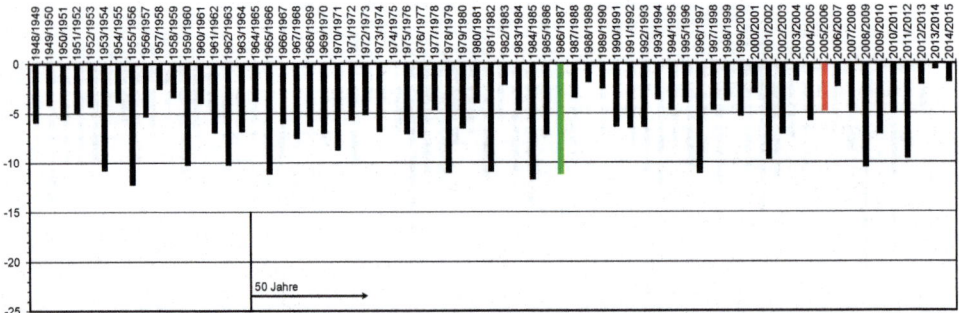

Bild 9.12 Zeitreihe (66 Jahre) der kleinsten 4-Tagesmittel für den Standort Mannheim
(**rot** Periode des Winter-TRY des DWD **grün** Extremwinter nach eigener Ableitung)

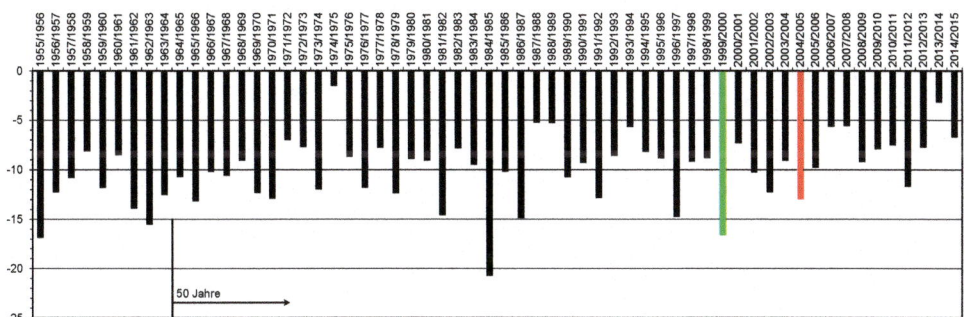

Bild 9.13 Zeitreihe (59 Jahre) der kleinsten 4-Tagesmittel für den Standort Mühldorf/Inn
(**rot** Periode des Winter-TRY des DWD **grün** Extremwinter nach eigener Ableitung)

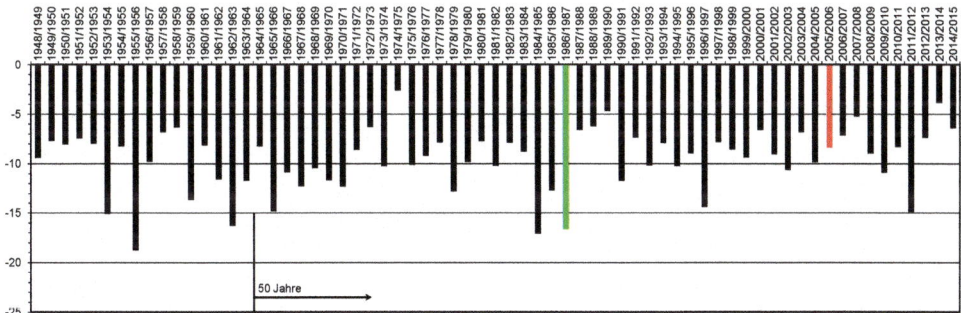

Bild 9.14 Zeitreihe (66 Jahre) der kleinsten 4-Tagesmittel für den Standort Stötten
(**rot** Periode des Winter-TRY des DWD **grün** Extremwinter nach eigener Ableitung)

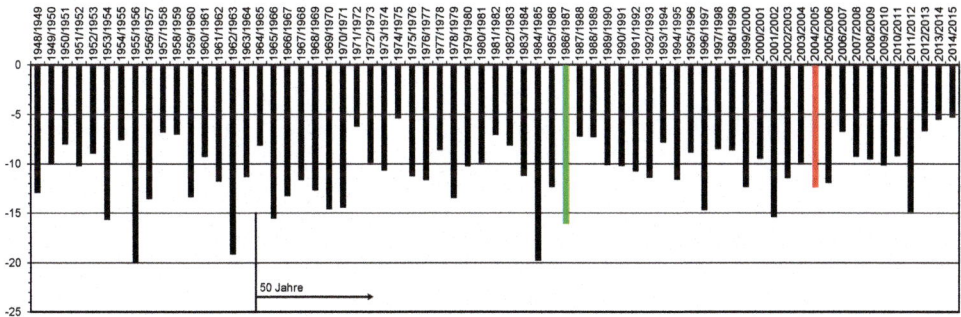

Bild 9.15 Zeitreihe (66 Jahre) der kleinsten 4-Tagesmittel für den Standort Garmisch-Partenkirchen
(**rot** Periode des Winter-TRY des DWD **grün** Extremwinter nach eigener Ableitung)

10 Wärmebrückenberechnung mit ANSYS

10.1 Beispiel: APDL-Eingabedatei für Modell 1.1 gemäß Abschnitt 8

```
FINISH
/CLEAR
/CWD,'D:\Ansys-Daten\001_RE_mM_010_K1\'
Modell = '001_RE_mM_010_K1'
/TITLE,%Modell%
/VIEW,All,2,-1.2,2
/REPLOT
! Maximale Anzahl von Ergebnisdatensätzen in der Ergebnisdatei
/CONFIG,NRES,100000


/PREP7


! -------------------------------------------------------------------
! Elementtypen und -optionen festlegen
! -------------------------------------------------------------------
ET,1,SOLID70
ET,2,SURF152
KEYOPT,2,8,2


! -------------------------------------------------------------------
! Farben zuweisen
! -------------------------------------------------------------------
/PNUM,MAT,1
/COLOR,NUM,DGRA,1            ! Mauerwerk


! -------------------------------------------------------------------
! Wärmeleitfähigkeiten
! -------------------------------------------------------------------
LamMW   = 0.10               ! monolithisches Mauerwerk


! -------------------------------------------------------------------
! Materialkennwerte zuweisen
! -------------------------------------------------------------------
MP,KXX, 1,LamMW              ! Mauerwerk Aussenwand
MP,KYY, 1,LamMW
MP,KZZ, 1,LamMW
MP,DENS,1,300
MP,C,1,1000
```

```
! -----------------------------------------------------------------------
! Schichtdicken
! -----------------------------------------------------------------------
d1 = 0.30                    ! Mauerwerk


! -----------------------------------------------------------------------
! Modell-Länge vom Eckpunkt aus
! -----------------------------------------------------------------------
lx = 1.5
ly = 1.5
lz = 1.5


! -----------------------------------------------------------------------
! Weitere Variablen
! -----------------------------------------------------------------------
jahre=2                      ! Belegungszeitraum für Arrays [a]
arraysize=jahre*365*24
loadstep=1.5*365*24          ! Schrittweite des gesamten Loadsteps [h]
timestep=1                   ! Schrittweite der Timesteps [h]


! -----------------------------------------------------------------------
! Daten für Außen- und Innentemperatur und Solarstrahlung einlesen
! -----------------------------------------------------------------------
*DIM,try_temp,TABLE,8760
*DIM,int_temp,TABLE,8760

! Stündliche Außentemperatur aus Datei einlesen
*TREAD,try_temp,d:\Ansys-Daten\klima\TRY1_w_temp,TXT,,

! Stündliche Innentemperatur aus Datei einlesen
*TREAD,int_temp,d:\Ansys-Daten\klima\temp_int_20,TXT,,

! Table für Temperaturen definieren
*DIM,time_temp,TABLE,arraysize
*DIM,temp_int,TABLE,arraysize
*DO,i,1,jahre
  *DO,j,1,8760
    time_temp(((i-1)*8760+j),0)=(i-1)*8760*3600+j*3600
    time_temp(((i-1)*8760+j),1)=try_temp((j-1)*3600,1)
    temp_int(((i-1)*8760+j),0)=(i-1)*8760*3600+j*3600
    temp_int(((i-1)*8760+j),1)=int_temp((j-1)*3600,1)

  *ENDDO
```

```
*ENDDO
! -------------------------------------------------------------------
! Modellgeometrie
! -------------------------------------------------------------------
! Mauerwerk links
BLOCK,-d1,0,-ly,0,lz,-d1
! Mauerwerk rechts
BLOCK,0,lx,-ly,0,0,-d1
! Mauerwerk oben
BLOCK,-d1,lx,0,d1,lz,-d1

ALLS
VGLUE,ALL
NUMCMP,ALL
VPLOT
MSHKEY,0            ! Free meshing
MSHAPE,1,3d         ! 3D-Tetraeder


! -------------------------------------------------------------------
! Vernetzung
! -------------------------------------------------------------------
! Festlegung der Anfangsnetzdichte
LESIZE,ALL,0.10,,,-5.0

! Volumen vernetzen`
MAT,1
VSEL,S,LOC,X,-d1 ,0
VSEL,R,LOC,Y,-ly ,0
VSEL,R,LOC,Z,lz   ,-d1
VMESH,ALL

VSEL,S,LOC,X,0    ,lx
VSEL,R,LOC,Y,-ly ,0
VSEL,R,LOC,Z,0    ,-d1
VMESH,ALL

VSEL,S,LOC,X,-d1 ,lx
VSEL,R,LOC,Y,0    ,d1
VSEL,R,LOC,Z,lz   ,-d1
VMESH,ALL
```

```
alls
arefine,all,,,2

! Oberflächenelemente über die Innenoberflächen legen
NSEL,S,LOC,X,0,lx
NSEL,R,LOC,Y,-ly,0
NSEL,R,LOC,Z,0,lz
TYPE,2
ESURF
ALLS


FINISH
/SOLU


! ------------------------------------------------------------ 1. Schritt
! Berechnung des stationären Zustandes                         1. Schritt
! ------------------------------------------------------------ 1. Schritt
ANTYPE,static,new

! Randbedingungen innen aufbringen
ESEL,S,TYPE,,2
SFE,ALL,,CONV,1,4
SFE,ALL,,CONV,2,20


! Randbedingungen aussen aufbringen
ALLS
ESEL,S,TYPE,,1
NSEL,S,LOC,X,-d1
SF,ALL,CONV,25,-5


ALLS
ESEL,S,TYPE,,1
NSEL,R,LOC,Y,d1
SF,ALL,CONV,25,-5


ALLS
ESEL,S,TYPE,,1
NSEL,R,LOC,Z,-d1
SF,ALL,CONV,25,-5


ALLS
SOLVE
```

```
FINISH


! --------------------------------------------------------- 2. Schritt
! Instationäre Berechnung                                    2. Schritt
! --------------------------------------------------------- 2. Schritt
/SOLU

!  Restart der Berechnung mit den Ergebnissen des ersten Schrittes
ANTYPE,TRANS,REST

! Randbedingungen innen
ESEL,S,TYPE,,2

*GET,min_num,ELEM,0,NUM,MIN
*GET,elem_anz,ELEM,0,COUNT
akt_num = min_num

h_regel = 7             ! Wärmeübergangskoeffizient in der Fläche [W/(m²K)]
h_kante = 5             ! Wärmeübergangskoeffizient in der Kante  [W/(m²K)]
h_ecke = 4              ! Wärmeübergangskoeffizient in der Ecke   [W/(m²K)]
einfluss = d1           ! Einflussbreite = Gesamtdicke Außenwand

*do,i,1,elem_anz,1
   *GET,x_pos,ELEM,akt_num,CENT,
   *GET,y_pos,ELEM,akt_num,CENT,Y
   *GET,z_pos,ELEM,akt_num,CENT,Z
   x_pos_abs=x_pos
   y_pos_abs=y_pos
   z_pos_abs=z_pos

   *if,x_pos,lt,0,then
    x_pos_abs=-1*x_pos
   *endif
   *if,y_pos,lt,0,then
    y_pos_abs=-1*y_pos
   *endif
   *if,z_pos,lt,0,then
    z_pos_abs=-1*z_pos
   *endif
```

```
*if,x_pos,eq,0,then
   !Element liegt in y-z-Ebene
   h_ges_elem=(h_regel*(1-(1-(h_kante/h_regel))* …
   … EXP((-3*y_pos_abs/einfluss))))*(1-(1-((h_kante*…
   … (1-(1-(h_ecke/h_kante))*EXP((-3*y_pos_abs/einfluss))))/…
   … (h_regel*(1-(1-(h_kante/h_regel))*…
   … EXP((-3*y_pos_abs/einfluss))))))*EXP((-3*z_pos_abs/einfluss)))


*elseif,y_pos,eq,0,then
   !Element liegt in x-z-Ebene
   h_ges_elem=(h_regel*(1-(1-(h_kante/h_regel))*…
   … EXP((-3*x_pos_abs/einfluss))))*(1-(1-((h_kante*…
   … (1-(1-(h_ecke/h_kante))*EXP((-3*x_pos_abs/einfluss))))/…
   … (h_regel*(1-(1-(h_kante/h_regel))*…
   … EXP((-3*x_pos_abs/einfluss))))))*EXP((-3*z_pos_abs/einfluss)))


*elseif,z_pos,eq,0,then
   !Element liegt in x-y-Ebene
   h_ges_elem=(h_regel*(1-(1-(h_kante/h_regel))*…
   … EXP((-3*x_pos_abs/einfluss))))*(1-(1-((h_kante*…
   … (1-(1-(h_ecke/h_kante))*EXP((-3*x_pos_abs/einfluss))))/…
   … (h_regel*(1-(1-(h_kante/h_regel))*…
   … EXP((-3*x_pos_abs/einfluss))))))*EXP((-3*y_pos_abs/einfluss)

*endif

SFE,akt_num,,CONV,1,h_ges_elem
SFE,akt_num,,CONV,2,%temp_int%
*GET,next_num,ELEM,akt_num,NXTH
akt_num = next_num


*enddo


! Randbedingungen aussen
alls
esel,s,type,,1
NSEL,S,LOC,X,-d1
SF,ALL,CONV,25,%time_temp%

alls
esel,s,type,,1
```

```
NSEL,R,LOC,Y,d1
SF,ALL,CONV,25,%time_temp%

alls
esel,s,type,,1
NSEL,R,LOC,Z,-d1
SF,ALL,CONV,25,%time_temp%

! Berechnungsparameter
TIME,loadstep*3600
DELTIM,timestep*3600,timestep*3600,timestep*3600,OFF
KBC,1
OUTRES,NSOL,ALL
SOLVE
FINISH


! ----------------------------------------------------------------------
! Innenoberflächentemperaturen im stationären Zusstand auslesen
! ----------------------------------------------------------------------
/POST1

set,1,1

! Innenoberflächentemperaturen
*DIM,PE,ARRAY,1
*DIM,P1,ARRAY,1
*DIM,P2,ARRAY,1
*DIM,P3,ARRAY,1
*DIM,P4,ARRAY,1

*CREATE,ansuitmp
*cfopen,%Modell%_stat
*vwrite,PE(1),P1(1),P2(1),P3(1),P4(1)
(F6.2,';',F6.2,';',F6.2,';',F6.2,';',F6.2)
*cfclose
*END

ALLS
nsel,s,loc,x,0,0
nsel,r,loc,y,0,0
nsel,r,loc,z,0,0
NSORT,TEMP
```

```
*GET,PE(1),SORT,0,MIN
ALLS


nsel,s,loc,X,lx,lx
nsel,r,loc,Y,0,0
nsel,r,loc,Z,lz,lz
NSORT,TEMP
*GET,P1(1),SORT,0,MIN
ALLS


nsel,s,loc,X,lx,lx
nsel,r,loc,Y,0,0
nsel,r,loc,Z,0,0
NSORT,TEMP
*GET,P2(1),SORT,0,MIN
ALLS


nsel,s,loc,Y,-ly,-ly
nsel,r,loc,Z,0,0
nsel,r,loc,X,lx,lx
NSORT,TEMP
*GET,P3(1),SORT,0,MIN
ALLS


nsel,s,loc,Y,-ly,-ly
nsel,r,loc,Z,0,0
nsel,r,loc,X,0,0
NSORT,TEMP
*GET,P4(1),SORT,0,MIN#


/INPUT,ansuitmp


! ---------------------------------------------------------------------
! Ergebnisdatei "instationär" erzeugen
! ---------------------------------------------------------------------
! Table für Knotentemperaturen definieren
*dim,temp_ext,TABLE,loadstep/timestep
*dim,temp_surf_ext,TABLE,loadstep/timestep
*dim,temp_e,TABLE,loadstep/timestep
*dim,temp_1,TABLE,loadstep/timestep
*dim,temp_2,TABLE,loadstep/timestep
```

```
*dim,temp_3,TABLE,loadstep/timestep
*dim,temp_4,TABLE,loadstep/timestep


! Reihe 0 vorbelegen
temp_e(0,0)=1
temp_e(0,1)=1
temp_1(0,0)=1
temp_1(0,1)=1
temp_2(0,0)=1
temp_2(0,1)=1
temp_3(0,0)=1
temp_3(0,1)=1
temp_4(0,0)=1
temp_4(0,1)=1
temp_ext(0,0)=1
temp_ext(0,1)=1
temp_surf_ext(0,0)=1
temp_surf_ext(0,1)=1


*CREATE,ansuitmp
*cfopen,%Modell%
*vwrite,temp_ext(1,1),temp_surf_ext(1,1),temp_c(1,1),temp_1(1,1),temp_2(1,1),
temp_3(1,1),temp_4(1,1)
(F6.2,';',F6.2,';',F6.2,';',F6.2,';',F6.2,';',F6.2,';',F6.2)
*cfclose
*END


! Temperaturen vom 0107 bis 3006 ausgeben
*do,i,4345,13104
    set,2,i         ! Daten des i-ten Zeitschrittes im 2.ten Loadstep laden'

    ! Außen-Lufttemperatur je Zeitschritt auslesen
    temp_ext(i,0)=i*timestep
    temp_ext(i,1)=time_temp(i*timestep*3600,1)

    ! Außen-Oberflächentemperatur in der Ecke je Zeitschritt auslesen
    nsel,s,loc,x,-d1,-d1
    nsel,r,loc,z,-d1,-d1
    nsel,r,loc,y,d1,d1
    *get,nodi,node,,num,min
    *get,tmp_surf_e,node,nodi,temp
    alls
```

```
temp_surf_ext(i,0)=i*timestep
temp_surf_ext(i,1)=tmp_surf_e

! Temperatur in der Ecke je Zeitschritt auslesen
nsel,s,loc,x,0,0
nsel,r,loc,y,0,0
nsel,r,loc,z,0,0
*get,nodi,node,,num,min
*get,tmp_e,node,nodi,temp
alls
temp_e(i,0)=i*timestep
temp_e(i,1)=tmp_e

! Temperatur in der Dachfläche je Zeitschritt auslesen
nsel,s,loc,X,lx,lx
nsel,r,loc,Y,0,0
nsel,r,loc,Z,lz,lz
*get,nodi,node,,num,min
*get,tmp_1,node,nodi,temp
alls
temp_1(i,0)=i*timestep
temp_1(i,1)=tmp_1

! Temperatur in der Dachkante je Zeitschritt auslesen
nsel,s,loc,X,lx,lx
nsel,r,loc,Y,0,0
nsel,r,loc,Z,0,0
*get,nodi,node,,num,min
*get,tmp_2,node,nodi,temp
alls
temp_2(i,0)=i*timestep
temp_2(i,1)=tmp_2

! Temperatur in der Wandfläche je Zeitschritt auslesen
nsel,s,loc,Y,-ly,-ly
nsel,r,loc,Z,0,0
nsel,r,loc,X,lx,lx
*get,nodi,node,,num,min
*get,tmp_3,node,nodi,temp
alls
temp_3(i,0)=i*timestep
temp_3(i,1)=tmp_3
```

```
! Temperatur in der Wandkante je Zeitschritt auslesen
nsel,s,loc,Y,-ly,-ly
nsel,r,loc,Z,0,0
nsel,r,loc,X,0,0
*get,nodi,node,,num,min
*get,tmp_4,node,nodi,temp
alls
temp_4(i,0)=i*timestep
temp_4(i,1)=tmp_4

/INPUT,ansuitmp
*enddo


FINISH
```

10.2 Auszug aus der Klimadatei „TRY1_w_temp"

```
0           -6
3600     -6.9
7200     -7.6
10800    -8.1
14400    -8.1
18000    -7.1
21600    -6.5
25200    -5.9
28800    -5.5
32400    -5.1
36000    -4.6
 .
 .
 .
```

11 Literaturverzeichnis

11.1 Verordnungen und Veröffentlichungen

[1]   Andersland, O. B.; Anderson, D. M.: Geotechnical Engineering of Cold Regions.
      In: Farouki, O.T.: Thermal properties of soils. Series of Rock and Soil Mechanics,
      Vol. 11, New York, 1978

[2]   Arbeitsstätten-Richtlinie Raumtemperaturen – ASR 6, Ausgabe Mai 2001

[3]   Balke, K.-D.: Der thermische Einfluss besiedelter Gebiete auf das Grundwasser,
      dargestellt am Beispiel der Stadt Köln. gwf-wasser/abwasser Bd. 115, Heft 3, S. 117 bis
      124, 1974

[4]   Bayerisches Landesamt für Wasserwirtschaft: Grundwassertemperaturen München, 6/83

[5]   BBR - Boverkets Byggregler. AB Svensk byggtjänst, Vällingby, 2012
      (Anm. d. Verf.: Schwedische Bauordnung)

[6]   Becker, F.: Die Erdbodentemperatur als Indikator der Versickerung. Meteorologische Zeit-
      schrift Bd.54, S. 372 bis 377, Verlag Vieweg & Sohn, Braunschweig, 1937

[7]   Cammerer, J. S.: Konstruktive Grundlagen des Wärme- und Kälteschutzes im Wohn- und
      Industriebau. Verlag Julius Springer, Berlin, 1936

[8]   Cammerer, J. S.; Dürhammer, W.: Untersuchungen über den notwendigen Mindest-
      wärmeschutz von Hauswänden in Deutschland, Wärmewirtschaftliche Nachrichten S. 46,
      1934

[9]   CSTB: Réglementation Thermique. Régles Th-U Fascicule 5: Ponts Thermiques. 2012

[10] Cziesielski, E.: Schimmelpilz – ein komplexes Thema. Wo liegen die Fehler? wksb – Zeit-
      schrift für Wärmeschutz – Kälteschutz – Schallschutz – Brandschutz 44 (1999), H. 43, S.
      25 – 28

[11] Dahlem, K.-H.: Der Einfluß des Grundwassers auf den Wärmeverlust erdreichberührter
      Bauteile. Dissertation, Kaiserslautern, 2000

[12] Deutsches Institut für Bautechnik (DIBt): Mitteilung - Neue Regelungen zur
      Berücksichtigung der Wärmebrückenwirkung der Dübel in WDVS. Oktober 2016

[13] Erhorn, H.; Reiß, J.: Schützt der Mindestwärmeschutz in der Praxis vor Schimmel-
      schäden? IBP-Mitteilung 224, Fraunhofer-Institut für Bauphysik (IBP), 1992

[14] Erhorn, H.; Szerman, M.; Rath, J.: Wärme- und Feuchteübergangskoeffizienten in
      Außenwandecken von Wohnbauten. IBP-Bericht WB 33/1988, Fraunhofer-Institut für
      Bauphysik (IBP), 1988

[15] Feist, W.: Passivhäuser in Mitteleuropa. Dissertation, GHK Kassel, 1993

[16] FIW München e.V.: Einfluss von Steingeometrie, Mörtel und Feuchte auf die äquivalente
      Wärmeleitfähigkeit von wärmetechnisch hochwertigem Mauerwerk. Forschungsbericht
      FO-03/11. Fraunhofer IRB-Verlag, Stuttgart, 2016

[17] Frank, W.: Raumklima und Thermische Behaglichkeit. Ber. a. d. Bauforschung, Heft 104, Verlag Ernst & Sohn, Berlin, 1975

[18] Gertis, K.; Erhorn, H.; Reiß, J.: Klimawirkungen und Schimmelpilzbildung bei sanierten Gebäuden. Proceedings Bauphysik-Kongress in Berlin (1999), S. 241 - 253.

[19] Gröber, H.; Erk, S.; Grigull, U.: Die Grundgesetze der Wärmeübertragung. Springer-Verlag, Berlin, 3. Auflage 1963

[20] Hagentoft, C.-E.: Heat loss to the ground from a building. Slab on the ground and cellar. Lund institute of technology, Department of building technology, Report TVBH-1004, April 1988

[21] Hauser, G.; Stiegel, H.: Wärmebrückenkatalog für den Mauerwerksbau, Bauverlag, Wiesbaden, 3. Auflage 1996

[22] Hauser, G.; Stiegel, H.: Wärmebrückenatlas für den Holzbau. Bauverlag, Wiesbaden, 1992

[23] Hötzl, H.; Makurat, A.: Veränderungen der Grundwassertemperatur unter dicht bebauten Flächen am Beispiel der Stadt Karlsruhe. Z. d. geol. Ges., Hannover, S. 767 bis 777, 1981

[24] Jäger, F.; Reichert, J.; Terz, H.: Überprüfung eines Erdwärmespeichers. Forschungsbericht T81-200, Bonn, BMFT, 1981

[25] Kay, B. D.; Perfect, E.: State of the art: Heat and mass transfer in freezing soils. 5th International symposium on ground freezing. Jones and Holden, Eds.; S.3 bis 21, 1988

[26] Krec, K.; Panzhauser, E. et al.: Wärmebrücken: Grundlagen, Einfache Formeln, Wärmeverluste, Kondensation, 100 durchgerechnete Baudetails. Springer Verlag, Wien, 1987

[27] Künzel, H.M.: Raumluftfeuchte in Wohngebäuden - Randbedingung für die Feuchteschutzbeurteilung. wksb – Zeitschrift für Wärmeschutz – Kälteschutz – Schallschutz – Brandschutz 56 (2006), S. 31 – 41

[28] Künzel, H.M.; Holm, A.; Kaufmann, A.: Raumluftbedingungen für die Feuchteschutzbeurteilung von Wohngebäuden. IBP-Mitteilung 427, Fraunhofer-Institut für Bauphysik (IBP), 2003

[29] Künzel, H.M.: Raumluftfeuchteverhältnisse in Wohnräumen. IBP-Mitteilung 314, Fraunhofer-Institut für Bauphysik (IBP), 1997

[30] Leonhardt, H.; Sinnesbichler, H.: Untersuchungen des langwelligen Wärmestrahlungsverhaltens von Fassadenanstrichen im Winter. IBP-Bericht RK-ES-05/2000, Fraunhofer Institut für Bauphysik, Stuttgart, 2000

[31] Mainka, G.; Paschen, H.: Wärmebrückenkatalog. Teubner Verlag, Stuttgart, 1986

[32] Matthess, G.; Ubell, K.: Allgemeine Hydrologie. Bornträger-Verlag, Berlin, 1983

[33] Meyer, A.: Ein Versuchshaus des Bauhauses in Weimar. Albert Langen Verlag, München, 1924

[34] Mrziglod-Hund, M.: Berechnungsverfahren für den Wärmeverlust erdreichberührter Bauteile. Dissertation, Kaiserslautern, 1995

[35] NEN 1068: Thermische isolatie van gebouwen – Rekenmethoden. Nederlands Normalisatie-Instituut, 2012

[36] Papon, K.: Jeder Fünfte heizt gar nicht. Artikel im Onlineportal faz.de vom 19.10.2016

[37] Richter, W.: Verhinderung der Schimmelpilzbildung – welche Möglichkeiten bietet die Fensterlüftung? Vortrags-Manuskript Rosenheimer Fenstertage 14. - 15. Okt. 1999, S. 89 - 98.

[38] Richtlinie D5 - Rakennuksen energiankulutuksen ja lämmitystehontarpeen laskenta. 2012 (Anm. d. Verf.: Richtlinie des finnischen Umweltministeriums)

[39] Rietschel, H.; Raiß, W.: Lehrbuch der Heiz- und Lüftungstechnik. Springer-Verlag, Berlin, 14. Auflage 1960

[40] Santberger, M.; van der Linden, J.; Jenissen, J.: Warmteverliezen van kelders, Het nut van thermische isolatie en de invloed van grondwaterstroming. Stichting Bouwresearch 131, Rotterdam, 1986

[41] Schild, K.; Willems, W.: Wärmeschutz – Grundlagen, Berechnung, Bewertung. Springer Vieweg Verlag, Wiesbaden, 2. Auflage 2013

[42] Schild, K.; Willems, W.; Hellinger, G.: Current calculation rules for thermal bridges and resulting problems for the practical use. proceedings pages 985 to 992, 9th Nordic Symposium on Building Physics, Tampere, Finland, 29th May to 2nd June 2011

[43] Schild, K.: Wärme- und feuchteschutztechnische Grundlagen sowie rechtliche Aspekte. Vortrag beim Weiterbildungsseminar „Schall- und Wärmeschutz beim Bauen im Bestand" der Ingenieurakademie West e.V., Ratingen, 2010

[44] Schild, K.; Weyers, M.; Willems, W.: Handbuch Fassadendämmsysteme. Grundlagen – Produkte – Details. Fraunhofer IRB Verlag, Stuttgart, 2. Auflage 2010

[45] Schild, K.: Wärmebrücken. Beitrag in: „Die neue EnEV im Bild". WEKA Media GmbH & Co. KG, Kissing, AL57, 2007

[46] Schild, K.: Wärmedurchgangskoeffizient. Beitrag in: „Die neue EnEV im Bild". WEKA Media GmbH & Co. KG, Kissing, AL54, 2006

[47] Schnieders, J.: Berechnungsverfahren für die Wärmeverluste durch das Erdreich: Physikalische Prinzipien, Hintergründe der DIN 13370 und ihre Gültigkeit für Passivhäuser. In: Protokollband 27 des AK kostengünstige Passivhäuser, Passivhaus-Institut, Darmstadt, 2004

[48] Schoch, T.; Neuer Wärmebrückenkatalog. Bauwerk Verlag, 4. Auflage 2012

[49] Sedlbauer, K.: Vorhersage von Schimmelpilzbildung auf und in Bauteilen. Dissertation, Universität Stuttgart, 2001

[50] Shen, L. S.; Ramsey, Y. W.: Investigation of transient two-dimensional coupled heat and moisture flow in the soil surrounding a basement wall. Int. Journal of Heat and Mass Transfer, S. 1517 bis 1527, 1988

[51] Spitzner, M.; Sprengard, Ch.; Simon, H.: Kalksandstein-Wärmebrückenkatalog. Hrsg.: Bundesverband Kalksandsteinindustrie eV, Hannover, 2011

[52]   Tichelmann, K.; Ohl, R.: Wärmebrückenatlas: Trockenbau, Stahlleichtbau, Bauen im Bestand. Verlag Rudolf Müller, Köln, 2005

[53]   Wakili, K. Gh.; Tanner, Ch.; Manz, H.: Numerische Analyse zur Anisotropie der Wärmeleitfähigkeit von Ziegel. Bauphysik Bd.23, S. 139 bis 143, Verlag Ernst & Sohn, Berlin,
       2001

[54]   Ward, T.; Sanders, Ch.: BR 497 - Conventions for calculating linear thermal transmittance
       and temperature factors. Building research establishment (BRE), BRE Press, 2007

[55]   Wedler, B.: Berechnungsgrundlagen für Bauten. Verlag Wilhelm Ernst & Sohn, Berlin, 21.
       Auflage 1948

[56]   Willems, W.; Schild, K.: Feuchteschutz. Springer Vieweg Verlag, Wiesbaden, erscheint
       2017

[57]   Willems, W; Schild, K.: Dämmstoffe im Bauwesen. Beitrag in „Bauphysikkalender 2017".
       Ernst & Sohn Verlag, Berlin, 2017

[58]   Willems, W; Schild, K.: Wärmebrücken – Berechnung, Bewertung, Minimierung. Beitrag
       in „Bauphysikkalender 2017". Ernst & Sohn Verlag, Berlin, 2017

[59]   Willems, W.; Hellinger, G.: Exakte U-Werte von Stahlbeton-Sandwichelementen. In: Bauphysik 5/2010 – Seite 275 bis 287, Ernst & Sohn Verlag, Berlin, 2010

[60]   Willems, W.; Schild, K.; Hubrich, P.: 3D-Wärmebrückenkatalog für den Hochbau - Bewertung von Anschlussdetails in Massivbauweise. Fraunhofer IRB Verlag, Stuttgart, 2006

[61]   Willems, W.; Schild, K.; Dinter, S.: Vieweg Handbuch Bauphysik, Teil 1 - Wärme- und
       Feuchteschutz, Behaglichkeit, Lüftung. Vieweg Verlag, Wiesbaden, 2006

[62]   Willems, W. et al.: Planungsatlas für den Hochbau. Entwurf - Konstruktion - Ausschreibung. Im Internet unter: www.planungsatlas-hochbau.de

[63]   Willems, W.; Schild, K. et al.: Planungsatlas WDVS. Im Internet unter: www.wdvs-
       planungsatlas.de

[64]   Willems, W.; Schild, K. et al.: Planungshilfen zum Wärmeschutznachweis mit zweischaligem Verblendmauerwerk. Im Internet unter: https://www.ziegelindustrie.de/zweischaliges-
       mauerwerk/waermebrueckenberechnung/

[65]   Zöld, A.: Mindestluftwechsel im praktischen Test. HLH – Heizung, Lüftung, Haustechnik
       Bd. 41 (1990), H. 7, S. 620 - 622.

[66]   ZUB Systems: Wärmebrückenkatalog digital. Im Internet unter: www.zub-systems.de

[67]   Zürcher, Ch.; Frank, Th.: Bauphysik – Bau und Energie. vdf Hochschulverlag AG an der
       ETH Zürich, 4. Auflage 2014

11.2 Normen und Richtlinien

DIN 4108-2:2013-02	Wärmeschutz und Energie-Einsparung in Gebäuden – Teil 2: Mindestanforderungen an den Wärmeschutz
DIN 4108-3:1981-08	Wärmeschutz im Hochbau – Teil 3: Klimabedingter Feuchteschutz. Anforderungen und Hinweise für Planung und Ausführung
DIN 4108-4:2013-02	Wärmeschutz und Energie-Einsparung in Gebäuden – Teil 4: Wärme- und feuchteschutztechnische Bemessungswerte
DIN 4108, Bbl.2: 2006-03	Wärmeschutz und Energie-Einsparung in Gebäuden – Wärmebrücken – Planungs- und Ausführungsbeispiele
DIN 4109-2:2016-07	Schallschutz im Hochbau – Teil 2: Rechnerische Nachweise der Erfüllung der Anforderungen
E DIN 4701-2:1995-08	Regeln für die Berechnung der Heizlast von Gebäuden, Teil 2: Tabellen, Bildern, Algorithmen
DIN 4710:2003-01	Statistiken meteorologischer Daten zur Berechnung des Energiebedarfs von heiz- und raumlufttechnischen Anlagen in Deutschland
DIN V 18599-10:2016-10	Energetische Bewertung von Gebäuden - Berechnung des Nutz-, End- und Primärenergiebedarfs für Heizung, Kühlung, Lüftung, Trinkwarmwasser und Beleuchtung - Teil 10: Nutzungsrandbedingungen, Klimadaten
DIN EN ISO 10456:2010-05	Baustoffe und Bauprodukte – Wärme- und feuchtetechnische Eigenschaften – Tabellierte Bemessungswerte und Verfahren zur Bestimmung der wärmeschutztechnischen Nenn- und Bemessungswerte
DIN EN 12524:2000-07	Wärme- und feuchteschutztechnische Eigenschaften Tabellierte Bemessungswerte
DIN EN 12831:2003-08	Heizungsanlagen in Gebäuden – Verfahren zur Berechnung der Norm-Heizlast
DIN EN 12831, Beiblatt 1	Heizsysteme in Gebäuden – Verfahren zur Berechnung der Norm-Heizlast – Nationaler Anhang NA
DIN EN ISO 6946:2008-04	Bauteile – Wärmedurchlasswiderstand und Wärmedurchgangskoeffizient – Berechnungsverfahren
DIN EN ISO 10211:2008-04	Wärmebrücken im Hochbau – Wärmeströme und Oberflächentemperaturen – Detaillierte Berechnungen
DIN EN ISO 10211-1:1995-11	Wärmebrücken im Hochbau – Wärmeströme und Oberflächentemperaturen – Teil 1: Allgemeine Berechnungsverfahren

DIN EN ISO 13370:2008-04   Wärmetechnisches Verhalten von Gebäuden – Wärmeübertragung über das Erdreich – Berechnungsverfahren

DIN EN ISO 13788:2013-05   Wärme- und feuchtetechnisches Verhalten von Bauteilen und Bauelementen – Raumseitige Oberflächentemperatur zur Vermeidung kritischer Oberflächenfeuchte und Tauwasserbildung im Bauteilinneren – Berechnungsverfahren

DIN EN ISO 13789:2008-04   Wärmetechnisches Verhalten von Gebäuden – Spezifischer Transmissions- und Lüftungswärmedurchgangskoeffizient – Berechnungsverfahren

VDI 4640, Blatt 1:2000-12   Thermische Nutzung des Untergrundes Grundlagen, Genehmigungen, Umweltaspekte

Printed by Printforce, the Netherlands